2024—2025
中国服装行业发展报告

2024—2025 ANNUAL REPORT OF CHINA GARMENT INDUSTRY

中国服装协会　**编著**

中国纺织出版社有限公司

内 容 提 要

本书分为总报告篇、分报告篇、产业链报告篇、专题篇、观点篇、大事记篇及附录等七部分。

总报告篇是2024年中国服装行业经济运行发展报告，分报告篇包括2024—2025年中国服装消费市场发展报告、2024—2025年中国服装电商发展报告、2023—2024年全球服装贸易发展报告、2024—2025年中国服装行业资本市场报告、2024—2025年中国纺织服装品牌发展报告、2024—2025年中国消费趋势报告，产业链报告篇收录了2024—2025年中国棉纺织行业运行报告、2024—2025年中国纤维流行趋势发布报告、2024—2025年中国纺织面料流行趋势报告、2024—2025年中国服装印花行业发展报告、2024—2025年中国缝制机械行业经济运行报告，专题篇收录了乘改革之势 开锦绣新篇、打造新质生产力驱动中国服装制造业可持续发展、2024—2025年中国汉服市场发展报告、2024年中国纺织服装行业供应链尽责管理研究报告、中国时尚产业知识产权呈现特点与趋势展望、中国校服产业挑战与机遇分析报告，观点篇是对“2024中国服装大会”“2024中国服装论坛”相关内容的整理和摘编，大事记篇梳理了2024年中国服装行业发展的重大事件和活动，附录则收录了2024年中国服装产业经济数据等内容，以备查询之用。

本书旨在总结2024年中国服装行业发展状况、解析行业热点问题，力求全面总结梳理2024年中国服装行业发展特点并展望行业未来；在分析和预测的基础上提出观点和建议，以翔实的数据和一手资料，为服装企业和相关业界人士提供具有指导性和权威性的参考依据。

图书在版编目（CIP）数据

2024—2025中国服装行业发展报告 / 中国服装协会编著. -- 北京 : 中国纺织出版社有限公司, 2025. 3.
ISBN 978-7-5229-2559-2

Ⅰ. F426. 86

中国国家版本馆CIP数据核字第20253VV328号

2024—2025 ZHONGGUO FUZHUANG HANGYE FAZHAN BAOGAO

责任编辑：郭 沫　　责任校对：高 涵　　责任印制：王艳丽

中国纺织出版社有限公司出版发行
地址：北京市朝阳区百子湾东里A407号楼　邮政编码：100124
销售电话：010—67004422　传真：010—87155801
http://www.c-textilep.com
中国纺织出版社天猫旗舰店
官方微博 http://weibo.com/2119887771
北京华联印刷有限公司印刷　各地新华书店经销
2025年3月第1版第1次印刷
开本：889×1194　1/16　印张：18
字数：470千字　定价：198.00元

《2024—2025中国服装行业发展报告》课题组

组　长　陈大鹏

副组长　谢　青　焦　培　杨晓东　屈　飞　杜岩冰
李　昕　陈国强

课题组成员（以姓氏笔画为序）
王立平　王永生　王　玢　王　祺　王晴颖
卢　芳　兰　兰　刘　卉　刘正源　刘　佩
刘晓青　刘　静　齐元勋　齐　梅　闫　博
杨　涛　李晓菲　李　璇　求佳峰　吴吉灵
肖明超　何粒群　张晏清　邱　琼　闻力生
姜　蕊　袁　正　殷　夏　高宇菲　郭　燕
郭占军　黄国光　渠梦玮　董　正　惠露露
彭丽桦　靳高岭　窦　娟　廖　博

前言 Foreword

2024 年是充满较大困难和挑战的一年，却也是行业迎难而上、砥砺前行的一年。

这一年里，国际环境更趋复杂严峻和不确定，国内经济正处于高质量发展转型的关键时期，有效需求不足等结构调整阵痛持续释放，给行业发展带来了前所未有的压力和挑战。

困难是产业进步的“磨刀石”，也是检验产业发展的“试金石”。

2024 年以来，面对外部压力和困难，我国服装行业在保持合理增长的同时，高质量发展也在扎实推进，产品价值不断提升、品牌价值持续提高、科技创新价值凸显、“出海”模式加速变革、企业发展理念更加务实，全行业呈现出勇于创新、不断变革的新趋势。

如今，进入新发展阶段的中国服装行业，将面对错综复杂的国际国内形势、新一轮科技革命和产业变革以及人民群众的新期待，传统的增长方式、发展路径和模式已经遭遇瓶颈。我国服装行业必须打开新视野，挖掘新动力，发展新质生产力，焕发新生机。

新质生产力是技术革命性突破，生产要素创造性配置，产业深度转型升级而催生的当代先进生产力。这个“新”体现了新技术、新模式、新业态、新动能、新优势。“质”就落到高效能、高效率、高质量，通过新质生产力带来行业转型升级，产业形态的转变，产业能级的提升。对行业而言，服装行业新质生产力体现在四个方面：科技生产力、文化生产力、绿色生产力、健康生产力。全行业通过发展新质生产力，全面推进整个产业的转型升级变革，构建数字经济时代全新的产业生态和组织系统。

新的一年，面对百年未有之大变局，旧的秩序正被打破，新的秩序正在建立。我们看到，一个全新时代的全新产业生态正在形成之中，这是我们再一次走向强大的机遇。我们有幸在这个时代里面，既要直面困难，又要充满信心，在新一轮产业变革和市场重构的大浪潮中，更要保持定力、涵养能力、跃迁认知、稳健提升。在这个过程中，有人焦虑，有人迷茫，但是早有很多人认定了方向在全力奔跑……

对此，中国服装协会编辑出版了《2024—2025 中国服装行业发展报告》，希望以翔实的数据、准确的分析、前瞻性的研判，向读者全面展示 2024 年中国服装行业发展环境和现状，探析行业在新环境下的机遇与挑战，并揭示产业创新发展的重要意义。

报告中难免存在不足与争议，欢迎广大读者给予批评指正。

中国服装协会

2025 年 1 月

目录 Contents

第一部分　总报告篇 …… 003

2024 年中国服装行业经济运行发展报告 …… 004

一、2024 年中国服装行业经济运行情况 …… 004

二、2024 年中国服装行业运行特点 …… 011

三、2024 年中国服装行业运行主要影响因素 …… 015

四、2025 年中国服装行业发展趋势展望 …… 018

第二部分　分报告篇 …… 027

2024—2025 年中国服装消费市场发展报告 …… 028

一、2024 年我国服装消费市场运行情况 …… 028

二、2024 年全国重点大型零售企业服装销售情况 …… 032

三、2024 年我国服装消费市场运行特点 …… 036

四、2025 年我国服装消费市场发展趋势展望 …… 038

2024—2025 年中国服装电商发展报告 …… 040

一、服装网络零售增速大幅回落 …… 040

二、新电商平台服装品类增速亮眼 …… 042

三、B2B 电商构建数字化产业链供应链 …… 043

四、跨境电商助力服装出海提质增效 …… 045

五、新质生产力将引领服装电商创新发展 …… 046

2023—2024 年全球服装贸易发展报告 …… 049

一、2023 年全球商品进出口贸易 …… 049

二、2023 年全球服装出口贸易 …… 050

三、2023 年全球服装进口贸易 …… 061
四、2024 年全球服装进出口贸易 …… 068
2024—2025 年中国服装行业资本市场报告 …… 071
一、2024 年分析：海外服饰下游补库需求催化制造业绩增长，内需消费暂承压 …… 071
二、服装行业现状：运动户外功能型赛道具备高景气度，大众服饰分化 …… 078
三、行业趋势：政策发力看好消费反弹，关注顺周期、新消费方向 …… 081
2024—2025 年中国纺织服装品牌发展报告 …… 089
一、中国纺织服装品牌建设生态环境分析 …… 089
二、中国纺织服装品牌竞争力水平分析 …… 091
三、2024 年中国纺织服装品牌发展年度亮点 …… 094
四、中国纺织服装品牌建设的未来方向 …… 099
2024—2025 年中国消费趋势报告 …… 101
一、2025 年消费趋势关键词：“求真”与“向实” …… 101
二、2025 年七大消费趋势 …… 102

第三部分　产业链报告篇 …… 111

2024—2025 年中国棉纺织行业运行报告 …… 112
一、2024 年我国棉纺织行业经济运行概况 …… 112
二、2024 年我国棉纺织原料及产品价格走势分析 …… 115
三、2024 年我国棉纺织进出口市场分析 …… 117
四、2025 年我国棉纺织行业发展形势展望 …… 120
2024—2025 年中国纤维流行趋势发布报告 …… 121
一、趋势主题：聚变与万象 …… 123
二、发布篇章及发布纤维 …… 123
2024—2025 年中国纺织面料流行趋势报告 …… 143
一、2025 年春夏中国纺织面料流行趋势解读 …… 143
二、2025—2026 年秋冬中国纺织面料流行趋势解读 …… 151
2024—2025 年中国服装印花行业发展报告 …… 160
一、生产形势 …… 160
二、年度特点 …… 162
三、发展趋势 …… 171
2024—2025 年中国缝制机械行业经济运行报告 …… 173
一、2024 年行业经济运行概况 …… 173

二、2024 年行业运行特点 …… 179
三、2025 年行业发展趋势 …… 181

第四部分　专题篇 …… 187

乘改革之势，开锦绣新篇 …… 188
一、认识中国纺织在国民经济中的特殊性与重要性 …… 188
二、理解百年变局下纺织行业面临的新挑战与新变革 …… 189
三、把握新质生产力发展中纺织行业的新特征与新内涵 …… 191
四、把握进一步全面深化改革中纺织行业的新机遇与新方向 …… 194
五、守正创新，以新质新力开启锦绣新篇 …… 197
打造新质生产力驱动中国服装制造业可持续发展 …… 200
一、什么是新质生产力 …… 200
二、如何打造服装制造业新质生产力 …… 201
三、结束语 …… 208
2024—2025 年中国汉服市场发展报告 …… 209
一、汉服市场发展背景 …… 209
二、汉服市场发展现状 …… 209
三、汉服市场发展特点 …… 210
四、汉服市场发展存在的问题 …… 211
五、汉服市场发展趋势 …… 212
2024 年中国纺织服装行业供应链尽责管理研究报告 …… 213
一、供应链尽责管理概述 …… 213
二、供应链尽责管理的国际发展新趋势 …… 214
三、中国供应链尽责管理发展现状 …… 215
四、供应链尽责管理流程和发展路径 …… 217
五、供应链尽责管理的措施建议 …… 218
中国时尚产业知识产权呈现特点与趋势展望 …… 220
一、多举措提质增效，促进知识产权高质量创造 …… 220
二、持续加大知识产权司法保护力度，严惩侵权假冒行为 …… 221
三、依法制止权利滥用行为，全方位规制知识产权恶意诉讼 …… 222
四、加强新业态新模式保护，积极推进司法实务的创新探索 …… 223
中国校服产业挑战与机遇分析报告 …… 225
一、中国校服产业综述 …… 225

二、中国校服产业市场调研分析 …… 227
三、中国校服产业结构化现状分析及发展趋势 …… 231
四、中国校服产业转型升级建议 …… 232

第五部分　观点篇 …… 235

深化创新驱动　迈向国际领先 …… 236
深刻洞察消费　共创未来潮流 …… 237
商业变革　引领增长 …… 238
品牌出海　链接未来 …… 239
生成式 AI 时代的品牌认知与传播生态 …… 240
科技与时尚的紧密关联 …… 241
数智赋能时尚产业跃升 …… 242
时尚的内涵演进与范式跃迁 …… 243

第六部分　大事记篇 …… 245

2024 年中国服装行业大事记 …… 246

第七部分　附　录 …… 257

附录一　2024 年中国服装行业运行数据集总 …… 258
附录二　2023 年中国服装行业百强企业名单 …… 264
附录三　中国服装协会标准化技术委员会团体标准目录 …… 269
附录四　2024 年全国纺织行业“富怡杯”服装制板师职业技能竞赛全国决赛获奖名单 …… 272
附录五　2024 年纺织行业缝纫工（服装制作工）职业技能竞赛全国决赛获奖名单 …… 274

编　后 …… 277

扫码观看数字资源

第一部分　总报告篇

2024年中国服装行业经济运行发展报告

中国服装协会　产业部

2024年是实现“十四五”规划目标任务的关键一年，也是进一步全面深化改革的开局起步之年。对于中国服装行业而言，2024年是充满较大困难和挑战的一年，也是全行业积极实践、守正创新的一年。面对国内外错综复杂的严峻形势和有效需求不足的现实考验，我国服装行业深入贯彻落实党中央、国务院决策部署，持续优化产业结构，加快推进转型升级，在生产经营压力加大的情况下，行业经济运行态势总体平稳，产业基础素质稳步提升，创新活力和内生动力全面增强，为服装行业构建现代化产业体系和高质量发展筑牢坚实基础。

2025年是“十四五”规划的收官之年、“十五五”规划的谋划之年，也是将进一步全面深化改革推向纵深的关键之年。尽管全球经贸环境更趋复杂严峻，不稳定不确定因素增多，但是国内宏观经济内生动力加速修复，经济发展长期向好的趋势不会改变。在国家扩大内需战略发力显效、数字经济加速融合以及高水平对外开放等积极因素的推动下，我国服装行业将坚持稳中求进的工作总基调，围绕科技、时尚、绿色、健康的产业新定位，培育和发展新质生产力，加快形成高科技、高效能、高质量的产业新势能，扎实推进现代化产业体系建设迈上新台阶，努力为完成“十四五”国民经济和社会发展规划目标任务做出行业贡献。

一、2024年中国服装行业经济运行情况

2024年，面对复杂严峻的发展环境，我国服装行业充分激发产业韧性和潜力，在国家系列存量增量政策效应持续释放、国内外市场需求逐步恢复等积极因素的支撑下，服装内销和出口实现温和增长，行业生产、投资、效益等主要运行指标明显改善，行业经济运行态势总体平稳，稳中向好基本盘得到巩固。

（一）服装生产平稳回升

2024年，在国内外市场需求有所恢复和产品结构调整等因素的带动下，我国服装生产平稳回升。根据国家统计局数据，2024年1—12月，服装行业规模以上企业工业增加值同比增长0.8%，增速比前三季度加快0.4个百分点，比2023年同期提升8.4个百分点；规模以上企业完成服装产量同比增长4.22%，增速比2023年同期提升12.91个百分点。从服装主要品类产量来看，梭织服装产量下降的同时，针织服装产量保持较快增长，占服装总产量的比重持续上升。1—12月，针织服装产量同比增长7.38%，占服装总产量的68.35%，比重较2023年同期提高2.17个百分点。梭织服装产量同比下降1.99%，降幅比2023年同期收窄13.02个百分点。其中，羽绒服装产量同比增长17.80%，西服套装和衬衫产量同比分别下降2.92%和5.83%（图1-1）。

从月度生产变化来看，全年服装生产呈现逐步回升的走势。一季度，行业有序复工复产，在内销市场活力回升及出口小幅增长的带动下，规模以上企业工业增加值降幅较2023年有所收窄，服装产量增速由降转升。根据国家统计局数据，1—3月，服装行业规模以上企业工业增加值同比下降0.5%，降幅比2023年收窄7.1个百分点；服装产量同比增长1.89%，增速比2023年提升10.58个百分点。二季度，工业增加值月度增速持续负增长，5月、6月同比分别下降0.9%和1.2%，服装产量在假期效应及网络促销的带动下小幅增长，1—6月，服装产量同比增长4.42%，增速比1—3月加快2.53个百分点。三季度，工业增加值增速逐月放缓，

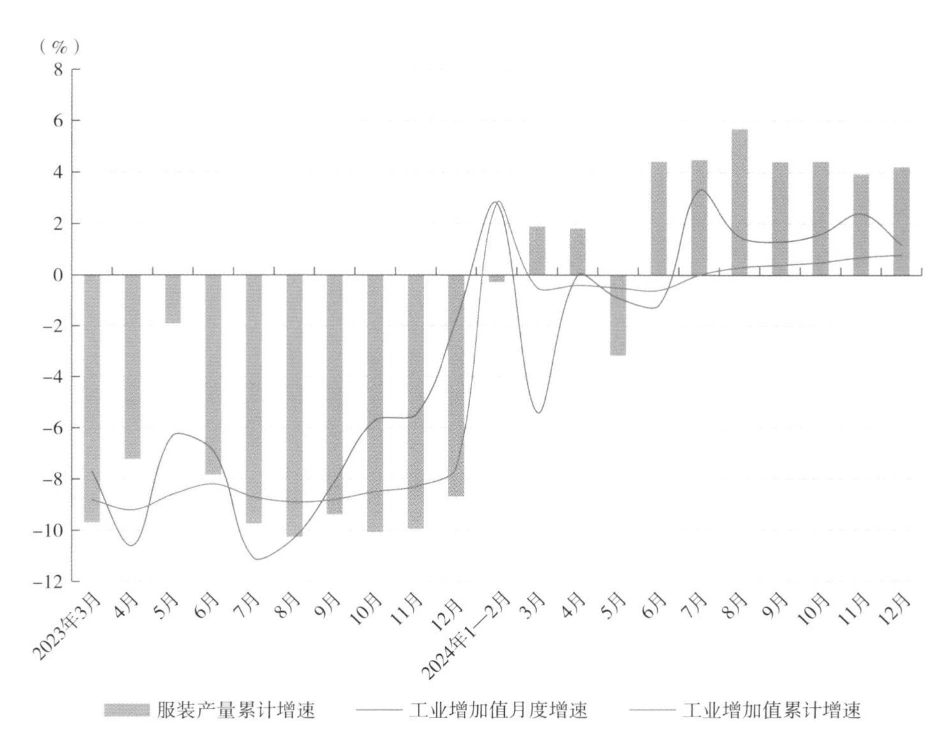

图 1-1 2024 年服装行业生产增速情况

（数据来源：国家统计局）

7 月、8 月、9 月当月服装行业规模以上企业工业增加值分别同比增长 3.3%、1.5%和 1.3%。四季度，随着“双十一”购物节、海外市场促销备货等积极因素增多，服装行业工业增加值稳中有升，12 月工业增加值同比增长 1.2%，增速比 6 月提升 2.4 个百分点；服装产量保持平稳增长，1—12 月，服装产量同比增长 4.22%。

（二）内销市场稳中承压

2024 年，在国家促消费政策逐步显效、新型消费新业态新模式激发市场活力等因素支撑下，服装内销市场保持增长，但受消费意愿不足、市场竞争加剧等因素影响，终端消费内生动力不足，内销增速持续放缓。根据国家统计局数据，2024 年 1—12 月，我国限额以上单位服装类商品零售额累计 10716.2 亿元，同比增长 0.1%，增速比 2023 年同期放缓 15.3 个百分点；穿类商品网上零售额同比增长 1.5%，增速比 2023 年同期放缓 9.3 个百分点（图 1-2）。

从月度变化来看，2024 年，我国服装内销增速小幅波动。一季度，在春节假期集中消费的推动下，服装消费需求不断释放，内销市场实现平稳增长。根据国家统计局数据，1—3 月，我国限额以上单位服装商品零售额同比增长 2.2%，其中，3 月当月限额以上单位服装类商品零售额同比增长 3.6%，增速比 1—2 月加快 2 个百分点。二季度，受五一假期、“618” 网购促销提前以及消费品以旧换新等政策效应进一步显现影响，限额以上单位服装类商品零售额增速波动较为明显，4 月、5 月、6 月同比增速分别为-3.0%、3.2%和-2.2%。三季度，受极端天气、传统淡季影响，服装内销增速明显放缓，1—9 月限额以上单位服装商品零售额同比下降 0.2%。但是在新一轮稳增长政策措施效应显现及夏日经济的支撑下，服装内销月度降幅逐渐收窄，9 月限额以上单位服装类商品零售额同比下降 0.3%。四季度，在国庆假期、“双 11” 活动以及秋冬装换季热销的带动下，增速限额以上单位服装类商品零售额转为正增长，全年限额以上单位服装类商品零售额增速比前三季度回升 0.3 个百分点。

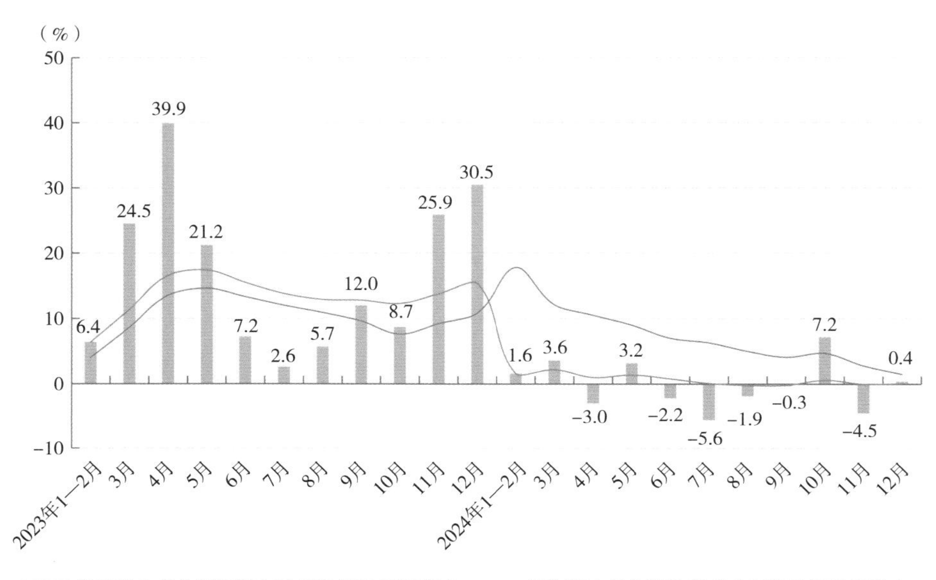

图 1-2　2024 年国内市场服装销售情况

（数据来源：国家统计局）

从销售渠道来看，实体门店零售恢复较弱，电商新模式拉动线上服装消费保持增长。根据中华全国商业信息中心的统计，2024 年，全国重点大型零售企业服装零售额同比下降 4. 9%，零售量同比下降 3. 7%，其中男装类、女装类、童装类零售额同比分别下降 6. 1%、6. 5%、2. 2%。专业市场集聚优势资源，在新产品研发、新技术应用、新模式融合等领域持续加码发力，取得良好成果。根据中国纺织工业联合会流通分会数据，2024 年 1—12 月，重点监测的 44 家纺织服装专业市场成交额 16971. 55 亿元，同比增长 5. 51%。同时，直播电商、短视频电商、即时零售等消费新模式的拉动作用明显。根据天猫、抖音数据显示，“双 11”期间，天猫平台共有 7062 个服饰品牌成交同比增长翻倍，66 个品牌破亿；抖音平台男装、女装、童装和运动服同比分别增长 26%、34%、19% 和 55%，户外服装成为消费热点，同比增幅高达 81%。随着消费者对品质和品牌的要求不断提升，以及科技发展带来的新零售模式，企业不断创新，通过融合线上线下销售、提升供应链效率把握市场机遇，满足消费者多元化的需求。

（三）出口压力与韧性并存

2024 年，面对国际市场需求疲弱、地缘政治冲突加剧、贸易保护主义盛行及汇率波动等交织叠加的风险挑战，我国服装出口展现强大韧性，产业链竞争力持续释放，全年出口实现正增长。据中国海关数据，2024 年 1—12 月，我国累计完成服装及衣着附件出口 1591. 4 亿美元，同比增长 0. 3%，增速比 2023 年同期提升 8. 1 个百分点。从量价关系来看，服装出口量升价跌，出口数量为 341. 9 亿件，同比增长 12. 9%；出口平均单价 3. 8 美元/件，同比下降 11. 2%。其中，针织服装出口金额 712. 3 亿美元，同比增长 3. 8%，出口数量同比增长 12. 5%，出口单价同比下降 7. 7%；梭织服装出口金额 598. 9 亿美元，同比下降 3. 90%，出口数量同比增长 13. 6%，出口单价同比下降 15. 4%。

从月度出口来看，2024 年，服装出口开局稳中有升，但后期压力增大，年末翘尾现象较为明显。一季度，受零售商补库需求逐步释放以及稳外贸政策落地显效等积极因素拉动，我国服装出口由去年的负增长转为小幅正向增长，但月度出口呈现较大波动。1—2 月服装出口同比增长 12.6%，3 月服装出口 103.8 亿美元，由于去年同期积压订单集中释放导致高基数的影响，出口降幅达 18.0%，但与历年 3 月相比，出口规模仍处于较高水平。进入二季度，服装出口增速逐步企稳，4 月同比下降 4.5%，5 月同比恢复增长 1.0%。自 6 月开始出口压力增大，受部分新兴市场需求回落、出口价格持续下跌等因素影响，出口持续负增长，9 月出口降幅加深至 5.1%，1—9 月服装出口同比下降 1.6%。四季度，在海外圣诞季消费需求增加、海外进口商提前备货、部分企业“抢出口”等因素的带动下，服装出口增速由降转升，10 月、11 月、12 月服装出口同比分别增长 8.1%、4.2%和 6.6%，全年服装出口增速比前三季度回升 1.9 个百分点（图 1-3）。

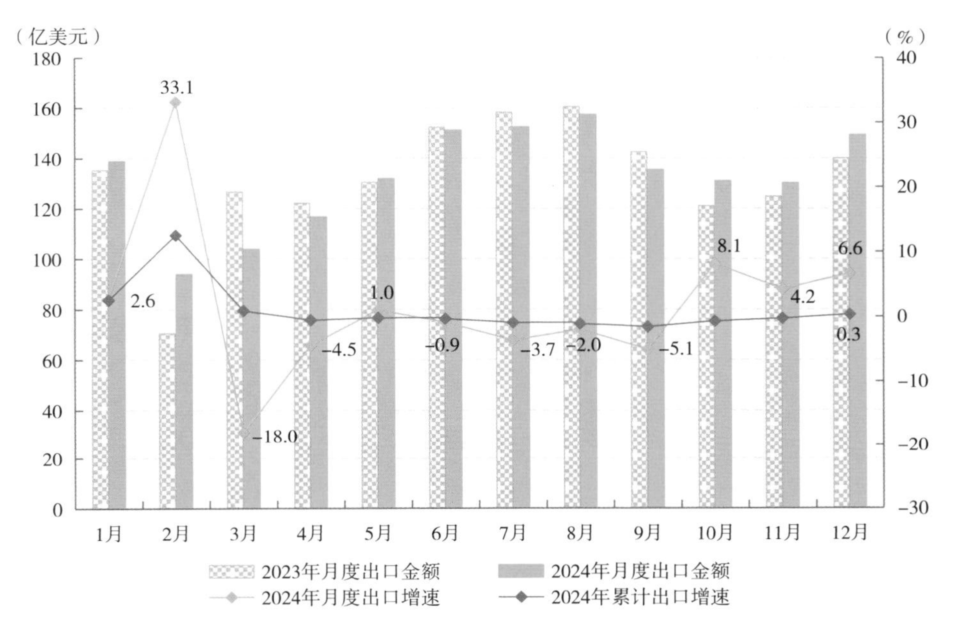

图 1-3 2024 年我国服装及衣着附件出口情况

（数据来源：中国海关）

从出口品类来看，2024 年，大部分品类呈现量升价跌态势，仅羽绒服出口量跌价升，出口数量同比下降 35.7%，出口单价同比增长 13.5%。而便服套装、裙子及裙裤和 T 恤衫尽管出口单价不同幅度下降，但在出口数量大幅增长的带动下出口金额依然保持较快增长，增幅分别为 16.4%、11.4%和 21.2%。同期，在 2023 年低基数的基础上，我国对美国、欧盟棉制服装出口转为正增长。根据中国海关数据，2024 年 1—12 月，我国棉制服装出口 504.3 亿美元，同比增长 0.3%；其中，我国对美国棉制服装出口 96.5 亿美元，同比增长 15.1%；对欧盟棉制服装出口 70.7 亿美元，同比增长 6.0%。

从主要市场来看，服装出口市场多元化趋势明显。受益于欧美发达国家经济增长好于预期，居民消费总体好转，国际市场需求有所恢复，我国对传统市场服装出口呈现韧性，对美国、欧盟以及英国服装出口实现增长，对日本服装出口降幅收窄。根据中国海关数据，2024 年 1—12 月，我国对美国服装出口金额 361.9 亿美元，同比增长 8.7%，增速比 2023 年同期提升 20.7 个百分点；我国对欧盟服装出口金额 277.5 亿美元，同比增长 4.7%，增速比 2023 年同期提升 30.2 个百分点；我国对英国服装出口金额 52.2 亿美元，同比增长 7.4%，增速比 2023 年同期提升 23.3 个百分点；我国对日本服装出口金额 116.1 亿美元，同比下降 7.8%，降幅比 2023 年同期收窄 5.7 个百分点。同期，由于市场空间有限，叠加去年高基数因素，我国对东盟、“一带一路”沿线国家和地区出口转为负增长，但对哈萨克斯坦和拉丁美洲出口表现较为亮眼。根据中国海关数据，2024 年 1—12 月，我国对东盟服装出口金额 153.3 亿美元，同比下降 1.1%，降幅比 2023 年同期收窄 3.2 个百分点，但比 1—6 月下滑 6.5 个百分点；对“一带一路”沿线国家和地区服装出口金额 446.1 亿美元，同比下降 3.3%，增速比 2023 年同期下滑 4.9 个百分点。另外，我国对哈萨克斯坦服装出口同比增长 6.4%，对拉丁美洲服装出口同比增长 9.9%（图 1-4）。

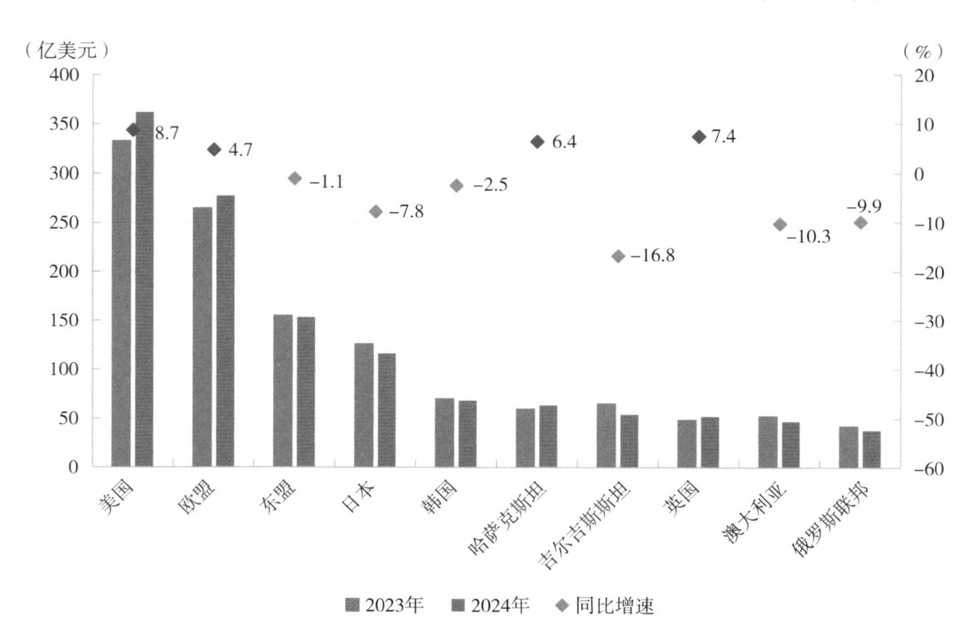

图 1-4　2024 年我国对部分国家和地区服装出口情况

（数据来源：中国海关）

从出口省份来看，东部地区仍是我国服装出口主要集中地，中西部地区各省份出口表现差异较大，仅新疆、广西服装出口保持增长。根据中国海关数据，2024 年 1—12 月，东部地区服装出口金额 1269.3 亿美元，同比增长 2.3%，占全国服装出口总额的 79.8%。在服装出口前五大省份中，浙江、江苏和山东服装出口同比分别增长 7.5%、4.4%和 2.1%；广东和福建服装出口同比分别下降 4.3%和 1.4%。同期，我国中西部地区服装出口金额 322.1 亿美元，同比下降 6.5%。其中，新疆和广西服装出口同比分别增长 2.4%和 5.2%，增速分别比 2023 年同期放缓 20.6 个和 7.4 个百分点；湖南、江西、四川、湖北服装出口同比分别下降 47.0%、17.9%、16.1%和 7.8%（表 1-1）。

表 1-1　2024 年我国各省、自治区、直辖市服装出口情况

省、自治区、直辖市名称	出口金额（亿美元）	同比（%）	占服装出口总额比重（%）	占比增减（个百分点）
浙江省	367.1	7.5	23.1	1.5
广东省	225.6	-4.3	14.2	-0.7
江苏省	208.9	4.4	13.1	0.5
山东省	183.6	2.1	11.5	0.2
福建省	134.7	-1.4	8.5	-0.2
前五名合计	1119.7	2.4	70.4	1.4

续表

省、自治区、直辖市名称	出口金额（亿美元）	同比（%）	占服装出口总额比重（%）	占比增减（个百分点）
新疆维吾尔自治区	131.4	2.4	8.3	0.2
上海市	87.1	3.8	5.5	0.2
广西壮族自治区	32.6	5.2	2.0	0.1
湖北省	32.3	-7.8	2.0	-0.2
江西省	29.3	-17.9	1.8	-0.4
安徽省	25.3	-5.2	1.6	-0.1
辽宁省	23.8	-7.4	1.5	-0.1
四川省	22.2	-16.1	1.4	-0.3
河北省	18.5	-17.9	1.2	-0.3
湖南省	14.8	-47.0	0.9	-0.8
前十五名合计	1537.3	0.0	96.6	-0.3

（数据来源：中国海关）

（四）投资保持较快增长

2024年，服装企业投资信心逐步恢复，行业固定资产投资保持较快增长，产业创新态势持续增强，转型升级不断深化。根据国家统计局数据，2024年1—12月，我国服装行业固定资产投资完成额同比增长18.0%，增速比2023年同期提升20.2个百分点，高于纺织业和制造业整体水平2.4个和8.8个百分点。企业投资涉及智能化生产、商业模式创新、品牌建设、渠道布局等多个领域，旨在提升供应链管理效率、优化生产流程、提高产品质量和降低运营成本，带动行业高端化、智能化、绿色化稳步推进（图1-5）。

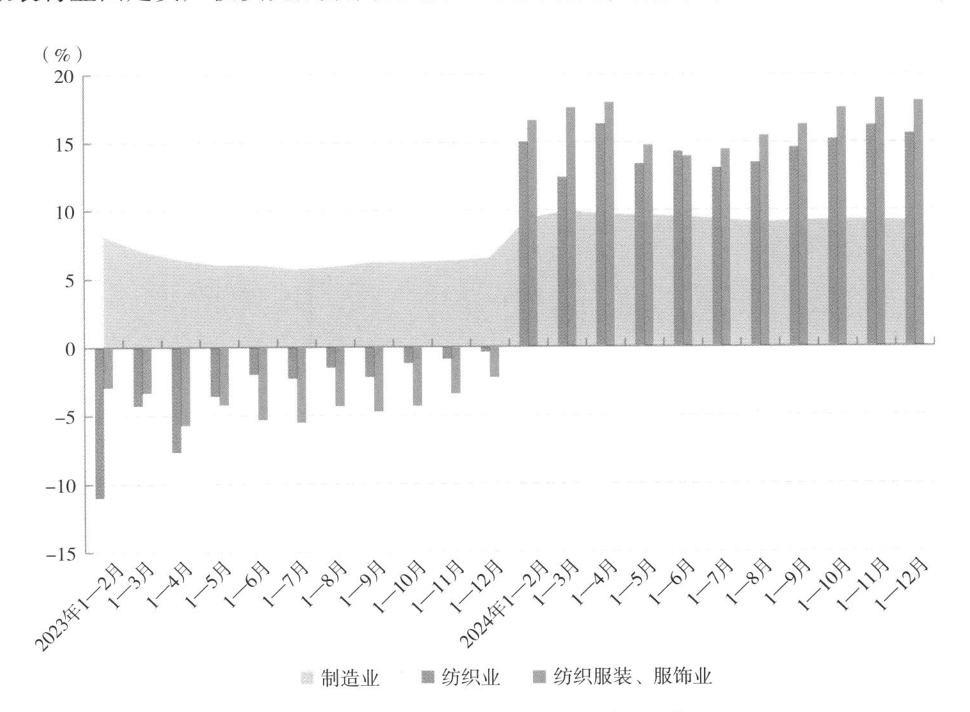

图1-5 2024年服装行业固定资产投资增速情况

（数据来源：国家统计局）

（五）运行质效温和修复

2024年，我国服装行业努力克服消费需求不足、内卷式竞争加剧等困难和挑战，在宏观政策效应持续释放、新质生产力加速发展等因素的支撑下，行业效益水平承压修复，营业收入和利润总额实现恢复性增长。根据国家统计局数据，2024年1—12月，我国服装行业规模以上（年主营业务收入2000万元及以上）企业13820家，实现营业收入12699.2亿元，同比增长2.8%，增速比2023年提升8.2个百分点；利润总额623.8亿元，同比增长1.5%，增速比2023年提升4.9个百分点。

行业运行质量基本稳定，盈利能力逐渐改善。根据国家统计局数据，2024年1—12月，我国服装行业规模以上企业营业收入利润率为4.91%，低于2023年同期0.06个百分点，但比一季度提高了1.4个百分点，年内呈现明显回升态势；三费比例为9.81%，比2023年同期下降0.18个百分点，表明企业精益化管理取得成效。另外，行业亏损面达20.07%，比2023年同期扩大1.03个百分点；产成品周转率、应收账款周转率和总资产周转率分别为10.45次/年、6.26次/年和1.16次/年，同比分别下降5.07%、2.90%和0.30%，亏损面扩大、周转速度放缓显示行业运营压力持续加大（图1-6）。

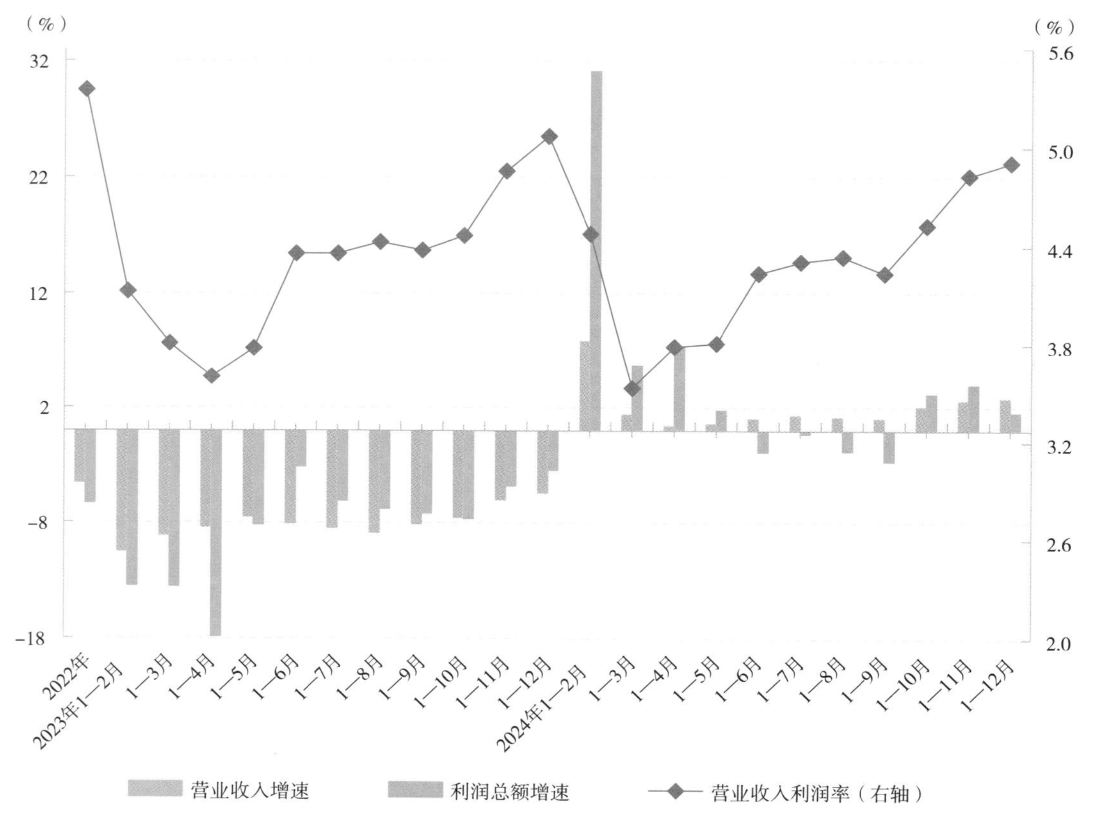

图1-6　2024年服装行业主要效益指标情况

（数据来源：国家统计局）

从子行业效益数据来看，三大子行业的营业收入均实现增长，而利润状况差异较大。其中机织服装制造业利润下降，而针织或钩针编织服装制造业和服饰制造业利润总额保持较快增长。根据国家统计局数据，机织服装制造业规模以上企业营业收入同比增长2.6%，利润总额同比下降1.2%；针织或钩针编织服装制造业规模以上企业营业收入同比增长3.4%，利润总额同比增长9.3%；服饰制造业规模以上企业营业收入同比增长2.0%，利润总额同比增长2.4%。

二、2024 年中国服装行业运行特点

2024 年，面对全新的发展环境，我国服装行业紧紧围绕科技、时尚、绿色，积极发挥国家系列存量增量政策效能，不断深化改革，坚持产品创新和文化赋能，智能制造深度推进，全渠道融合发展，产业链协同联动，产业高端化、智能化和绿色化水平持续提升，为行业高质量发展注入新的势能和动力。

（一）集成创新能力稳步提升

随着互联网新技术快速发展以及物联网、人工智能技术普及应用，消费群体的生活方式、消费需求正在发生深刻变革，理性消费、情绪价值逐渐兴起。2024 年，在新技术和新消费的推动下，服装行业聚焦产业本质，紧紧围绕价值创造，坚持从战略、制造、营销等领域多维度发力创新，以数转智改和文化赋能推动产业高端化、智能化、时尚化。服装企业和品牌不断提升设计原创、文化承载与应用能力，持续融入的东方美学、国潮文化更是展现出中华文化的独特魅力与自信，更加注重从穿着场景、生态环保、自然健康等方面提升时尚体验，从工业设计、精益生产、数字营销、精准服务等方面满足消费需求，产品价值、品牌价值持续提升。

2024 年，男装行业市场格局整体保持稳定，企业不断加码研发投入，更加注重产品品质、功能创新与国潮时尚，在功能性、时尚性、品质性等多维度、多场景满足消费需求。男装企业强化品牌定位与调性，聚焦主品牌提升，同时通过自有品牌升级、孵化、并购、合资等方式构建多元化品牌矩阵，在商务休闲、运动户外、潮流时尚、生活方式等领域加速布局，推进多品牌多维度协同发展。其中，伴随轻户外运动盛行，男装企业积极开拓商务户外男装细分赛道，深化“强社交”与“强社群”属性拓展年轻消费群体，满足现代男性在商务场合和户外活动中的着装需求。在生产制造环节，男装企业坚持创新驱动，注重与国际时尚接轨，积极应用新材料、新技术和新理念，在生产技术、工艺研发、产品设计等方面持续进行资源投入，逐步建立更完整的产品研发和技术创新体系。同时，男装企业持续锻造供应链优势，强化供应链体系韧性和安全可控，形成“自有生产+外协加工”的柔性供应体系。在渠道结构优化方面，男装企业持续巩固电商、直营渠道优势，深耕重点城市和下沉市场，推进时尚体验门店建设，强化品牌视觉营销、内容营销，坚持品牌自播+达人直播+短视频共同发力，精准洞察强势种草，通过传统节点活动、线上话题、游戏互动等方式多维联动，实现品牌推广和销售增量拓展，加速构建线上线下融合的全渠道多元化生态体系。

尽管国内市场有效需求不足、内卷式竞争加剧对女装行业发展造成了较大影响，从 2024 年女装上市企业营收情况来看，大部分女装头部企业营收或净利润呈现了不同幅度的下滑，但我国女装行业承压前行，不断深化数字化智能化变革，从产品品质、时尚创意、场景构建、营销模式、供应链优化等多维度创新，满足当代女性圈层化、细分化消费需求，为高质量发展奠定坚实基础。一方面，女装企业深挖中华优秀传统文化要素，与当代时尚理念紧密结合，融入产品设计，塑造独具标识的美学风格。朗姿、半笙默、茶愫等品牌亮相天猫新中式派对，将东方时尚推向全球市场。另一方面，聚焦户外运动、松弛旅行等女性新生活方式引发的消费新潮流，女装企业细化品牌定位，加快高端和细分领域布局，进一步丰富产品线，构建多品牌矩阵，全面覆盖撸铁、瑜伽、骑行、郊游等运动场景，以及城市漫步（city walk）、遛娃、社交、通勤等日常出行场景。例如，江南布衣在已有品牌矩阵基础上，再次布局新锐运动男装和儿童运动服装新赛道。此外，女装企业借力数字技术，在构建全渠道智能营销体系、柔性供应链的同时，撬动粉丝经济、网红经济，如新锐女装品牌致知携手抖音电商打造极具互动性和剧场感的沉浸式创新秀场，以中国时装现场秀（live show）的全新体验实现了与消费端的强链接。

2024年，受益于我国庞大的儿童群体基数和精细化育儿理念的逐步深化，我国童装行业高质量发展特征显著增强，但是在人口出生率不断下降、市场竞争日益加剧等多重因素的影响下，我国童装行业进入到深刻变革和调整的新阶段。面对社会环境和生活方式的不断演变，以及消费者对童装的功能性、时尚性、舒适性提出更高要求，童装企业聚焦产品力和品牌力的提升，持续升级防水防污防晒、吸湿排汗、恒温凉感等功能性产品，将绿色理念融入产品设计、生产、销售、供应链等全生命周期，并加强对新市场和年轻消费群体的探索，不断完善品牌矩阵、扩充产品品类的同时，在品牌推广和内容营销方面加大力度，通过在种草平台、视频号等渠道进行多样化内容推送，更加灵活、更多维度与消费者产生互动，实现现有消费群体的"破圈"，全方位、全年龄段地满足消费者场景化和细分化消费需求。为顺应新一代年轻消费者的审美需求与时尚态度，童装企业积极与年轻潮流IP、国际新锐设计师等进行跨界合作，如太平洋童装（Mini Peace）与企鹅（Pingu）、小黄人两大知名IP联名推出系列羽绒服，森马集团旗下品牌巴拉巴拉将三丽鸥家族一系列经典角色形象融入童装设计，推出"甜心T恤系列"。此外，森马集团持续开拓海外市场，进行本土化运营，在全球建立多个研发中心和独立设计团队，通过将"童年不同样"的品牌理念升级成"every child is unique"（每个孩子都是独一无二的）、深入研究不同市场需求及喜好等举措，与全球消费者建立情感共鸣，打造具有国际竞争力的产品与品牌形象。

随着消费者对健康生活方式日益推崇，以及2024年巴黎奥运会对体育运动的推动，尤其是重点城市和经济发达地区的年轻群体、中产阶层对休闲运动服饰的偏好提升，2024年我国休闲运动服装行业总体保持稳健增长，呈现专业化、年轻化、高端化的发展特点，休闲服装的"泛运动化"趋势明显增强。面对国际品牌带来的竞争压力，休闲运动服装企业敏锐把握国内消费结构和消费需求变化，适时调整产品结构和渠道布局，增强在品牌建设、产品设计、功能技术等方面的创新能力，积极开拓瑜伽、健身、跑步、骑行等具有前景的细分品类，将休闲运动服饰的功能性、科技性与潮流时装相融合，持续推出符合品牌定位、满足场景功能需求、蕴含运动文化的高性价比产品，不断夯实企业核心竞争力。同时，在数智化转型方面，休闲运动服装企业持续深化数字技术的融合应用，全面升级运营管理能力，充分利用遍布全国的营销网络与信息系统，加强对零售端消费数据的收集、分析和快速反馈，聚焦线上线下进行全渠道零售的提升和协同，增强供应链系统的柔性供应和快速反应能力，以应对外部市场的快速变化和业务模式创新所带来的挑战。国内品牌如安踏、李宁、特步、鸿星尔克、361°等品牌凭借对本土市场的深入了解、强大的供应链能力和不断创新的产品设计，开发出不同款式、不同风格的服饰，以满足消费者不同场合和季节的运动生活需求。比音勒芬聚焦专业细分赛道，通过奥运赛事推广、娱乐营销等形式，深化品牌精神内核，进一步提升品牌知名度、美誉度和用户忠诚度。

（二）品类创新步伐加快

在数字经济深度融合、文化自信更加坚定以及消费需求日益多元化、场景化的带动下，聚焦细分市场的国风服饰、时尚潮牌、极致单品等服装新品类大量涌现，呈现出加速崛起的发展态势。其中，作为国风、国潮的创新性表达，新中式服装更加注重传统文化元素与现代时尚创意的有效结合，通过独特的剪裁、色彩搭配、图案设计等表现形式，满足创意市集、主题活动、个性出街、看展拍摄等消费需求，穿衣场景从日常逛街游玩到国风文化活动全面覆盖，正在逐渐突破小众圈层向大众消费延伸，当代性、实践性、生活性不断提升。根据《2024抖音电商女性消费趋势数据报告》，2024年，抖音平台新中式服装的订单量同比增长195%，其中马面裙的订单量同比增长841%，汉服、宋锦外套、香云纱服饰的订单量分别增长了336%、225%、112%。上久楷以宋锦工艺展现人与自然的和谐之美，推出全新高定系列"庄周梦蝶"；李宁以“瓷”为灵感打造兼具东方美学与多元户外功能的2024年秋冬系列新品。同时，时尚潮牌将科技元素、文化跨界、游戏娱乐等融入产品创新中，更加迎合新一代年轻群体的消费需求，产品销量、增长率和消费者数量均呈现出较快增长。例如，潮牌BF面向“95后”“00后”通过内容创新开展差异化精准营销，整合娱乐产业等多元力量，为品牌融入偶像基因，实现品牌曝光与销量的双重提升。

同时，防晒衣、鲨鱼裤、冲锋衣、羽绒服等极致单品聚焦生活细节，高端质感与功能颜值兼备，成为品牌孵化和转型的重要赛道。防晒衣不仅注重防晒、防紫外线、透气的功能性需求，并且融入斗篷式、罩衫、冰丝等设计元素，从户外运动、日常通勤等细分场景切入满足消费者对美观和实用的双重需求。2024年，天猫、抖音等电商平台防晒衣的销量实现较快增长，不仅蕉下、茉寻等深耕户外市场的品牌持续加码，波司登、安踏、李宁等休闲运动品牌也纷纷推出了防晒服、防晒帽等产品。凭借准确的消费洞察，SIINSIIN鲨鱼裤以“轻塑”为定位，通过产品科技卖点的可视化表达，精准触达并解决消费者痛点，市场占有率高达19%。传统户外品牌骆驼聚焦“三合一”冲锋衣，凭借下沉市场的渠道以及供应链等优势，实现了从大众服装向轻户外品牌的转型。在羽绒服领域，波司登首创卫衣羽绒服，内胆外层采用火山岩蓄热面料，实现创新设计与轻暖科技的革新，开辟全新品类空间；高梵依托面料材质、蓄热内里、抗菌技术等优势打造极致单品“黑金鹅绒服”，推出风壳鹅绒服、羊毛鹅绒服等新品类横向拓展场景，持续深化高端鹅绒服的品牌形象。此外，智能穿戴服饰、3D打印服装等科技产品不断涌现，医用防护服、赛车服、防辐射服等职业服装的智能化、功能性明显提升，为消费者提供了更加新颖、独特、专业的穿着体验。

（三）智能制造全面升级

随着大数据、物联网、云计算和人工智能等新一代信息技术与制造业深度融合，服装行业智能化转型升级加速推进，数字裁床、模板式智能缝制系统、智能吊挂缝制与仓储系统等自动化、数字化装备加速普及，生产管理过程信息化程度日益提升，智能工厂、工业互联网平台不断成熟，个性化定制、柔性快反供应链等模式蓬勃发展，特别是AI技术的广泛应用，大幅提高了行业整体的运行效率。当前，龙头企业和大型企业的智能制造能力显著增强，基本实现了生产环节从测体、裁剪、车缝、整烫到仓储的一体化全流程数据贯通，以及企业内部财务、生产、销售等跨系统的信息化集成管理，正在加快产业链、供应链等外部资源的优化配置与智能管控，向全方位、全链路的数智化升级推进。2024年12月，工业和信息化部发布文件和公示，波司登羽绒服装有限公司“大数据驱动的自适应服装智能工厂”、海澜之家集团股份有限公司“海澜云服智能工厂”和上海嘉麟杰纺织科技有限公司“户外服装面料全流程数智协同智能工厂”入选卓越级智能工厂（第一批）项目名单，雅戈尔服装制造有限公司、上海宝鸟服饰有限公司、江苏卡思迪莱服装有限公司、特步（安徽）有限公司等8家企业入选5G工厂名录，山东岱银纺织集团股份有限公司“西装国际化个性化高级定制领航实践”、安踏（中国）有限公司“鞋业智能车间创新应用”和洛兹服饰科技有限公司“服装产业大脑共享智造平台创新应用”等项目入选实数融合典型案例。

受益于工业互联网平台不断成熟和试点示范项目的带动作用，服装行业中小企业智能制造水平呈现稳步上升态势。在服装行业集群化发展进程中，龙头企业、链主企业以订单牵引、技术扩散、资源共享等方式，将数字化实践的经验赋能中小企业，推动中小企业转型升级、提质增效。部分中小企业开始将业务系统向云端迁移，持续推进研发设计、生产制造等核心业务环节的数字化转型、网络化协同和智能化改造，带动产品创新、制造柔性、成本集约和新价值增长，进一步构建企业核心竞争力。中国服装制造名城——浙江省平湖市、中国女裤名城——湖南省株洲市芦淞区等服装产业集群加快打造工业互联网平台，吸引产业链上下游的中小企业陆续纳入平台，从泛在资源共享、产销协同向产业链动态监测与调度优化转变，以数据驱动设计、采购、仓储、生产、销售、风控等多业务场景的精准把控和技术创新，在更大范围、更广领域内组织、配置和协同制造资源，推动中小企业加快数字化、智能化转型进程。

（四）全渠道融合持续深化

为适应消费理念和消费方式变革，服装企业和品牌持续深化线上线下全渠道融合发展的新零售模式，从传统电商到社交电商、直播电商、内容电商，再到线上品牌布局线下，以及线下门店和私域运营融合，通过线上、线下渠道的相互联动和优化，实现销售数据共享、库存统一管理，更加高效地满足日益个性化、差异化消费需求。线上渠道方面，直播带货、即时零售等新模式持续激发消费潜力，服装行业新零售模式日渐成熟，由内容和品牌驱动的高质量发展迈出新步伐。随着 AI 和数字人等新技术正在全面重塑市场运营、电商导购、客户服务、供应链管理等环节，服装企业加速推进在抖音、微信视频号、小红书、微店等多渠道的拓展，内容电商、直播电商、跨境电商等平台协同联动，通过“短视频+直播”带货、品牌直播以及社群营销、内容营销等方式，提高用户购买力以及品牌的传播力和影响力。从 2024 年前三季度服装上市公司数据来看，海澜之家线上销售额同比增长 44.7%，占营业收入比重较 2023 年同期提高 7.3 个百分点；女装品牌歌力思线上销售额同比增长 37.5%，占营业收入比重较 2023 年同期提高 4.3 个百分点。中国海关初步测算，2024 年我国跨境电商进出口额同比增长 10.8%，前三季度跨境电商出口额同比增长 15.2%，服装作为跨境电商主要出口品类保持较快增长。

同时，服装企业积极优化线下渠道布局，开设超级体验店、集合店、智慧门店，利用数字技术为消费者打造更多的场景化营销元素，策划一系列线上线下联动的场景化营销活动，增强消费者参与感和品牌黏性。在把线下流量转化为线上销售的同时，私域运营反哺线下门店，通过发布线下门店活动信息、新品推荐、独家优惠等内容，激发消费者到线下门店体验和消费的兴趣，满足消费者线上下单门店自提、换货以及指定门店发货等灵活的交易模式，为消费者提供线上线下无缝衔接的购物体验。同时，服装企业和品牌整合订单中的销售门店、履约门店、会员信息、销售导购、专属导购等关键业务数据，进一步形成完整的用户画像和消费行为数据库，通过对消费偏好、购买周期、地域分布等信息的分析，为会员提供精准营销和个性化的产品推荐，构建起线上线下一体化的会员管理和服务体系，提高品牌全渠道消费满意度。线上女装品牌美洋、晶咕、ROMI STUDIO 等纷纷开设线下门店，淘品牌茵曼建立“电商+门店+私域”新零售模式，成为全网首个从线上互联网品牌转型线下实体门店的女装品牌。唯品会、抖音等电商平台进一步加强实体零售与电商的结合，实现线上线下协同发展，为服装行业新零售布局注入活力。

（五）产业链协同扎实推进

2024 年，受益于 5G、物联网等网络技术的全面应用，服装行业在加强企业内外集成打通的同时聚焦跨区域和产业链上下游的协同联动，实现资源要素在跨区域、跨企业、跨部门之间高效组合、集约发展，推动行业从数字化设计、智能化生产等局部业务优化，向网络化协同、共享制造等全局资源协同优化迈进。随着国家区域协调发展战略深入推进，服装产业在区域协同方面逐步形成了产业东西平衡关联、优势互补、融合发展的生动局面。安徽、江西、湖北等中部省份服装产业兴起，与江苏、浙江等沿海省份形成供应链互动合作，打造长江经济带核心产业集聚区。新疆、广西、云南等省份和地区立足优质资源，向欧洲、东盟开放通道，着力提质升级，服装产业发展呈现全新格局。产业集群在推动要素跨界配置、协同联动发展中发挥了重要作用，正向专业化、特色化、融合化方向演进。整合绍兴绿色印染、嘉兴纺织新材料、杭州时尚设计、宁波品牌服装的环杭州湾现代纺织服装集群，以及以晋江为核心、在 50 千米范围内打造体育全产业生态链的泉州现代体育产品集群，入选了2024年国家先进制造业集群名单。同类型的集群也在加强跨区域的错位协同发展。例如，安徽省望江县与浙江省织里镇签署童装产业链合作协议，深化双方在人才、资源、市场方面的互补合作。

通过跨企业跨部门信息系统集成、构建供应链协同平台等方式，服装链主企业和优势企业积极开展产业链上下游全链路、全流程的数字化协同创新，通过物联网、工业互联网等信息技术链接面辅料研发、生产制造、销售服务、仓储物流等前后端的各个环节，实现数据联动和集成优化，提升产业链供应链的整体协作效能。迪尚集团作为山东省纺织服装行业的链主企业，通过工业互联网、云设计中心、面辅料平台、柔性制造基地和智能消费应用平台的集成整合，打造纺织服装垂直生态链平台，链接产业链上下游企业，实现全流程可视化管控与资源调度，构建起产业链上下游“资源共享、流量集聚”新模式。森马集团的柔性智能决策平台打通供应端与零售端，以消费者精准洞察、需求敏捷响应和全生命周期管理为核心，重构生产模式、运营方式和商业模式，实现全链条智化互联互通，缩短研发和生产周期，提升新产品的上市速度和市场匹配度，优化多品牌运作的协同效率，进而实现柔性订单平稳交付和智能决策科学高效。

三、2024年中国服装行业运行主要影响因素

（一）国际市场需求复苏动能不足

2024年，在美国、欧洲等发达经济体通胀水平持续下降、居民消费总体好转等因素的支撑下，全球经济呈现温和复苏态势。但地缘政治冲突升级、国际贸易摩擦频发等不稳定、不确定因素增多，全球经济下行压力加大，叠加发达经济体通胀回落放缓以及高利率高债务环境下消费增长放缓，国际市场需求复苏动能明显不足。从主要国家和地区的市场表现来看，主要发达经济体服装消费需求保持一定韧性，零售市场基本稳定，服装进口增幅较为疲弱。2024年，美国在通胀下行、收入增长的带动下，服装消费实现小幅增长，1—12月美国服装及服饰零售额同比增长2.2%，11月美国服装服饰商店库存/销售比为2.31，与2023年同期持平；1—11月美国服装进口同比增长0.6%。欧盟经济增长低于预期，2024年欧盟和欧元区GDP同比分别增长0.8%和0.7%，12月欧盟消费者信心指数为-13.3，消费信心持续走弱，抑制消费增长，1—11月欧盟服装进口同比增长0.8%。英国经济面临困境，消费信心低迷导致市场需求疲软，1—12月纺织品、服装和鞋类产品零售额同比下降1.7%；1—11月英国服装进口同比下降8.4%。日本经济复苏缓慢，前三个季度GDP环比分别为-0.6%、0.5%和0.3%，家庭支出持谨慎态度，12月家庭消费者信心指数仅为36.2，1—11月日本织物、服装和配饰零售额同比增长1.5%；1—12月日本服装进口同比增长3.6%（图1-7）。

（二）全球产业链格局加速重构

全球产业链供应链格局处于深刻变革重构期，美国、欧盟等发达经济体加紧实施供应链“中国+1”战略，以越南、印度为代表的发展中国家依托要素成本优势和大国博弈机遇加快产业布局，全球产业链近岸化、盟友化和区域化趋势愈发明显。在原产地规则日趋严格、贸易保护主义盛行的背景下，我国服装产业正面临发达国家订单转移和发展中国家竞争加剧的双重压力，部分服装企业在订单驱动、关税驱动和风险驱动下加速向海外转移。根据美国纺织品服装办公室、欧盟统计局，2024年1—11月，美国自我国进口服装152.3亿美元，同比下降0.3%，占美国服装进口总额的20.9%，比2023年同期下降0.2个百分点；而美国自东盟进口服装同比增长4.3%，所占份额提升1.1个百分点，其中美国自越南进口服装同比增长4.5%，所占份额提升0.7个百分点，达18.9%。同期，欧盟自我国进口服装237.6亿欧元，同比增长2.0%，占欧盟服装进口总额的28.7%，比2023年同期提高0.3个百分点；而欧盟自东盟和孟加拉国进口服装同比分别增长

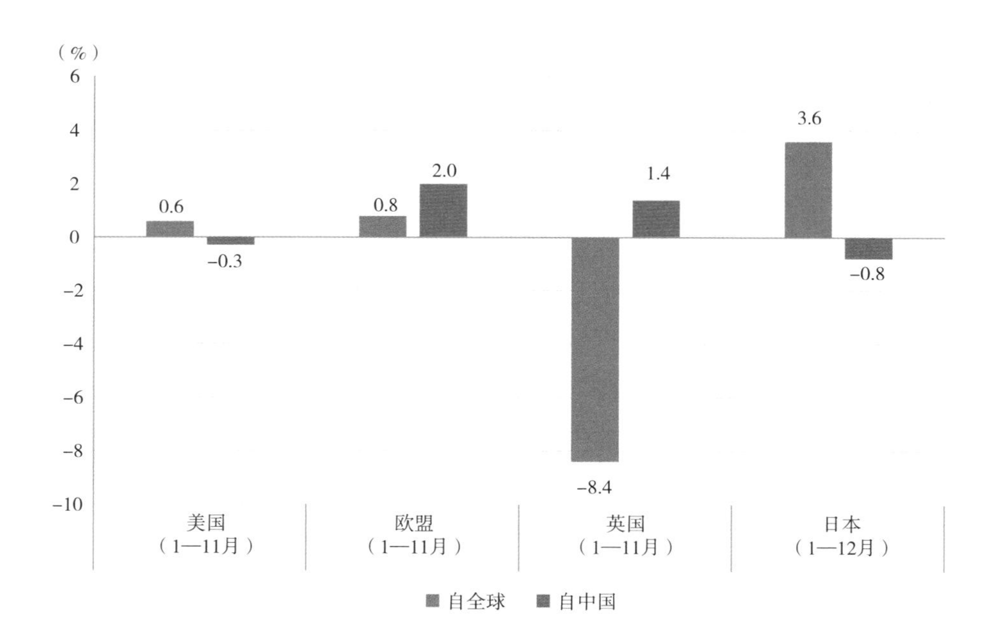

图 1-7 2024 年全球主要市场服装进口增速情况

（数据来源：美国商务部、欧盟统计局、英国统计局、日本海关）

4.3%和 2.5%，所占份额分别提升 0.5 个和 0.3 个百分点。根据日本海关数据，2024 年，日本自我国进口服装 17834.5 亿日元，同比下降 0.8%，占日本服装进口总额的 48.5%，比 2023 年同期下降 2.1 个百分点；而日本自东盟、孟加拉国和印度进口服装同比分别增长 7.6%、7.4%和 11.9%，所占份额分别提升 1.3 个、0.2 个和 0.1 个百分点，越南所占份额升至 17.9%，比 2023 年增加 1.1 个百分点（表 1-2）。

表 1-2 2024 年美国、欧盟和日本服装主要进口国份额变化情况

美国（1—11 月）			欧盟（1—11 月）			日本（1—12 月）		
国别	比重（%）	比重增减（个百分点）	国别	比重（%）	比重增减（个百分点）	国别	比重（%）	比重增减（个百分点）
中国	20.9	-0.2	中国	28.7	0.3	中国	48.5	-2.1
越南	18.9	0.7	孟加拉国	20.3	0.3	越南	17.9	1.1
孟加拉国	9.3	-0.1	土耳其	10.6	-0.9	孟加拉国	5.2	0.2
印度	6.0	0.2	印度	5.1	0.0	柬埔寨	5.2	0.7
印度尼西亚	5.4	0.0	越南	4.7	0.1	意大利	4.6	0.3
柬埔寨	4.8	0.5	柬埔寨	4.4	0.7	缅甸	4.5	-0.3
墨西哥	3.3	-0.3	巴基斯坦	4.2	0.4	印度尼西亚	3.1	-0.2
洪都拉斯	2.9	-0.2	摩洛哥	3.1	0.2	泰国	1.9	0.2
巴基斯坦	2.7	0.2	突尼斯	2.5	-0.2	马来西亚	1.5	0.0
意大利	2.5	-0.1	缅甸	2.5	-0.4	印度	1.1	0.1

（数据来源：美国商务部、欧盟统计局、日本海关）

（三）内销市场提振乏力

2024年，我国内销市场呈现温和复苏态势，但增长速度有所放缓，增长动能从场景恢复向政策支撑转换，消费对经济贡献的乏力有所显现。根据国家统计局数据，2024年，我国社会消费品零售总额同比仅增长3.5%，增速比2023年放缓3.7个百分点；从指标的全年走势来看，一季度社会消费品零售总额增速冲高后，连续两个季度放缓，二、三季度同比分别增长2.6%和2.7%，四季度在扩内需促消费政策进一步落地显效、网络购物促销等因素的作用下，内销增速有所加快，增幅为3.8%。全年最终消费支出对国民经济贡献率降至44.5%，远远低于2021—2023年60.4%的平均值，其中第三、第四季度最终消费支出对国民经济贡献率仅为29.8%和29.7%。消费的疲软关键在于居民收入修复缓慢，消费信心不足，消费能力和消费意愿均有待增强。根据国家统计局数据，2024年12月消费者信心指数为86.4，同比下降1.37%；全国城镇调查失业率为5.1%，与2023年同期持平。2024年，我国人均居民收入和人均消费支出均同比增长5.1%，增速分别比2023年放缓1.0个和3.9个百分点；人均衣着消费支出1521元，同比增长2.8%，增速比2023年放缓5.6个百分点（图1-8）。

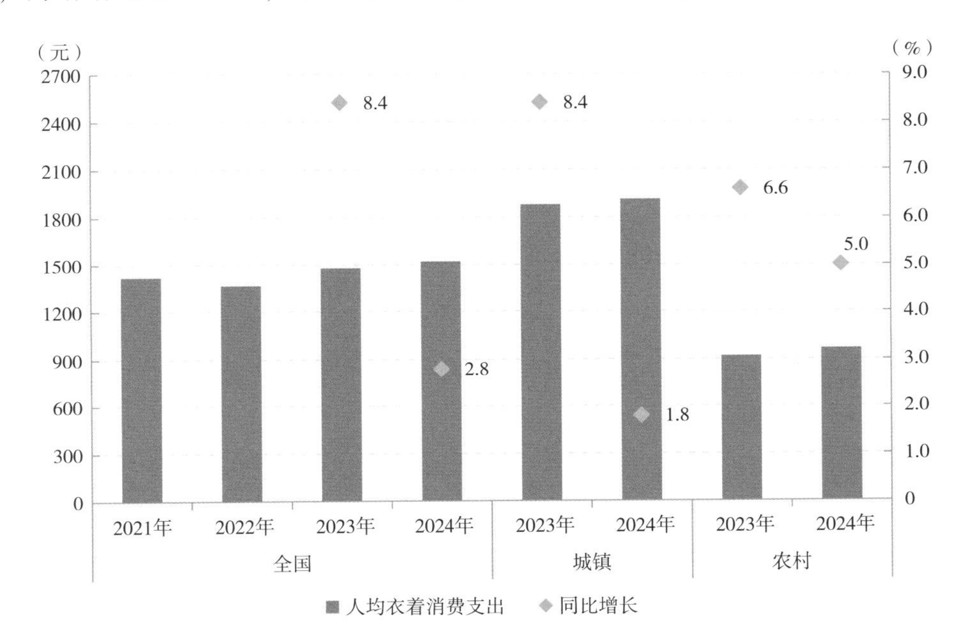

图1-8　2024年我国居民人均衣着消费支出情况

（数据来源：国家统计局）

（四）内卷式竞争制约企业质效提升

尽管2024年服装行业效益数据呈现边际改善，但影响行业经济的核心问题依然存在，主要集中在运营成本上涨的同时产品价格提升困难，内卷式竞争对产业运行质效造成较大压力。一方面，内卷式竞争抑制企业创新活力和创新行为，阻碍行业高端化、时尚化进程，不利于行业高质量发展。另一方面，“内卷”直接引发企业之间的无序竞争和价格战，企业利润空间严重收缩，不得不削减其他费用支出或降低产品质量，也给正规经营的企业造成较大损失。特别是直播电商等线上渠道价格内卷严重，价格下降并没有起到预期的促消费作用，反而导致退货率居高不下，企业利益严重受损。根据国家统计局数据，2024年12月，服装行业工业生产者出厂价格同比仅增长0.1%，年内各月服装行业工业生产者出厂价格指数整体呈阶梯式下降，下半年虽有所回升，仍比2023年同期下降0.3个百分点；服装居民消费价格同比增长1.4%，与2023年同期持平。从出口情况看，2024年服装出口“以价换量”问题明显，海外采购商全球比价，订单价格敏感度和透明度越来越高，同时部分企业为缓解成本压力，收缩自有工厂规模，把大量订单派发给外协工厂，也会造成利润收窄。此外，结构性用工矛盾突出、要素成本持续上涨、企业间拖欠账款问题严重等多重因素导致服装企业经营压力和风险明显加大。根据国家统计局数据，2024 年 1—12 月，规模以上服装企业应收票据及应收账款同比增长 5.8%（图 1-9）。

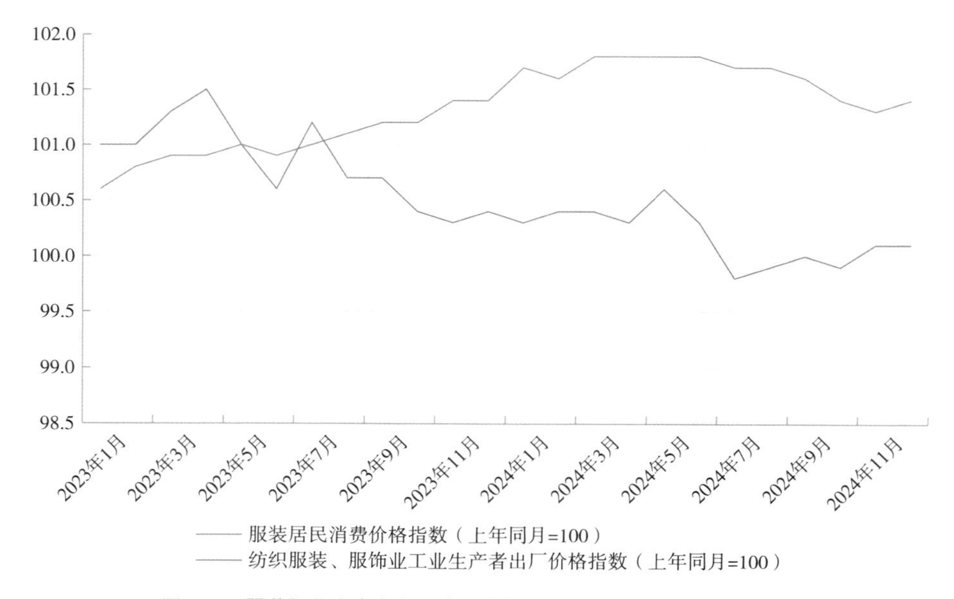

图 1-9　服装行业生产者出厂价格指数和服装消费价格指数变化情况

（数据来源：国家统计局）

四、2025 年中国服装行业发展趋势展望

2025 年，面对复杂严峻的外部环境和艰巨的发展改革任务，我国服装行业将深入落实中央工作经济会议部署，坚持稳中求进的工作总基调，立足构建现代化产业体系，扎实推进数转智改、绿色发展、业态创新等转型升级，加快培育和发展以高科技、高效能、高质量为特征的新质生产力，持续提升国际竞争优势，为行业平稳向好发展提供有力支撑。

（一）2025 年服装行业面临的发展环境

1. 中美贸易不确定性加大我国服装外贸的风险和挑战

2025 年，随着美欧央行继续降息，全球货币政策进一步宽松，以及科技革命的带动，全球经济将延续复苏态势。但是，新冠疫情导致的“疤痕效应”仍将对世界经济造成深远影响，特朗普政策、通胀走势、地缘冲突等风险因素显著提升，国际市场需求增长前景面临较大不确定性。2025 年 1 月，国际货币基金组织（IMF）预测 2025 年全球经济增速为 3.3%，比 2024 年加快 0.1 个百分点，但仍明显低于新型冠状病毒感染前，其中发达经济体经济增速为 1.9%，比 2024 年加快 0.2 个百分点，发展中经济体经济增速为 4.2%，与 2024 年持平；全球通货膨胀压力继续下降，预计 2025 年全球 CPI 约为 4.2%，比 2024 年回落 1.6 个百分点。在全球通胀压力降低、主要央行降息等因素的推动下，世贸组织 WTO 预计 2025 年全球货物贸易将增长 3.0%，比 2024 年提升 0.3 个百分点；在对亚洲出口的预测中，WTO 预计 2025 年亚洲出口增速将从 2024 年的 7.4%下降至 4.7%。同时，美国贸易政策的转变将扰乱全球经济与贸易复苏进程，贸易摩擦扩围升级，大大提升了全球贸易形势的不确定性。特别是特朗普政府将对来自中国的进口商品加征关税或取消最惠国待遇等措施，对我国服装出口形成直接压力的同时，也会进一步加速海外供应链向东南亚国家转移，引发全球产业链重组和产业区域结构调整，给我国服装产业链稳定运行带来严重影响。

2. 内需市场对服装行业高质量发展的支撑作用更加凸显

尽管当前外部环境变化带来的不利影响加深，我国经济运行仍面临国内有效需求不足、部分企业生产经营压力较大等诸多困难和挑战，但我国经济基础稳、优势多、韧性强、潜能大，长期向好的支撑条件和基本趋势没有变。国际货币基金组织（IMF）预计 2025 年中国经济增长 4.6%，有望实现温和复苏。2024 年 12 月召开的中央经济工作会议明确指出，“大力提振消费、提高投资效益，全方位扩大国内需求”是 2025 年经济工作的首要任务。随着前期各项存量政策效应继续释放和一揽子增量政策加快实施，国内经济调整转型深度推进，供需两端协同发力，在大力推动中低收入群体增收减负，提升消费能力、意愿和层级的同时，创新多元化消费场景，积极发展首发经济、冰雪经济、银发经济，促进数字消费、绿色消费、健康消费，激发下沉市场新活力，推动消费提质升级，增强经济运行的内生动力。特别是以“90 后”“00 后”为代表的年轻群体对国货品牌的消费意识和认可度明显增强，中国制造的时尚品牌因文化自信、产品创新、供应链优势而更加具有竞争力，新业态新模式持续活跃，新动能加快成长壮大，既满足了群众对高品质生活的追求，更助推国内市场消费潜力持续释放。

3. 新质生产力为服装现代化产业体系建设注入新势能

随着新一轮科技革命和产业变革的不断发展，我国把“以科技创新引领新质生产力发展，建设现代化产业体系”作为经济社会发展的重点任务，将科技创新转化为产业创新，积极运用数字技术、绿色技术全面推动产业转型升级。特别是当前数字经济持续驱动制造业朝着深度融合的发展方向演进，企业价值创造活动进入到智能工厂、协同研发、大规模个性化定制、电商直播、智能仓储等新阶段，制造企业亟须提升研发、设计、制造、营销、配送等各环节的数字化、信息化、智能化水平，培育发展新质生产力，通过提高生产效率、重塑生产组织结构以及促进技术创新，构建中国式现代化产业体系建设的新势能。2024 年 12 月，国家工业和信息化部相继印发了《制造业企业数字化转型实施指南》和《中小企业数字化赋能专项行动方案（2025—2027 年）》，将进一步推动中小企业数字化改造应改尽改，加快产业模式和企业组织形态变革，提升企业核心竞争力，促进形成新质生产力。同时，应对气候变化问题已成为大国博弈的重要领域。随着全球生态环境问题政治化趋势逐渐增强，欧盟碳关税过渡期临近尾声，我国碳减排相关的制度体系将进一步完善，产业数字化、绿色化、融合化发展持续深化。在此背景下，我国服装行业要进一步加快物联网、大数据和人工智能等新技术的深度融合应用，通过智能化的生产和管理模式，变革重塑行业科技、文化、绿色生产力，推动产业从中国制造向“中国智造”转变。

4. 高水平对外开放为服装行业融入全球发展创造新机遇

当前我国经济已深度融入世界经济，巩固和增强经济回升向好态势，必须坚持扩大高水平对外开放。中央经济工作会议在 2025 年经济工作的重点任务中，特别强调了“扩大高水平对外开放，稳外贸、稳外资”，并从“推动自由贸易试验区提质增效”“积极发展服务贸易、绿色贸易、数字贸易”等方面提出系列举措，为进一步全面深化改革、扩大高水平对外开放指明了方向，也为在高水平对外开放中不断推进中国式现代化提供了重要遵循。从共建“一带一路”到 RCEP 实施生效，再到自贸伙伴扩容、自贸试验区加速建设，中国不断推动贸易和投资自由化便利化，为全球经济增长提供新机遇。目前，中国已与 29 个国家和地区签署了 22 个自贸协定，与自贸伙伴的贸易额占中国对外贸易额的三分之一左右。2025 年，我国将会加快推进加入《全面与进步跨太平洋伙伴关系协定》（CPTPP）和《数字经济伙伴关系协定》（DEPA）进程，通过一系列措施扩大高水平对外开放，拓展区域经济合作新空间，有效控制外部环境变化对外贸的可能冲击。作为全球服装产业的中坚力量，中国服装行业将以更加开放的姿态融入全球发展，主动优化生产制造环节的国内外布局，努力开发“一带一路”、RCEP 等新兴市场，拓展产业“出海”空间，应对贸易挑战的同时加强全球合作，以国内大循环吸引全球创新资源，夯实高端制造能力和品牌文化内涵，提升我国在全球服装产业链供应链中的话语权和控制力。

（二）2025 年服装行业发展趋势预测

展望 2025 年，我国服装行业发展面临的不稳定不确定因素依然较多，全球经济缓慢复苏，地缘政治冲突、贸易保护主义等风险因素对国际贸易的稳定发展构成压力，国内经济有望延续回升向好态势，但调整转型阵痛持续释放，消费增长内生动力有待进一步增强。在外部环境更趋复杂严峻的大背景下，2025 年，我国服装行业进入到产业转型升级的深度调整周期，出口严重承压，内销市场预期改善，企业经营压力保持高位的同时，行业经济整体将呈现低速运行态势。

从国际市场来看，服装出口下行压力加大，国际市场需求复苏动力不足，欧美等发达经济体补库存周期进入尾声，叠加地缘政治冲突、贸易保护主义等不稳定不确定因素增加，将对我国服装出口造成较大影响。一方面，美国新一届政府对中国加征关税的幅度和节奏是我国服装出口所面临的最大不确定性，也要警惕在此风险情形下，特朗普政府贸易政策或将设限范围增加东南亚、南亚等贸易转口国家，或引发其他国家效仿，如墨西哥对自中国进口的成衣暂时征收 35%的关税，将对服装外贸造成更大冲击。另一方面，国际采购商将加速订单转移的步伐，国内服装企业也将进一步加快全球化产能布局，以规避贸易风险。同时我们也要看到，受益于我国完善的服装产业链优势、现代化制造能力和多元化市场的强大韧性，以及跨境电商、海外仓等新模式新业态的有力拉动，我国服装出口仍然存在较强支撑。

从国内市场来看，随着国内经济回升向好、消费信心和市场活力逐渐增强，国内需求有望内生改善，预计 2025 年我国服装内销市场将呈现平稳向好态势，叠加 2024 年低基数因素，内销增速或将有所回升，内销市场对服装行业发展的压舱石作用进一步增强。多重利好因素将支撑服装内销市场持续回暖：一是扩内需、促消费、惠民生等政策持续发力，居民收入提升和资产价格企稳，有助于消费能力提升和消费意愿增强。二是以 Z 世代、新中产为代表的新消费群体崛起，运动、国潮、绿色等新消费增长点结合线上线下融合发展的新零售模式持续激发市场活力，消费场景和消费品质创新升级，成为满足新时代更高层次精神文化追求及情绪价值的主引擎。三是县域市场展现出巨大的消费潜力和消费变革需求，国货品牌和电商平台加速布局下沉市场，带动服装消费需求持续释放。四是随着促消费及改善营商环境等政策协同发力，服装品牌和企业将加强产品开发和场景创新，通过文化赋能、科技支撑等强化品牌价值创造，促进产品价格回升和企业效益修复，激发企业内生动力，助力服装内销市场持续回暖。

总体来看，2025 年，我国服装行业仍将面临消费需求不足、市场竞争激烈、两极分化加剧等交织叠加的困难和问题，尤其是以美国市场为主的出口制造型企业，经营压力明显加大。在复杂多变的形势下，服装行业需坚守“科技、时尚、绿色、健康”的产业新定位，坚持稳中求进工作总基调，加快培育和发展新质生产力，扎实推进数转智改、绿色发展、业态创新等转型升级和现代化产业体系建设，努力推动行业经济延续平稳向好的发展态势。

（三）2025 年服装行业重点发展方向

以人工智能为代表的数字技术正在深刻改变着各行业的生产方式和商业模式，制造系统开始具备自主感知、自主学习、自主决策、自主执行能力，驱动产业链重构和产业生态重塑。在全球科技变革和产业变革的大趋势下，我国服装行业将聚焦发展新质生产力，进一步拓展产业数智化升级的深度与广度，践行文化引领、时尚创新和绿色转型，以新技术、新模式、新业态积蓄发展新动能，扎实推进现代化产业体系建设和高质量发展。

1. 消费变革加速产业时尚跃迁

新一代消费群体更加注重产品的个性化、差异化和文化内涵，追求能够体现自己独特品位和生活方式、满足自己情感和精神需求的产品。面对消费需求变化和消费场景细分，服装行业将继续深入推进全流程数字化、绿色化转型升级，加速普及智能化生产、个性化定制、柔性供应链等新制造范式，持续提升品牌时尚文化创意与价值创造能力，促进新零售业态和品牌样式蓬勃发展，推动企业和品牌加速向年轻化、高端化、时尚化跃迁。

为适应男性消费理念和消费方式的转变，男装行业将加速向品质化、高端化、细分化升级，兼顾功能性、专业性和运动休闲属性的男装市场空间将持续释放，市场竞争也将更加激烈。男装企业将进一步加强科技研发支撑产品创新，并以中华传统文化为底蕴捕捉设计元素，提升品牌的文化属性和时尚度，满足消费者的多样化需求。同时，为适应和把握新零售的发展趋势，男装企业将聚集优势资源构建线上线下全渠道数字营销网络，重点加强实体门店升级改造及电商平台服务优化，提升消费场景覆盖和敏捷创新能力。在生产运营方面，男装企业将持续深化数字化应用，组织架构从以产品为中心向以客户为中心转变，业务创新从流程驱动向场景驱动转变，不断提升企业管理端、制造端、零售端的快速反应能力和精益管理水平，稳步有序地建设以消费者为中心、以智慧分析为大脑的数字化企业。

在“她经济”消费理念不断嬗变的背景下，尤其是随着年轻消费群体对国产品牌认同感明显提升，我国女装行业将继续保持高质量发展态势，中高端品牌、原创品牌、设计师品牌将在“悦己”“情绪价值”的消费浪潮中迎来更广阔的市场空间。为满足多层次、细分化的消费需求以及不同年龄段的时尚诉求，女装企业和品牌将持续加强中国传统优秀文化的挖掘、融合和转化，深入研究当代女性生活方式与审美需求，构建与新时期市场相适应的品牌发展体系，以差异化、特色化的符号和产品表达“她时尚”的态度主张，构筑品牌的文化内涵与价值支撑，推动品牌核心竞争力的提升。同时，企业将进一步加强对全渠道消费洞察、时尚潮流、行业发展等相关数据的分析及反馈，全面打通设计、生产、物流、营销等核心环节的供应全链路，积极推进小程序、直播等社交零售新渠道，以新奇有趣的互动内容和极致的购物体验，精准营销不同的圈层人群，向女性消费者传递品牌文化、社会责任、绿色发展理念，构建可持续发展的生态价值体系。

受益于国家对生育友好型社会建设愈加重视，以及新生代父母消费理念持续升级，我国童装行业有望呈现恢复性增长，高端化、细分化、时尚性、功能性的发展趋势将更加显著。面对全面深化改革的时代新机遇，我国童装行业将进一步加强以人工智能为代表的数字技术赋能，加快智改数转，推动设计范式、研发范式以及运营模式、管理模式的全面变革，满足从实用功能到情绪价值的多元化消费需求。一方面，童装企业通过打造按需生产、“小单快反”的数字化柔性制造体系，提升市场响应能力和敏捷性，进一步朝着智能化、网络化、精益化发展。另一方面，在文化自信激发新一代消费群体对蕴含中华传统美学强烈需求的背景下，童装企业将在文化底蕴、生活方式的挖掘转化中进一步提升时尚文化创意与文化创造能力，以产品为载体，把握文化业态、传播形态的深刻变化，打造更显风格和审美的产品和品牌。同时，绿色能源、绿色材料、绿色技术加速迭代升级，童装企业将深化绿色材料应用和制作工艺创新，通过大数据对供应链各个环节进行统筹和监督，推动供应链数字化、标准化、可视化，逐步搭建多层次、立体化、高效率的绿色童装产业体系。

随着人们对健康生活方式的追求日益加深，以及休闲运动、户外运动和潮流运动热度不断提高，我国休闲运动服装行业将继续保持较快增长，产品品类更加丰富，市场更加专业化、细分化。休闲运动服装企业将进一步加速数字化转型，利用大数据和人工智能技术更好地洞察消费需求，通过不同的市场策略和产品设计来满足不同应用场景和特定消费群体的需求。部分优势运动服装品牌将专注于高端市场，强调产品的科技含量和品质，通过引入智能感应技术、生物监测芯片等高科技元素，实时监测消费者的运动数据，提供个性化的运动建议和数据分析，并加大轻便透气、吸湿排汗、防晒、抗菌等新型功能性材料的应用，提升运动服装的舒适度和专业性。一些新兴的休闲运动品牌将更注重性价比和时尚度提升，在保证穿着舒适并具备功能性的同时，研发设计将越来越多地加入流行元素，通过独特的设计和沉浸式体验满足差异化的消费需求，特别是年轻消费群体对于个性与时尚的追求。同时，休闲运动服装企业将进一步加强与其他领域或品牌的跨界合作，促进资源共享和优势互补，并通过参与国际赛事、开展国际合作等方式推进国际化战略，提升品牌国际知名度与影响力。

2. 文化时尚融合引领品牌发展

随着文化自信明显增强，服装品牌围绕文化内涵和民族特色，注重产品品质和设计，深入挖掘中国传统元素，把传统的刺绣、印染等工艺与现代的设计理念融会贯通，使得中式服装在保持传统韵味的同时，更加符合现代消费者的审美和需求，逐步形成独具特色的“新中式”风格。品牌将文化符号与品牌故事结合，通过哲学思想、历史故事、民间传说等传递品牌价值，赋予服装更深层次的文化内涵。例如，李宁将汉字的刚劲笔锋、传统图案的吉祥寓意融入服装设计；真维斯积极推动非遗传承与创新，与故宫博物院、敦煌博物馆合作打造系列产品，通过服装展现民族传统文化的独特魅力。以文化为纽带，产业之间逐步构建起共栖、融合和衍生的互动关系，如汉服成为古镇商街的标配，民族服饰是民俗旅游中沉浸式体验的重要元素。国潮品牌、设计师品牌和小众细分市场，如汉服、唐装、二次元服饰等不断崛起，进一步推动整个行业从“大众化”向“圈层化”转型。

行业时尚创意设计能力、文化承载与跨界元素应用能力将持续提升，手游、微短剧等文创产业围绕 IP 构筑起行业新的流量入口和价值来源，同时企业将不断加强拓宽销售渠道，塑造品牌形象，注重品牌力的持续性建设与发展。随着消费者对个性化、多元化需求的增加，从款式设计、面料选择到品牌理念，服装品牌将更加注重与消费者的情感连接，通过精心的品牌设计和清晰的品牌叙事，满足不同年龄、性别、职业和地域的消费者需求，使其产生认同感和归属感，同时引入小批量、个性化定制，提高生产效率和产品质量。另外，线上线下全渠道融合新型零售模式成为品牌发展新趋势，各品牌将建立自己的电商平台、社交媒体账号等渠道，并且注重实体店的经营和体验，把店铺打造成“社交场所”，通过独特的氛围营造、社群活动和情感营销，使得购物空间成为消费者享受生活、感受品牌温度的场所，吸引顾客停留并建立深层次的情感连接，提供更加便捷、舒适的购物体验。

3. AI 技术在产品设计中的应用更加广泛

随着数据分析、智能生成及虚拟现实等技术日益成熟，以及服装企业对增强设计能力和流程自动化的需求不断增长，人工智能在服装设计中的应用将更加广泛，为行业的创新发展带来颠覆性的变革。AI 技术持续迭代升级，将进一步推动文化、科技与行业的深度融合，既能加速实现智能创意设计，提高产品设计的效率、创造力和整体质量，也可以通过深入分析消费者行为和市场需求，为企业和品牌提供更精准的市场定位和产品策略。服装行业头部企业将加快开展应用 AI 设计系统的探索实践，优化升级商品企划、设计开发、3D 打板建模、虚拟成衣交付、门店管理等关键流程，逐步完善生产要素数据库和 AI 图像算法矩阵，达到缩短样衣开发时间、降低研发成本、提升运营效率的目标。同时，平台经济、共享经济的快速发展，将带动工业互联网平台、数字化中央板房、AI 设计平台等新型基础设施建设，加速 AI 大模型在中小企业中的应用，极大增强服装中小企业的设计能力，促进从设计创意到批量成衣的高效转化，助力整个行业从传统代工（OEM）向数字化贴牌（ODM）转型。浙江深服人工智能科技股份有限公司公开发布了“匠衣深造”和“锦绣千设”两个垂直领域的 AI 大模型，画衣衣 AI 制板也即将发布，为服装企业、电商企业搭建起包括 AI 设计制板、面料挑选与样衣下单等功能的共享服务平台。

在产品策划环节，设计师将有效运用人工智能，从用户行为、市场趋势、文化热点以及历史资料等海量的数据源中提取信息进行大数据分析，深入了解消费者的真实需求，发掘当前流行的设计风格或文化元素，确定设计方向和营销策略，引导生产端优化供给。设计师还可以应用虚拟现实技术，通过虚拟试穿和 AI 穿搭视频为消费者提供多感官交互体验，将服装产品的文化背景和创意理念通过三维空间生动地展示出来，提升消费者参与度，增强品牌影响力和市场竞争力。在产品设计环节，设计师可以利用 AIGC 创意设计能力和大数据分析能力，提前预测流行趋势，辅助设计决策，快速生成多种不同面料、款式、工艺、颜色、花纹组合的 3D 数字样衣，从设计的初步构思到最终服装样衣效果的呈现，以较短的研发周期和较低的研发成本完成服装的整体设计。2025 年 1 月，福建柒牌时装科技股份有限公司发布"柒牌 AI"，向世界展示了科技和时尚的无缝对接，拓宽了服装领域的产品边界，为消费者带来个性化且便捷高效的购物体验。红豆股份有限公司引入门店全生命周期管理系统，通过 AI 视觉识别技术对门店货架、产品陈列等进行实时监测，智能化管理门店消费场景，并对运营数据进行深挖和分析，为门店精准把握消费需求、提高产品设计效率提供支持。

4. 智能工厂建设步伐加快

随着新一代信息技术的深层次渗透与应用，智能工厂作为 AI 赋能新型工业化的重要抓手，将呈现加速扩容、持续深化的发展态势，并在绿色低碳和可持续发展方面发挥积极作用，成为服装行业培育新质生产力、引领高质量发展的重要引擎。在人工智能、物联网、大数据等新技术深度赋能的大趋势下，服装行业将进一步推动全产业链智能制造生产线及关键设备应用，推动行业数据、企业数据、社会数据从集中到集约、联通到协同、使用到复用、叠加到融合转变。在做好"数据资源要素化"的同时，行业将持续聚焦智能工厂和智能制造系统建设，推动数字技术向全流程融合渗透，重点增强智能裁剪与缝制、智能物流与仓储、数字化管理与运营等领域更高程度的智能化与自动化，促进企业组织形态加速向以数据驱动业务改良与创新的敏捷化转变，形成更加智能、高效的生产管理体系和决策支持系统，以满足市场对订单快速响应和个性化定制的需求。

"AI+工业互联网"的应用模式将向行业更多应用场景和更专业细分品类深入赋能，技术融合创新、供给生态构建、场景应用落地和新型组织形态变革将进一步推动服装行业智能化升级向更深层次和更广泛领域拓展。工信部开展的智能工厂梯度培育行动既为智能制造能力评估提供了标准支撑，也为行业以不同的特色模式加快智能工厂建设起到引领带动作用。波司登羽绒服装有限公司的"大数据驱动的自适应服装智能工厂"聚焦拉动式自动补货生产，通过采集线上线下多渠道市场、销售和客户的数据进行分析，预测市场走势、销售波动和需求变化，进而实时调整生产计划、销售策略，快速响应市场变化，解决了服装行业长期以来存在的生产制造与消费者真实需求不匹配的痛点问题，实现了以消费者为中心的数字化"研产供销服"全链路协同。海澜之家集团股份有限公司"海澜云服智能工厂"通过全面数字化和智能化升级，整合智能仓储管理系统、生产制造管理系统（MES）、智能吊挂系统等运营系统，智能终端与设备的交互协同实现了服装生产的全自动化作业，大数据分析系统促进企业内部信息共享和决策优化，构建起既能批量生产又能个性化定制的柔性快反生产链，有效提升企业核心竞争力。

5. 内容营销助推组织运转更加高效

内容营销已经不再是简单的信息传递，而是品牌影响力和营销变革的核心驱动力。2025 年，服装行业将进一步强化内容营销，通过系统化的全域策略以及构建敏捷、灵活、专业的组织架构、流程机制和人才梯队，以精准的内容和有效的营销手段与消费者建立深度连接，不断提升产品力、内容力、营销力和数据力，从而驱动组织运转的高效协同。服装企业要进一步增强品牌与消费者之间的双向互动，在深入挖掘产品背后的设计理念、制作工艺、材料来源等，将品牌文化和价值观传递给消费者，增强产品情感价值的同时，鼓励消费者通过分享穿搭体验、设立话题标签等方式参与内容创作，收集并展示用户生成内容，增强品牌的社交属性和互动性，从而提升品牌忠诚度和影响力。

从社交媒体的时尚博主合作、关键意见领袖（KOL）推广，到品牌自建的官方网站、应用软件（App），高级的视觉享受、沉浸式的品牌种草在潜移默化中深入人心，时尚内容的产生、时尚传播的渠道、时尚发展的机制都在发生改变。服装企业将持续提升组织效能，通过内容创新与差异化、多渠道整合传播、数据驱动优化等策略，有效开展内容营销，进一步增强品牌影响力和内生发展动能。在内容创新与差异化方面，目前近八成的中国原创设计品牌在小红书经营，服装企业要克服内容同质化挑战，选择与品牌调性相符的 KOL 和网红合作，通过独特的视角和呈现方式，向消费者分享时尚解读、穿搭指南、产品故事、品牌文化等内容，扩大品牌曝光度，提高内容传播效果。在多渠道整合传播方面，服装企业应充分利用社交媒体、官方网站、App、线下发布、快闪店等多种渠道，构建全方位的内容传播网络，实现线上线下内容的无缝融合。同时，根据不同渠道的特点和受众偏好，定制化内容策略，确保内容的有效触达和互动。在数据驱动优化方面，服装企业要全面梳理消费趋势、行业相关以及企业自有数据，涵盖流量获取、内容生产、用户转化、客户服务等全域全链路各环节，建立系统化的数据分析、监测框架，以及“数据分析—策略优化—效果评估—再分析”闭环机制，最终形成以数据驱动为核心的增长引擎。

6. 企业出海开拓全球化发展新空间

2025 年，服装企业出海将迎来新一轮的增长浪潮，目标市场也将在深耕东南亚市场的基础上向欧美市场拓展。后疫情时代，全球消费者消费观念转向追求高性价比、体验、情绪价值，对服装企业出海提出了高端化、本土化、智能化等更高要求。一方面，随着服装行业从“中国制造”向“中国智造”转变，文化自信不断提升，中国服装企业更加积极地通过并购海外品牌、优化供应链管理、构建全球化数字营销网络等方式，提升品牌国际知名度和影响力。另一方面，企业出海在传递国内品牌文化内涵和发展理念的同时，要做好跨文化的品牌建设，以优质的产品质量和服务体验与本地消费者建立深层次的情感连接，把质量标准、知识产权、ESG 实践等品牌信息及时精准地传递给目标消费者，增强品牌的认同感和亲和力。波司登、报喜鸟、雅戈尔等企业通过品牌并购扩大市场版图，不断探索全球化发展新路径；海澜之家 2024 年上半年海外业务营收同比增长 25%，并计划将在中亚、中东布局落地；女装品牌 UR 计划在 2025 年重点布局纽约、伦敦，并以直营和加盟的方式加速设立海外门店。

依托强大的产业链优势、全球物流服务体系以及平台数字化服务能力，服装行业的跨境电商正从产品出海向品牌、供应链协同出海转变，进入到以全托管新模式、数字贸易蓬勃发展为特征的新阶段，为我国服装外贸转型升级增添新活力。以拼多多海外版（TEMU）、希音（SHEIN）、速卖通、抖音海外版（TikTok）、虾皮（Shopee）为代表的跨境电商平台采用全托管模式，为服装企业提供网站引流、内容营销、跨境物流、合规经营、知识产权等一站式服务，将国内全渠道购物、智能供应链、自动化仓拣、线下门店和配送上门服务等整个生态服务体系推向海外，助力服装企业开拓海外市场、加速国际化布局。同时，在数字贸易改革创新发展的推动下，服装行业立足国内国际双循环发展，通过“跨境电商+产业带”“平台+独立站”等出海新模式，搭建线上线下融合、境内境外联动的全球化营销体系，推动自主品牌“触网升级”，不断提升海外市场拓展能力。服装企业要进一步加快人工智能等数字技术的集成应用，更精准地洞察全球消费者的行为和需求，以产品为核心强化产业链上下游设计研发、加工制造、物流服务等环节的数据全域协同，打造敏捷柔性的供应链体系，增强企业和品牌的国际竞争力。

第二部分　分报告篇

2024—2025 年中国服装消费市场发展报告

中华全国商业信息中心　殷夏

2024 年，我国服装消费市场实现平稳增长，增速虽较 2023 年放缓，但服装消费结构持续优化、消费品质稳步提升、消费内涵更加丰富。其中，消费结构优化体现在农村居民衣着消费支出实现较快增长、下沉市场释放消费升级潜力；消费品质提升体现在理性消费与品质需求推动服装消费价格持续上升、产品创新与美好生活需求使得运动服和童装市场表现出较强的发展韧性；消费内涵丰富体现在服装已成为科技创新与功能提升美的呈现，消费者更加关注服装价值创造过程的绿色、环保、可持续。展望 2025 年，服装市场将紧跟消费发展大势，突破传统营销思维定式，积极推动服文旅体健融合发展，着力展现服装价值创造过程，从东方与西方文化、传统与现代文化、高端与大众文化的融合发展中，创造时尚新潮流。

一、2024 年我国服装消费市场运行情况

2024 年，我国居民衣着支出持续增长，且农村地区增速相对较快，衣着支出占居民全部支出比重稳定在 5.4%。限额以上单位服装零售额增速虽有放缓，但除去增速在疫情前后呈现出的较大起伏，从近四年平均增速来看，限额以上单位服装类零售额年均增长 1.8%，表明服装零售基本处于低速增长时期。尽管服装零售增速放缓，但服装消费价格持续上涨，且高于居民消费价格平均水平，反映出消费者对品质提升的需求没有改变，我国服装市场进入理性消费、品质消费发展阶段。

（一）居民衣着消费支出持续增长

2024 年前三季度，我国居民人均衣着支出达到 1109 元，同比增长 5.1%，2020 年以来首次连续实现正增长，表明居民在衣着上的开支已进入相对稳定的增长区间。同时，衣着消费支出虽有持续增长，但增速较 2023 年同期放缓 1.4 个百分点，低于消费支出平均增速 0.5 个百分点，低于交通通信支出 4.9 个百分点、低于教育文化娱乐支出 5 个百分点、低于其他用品及服务支出 5.8 个百分点，也低于食品烟酒支出 2 个百分点，表明在需求不足、消费更谨慎、更理性的市场环境中，衣着作为兼具物质、情感、文化、审美的商品品类，需要进一步彰显其功能属性和精神价值（图 2-1）。

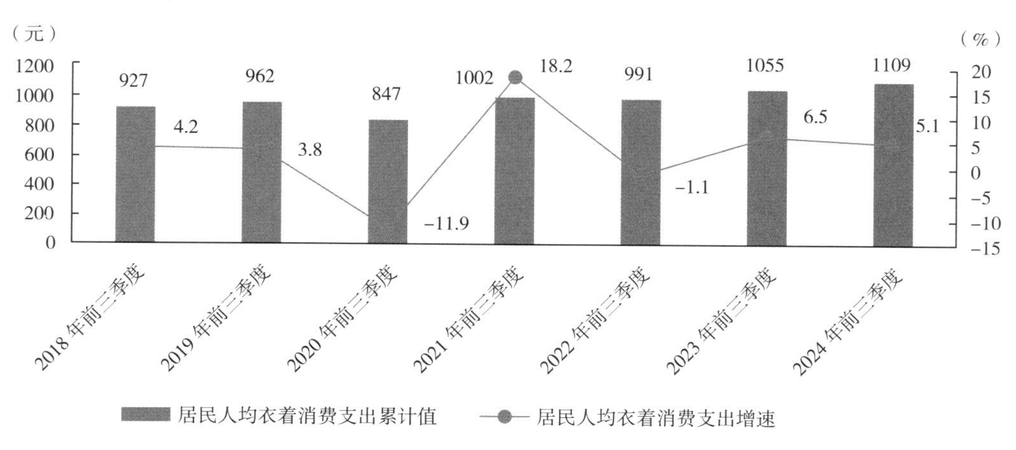

图 2-1　2018—2024 历年前三季度居民人均衣着消费支出及同比增速

（数据来源：国家统计局）

（二）农村居民衣着消费支出增速加快

随着农村居民收入较快增长、县域商业体系持续完善、农村电商快速发展以及服装品牌加码下沉市场，农村消费者对高品质服装的需求得到有效释放，农村居民衣着消费支出实现较快增长。2024年前三季度，城镇居民人均衣着消费支出为1394元，同比增长4.1%，增速较2023年同期放缓2.3个百分点；农村居民人均衣着消费支出713元，同比增长6.6%，增速较2023年同期加快1.5个百分点，且快于城镇居民人均衣着消费支出2.5个百分点（图2-2）。

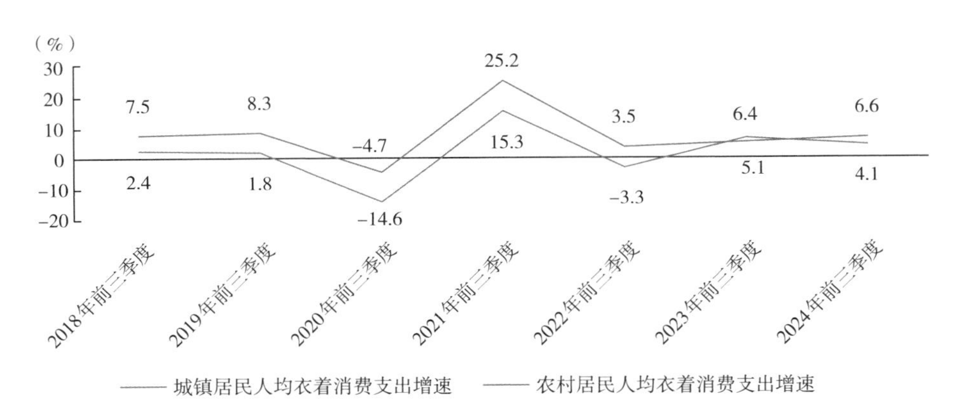

图2-2 2018—2024历年前三季度城镇、农村居民人均衣着消费支出及同比增速

（数据来源：国家统计局）

（三）居民衣着消费支出占比与2023年基本持平

2024年前三季度居民人均衣着消费支出占总支出比重为5.4%，与2023年同期基本持平（图2-3）。在八大类消费支出中，食品烟酒支出、交通通信支出、教育文化娱乐支出、其他用品及服务支出占比分别为30.1%、13.9%、11.1%和2.8%，较2023年同期分别提高0.4个、0.5个、0.5个和0.1个百分点；居住支出、医疗保健支出、生活用品及服务支出分别为22.1%、9.2%和5.4%，较2023年同期分别降低1.0个、0.2个和0.3个百分点。

图2-3 2018—2024历年前三季度居民人均衣着消费支出占比

（数据来源：国家统计局）

（四）限额以上单位服装零售额增速放缓

2024年前10月，限额以上单位服装类零售额实现8377.3亿元，同比增长0.6%，增速较2023年放缓14.8个百分点，低于限额以上单位商品零售增速2.1个百分点。如果根据零售额绝对值计

算，2020年前10月至2024年前10月，限额以上单位服装类商品零售额年均增长1.8%，表明拉平疫情对增速的扰动影响，近五年来，限额以上单位服装类商品零售额基本呈现低速平稳增长态势（图2-4）。

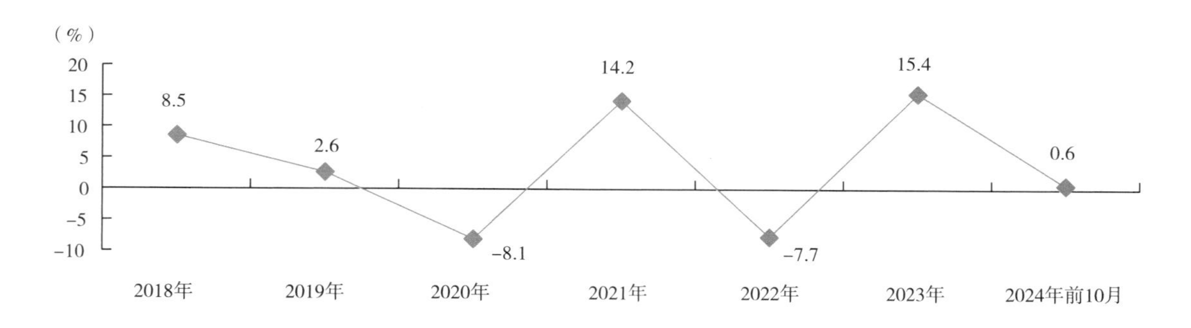

图2-4 2018—2024年前10月限额以上单位服装类商品零售额增速

（数据来源：国家统计局）

其他各类限额以上单位商品零售中，2024年前10月增速较2023年加快的品类有：粮油、食品类，日用品类，通信器材类，体育、娱乐用品类，家用电器和音像器材类；中西药品类、化妆品类、书报杂志类、家具类、石油及制品类零售额实现正增长，但增速较2023年放缓；文化办公用品类、金银珠宝类、建筑及装潢材料类、汽车类零售额不及2023年同期（图2-5）。

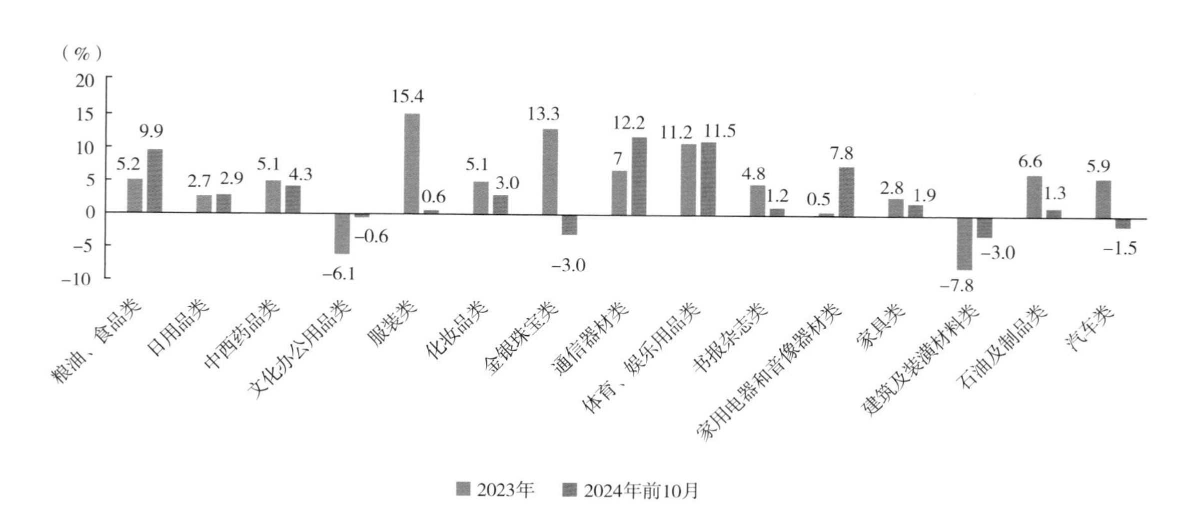

图2-5 2023年、2024年前10月限额以上单位各品类商品零售额增速

（数据来源：国家统计局）

（五）服装市场下半年增速逐步改善

从限额以上单位服装零售季度、月度增长情况来看：2024年第一季度实现2.2%的同比正增长，第二季度同比下降0.7%，第三季度同比下降2.4%。虽然三季度降幅有所扩大，但各月降幅呈收窄态势。10月，在促消费政策、网购节提前启动、国庆节日效应等多因素叠加的影响下，服装零售实现同比增长7.2%的年内最高增速。总体来看，自8月开始，限额以上单位服装零售额增速呈现逐步改善趋势（图2-6）。

（六）网上穿类商品零售增速放缓

在2023年高增速基数的影响下，2024年前

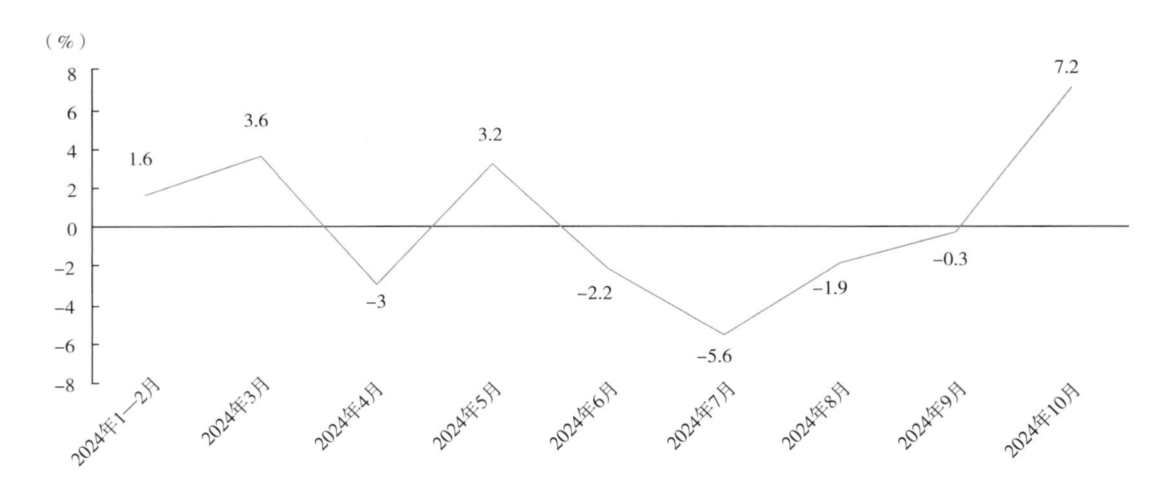

图 2-6 2024 年 1—10 月各月限额以上单位服装商品零售额同比增速

（数据来源：国家统计局）

10 月，网上穿类商品零售额同比增长 4.7%，增速较 2023 年放缓 6.1 个百分点。网上吃类商品零售同比增长 17.7%，增速较 2023 年加快 6.5 个百分点。网上用类商品零售同比增长 7.7%，增速较 2023 年加快 0.6 个百分点（图 2-7）。

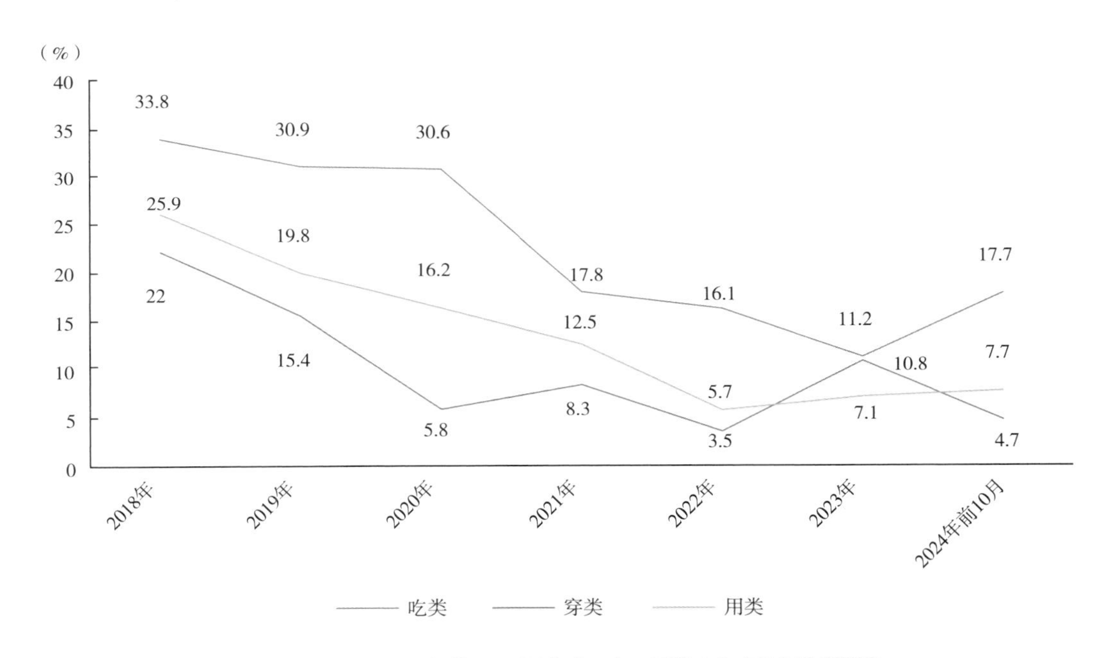

图 2-7 2018—2024 年前 10 月网上吃、穿、用类实物商品零售额增速

（数据来源：国家统计局）

（七）服装消费价格持续上涨

根据国家统计局数据，2024 年前 10 月，服装类消费价格同比上涨 1.7%，涨幅高于 2023 年 0.7 个百分点，高于居民消费价格整体涨幅 1.4 个百分点。服装消费价格持续上涨且涨幅高于平均价格水平，充分证明了我国服装消费市场进入理性发展阶段，消费者追求性价比并非只关注低价，而是在消费品质提升的基础上，购买价格更合理的服装商品（图 2-8）。

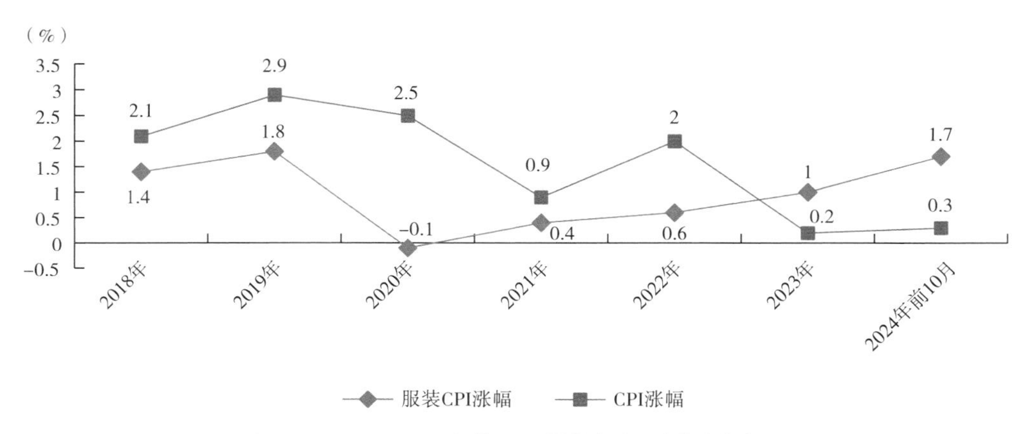

图 2-8　2018—2024 年前 10 月服装类居民消费价格涨幅

（数据来源：国家统计局）

二、2024 年全国重点大型零售企业服装销售情况

2024 年，百货商店面临较大挑战，中高端消费增长乏力使得百货零售出现下滑，服装作为百货商店主销商品，不可避免地受到整体销售不景气的影响。从细分品类来看，童装市场抗周期能力较强，表现出一定的增长韧性。运动服是当前服装市场的热点品类，加之赛事大年的促进作用，市场表现也相对平稳。总的来看，全国重点大型零售企业服装销售数据中可以反映出当前消费者谨慎、理性的消费特征，也体现出创新与提升对当前服装品牌稳定发展起到至关重要的作用。

（一）服装零售额同比下降

国家统计局数据显示，2024 年前 10 月，限额以上零售业单位中，百货商店同比下降 3%。根据中华全国商业信息中心的统计数据，2024 年前 10 月，以百货为主的全国重点大型零售企业零售额累计下降 1.5%，降幅虽较前三季度收窄 0.1 个百分点，但反映出百货零售仍处在发展瓶颈期。服装作为百货经营的主要品类，不可避免地会面临消费增长乏力的问题。2024 年前 10 月，全国重点大型零售企业服装零售额同比下降 4.9%，降幅大于全国重点大型零售企业商品零售整体降幅 3.4 个百分点（图 2-9）。

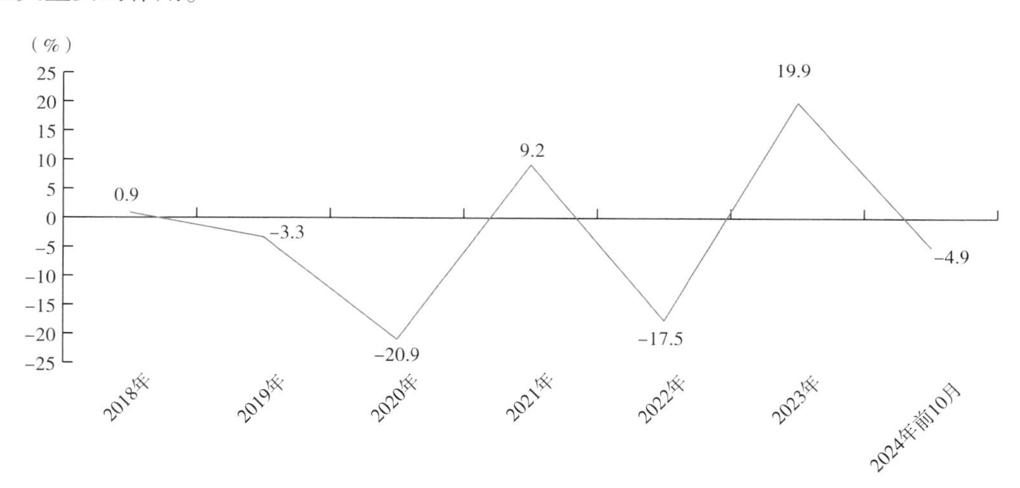

图 2-9　2018—2024 年前 10 月全国重点大型零售企业服装零售额增速

（数据来源：中华全国商业信息中心）

（二）服装零售量不及 2023 年同期

在理性消费、高质量消费成为主流消费理念的环境下，人们一方面会减少服装的消费件数，另一方面更倾向于购买高质量、个性化、环保的服装产品，以实现可持续的消费模式。2024 年前 10 月，全国重点大型零售企业服装零售量同比下降 4.2%，增速较 2023 年回落 16.3 个百分点（图 2-10）。

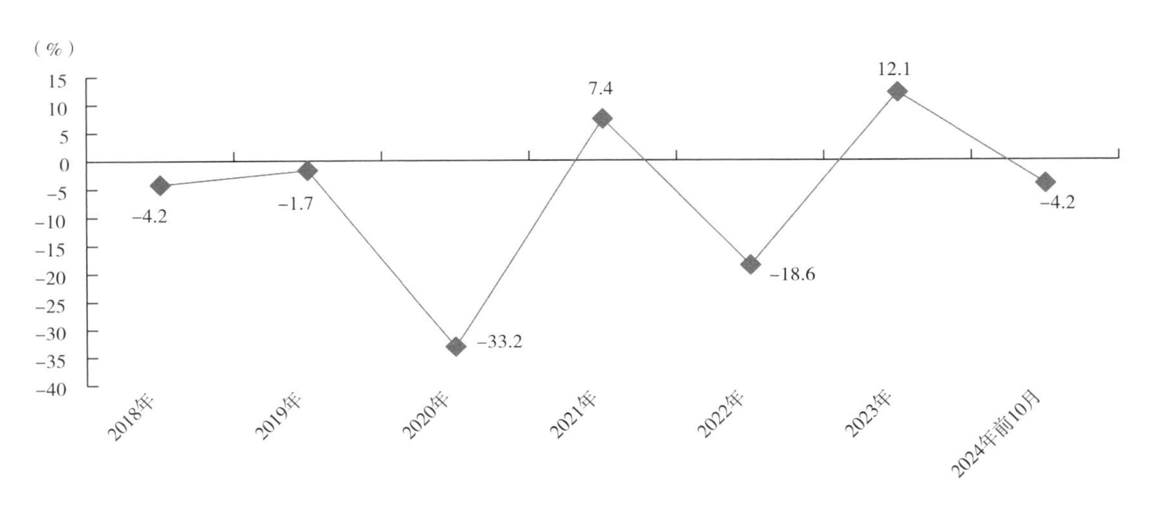

图 2-10 2018—2024 年前 10 月全国重点大型零售企业服装零售量增速

（数据来源：中华全国商业信息中心）

（三）服装消费均价略有下降

自 2020 年开始，大型零售企业服装消费均价持续实现正增长，并于 2023 年实现 6.9%的较高涨幅。但 2024 年以来，为适应消费者更加谨慎、更加理性的消费心理，品牌降低产品定价、商场增加促销活动，使得服装消费整体均价出现回落。2024 年前 10 月，全国重点大型零售企业服装消费均价同比下降 0.8%，增速较 2023 年回落 7.7 个百分点（图 2-11）。

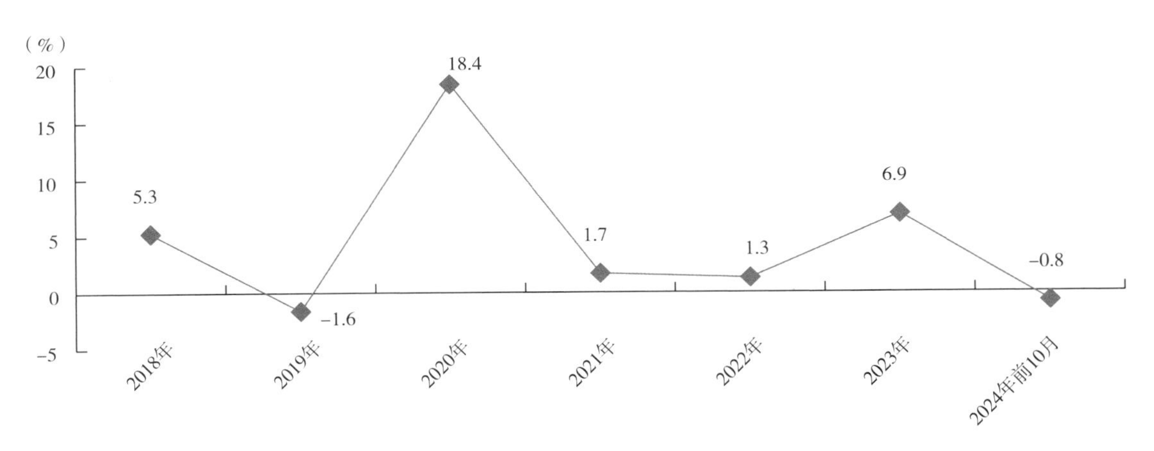

图 2-11 2018—2024 年前 10 月全国重点大型零售企业服装消费均价涨幅

（数据来源：中华全国商业信息中心）

（四）女装市场竞争加剧

女性对服装的品质和款式要求持续提升，使得女装市场竞争更加激烈，各大品牌需要不断创新和升级以适应市场变化。直播带货的兴起也在加速服装购买方式的转变，越来越多的消费者习惯在网上购物，这在拓展女装销售渠道的同时，也增加了实体店的经营难度。2024 年前 10 月，全国重点大型零售企业女装零售额同比下降 6.3%，零售量同比下降 4.3%（图 2-12）。

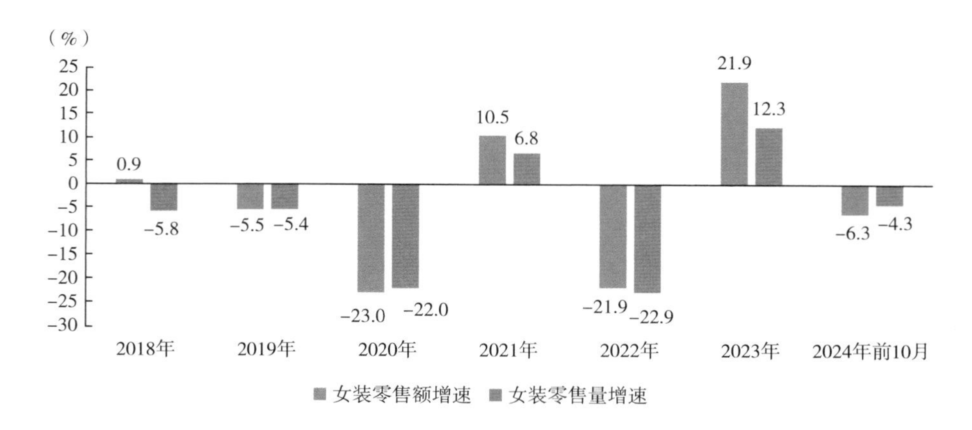

图 2-12　2018—2024 年前 10 月全国重点大型零售企业女装零售额、零售量增速

（数据来源：中华全国商业信息中心）

（五）男装市场消费升级与理性消费并存

相对于女装市场对时尚潮流的追求，男装市场近年来呈现出消费升级与理性消费并存的特征。消费者在品质、舒适、时尚和性价比之间做出平衡，这就要求男装品牌回归具备核心竞争力的专业品类，通过做专做细，提升消费者的品牌忠诚度。2024 年前 10 月，全国重点大型零售企业男装零售额同比下降 5.8%。从零售量来看，男西装零售量同比下降 5.3%，男衬衫零售量同比下降 9.1%（图 2-13）。

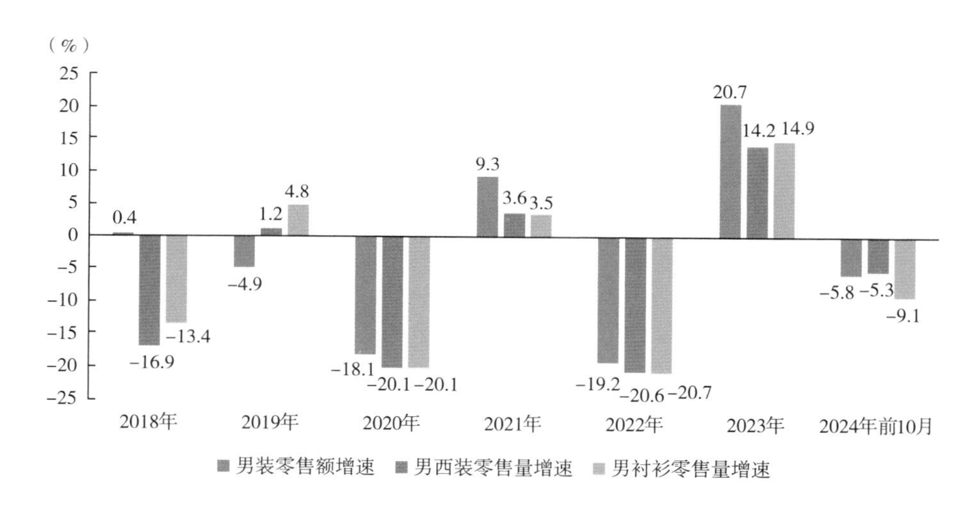

图 2-13　2018—2024 年前 10 月全国重点大型零售企业男装零售额、男西装零售量、男衬衫零售量增速

（数据来源：中华全国商业信息中心）

（六）童装市场表现出抗周期韧性

相比于男装和女装，童装零售额、零售量降幅偏低，展现出更强的抗周期韧性。2024 年前 10 月，全国重点大型零售企业童装零售额同比下降 1.3%，童装零售量同比下降 0.6%，降幅与运动服基本相同，在细分品类中表现相对较好。未来，随着推动建设生育友好型社会政策的落地生效，我国人口出生率将逐步企稳，叠加收入增长、消费升级等持续性利好因素，我国童装市场将保持稳定发展（图 2-14）。

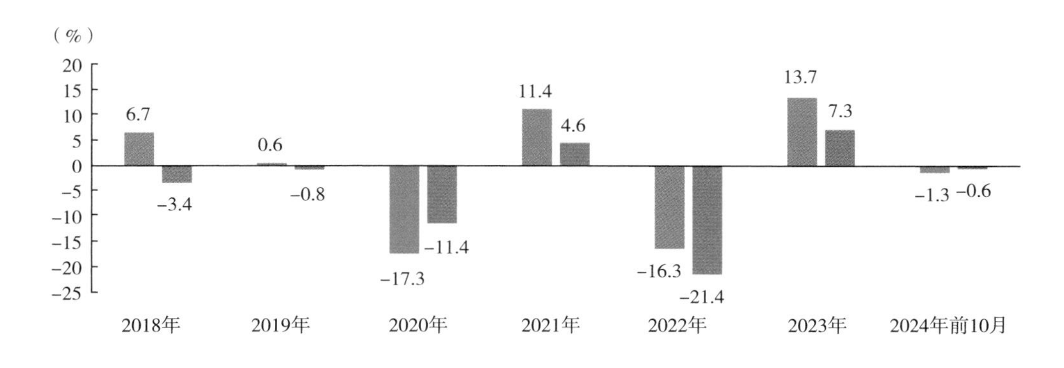

图 2-14　2018—2024 年前 10 月全国重点大型零售企业童装零售额增速

（数据来源：中华全国商业信息中心）

（七）针织内衣零售额零售量降幅均偏低

2024 年前 10 月，全国重点大型零售企业针织内衣零售额同比下降 2. 1%，降幅小于服装市场零售额降幅 2. 8 个百分点；针织内衣裤零售量同比下降 1. 8%，降幅小于服装市场零售量降幅 2. 4 个百分点（图 2-15）。

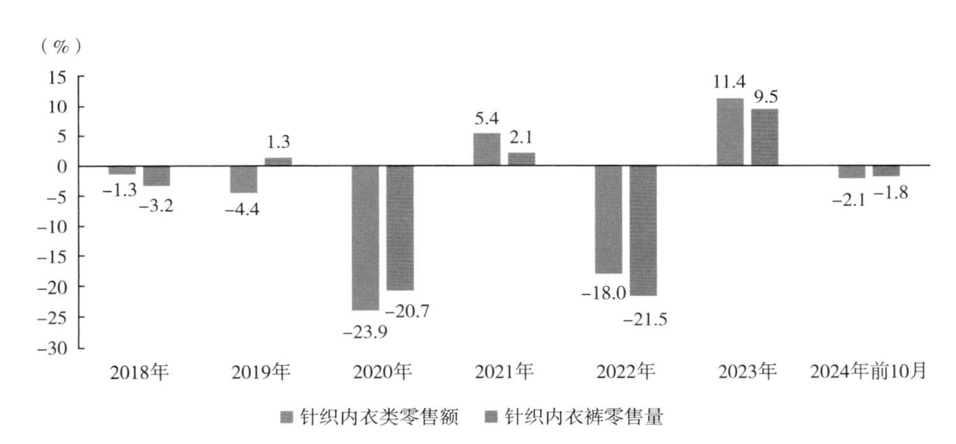

图 2-15　2018—2024 年前 10 月全国重点大型零售企业针织内衣零售额、针织内衣裤零售量增速

（数据来源：中华全国商业信息中心）

（八）运动服零售量与 2023 年基本持平

2024 年，巴黎奥运会、欧洲足球锦标赛等体育盛宴掀起了全民运动热潮，骑行、登山、滑雪等曾经的小众运动也朝着大众化方向发展，再加上技术创新、国潮流行、市场细分、直播崛起等因素，为运动服持续实现较快增长创造了有利的市场条件。2024 年前 10 月，全国重点大型零售企业运动服零售量与 2023 年基本持平，同比微降 0. 6%（图 2-16）。

（九）防寒装零售量同比下降

随着科技进步、户外运动普及、国际知名品牌加码中国市场、国内品牌坚定提升战略，防寒服正朝着智能化、轻量化、个性化方向发展，以满足消费者对高品质、时尚化、多样化的防寒服体验追求。但渠道分流、消费谨慎、暖冬天气等不利因素拖累大型零售企业防寒服销售，2024 年前 10 月，全国重点大型零售企业防寒服零售量同比下降 5. 2%（图 2-17）。

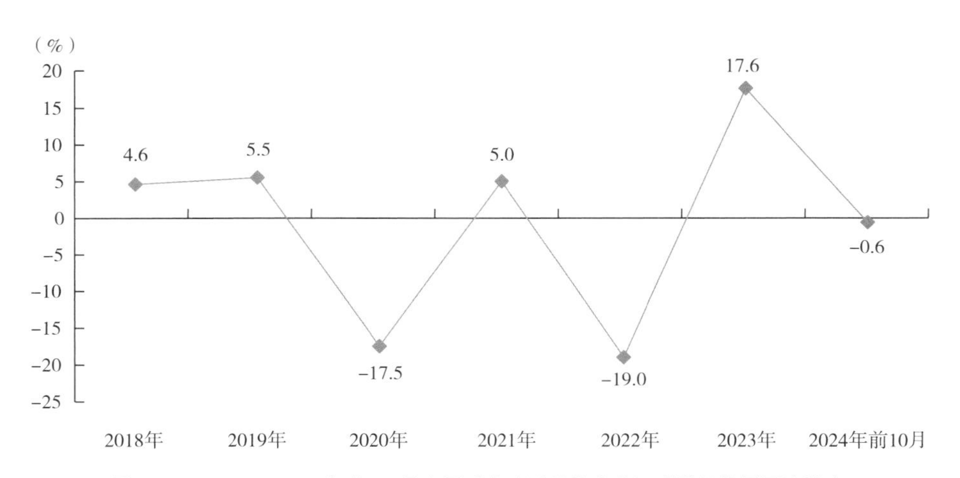

图 2-16　2018—2024 年前 10 月全国重点大型零售企业运动服零售量同比增速

（数据来源：中华全国商业信息中心）

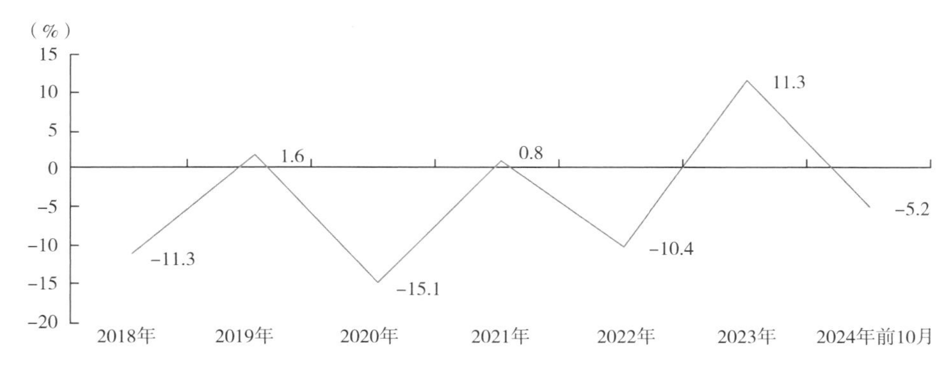

图 2-17　2018—2024 年前 10 月全国重点大型零售企业防寒服零售量同比增速

（数据来源：中华全国商业信息中心）

三、2024 年我国服装消费市场运行特点

2024 年，服装市场在消费升级、数字化转型、科技创新、个性化定制、可持续发展等方面进行深刻变革。随着全国统一大市场的有力推进，三线及以下城市消费潜力加快释放，服装下沉市场展现出较强的消费升级需求；服装市场数字化转型持续推进，线上线下融合发展、新型信息技术应用使得营销层次更加丰富、促销效果更加明显；科技创新和功能升级引领时尚潮流，为服装市场持续注入新动力，消费者已习惯从功能、款式、颜值、时尚、价格等多角度综合考虑服装产品；服装个性化和品质化需求增强，推动定制市场快速发展，多参与者、多渠道使得消费者可以选择不同层次的定制服务；环保可持续成为消费者购买服装的重要参考依据，服装品牌通过提高生产流程透明度、改善劳动关系、参与公益活动等方式提高品牌信誉，推动服装业向更环保、更负责任的方向发展。

（一）下沉市场释放消费升级潜力

近年来，下沉市场消费占比呈上升趋势。国家统计局数据测算，三线及以下城市社会消费品零售总额占比从 2015 年的 56.6% 提高到 2023 年的 60.4%。在一线城市消费增长放缓，理性、简约、平替等消费特征越发显著，品牌扩张空间逐步缩小的同时，下沉消费市场则呈现出较强的增长潜力，并表现出追求品牌符号价值的特点。2024 年前三季度，根据各地发布的消费数据，上海社会消费品零售总额同比下降 3.4%、北京同比下降 1.6%、广州同比微增0.1%、深圳同比增长0.7%，一线城市消费增速普遍偏低。反观部分三、四线城市，消费实现较快增长：浙江省的绍兴市、丽水市、嘉兴市社会消费品零售总额分别增长8.7%、7%、6.6%；江苏省的扬州市、徐州市、盐城市分别增长7.4%、6.4%、6.1%。一线城市与三线及以下城市之所以会出现消费增速分层的现象，主要有四个原因：一是中国消费市场是分阶段发展的，一线城市消费基数庞大，而三线及以下市场正处在消费增长较快的阶段；二是相对于一线城市白领面临的行业瓶颈，部分制造业外贸优势明显的三、四线城市，其主力消费群体收入稳定、压力较小、消费意愿更强；三是以契约精神、公平竞争为商业文化的大城市，在市场增速放缓的背景下，会暴露出顾客忠诚度偏低、市场竞争激烈的问题，而以人情世故为纽带的小城市商业文化，则体现出客源相对稳定、供应链把控能力较强的一面；四是全国统一大市场建设有利于不断完善商业流通基础设施，从而加快各大品牌布局下沉市场的步伐，满足当地消费升级需求。

（二）数字化营销不断创新发展

随着互联网的普及，消费者购物习惯的转变，直播带货平台、社交内容平台的崛起，线上平台已成为服装消费的主流渠道。服装品牌正加快通过数字化转型，实现线上线下融合，以提升消费者体验和实现业务增长，并通过数字化创新发展构建品牌、商品和用户体验的“护城河”。一是通过人工智能、大数据和物联网等新型数字技术的创新应用，提供个性化推荐、虚拟试衣等丰富的线上购买体验，提升线上转化率。二是通过新品发布、购物体验、生活方式的分享，让平台成为引领时尚潮流的阵地，为服装市场注入新活力。三是加大线上、线下融合力度，如开发线上小程序，为消费者提供便捷的购物渠道和穿搭咨询，而线下门店则通过新品展示提升品牌形象，吸引消费者并扩大销售份额。四是通过线上平台开展反季销售等促销活动，提供更加有吸引力的折扣优惠，在不影响品牌形象的同时，减轻库存压力。尽管数字化给服装品牌带来市场机遇，但行业也面临高退货率、低价竞争等问题，因此，服装品牌在数字化营销创新的同时，还需持续提升产品吸引力、消费者体验、顾客忠诚度，以应对新的市场挑战和增长压力。

（三）服装成为科技创新和功能升级的时尚载体

满足人们的实用功能需求是当前消费的底层逻辑。从模仿式、排浪式消费，到理性消费，人们购买服装的主要动机从人有我有、人有我优转变到适合自己、取悦自我，而适合自己首先要解决的就是实用功能需求。相比于时尚潮流的快速变更，功能是相对确定的需求。为在不确定程度加剧的市场中寻找确定性，近年来服装品牌从追赶潮流回归到功能创新。例如，以基本款居多的T恤通过增加吸湿速干、冰肤抗菌和抗紫外线等产品功能，增强服装的舒适度与实用性，给消费者以更好的着装体验。此外，功能的迭代创新同样是时尚潮流的重要组成部分。例如，羽绒服、冲锋衣等防寒服装不断推出细分功能的新品，使其持续具有较高的市场热度。从防水、防风、保暖，到抗菌、抗静电、亲肤透气，再到智能温控，每一次功能提升都从根本上改变了服装传统产业的形象，使其成为具有科技时尚感的升级类商品。对于消费者而言，服装是新科技、新功能美的呈现，是平衡功能、款式、颜值、时尚、价格等多因素后的综合选择。

（四）定制化服务增强服装消费个性化体验

随着人们生活水平的提高和审美观念的转变，消费者对服装的个性化和品质化需求日益增强，尤其是高收入群体和特殊职业人群对定制服装的需求更为迫切，为服装品牌推出定制化服务提供良好的市场机遇。经过多年发展，服装定制市场呈现出多元化的竞争格局：从市场格局来看，大型品牌企业凭借市场影响力和供应链优势占据服装定制市场的主导地位，同时中小型设计师工作室及独立设计师以其独特的设计理念和创新能力满足消费者的个性化需求。从服务程度来看，既有包含量体、制板、裁剪等各个人工环节，具有高度个性化和高品质特点，耗时较长且价格昂贵的高端定制服务，也有建立在现有成衣样板基础上，对面料、颜色、衣袖、领型等方面进行一定程度的线上选择，不需要线下量体裁衣，过程相对标准化的轻定制服务。未来，随着3D扫描、AR虚拟试衣、人工智能等前沿技术与定制服务的深度融合，线上定制服务将更加智能化、个性化、便利化，并逐步成为服装市场的主要消费模式之一。

（五）消费者更加关注服装的可持续性

随着Z世代的崛起，消费者对服装生产过程的绿色环保、服装设计的知识产权和服装企业的劳工权益等可持续性发展问题的关注度显著增加。他们倾向于选择那些使用环保材料、展示透明供应链且具有人文情怀的品牌。为迎合这一趋势，许多品牌开始重视产品的环保设计和生产过程的可持续性，如采用有机棉、再生纤维、可生物降解纺织品等可循环、低污染的环保材料制作服饰，并优化生产流程来降低能耗和碳排放，以符合消费者对绿色环保的要求。电商平台也在积极推动绿色消费，通过设立绿色专区、推广环保产品和开展绿色营销等活动，引导消费者关注环保和可持续发展。此外，服装品牌对可持续发展的追求不应仅停留在宣传口号上，更需要通过提高生产流程透明度、改善劳动关系、参与公益活动等方式，让消费者真实感受到品牌的信誉，从而推动服装行业向更环保、更负责任的方向发展。

四、2025年我国服装消费市场发展趋势展望

商文旅体健融合发展是未来商业发展的主流趋势，服装业将借助服务消费、体验消费兴起的大势，积极与相关产业融合发展，推动品牌升级、消费升级。随着生产水平、消费理念、市场竞争程度不断提升，服装品牌需要把主要精力从价格竞争转向价值展示，从服装品牌运营和产品制造的各个环节，向消费者展现价值创造过程，并在消费端提供超预期的购物体验。松弛感穿搭以其舒适、简约、松弛的着装理念，迎合了人们对生活品质、慢生活理念以及情绪价值的需求，因而仍将持续得到市场青睐。人工智能将加快服装业数字化、智能化变革，使得服装供给更能满足消费者的多样化、个性化需求。服装将不仅是对现有时尚元素的组合，更是把多元文化融合作为一种重要的时尚来源，从不同文化和地域之间的审美差异中寻找灵感，创造新的时尚潮流。

（一）服文旅体健将融合发展

随着服务消费占比持续扩大，服装品牌将突破传统的产品场景限制，更多地与体育、文化、旅游、健康产业相融合，借服务消费兴起之势，赋能服装品牌产品。例如，与电影、音乐、艺术等文化创意产业融合发展，推出联名产品或限量版系列，丰富服装文化内涵，增强消费者的品牌忠诚度；在景区举办汉服节等古风系列活动，将传统服饰文化元素融入旅游纪念品设计，提高品牌在社交平台的曝光率；与体育赛事、体育团队或体育明星进行合作，或举办相关赛事活动，推出联名服饰或赛事定制服饰；开发适应特定运动场景的功能性服装，不仅能增强消费者的运动安全保障，还能提升其运动表现；与医疗行业合作，推出用于康复治疗、健康监测的智能医疗服装，帮助消费者掌握自身健康状况。

（二）服装品牌将着力展现价值创造过程

从人性角度来说，消费者希望通过更低的价格购买到心仪的商品。从社会发展角度来说，大部分技术创新是为了提高效率降低成本。因此，在数字社会、信息社会，随着生产水平、消费理念、市场竞争程度不断提升，品牌通过彰显符号价值来提升商品价格的难度将越来越大。服装品牌要打破低价魔咒，需要把注意力从价格转移到价值上，着力向消费者展现价值创造过程，包括从服装的功能、设计、制作流程等方面入手，为消费者提供超越期望的体验；举办品牌发布会、体验活动、主题活动等，增强消费者与品牌的互动体验和参与度；通过

创意灵感、使用场景和关联搭配等不同维度的主题展示，营造品牌的特有价值；从理想、愿景、调性与风格角度，丰富品牌内涵，并全方位打造品牌表达；通过个性化服务，满足消费者对独特性和专属性的需求等。通过上述策略，服装品牌可以更有效地从价格竞争转向价值竞争，并在市场中获得竞争优势。

（三）松弛感穿搭将持续得到市场青睐

随着社会节奏的加快、人们对生活品质要求的提高以及慢生活理念和极简主义的文化流行，消费者越来越倾向于选择那些能够提供舒适感和情绪价值的商品。在服饰穿搭中则表现为对舒适、自在、简约风格的追求，以及对自然灵动线条和中性混搭风格的偏好。具有“松弛感”的服饰综合了面料、板型、色彩、剪裁等多方面因素的穿搭理念，强调舒适度与松弛感，避免元素堆砌过多、过于复杂，剪裁上更趋向宽松、方便活动。“松弛感”穿搭还是个人内心丰盈与平和的外在表现，这种穿搭理念不仅满足了消费者对舒适和放松的需求，也符合文化和审美的发展趋势。因此可以预见，“松弛感”穿搭将持续得到市场的广泛青睐。

（四）人工智能将更加深入地影响服装市场

人工智能将从设计、生产、营销等各个环节推动服装行业智能化、数字化转型，并为消费者提供更好的购物体验：一是让服装设计更加符合消费需求。人工智能可以帮助企业根据社交媒体数据分析流行趋势，辅助设计师生成设计概念，缩短设计周期，大幅提高设计效率和准确性，从而更好地满足市场需求。二是降低服装定制门槛。企业可以利用人工智能技术收集和分析消费者的购买记录和购买偏好，为其推荐个性化产品，满足消费者的个性化和多样化需求。三是增加品牌与消费者互动。人工智能可以帮助消费者深入了解服装设计和生产过程，让消费者成为面料选择、款式设计和制造流程的重要参与者，并向其普及可持续时尚、科技时尚等设计理念。

（五）服装将彰显多元文化融合魅力

服装作为文化的重要载体，不仅展现特定时尚风格的美学特征和文化内涵，还促进了多元文化的交流与融合。具有中国文化标识的时尚价值观应该是开放、多元、交融和面向未来的，它不仅是对现有时尚元素的组合，更是结合人文、科技的发展趋势，把多元文化融合为一种重要的设计风格，从不同文化和地域之间的审美差异中寻求时尚灵感的一种创作思路。如东方文化与西方文化的融合，从东、西方文化中提取素材进行设计重构，提炼并设计出兼具东、西方文化特色的现代服饰；传统文化与现代文化的融合，将传统的民族精髓和现代时尚相结合，展现出当代消费者所追求的文化表达；大众文化与高端文化相融合，大众服饰可以借鉴高端品牌的精致与细腻，而奢侈品牌也可以走相对亲民的路线，让服装更通人情、更具品质。

2024—2025 年中国服装电商发展报告

中国国际电子商务中心　邱琼

一、服装网络零售增速大幅回落

2024 年，面对复杂多变的国内外经济形势，消费市场增速回落明显，服装作为消费市场非必需品类，受需求疲软影响较为明显，线上、线下市场增速大幅回落。电子商务仍是稳定服装零售市场的重要力量，线上市场表现总体好于线下市场，仍明显弱于实物商品零售市场，特别是吃类商品网络零售市场。

（一）服装实体零售市场波动明显

2024 年服装零售市场波动剧烈，整体走势弱于市场整体。前 11 个月限额以上企业服装鞋帽、针纺织品零售额为 13073 亿元，同比增长 0.4%，慢于同期社会消费品零售总额增速 3.1 个百分点。从全年走势看，服装市场零售额增速在-5.2%～8.0%波动，波幅明显宽于消费市场的 2.0%～4.8%。分季度看，一季度总体运行良好，增长 2.5%；二季度整体进入下行区间，4 月、5 月、6 月增长速度分别为-2.0%、4.4%、-1.9%；三季度下行态势有所放缓，7 月、8 月、9 月增长速度分别为-5.2%、-1.6%、-0.4%；四季度在国庆、“双 11”等节庆促销拉动下，运行态势有所好转，10 月、11 月增长速度分别为 8.0%、-4.5%（表 2-1）。

表 2-1　2024 年限额以上服装服饰类商品零售额月度增长变化　　单位：%

月度	限额以上服装服饰类商品零售额增速		社会消费品零售总额增速	
	当月	累计	当月	累计
2023 年 1—12 月	26.0	12.9	7.4	7.2
2024 年 2 月	—	1.9	—	5.5
2024 年 3 月	3.8	2.5	3.1	4.7
2024 年 4 月	-2.0	1.5	2.3	4.1
2024 年 5 月	4.4	2.0	3.7	4.1
2024 年 6 月	-1.9	1.3	2.0	3.7
2024 年 7 月	-5.2	0.5	2.7	3.5
2024 年 8 月	-1.6	0.3	2.1	3.4
2024 年 9 月	-0.4	0.2	3.2	3.3
2024 年 10 月	8.0	1.1	4.8	3.5
2024 年 11 月	-4.5	0.4	3.0	3.5

（数据来源：国家统计局）

（二）网络零售市场增速持续放缓

2024 年前 11 个月，全国实物商品网络零售额实现 118059 亿元，同比增长 6.8%，增速较 2023 年同期放缓 1.5 个百分点；占社会消费品零售总额比重为 26.7%，占比较 2023 年同期减少 0.8 个百分点。从全年走势看，实物商品网络零售额增速持续下滑，从 1—2 月的 15.3% 下滑到 1—11 月的

6.8%，增幅收窄 8.5 个百分点；其中，一季度增速下滑最为剧烈，从 15.3%下滑到 12.4%；二季度略有起伏，4 月、5 月、6 月增长速度分别为 11.5%、12.4%和 9.8%；三季度增速下滑较为平稳，从 9.5%下滑到 7.9%；四季度从 1—10 月的 8.3%继续下滑到 1—11 月的 6.8%（图 2-18）。

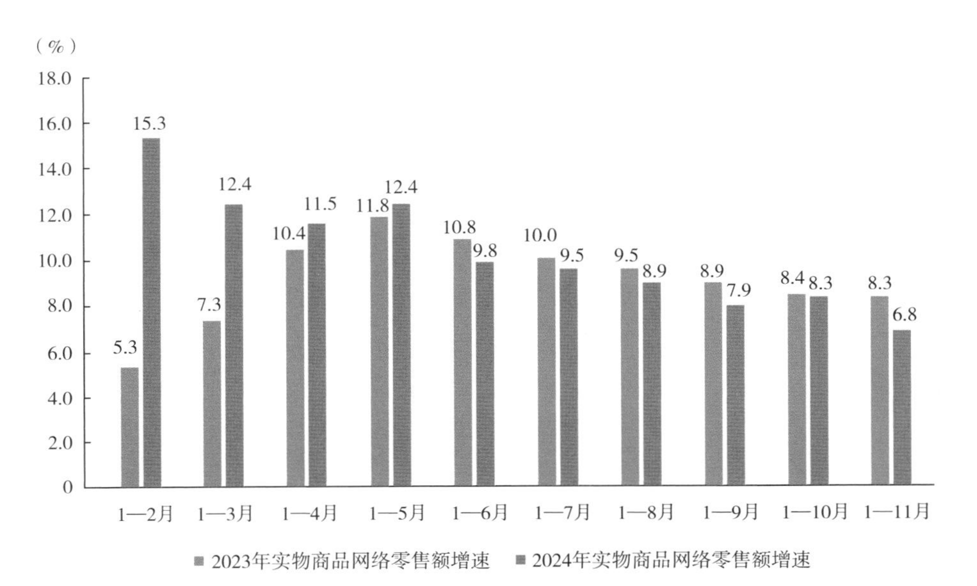

图 2-18　2024 年全国网络零售额增速月度变化

（数据来源：国家统计局）

（三）穿类商品增速显著慢于网络零售总体

与往年走势不同的是，在网络零售市场主要品类中，穿类商品增长速度明显慢于吃类商品和用类商品。2024 年前 11 个月，穿类商品增长 2.8%，较吃类商品慢 13.4 个百分点、较用类商品慢 3.5 个百分点、较实物商品网络零售市场慢 4.0 个百分点。从全年走势看，一季度穿类商品增长较为强劲，保持在 10%以上的增速，略快于用类商品、明显慢于吃类商品；二季度穿类商品增速从 10.5%下滑到 7.0%，而吃类商品保持在 20%左右的增速，用类商品略有波动，总体保持在 10%左右；三季度穿类商品增速从 6.3%下滑到 4.1%，吃类商品和用类商品增速相对较为稳定；四季度穿类商品增速从 4.7%下滑到 2.8%，吃类商品和用类商品增速小幅回落（图 2-19）。

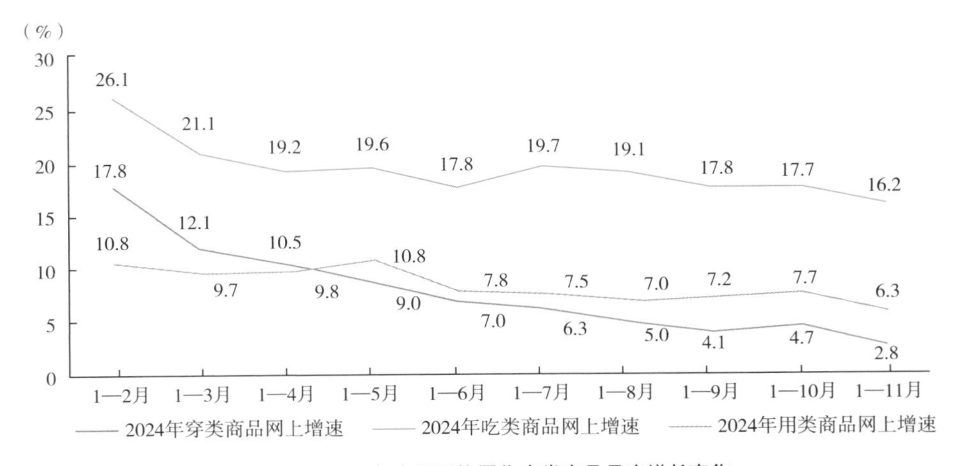

图 2-19　2024 年全国网络零售穿类商品月度增长变化

（数据来源：国家统计局）

（四）品牌服装电商销售分化发展

品牌服装通过店铺直播、品牌自播、达人直播等多种方式继续稳住传统电商平台销售规模，同时加大门店数字化、私域流量等布局，努力挖掘直播电商、内容电商、即时零售等新平台增量，总体保持较好发展态势。各品牌服装2024年上半年财报数据显示，海澜之家建立全渠道多触点资源体系，全平台全链路布局线上渠道，电商销售额达到22.12亿元，同比增速高达47.0%，占总营业额比重为19.5%；比音勒芬、歌力思等积极挖掘抖音、小红书等新电商平台新增长点，电商销售额增速分别达到34.6%和33.0%；安踏电商销售额增长25%，占总营业额比重高达33.8%；江南布衣、赢家时尚分别实现电商销售额5.34亿元和5.46亿元，同比增速分别为24.2%和17.8%。少数品牌服装在电商新旧赛道转换过程中没有有效抓住机遇，私域流量没有实现有效转化，电商销售额出现较大幅度下滑。2024年上半年，太平鸟电商销售额下降8.0%、红豆下降7.5%、报喜鸟下降2.0%（图2-20）。

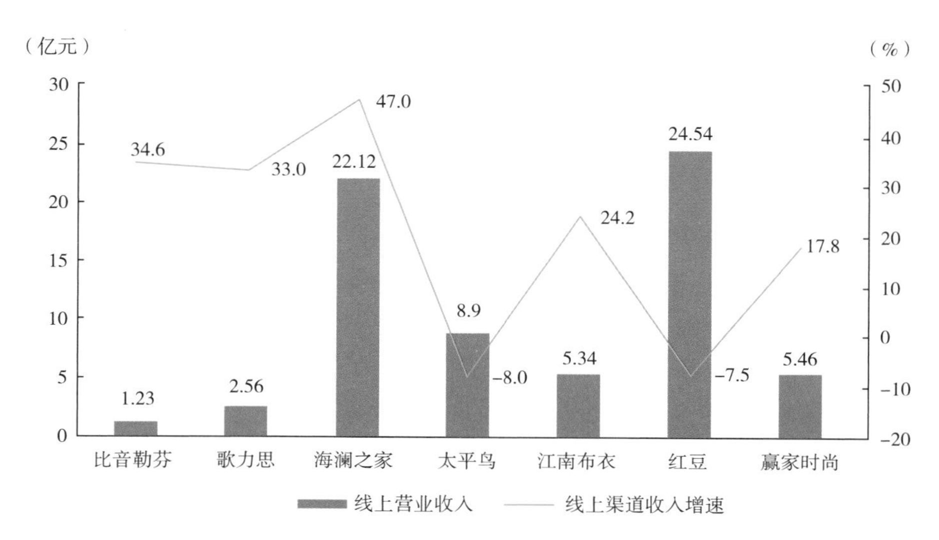

图2-20　2024年上半年重点国产服装品牌线上收入增长情况

（数据来源：中国国际电子商务中心研究院综合上市公司财报等网络资料绘制）

二、新电商平台服装品类增速亮眼

2024年，在技术创新和需求增长的双重驱动下，内容电商平台通过流媒体、品牌自播、内容种草等开展立体化营销攻势，助力品牌价值快速迭代，成为新品首发重要渠道。私域电商对品牌商忠实粉丝进行有效价值转化，即时零售对品牌商与消费者情感链接进行空间拓展，成为助力品牌服装电商销售增长的重要力量。

（一）内容电商平台成为品牌服装新品首发主阵地

抖音电商平台以超高频率营销活动驱动品牌销售额爆发式增长，且活动内容和形式持续创新，爆品率高，逐渐成为品牌上新必选项。研究报告显示，抖音电商平均10分钟打造一个百万元级爆品。抖音电商数据显示，2024年1—8月，年销量破亿品牌达383个，破十亿品牌有32家，超1800家品牌将其作为线上第一生意阵地。2024年“双11”冬装上新品类日，抖音商城百大品牌首发上新超12000款，产业带等首发上新近5000款，明星同款超4500款。例如，“雅丹风”风格发起人现身大秀活动，总观看次数超1700万，短时间火爆全网，相关话题播放量破10亿次；新锐品牌Fabrique借势上新，拉动近三分之一品牌生意份额。MARIUS筹备生日专场直播，抖音电商销售额超6000万元，占总销售额比重近七成，预计2024年整体业绩可达12亿元，同比增长超5倍。

小红书电商平台通过数据洞察和宝藏新品IP等工具，实现内容与人群的精准匹配，达成品牌和用户对新品的情绪共振，快速触动粉丝卖点，打开新品新增量。尼尔森IQ调研显示，用户对小红书平台的印象包括“种草新产品/品牌”“认识新产品/品牌”和“内容真实可信”。另有研究报告显示，每月有1.2亿用户来小红书寻求购买建议，47%的用户认为小红书是种草新产品/品牌的途径，46%的用户认为小红书是认识新产品/品牌的途径。

（二）私域电商平台成为品牌服装电商新增长点

随着电子商务平台竞争加剧，平台公域流量获客成本持续攀高，品牌服装依托现有会员体系，积极打造私域电商服务体系，采用微信商城、社交社群、小程序等多元化营销方式，通过导购分销、私域直播、内容种草等组合运营，促进私域流量价值转换，实现品牌营销到销售闭环链路，因此，私域流量成为驱动品牌服装电商增长的重要力量。有赞、微盟等私域流量运营商助力品牌服装销售额快速增长。中国服装协会调研数据显示，60%以上的品牌服装与有赞合作搭建小程序运营私域流量。有赞数据显示，服装类目会员客单价是非会员客单价的2.6倍；服装类目会员复购率比非会员复购率高出30%。九牧王通过微信商城、电子券、积分兑换、公众号、短信、朋友圈等渠道，激活现有会员消费链路，转化率可达到10%以上；小程序线上商城日销同比提升660%，单客成交客单提升60%，公域广告引流新客效能提升5倍。视频号作为连接消费者、企业微信、公众号、小程序等私域流量的主要通道，让品牌商既能从公域流量中获取新客，又能从私域流量中挖掘用户价值，既是品牌服装布局私域电商的重要平台，也是消费者网购的新通道。微信数据显示，2023年视频号直播带货商品交易总额（GMV）规模相比2022年增长2倍，订单数量增长超244%；服饰内衣类商品贡献最为突出。例如，江南布衣拥有私域会员人数近500万人，平均每个会员贡献约12000元，这些会员贡献零售额约占零售总额的70%。太平鸟微信端社群规模已超100万人，通过私域电商实现营业额超过一半。朗姿品牌私域用户占比约为60%。

（三）即时零售平台拓展品牌服装电商增长空间

随着消费者网购习惯黏性增强，京东到家、抖音小时达等即时零售平台正持续为线下实体、品牌商赋能，通过本地化供给和即时履约配送的高效组合，“即时+”满足多场景及时性消费需求，正在为品牌服装电子商务创造新的增长空间。

2023年以来，京东到家平台服装服饰类销售额增长迅猛。海澜之家与京东建立战略合作关系，逾5000家门店通过京东新百货、京东到家完成线上转型；全棉时代借助京东成熟的营销产品“京准通”及其基于位置服务（LBS）能力升级，不断扩展新的开店模式，进一步实现人货场精准匹配，降低运营成本，优化营销效果，提升经营效率。抖音小时达平台依托全域生态流量、智能履约配送系统，在线上店铺同步线下门店的商品、库存、价格和活动，为门店周边3~5km的消费者提供平均小时级的即时到家购物体验，带动雅戈尔、朗姿等品牌服装纷纷入局。

三、B2B电商构建数字化产业链供应链

2024年，B2B电商平台一方面促进服装产业链纵向从科技研发、工业设计、原辅料采购、生产加工、批发销售、仓储物流等方面进行全产业链协同合作，另一方面促进横向关联产业链数字化发展，形成跨领域、跨区域、跨行业的数字化产业链供应链生态圈，带动中国服装产业数字化、智能化集体升级。

（一）B2B数字采购平台助力建设数字化供应链

B2B数字采购平台通过采购系统数字化，链接产业链上下游采供销关联企业，倒逼关联企业供应链管理全流程数字化升级，促进产业链供应链协同发展。例如，1688平台依托线下选品中心构建线上线下联动营销场景，为用户提供最源头严选平替

好货，助力商家实现一站式数字化采购，已在全国超1000个产业带布局，过去一年吸引会员数量同比增长超过400%。京东企业购综合采购平台基于数智化供应链丰富的产业应用场景，服务覆盖售前、售中、售后等企业采购全流程，以及商品寻源、合同签收、财务结算、履约交付等采购管理场景，倒逼服装行业买方、卖方及各类服务方系统开放共享、互联互通，助力产业链上下游企业通过协作共享、服务集成等方式建立起面向全产业链的数字化供应链服务生态。批批网、搜款网等专业采购平台运用互联网思维整合上下游产业链供应链资源，打造以供应链为支撑的全渠道共享服务采购分销平台，通过货品、渠道、系统、服务等共享，实现多触点沟通、信息同步共享，建立了相对齐全的产业链供应链生态圈，赋能服装产业上下游企业发展。杭州四季青、广州十三行等传统服装市场通过网上商城对传统贸易方式进行全流程变革，构建起以供应商资源库为核心、以数据驱动的线上线下一体化发展的全渠道服务体系，持续完善仓储物流、支付结算、信息服务、金融保险等供应链服务，助力中小服装企业提高数字化服务能力。据监测[1]，2024年，全国主要纺织服装专业市场电子商务景气指数整体处于扩张区间，11月管理者电商销售指数达到53.23，较年初1月提升3.1%；商户电商销售指数达到52.40，较年初1月提升2.9%（图2-21）。

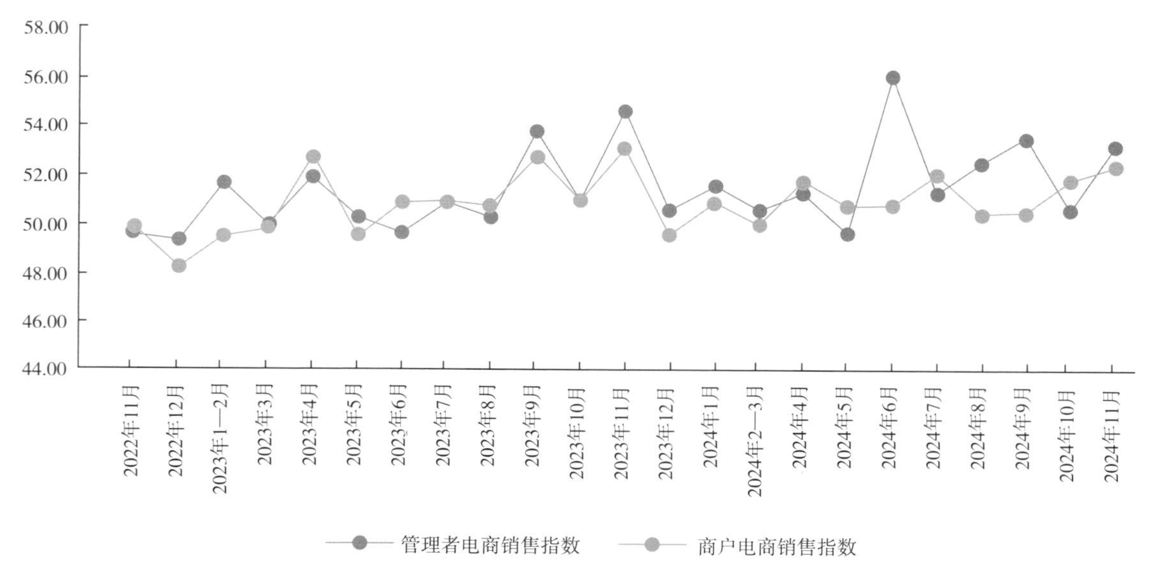

图2-21　2022—2024年来全国纺织服装专业市场电子商务景气指数月度变化

（数据来源：中国纺织工业联合会流通分会监测）

（二）B2B专业服务平台助力打造数智化产业集群

2024年，部分服装产业带联合本地龙头企业，搭建从研发设计到原材料采购、生产加工、品牌营销、仓储物流等全产业链数字化专业服务平台，实现从设计到下单、生产、采购、发货等全流程数据管控，促进产业带企业数字化发展，助力打造数智化产业集群。例如，江苏常熟服装产业集群通过培育引入飞榴科技、运融通、市采通等专业服务平台，促进服装供应链“线上化”，实现“端到端”的流程集成，提高产业带数字化水平，带动服装行业快速迭代升级。据统计，近3年江苏常熟已有700多家纺织服装企业开展数字化转型，改造投入累计超20亿元，平均劳动生产率提升35%，产品制造周期缩短19%。又如，湖南株洲服饰产业集群联手本地服饰企业，研发推出智衣纺织服装产业互

[1] 资料来源：中国纺织工业联合会流通分会景气监测结果。

联网平台，通过建立示范工厂，开发“智衣通”系统，实现从物料采购、物料使用、产品数量到成品发货等全流程数字化管理，推动株洲服装市场群全产业链企业数字化发展，助力打造全国服装产业集群数字化转型升级新标杆。截至目前，智衣纺织服装产业互联网平台已有50余家服饰企业进驻，企业应用“智衣通”后，转换订单平均处理时间由每单30分钟缩减为每单6分钟，人均台产量由每天39件提升至76件；据此测算降本30%左右，增效20%左右。

四、跨境电商助力服装出海提质增效

2024年，跨境电商凭借数字化、网络化、智能化等方面服务优势，不仅为服装企业参与国际贸易开辟了新渠道，还通过平台体系化服务整合服装产业链供应链，助力服装服饰产品、技术、管理、营销、服务等供应链全方位升级，帮助服装企业拓展新的市场空间，推动服装产业向国际价值链中高端迈进。

（一）政策驱动“跨境电商+服装产业带”融合发展

各级政府高度重视跨境电商赋能产业带发展，《国务院办公厅关于推动外贸稳规模优结构的意见》（国办发〔2023〕10号）指出，积极发展“跨境电商+产业带”模式，带动跨境电商企业对企业出口；《国务院办公厅关于加快内外贸一体化发展的若干措施》（国办发〔2023〕42号）指出，促进“跨境电商+产业带”模式发展，带动更多传统产业组团出海；商务部等9部门联合印发《关于拓展跨境电商出口推进海外仓建设的意见》（商贸发〔2024〕125号）指出：指导地方依托跨境电商综合试验区、跨境电商产业园区、优势产业集群和外贸转型升级基地等，培育“跨境电商赋能产业带”模式发展标杆。广东、山东、江苏、湖南等地相继出台促进跨境电商高质量发展系列文件，对跨境电商助力产业带予以支持。例如，湖南省对年进出口额达到10亿元的跨境电商产业带所在县（市、区），最高给予一次性奖励100万元；深圳对符合申请条件的独立站项目，每个项目最高给予100万元奖励。据不完全统计，目前我国纺织服装产业带有40个以上，集中在广州、杭州、虎门、深圳、常熟等地；其中，深圳服装产业拥有2500多家品牌企业，90%以上是自有品牌，截至2023年，年销售总额近2700亿元。在跨境电商产业带政策驱动下，各地服装产业带出海势能迅速提升，2024年前5个月，深圳纺织服装出口额同比增长82.6%。

（二）跨境电商平台体系化赋能服装产业带

综合电商平台依托丰富的流量资源、完善的物流配送体系、成熟的电商运营能力、海量的数据资源，通过与各地产业带达成战略合作关系，向产业带提供电商代运营、内容营销、品牌推广、合规咨询等体系化服务，助力产业带品牌出海。如亚马逊、阿里巴巴国际站、Temu、希音（Shein）、TikTok shop、全球速卖通等跨境电商平台纷纷在全国各地产业带布局建设跨境电商产业园或产业带运营中心。服装产业带一方面采用“平台+算法+内容”模式，精准挖掘时尚爆款元素，构建研发、设计、投放、交易以及供应链数据闭环，持续满足境外消费者的多元化消费需求，助力品牌出海，如快时尚品牌“全量全速”等；另一方面采用“流量+大数据营销”模式，为服装生产商和消费者搭建精准对接桥梁，共同研发新产品、新技术，提升产品设计和品质水平，赋能“有跨境电商运营能力”的服装卖家，助力品质出海，如设计师品牌“乐町”等。此外，还以全托管模式助力“想出海却缺乏跨境电商出海经验的”生产企业，助力产品出海，扩大服装外贸规模。例如，中国（浙江）轻纺城已培育跨境电商应用型企业2100余家，2024年前三季度跨境电商业务量已超120亿元；其中，“金蝉布艺”跨境电商销售额达到5000多万美元，同比增长10%（表2-2）。

表 2-2 近年来主要跨境电商平台推出的产业带计划

平台	产业带计划	预计成效
亚马逊	“产业带启航十条”、企业购产业带加速器	亚马逊全球开店发布并持续推进“产业带启航十条”，从5个维度出发，落实10项措施助力卖家发展。亚马逊企业购产业带加速器，力争3年覆盖100+产业带，协助工贸企业完成从传统制造、供应链重塑到数字化转型，再到打造全球品牌的过程，覆盖企业出海完整成长路径，并针对企业在启动、成长和加速阶段不同痛点和需求，提供扶持和服务团队支持
阿里巴巴国际站	“全球产业带计划”	将在全国范围内建设10个出口标杆产业带，深度扶持、赋能全国100个产业带
Temu	“2022年多多出海计划”	计划联合100个产业带，首期打造100个出海品牌，帮助10000个制造企业直连全球市场
Shein	全国500城产业带计划	预计三年内深入全国500城产业带，提供从生产到销售再到品牌的一体化赋能，帮助产业带出海
TikTok shop	“产业带100计划”	将与各地产业带进行深度合作，打造超10000个全球爆品，助力产业带商家成长
全球速卖通	“产业带万商复苏计划”	计划联合各地政府，激活提升100+产业带，助力百万中小企业出海

（数据来源：根据各平台发布的信息整理）

（三）服装产业带搭建数字化平台促进跨境电商出口

服装产业带核心链主企业搭建数字化服务平台，运用互联网思维重构上下游品牌商、物流商、金融服务商、营销服务商等全产业链资源，构建数据驱动的贸易产业互联网，对上下游企业数智化赋能，助力服装企业拓展国际市场。例如，“义乌购”平台基于多年传统外贸领域的客户积累，对贸易整个过程如支付结算、仓储、报关、物流、售后服务具有强大的实操能力，同时链接国外电商平台30余家，极大发挥跨境电商B2B优势，帮助国内外各地小批发商、零售商极其便利地批发到来自义乌的物美价廉的小商品，实现线上采购，助力义乌产品卖向全世界。2024年上半年，义乌实现跨境电商交易额762.89亿元，同比增长18%；其中，跨境电商零售交易额313.62亿元，同比增长23.03%。“EasyYa易芽”平台搭建数字化开放平台，整合涵盖8大跨境电商热门类目3000家以上的精品外贸工厂资源，通过“虚拟超级工厂”“EasyYa易芽选品”“易芽商城”“易芽有单”“易账期”“易视觉”等系列产品及服务，为各类跨境电商卖家提供精品供应链解决方案。截至2024年5月，“EasyYa易芽”平台每日活跃用户超过2万，拥有超15万跨境电商B端注册卖家，并与超4000家工厂建立深度合作关系，2023年易芽商城自营部分实现GMV超10亿元。

五、新质生产力将引领服装电商创新发展

自2024年初“新质生产力”首次被写入政府工作报告，年底召开的中央经济工作会议再次强调，必须统筹好培育新动能和更新旧动能的关系，因地制宜发展新质生产力。2025年是“十四五”规划收官之年，具备“高科技，高效能，高质量”优势的新质生产力在服装行业已广泛沉淀丰富的应用场景，服装电商通过AI、大数据等新技术、数字人直播等新业态、绿色低碳等新理念、全托管等新模式融合发展，将绽放更多新活力，带来更多新增长点。

（一）AI、大数据将拓展服装电商新空间

服装服饰是电子商务起步最早、产业链数字化融合环节最多、数字化应用最广的产业门类之一，已逐步形成从研发设计到原材料采购、生产加工、品牌营销、仓储物流等全流程数字化管理闭环，全链条数据要素齐全，数字化产业生态格局明朗，大数据应用场景广阔。对于电商平台而言，依托平台

上积累的“人、货、场”等多维度海量数据资源，构建数字营销、数字橱窗、数字导购、数字藏品等系列服务，利用AI、大数据精准刻画消费人群画像，预测特定时间特定区域商品需求量，指导订单库存和物流调度，提升电商运营效率。对于品牌服装而言，通过电商消费大数据用户行为、交易记录、社交评论等多维度数据进行深度挖掘与分析，精准洞察时尚趋势、爆款特征和多元化需求，实现个性化推荐与精准营销，引导生产端优化供给，助力打造网销爆款和热销品牌，扩大电商销售规模。对于消费者而言，通过人工智能、区块链、VR、AR等新技术对消费场景的全方位数字化赋能，打造沉寂式、透明可信的消费环境，提升消费者品牌认可度，丰富消费者购物体验。同时，通过B2B电商平台积累了服装产业海量生产要素数据，实现上下游设计、计划、质量、物流等数据全域协同和敏捷柔性协同制造，提高供需匹配度，进一步优化产业链资源配置效率。按照党的二十届三中全会提出的“健全促进实体经济和数字经济深度融合制度”“加快建立数据产权归属认定、市场交易、权益分配、利益保护制度，提升数据安全治理监管能力”等方面会议精神，社会各界加大力量布局大数据生产力，大数据赋能机制将会更加成熟。2023年年底国家数据局等17部门发布的《“数据要素×”三年行动计划（2024—2026年）》进入第二年实施阶段，政策效应将进一步显现，服装产业数据要素乘数效应将得到充分体现，进一步拓展服装电商发展空间。

（二）数字人直播将引领服装电商新时尚

数字人直播凭借互动性强、形象多元、经济高效等方面优势，全天候满足商家的数字化营销需求，提升电商交互体验，刺激新消费需求，创造新价值点，为服装电商带来新增长点。百度“慧播星”作为业界首个AI全栈式数字人直播解决方案，依托智能主播、智能脚本、智能互动、智能展现等四大核心能力，覆盖由脚本内容、互动问答、直播间装修、营销手段到场控调度等关键转化链路；百度电商负责人表示，慧播星使直播运营成本下降超80%，GMV平均提升62%，转化率平均提升83%；2024年，百度优选月开播主播数同比增长281%，月买家数同比增长177%，数字人GMV超11倍增长。京东云探索数字人在短视频、文旅、客服和线下交互大屏等场景应用，2024年“双11”期间，京东云言犀数字人推出“双人直播”新模式，赋能平台商家直播带货。谦寻将“数字人直播技术”和“直播电商运营方法论”相结合，赋能众多知名品牌，覆盖食品、母婴、运动、美妆、家具、生活等品类，最高GMV产出超过10万元/小时。随着AI数字人技术成熟度提高，数字人直播带货体验感和转化率逐步提升，必将吸引更多商家运用数字人直播带货。据天眼查数据统计，截至2024年，与“数字人”相关企业数量达114.4万家，仅2024年前5个月就新增注册企业17.4万余家。据预测[1]，到2025年中国数字人产业将带动市场规模达到6402.7亿元，其中核心市场规模将达到480.6亿元。围绕品牌形象的数字人直播将成为品牌服装角逐竞争的重要砝码，数字人直播带货有望引领服装电商迈入新阶段。

（三）绿色低碳将开辟服装电商新赛道

党的二十届三中全会指出，“加快经济社会发展全面绿色转型，健全生态环境治理体系，推进生态优先、节约集约、绿色低碳发展，促进人与自然和谐共生。”践行绿色发展理念，贯彻落实碳达峰、碳中和目标要求，提高节能减排和集约发展水平是电子商务高质量发展的必经之路。各级政府部门连续出台一系列促进电子商务企业绿色发展的政策文件，为服装电商绿色化发展明确了路径。一方面，电商平台通过大数据精准推荐绿色低碳服装产品，引导服装企业运用绿色低碳材质面料研发设计产品，倒逼供给端绿色化发展。如京东推出“青绿计划”，在京东新百货上线“青绿服饰”专场，促进

[1] 资料来源：《中国数字人发展报告（2024）》，中国互联网协会。

服饰可持续绿色消费；还携手朗姿、茵曼、江南布衣（JNBY）、玛丝菲尔（Marisfrolg）、好奇蜜斯等服饰品牌，筛选出采用可持续原材料制造的绿色服装，打上“绿色”标签，鼓励消费者购买。例如，江南布衣将绿色低碳融入设计、生产和管理中，切实让绿色消费理念从概念走向实践，2024财年可持续原材料在采购总量中占比22.4%，较上一个财年增长35%，预计到2025年末达到30%。另一方面，闲鱼、转转、胖虎等二手电商平台规范性和成熟度提高，服装二手电商进入高速发展阶段。随着国内居民收入增长乏力，居民消费需求日趋理性，因服装为非生活必需品，二手服装成为很多消费者绿色消费的重要选择。数据显示，2023年闲置交易App行业活跃用户规模同比增长近30%，增速位列整个移动购物行业第一位；截至2024年4月，闲置平台月活用户总规模已达1.78亿，近50%为30岁以下年轻人群，日均GMV已突破10亿元大关。面对竞争日趋激烈的服装市场和电商销售渠道，绿色发展是服装企业发展电子商务的必然选择。

（四）全托管模式将助推服装外贸品质出海

中国是世界上最大的服装消费国和生产国，服装外贸出口额约占中国外贸出口总额的10%，占全球市场份额的30%以上。跨境电商作为发展速度最快、潜力最大、带动作用最强的外贸新业态，正在为我国服装外贸转型升级增添新活力。全托管模式为卖家提供网站引流、内容营销、跨境物流、合规经营、知识产权等一站式服务，极大降低跨境电商经营难度和门槛，成为服装外贸新增长点。对于跨境电商平台而言，全托管模式包揽店铺运营、通关、仓储、配送、退换货、售后服务等全流程服务；对于卖家而言，只需要深耕供应链，做出更好的产品，将货物送达平台指定仓库。一方面，全托管模式为很多传统服装外贸企业开辟了新的出海通道；另一方面，基于平台竞争转嫁而来的产品品质、知识产权等方面要求越来越高，服装外贸企业经营重点从拓展海外市场向夯实产品内功转变，服装外贸品质出海将是大势所趋。2024年前11个月，我国服装出口1442.2亿美元，同比下降0.2%。面对“特朗普”新政府即将带来的国际经济形势变化，我国服装外贸出口承压难以缓解，全托管跨境电商必将为广大服装外贸出口企业带来新机遇，跨境电商平台即将面临的取消低值小包裹关税、知识产权、汇率等方面风险均会通过全托管模式转嫁给服装产业，将倒逼链条上服装企业以产品为核心夯实供应链，以提升国际市场竞争力，间接推动服装外贸品质出海。

2023—2024 年全球服装贸易发展报告

北京服装学院 郭燕

本报告相关数据源于国际机构公开数据和报告，部分国家公开数据及报告。其中，全球服装进出口数据来源世界贸易组织（WTO）商品贸易统计数据及报告，各国服装进出口数据来自该国海关统计数据、行业统计数据及行业报告。

一、2023 年全球商品进出口贸易

（一）全球商品进出口额

WTO 数据显示，2023 年全球 GDP 增速为 2.7%，低于 2022 年的 3.1%和 2021 年的 6.3%。

2023 年全球商品出口额和进口额均出现负增长。其中，全球商品出口额为 238133.09 亿美元，同比下降 4.3%；全球商品进口额为 242545.41 亿美元，同比下降 5.5%。2023 年全球商品出口额和进口额继 2021 年和 2022 年快速增长后均出现同比下滑（表 2-3）。

（二）全球商品出口主要经济体

2023 年，全球商品出口前 10 位经济体占全球商品出口总额的 50%，其中，中国出口额 33792.55 亿美元，居第 1 位，占全球商品出口总额的 14.2%；美国出口额 20206.06 亿美元，居第 2 位，占全球商品出口总额的 8.5%；德国出口额 17182.51 亿美元，居第 3 位，占全球商品出口总额的 7.2%。

表 2-3 2020—2023 年全球商品出口额及同比变化

项目	2020 年	2021 年	2022 年	2023 年
商品出口额/亿美元	176496.91	223001.76	248927.08	238133.09
同比变化/%	-7.8	26.4	14.2	-4.3
商品进口额/亿美元	178716.44	225795.20	256567.86	242545.41
同比变化/%	-7.5	26.3	13.6	-5.5

（数据来源：WTO 官网）

2023 年与 2022 年相比，全球商品出口前 20 位经济体中，意大利、法国、墨西哥、英国、阿拉伯联合酋长国、中国台湾、印度和瑞士的位次有所上升，而韩国、比利时和俄罗斯的位次下滑（图 2-22）。

（三）全球商品进口主要经济体

2023 年全球商品进口前 10 位经济体中，美国商品进口额 31724.76 亿美元，居第 1 位，占全球商品进口总额的 13.1%；中国商品进口额 25565.65 亿美元，居第 2 位，占全球商品进口总额的 10.5%；德国商品进口额 14766.56 亿美元，居第 3 位，占全球商品出口总额的 6.1%。

2023 年与 2022 年相比，全球商品进口前 20 位经济体中，英国、法国、印度、中国香港、加拿大、阿拉伯联合酋长国、波兰和瑞士的位次有所上升，而日本、韩国、意大利、比利时和新加坡的位次下滑（图 2-23）。

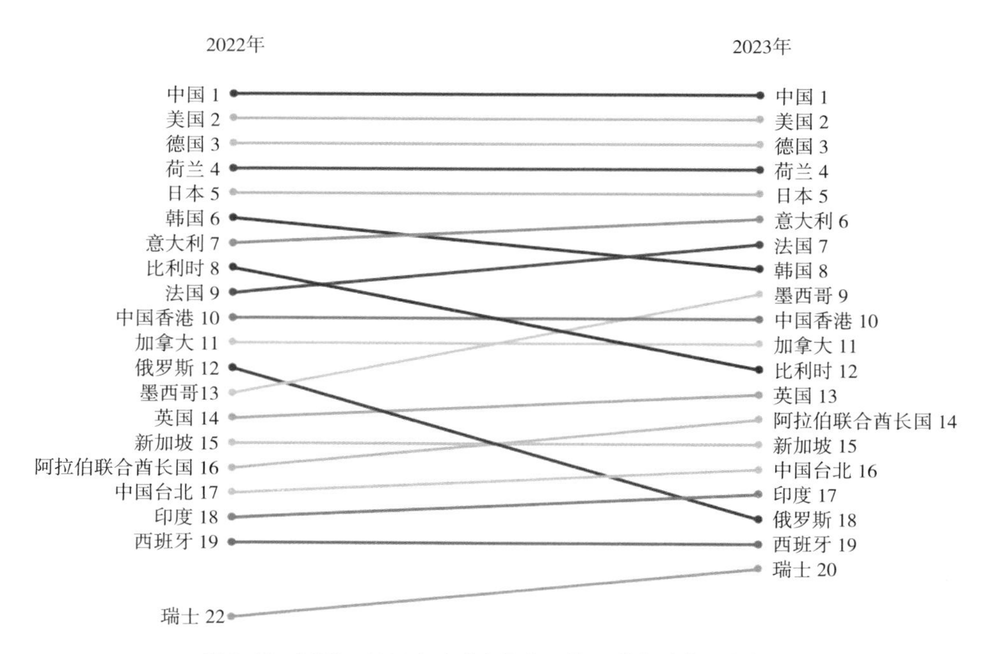

图 2-22　2022—2023 年全球商品出口前 20 位经济体位次变化

（图片来源：WTO 官网）

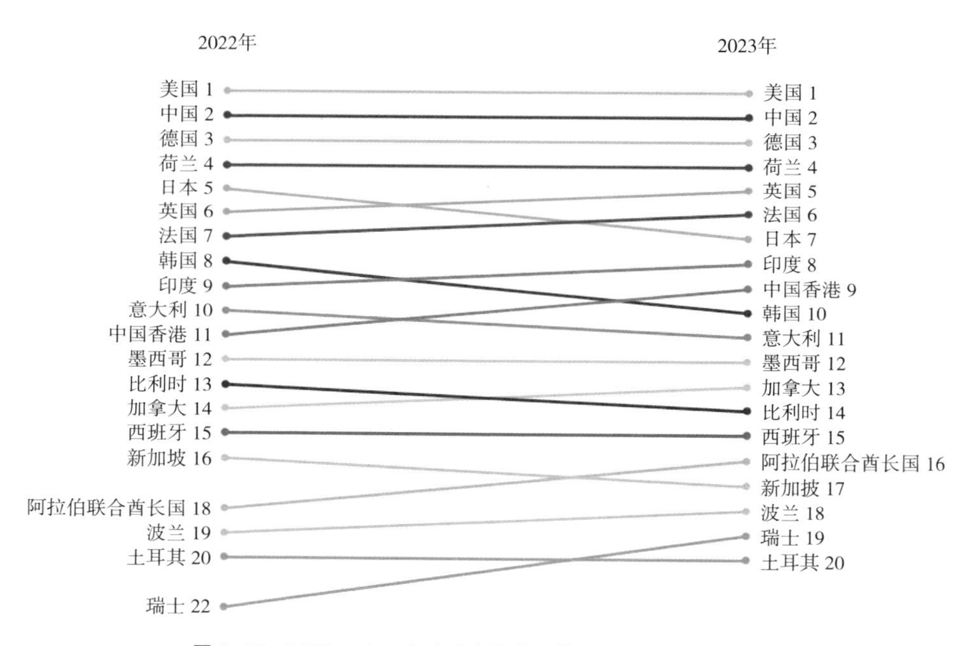

图 2-23　2022—2023 年全球商品进口前 20 位经济体位次变化

（图片来源：WTO 官网）

二、2023 年全球服装出口贸易

（一）2023 年全球服装出口额

WTO 数据显示，2023 年全球纺织品出口额 3240.84 亿美元，同比下降 8.1%；全球服装出口额 5480.46 亿美元，同比下降 5.1%；全球纺织品服装出口额达 8721.3 亿美元，占全球商品出口总额比重的 3.7%（表 2-4）。

2023 年全球服装出口额下降，受到全球经济增长放缓、商品出口下滑及主要服装进口市场下降的影响，特别是美国和欧盟国家的持续高通胀，消费者服装购买消费支出下降。同时，服装生产和消费的下降，也对纺织品出口产生影响（图 2-24）。

表 2-4　2020—2023 年全球纺织品和服装出口贸易

项目	2020 年	2021 年	2022 年	2023 年
商品出口额/亿美元	176496.91	223001.76	248927.08	238133.09
纺织品出口额/亿美元	3286.62	3533.11	3525.84	3240.84
服装出口额/亿美元	4503.70	5453.46	5777.22	5480.46
纺织品服装占商品出口总额比重/%	4.4	4.0	3.7	3.7
服装出口额同比增长/%	-9.1	21.1	5.9	-5.1

（数据来源：WTO）

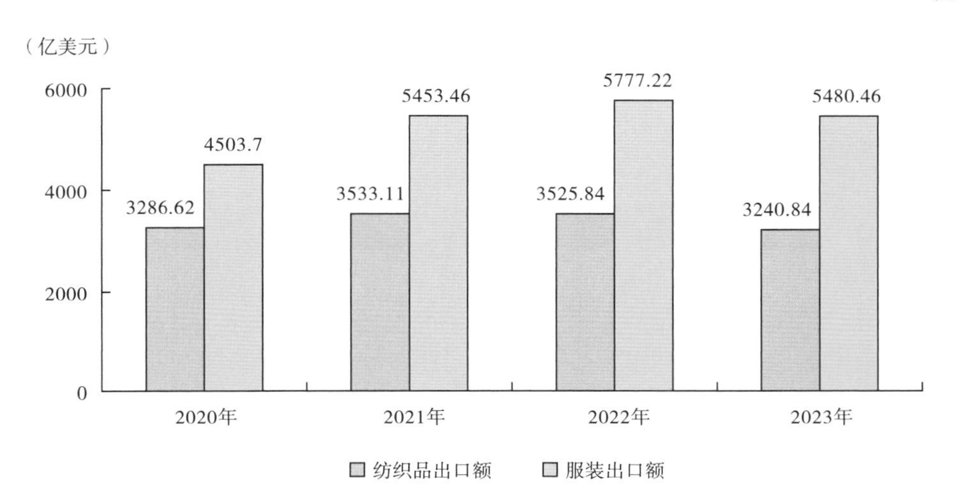

图 2-24　2020—2023 年全球纺织品和服装出口额

（数据来源：WTO 官网，作者整理）

（二）2023 年全球服装主要出口经济体

1. 全球服装出口前 10 位经济体以亚洲国家和地区为主

如果将欧盟作为整体统计，2023 年全球服装前 10 位出口经济体服装出口总额为 4698.3 亿美元，占全球服装出口总额的 85.8%，以亚洲国家为主。

全球服装出口额在 1000 亿美元以上的经济体只有中国和欧盟。其中，中国居全球服装出口第 1 位，服装出口额为 1647.4 亿美元，占全球服装出口总额的 30.1%，同比下降 9.7%。欧盟服装出口额 1625.3 亿美元，居第 2 位，占全球服装出口总额的 29.7%，同比增长 3.5%（表 2-5）。

表 2-5　2023 年全球服装出口前 10 位经济体

位次	经济体	出口额（亿美元）	同比增长（%）	占比重（%）
1	中国	1647.4	-9.7	30.1
2	欧盟	1625.3	3.5	29.7
3	孟加拉国	473.9	3.7	8.6
4	越南	310.4	-12.1	5.7

续表

位次	经济体	出口额（亿美元）	同比增长（%）	占比重（%）
5	土耳其	187.3	-5.9	3.4
6	印度	153.7	-12.9	2.8
7	印度尼西亚	83.3	-17.3	1.5
8	柬埔寨	79.7	-12.7	1.5
9	美国	71.8	0.3	1.3
10	中国香港	65.5	-4.4	1.2
前10位合计		4698.3	—	85.8

（数据来源：WTO官网）

2. 按单一市场统计，全球服装出口前20位经济体集中在欧盟成员、亚洲和美国

按照单一国家和地区统计，2023年全球服装出口前20位经济体累计服装出口额达4631.8亿美元，占全球服装出口总额的84.5%（表2-6）。

表2-6 2023年全球服装前20位出口国家和地区

位次	国家和地区	出口额（亿美元）	占比（%）	位次	国家和地区	出口额（亿美元）	占比（%）
1	中国	1647.4	30.1	11	波兰	124.1	2.3
2	孟加拉国	473.9	8.6	12	比利时	97.8	1.8
3	越南	310.4	5.7	13	印度尼西亚	83.3	1.5
4	意大利	302.7	5.5	14	巴基斯坦	80.6	1.5
5	德国	297.0	5.4	15	柬埔寨	79.7	1.5
6	土耳其	187.3	3.4	16	美国	71.8	1.3
7	荷兰	175.7	3.2	17	中国香港	65.5	1.2
8	法国	168.5	3.1	18	墨西哥	58.2	1.2
9	印度	153.7	2.8	19	丹麦	53.6	1.0
10	西班牙	153.4	2.8	20	斯里兰卡	47.2	0.9
前20位累计出口额						4631.8	84.5

（数据来源：WTO官网，作者整理）

2023年全球服装出口前20位经济体中，有8个欧盟成员，其中意大利、德国、荷兰、法国、西班牙服装出口额居全球服装出口前10位（图2-25）。意大利服装出口额302.7亿美元，居全球第4位；德国服装出口额297.0亿美元，居全球第5位；荷兰服装出口额175.7亿美元，居全球第7位；法国服装出口额168.5亿美元，居全球第8位；西班牙服装出口额153.4亿美元，居全球第10位。此外，波兰服装出口额124.1亿美元，居全球第11位；比利时服装出口额97.8亿美元，居全球第12位；丹麦服装出口额53.6亿美元，居全球第19位。

全球服装出口前20位经济体中，有9个亚洲国家和地区，其中，中国、孟加拉国、越南、印度居全球服装出口前10位国家行列，印度尼西亚、巴基斯坦、柬埔寨、中国香港和斯里兰卡居全球服装出口国家和地区第13~20位。

全球服装出口前20位经济体中，美洲国家有美国和墨西哥，分别居全球服装出口的第16位和第18位。

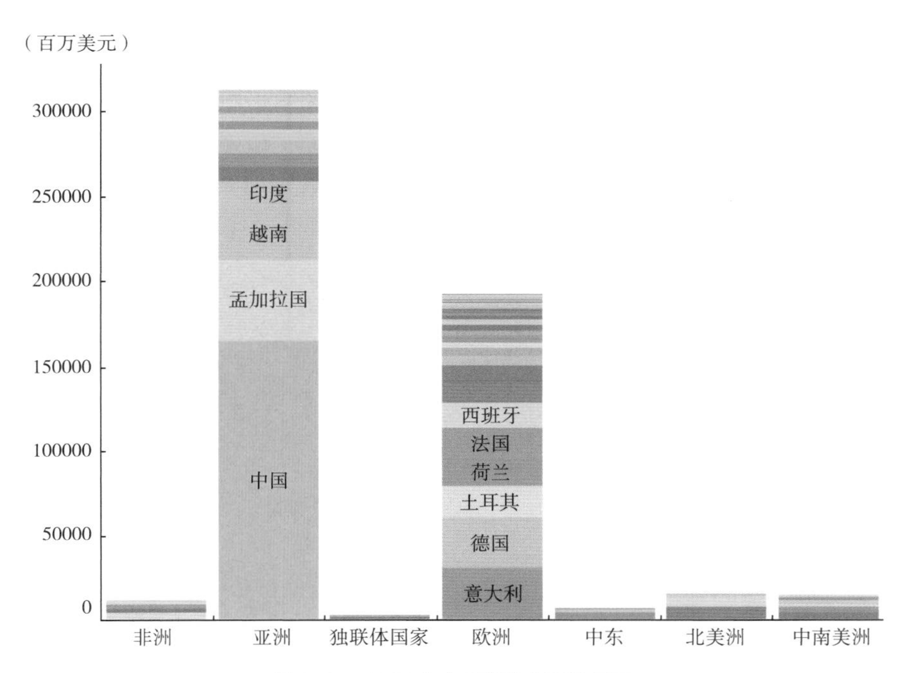

图 2-25 2023 年全球服装主要出口国

（图片来源：WTO 官网）

全球服装出口额在 100 亿～500 亿美元的国家有 10 个，分别为孟加拉国、越南、意大利、德国、土耳其、荷兰、法国、印度、西班牙和波兰。

全球服装出口额在 50 亿～100 亿美元的国家和地区有 8 个，分别为比利时、印度尼西亚、巴基斯坦、柬埔寨、美国、中国香港、墨西哥和丹麦。

3. 2020—2023 年全球服装出口前 10 位经济体位次变化

2020—2023 年，全球服装出口前 10 位出口经济体中，中国和欧盟稳居第 1 位和第 2 位；孟加拉国位次上升至第 3 位，越南位次下降至第 4 位；土耳其和印度分别保持在第 5 位和第 6 位；印度尼西亚从 2020 年的第 10 位，上升至 2022 年和 2023 年的第 7 位；柬埔寨 2022 年进入前 10 位；2023 年，美国也进入前 10 位行列，居第 9 位，中国香港居第 10 位，巴基斯坦跌出全球服装出口额前 10 位经济体行列（表 2-7）。

表 2-7 2020—2023 年全球服装出口前 10 位经济体位次变化

位次	2020 年	2021 年	2022 年	2023 年
1	中国	中国	中国	中国
2	欧盟	欧盟	欧盟	欧盟
3	越南	孟加拉国	孟加拉国	孟加拉国
4	孟加拉国	越南	越南	越南
5	土耳其	土耳其	土耳其	土耳其
6	印度	印度	印度	印度
7	马来西亚	马来西亚	印度尼西亚	印度尼西亚
8	中国香港	印度尼西亚	巴基斯坦	柬埔寨
9	英国	中国香港	柬埔寨	美国
10	印度尼西亚	巴基斯坦	美国	中国香港

4. 2020—2023 年全球服装出口前 10 位经济体占全球服装出口总额比重变化

从全球服装出口前 10 位经济体占全球服装出口额比重看，中国居第 1 位，占全球服装出口总额的 30. 1%；欧盟居第 2 位，占全球服装出口总额的 29. 7%。中国和欧盟遥遥领先，相加占全球服装出口总额比重近 60%。

第 3～8 位为亚洲国家，分别为孟加拉国、越南、土耳其、印度、印度尼西亚和柬埔寨，上述 6 国服装出口规模相加仍然与中国和欧盟服装出口规模相差甚远。2023 年孟加拉国和越南服装出口额占全球服装出口总额的 14. 3%；土耳其、印度、印度尼西亚和柬埔寨 4 国累计服装出口额占全球服装出口总额的 9. 2%；第 3～8 位服装出口国累计服装出口额占全球服装出口总额的 23. 5%。

换言之，尽管中国服装出口额占全球服装出口总额比重在下降，但中国第一大服装出口国地位仍较为稳固（图 2-26）。

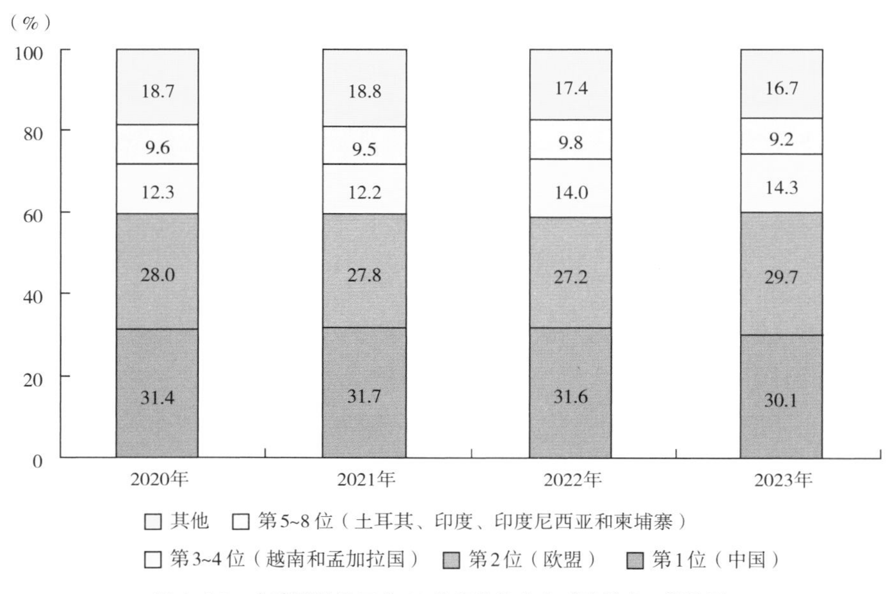

图 2-26　全球服装出口前 10 位经济体占全球服装出口额比重

（三）2023 年全球服装主要出口市场

1. 2023 年中国服装主要出口市场

自 1994 年以来，中国一直保持全球服装第一大出口国地位。根据中国海关统计数据显示，2023 年中国服装出口额 1591. 45 亿美元，同比下降 7. 8%。我国服装出口以美国、欧盟和日本三大市场为主。

2023 年，美国仍保持中国服装第一大出口市场地位，对美国服装出口额为 335. 86 亿美元，同比下降 12%，占我国服装出口总额的 21. 1%；欧盟是我国服装第二大出口市场，对欧盟出口额为 265. 51 亿美元，同比下降 19. 5%，占我国服装出口总额的 16. 7%；日本是我国服装出口第三大市场，对日本服装出口额为 126. 45 亿美元，同比下降 13. 2%，占我国服装出口总额的 8. 0%。

2023 年我国对美国、欧盟和日本三大市场服装出口额达 727. 82 亿美元，占我国服装出口总额比重 45. 8%（表 2-8）。

表 2-8　2023 年中国服装主要出口市场

位次	出口市场	出口额（亿美元）	同比（%）	占比（%）
1	美国	335. 86	-12. 0	21. 1
2	欧盟	265. 51	-19. 5	16. 7

续表

位次	出口市场	出口额（亿美元）	同比（%）	占比（%）
3	日本	126.45	-13.2	8.0
4	韩国	70.10	1.1	4.4
5	吉尔吉斯斯坦	65.26	-10.4	4.1
6	哈萨克斯坦	59.89	72.5	3.8
7	澳大利亚	52.63	-5.7	3.3
8	英国	48.71	-15.7	3.1
9	德国	46.96	-24.2	3.0
10	俄罗斯	42.30	12.8	2.7
“一带一路”沿线国家和地区		698.73	0.7	43.9
RCEP 14 国		410.63	-6.6	25.8
东盟		155.13	-4.3	9.8
中国服装出口额		1591.45	-7.8	100

（数据来源：中国海关统计数据）

2023 年，中国服装出口前 10 位市场出口额为 1113.67 亿美元，占中国服装出口总额比重 70%，市场集中度较高（图 2-27）。

此外，对新兴市场服装出口成为新增长点，发展势头较好。其中，对“一带一路”沿线国家和地区服装出口额达 698.73 亿美元，同比增长 0.7%，占我国服装出口总额的 43.9%；对《区域全面经济伙伴关系协定》（RCEP）14 国服装出口额达 410.63 亿美元，同比下降 6.6%，占我国服装出口总额的 25.8%；对东盟成员服装出口额 155.13 亿美元，同比下降 4.3%，占我国服装出口总额的 9.8%。

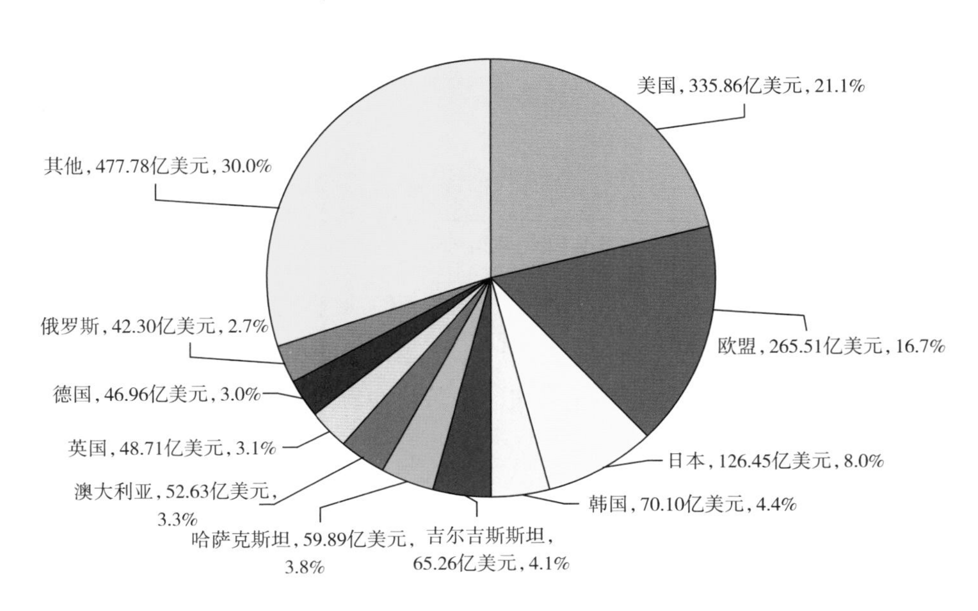

图 2-27　2023 年中国服装主要出口市场及占比

（数据来源：中国海关统计数据）

2. 2023 年孟加拉国服装主要出口市场

孟加拉国是全球服装第二大出口国，也是美国服装进口第三大来源国。纺织服装业是孟加拉国的支柱产业，也是主要出口商品，2023 年孟加拉国服装出口额占其商品出口总额的 85.1%。2022 年，孟加拉国服装产业产值占其 GDP 总值的 11%，服装业从业人员约 400 万人，约有 3500 家服装出口加工型企业。

孟加拉国服装出口以欧盟、美国和英国市场为主。根据孟加拉国统计数据显示，2023 年孟加拉国服装出口额 397.57 亿美元，其中，对欧盟服装出口额 188.27 亿美元，同比下降 18.1%，占孟加拉国服装出口总额的 47.4%，居第 1 位；对美国服装出口额 69.35 亿美元，同比下降 25.4%，占孟加拉国服装出口总额的 17.4%，居第 2 位；对英国服装出口额 39.64 亿美元，同比下降 12.7%，占孟加拉国服装出口总额的 10%，居第 3 位。2023 年，对欧盟、美国和英国服装出口额占孟加拉国服装出口总额的 74.8%（表 2-9）。

表 2-9　2023 年孟加拉国服装主要出口市场

位次	出口市场	出口额（亿美元）	同比（%）	占比（%）
1	欧盟	188.27	-18.1	47.4
2	美国	69.35	-25.4	17.4
3	英国	39.64	-12.7	10.0
4	加拿大	14.38	-17.2	3.6
5	日本	12.57	-6.2	3.2
6	瑞士	10.49	持平	2.6
7	澳大利亚	8.38	6.6	2.1
8	印度	6.51	-8.4	1.6
9	韩国	5.61	0.4	1.4
10	墨西哥	5.41	—	1.4
	其他	36.96	-17.6	9.3
孟加拉国服装出口额		397.57	-17.4	100

（数据来源：美国国际贸易委员会《服装：某些外国供应商对美国的出口竞争力》）

2023 年，孟加拉国服装出口前 10 位市场占比达 90.7%，其中，孟加拉国服装出口以欧盟、美国和英国三个市场为主，对加拿大、日本、瑞士、澳大利亚和韩国服装出口规模较小（图 2-28）。

3. 2023 年越南服装主要出口市场

越南是世界第三大服装出口国（仅次于中国和孟加拉国），纺织服装业是越南重要的支柱产业，纺织服装产品出口额约占越南出口总额的 15%。根据越南纺织服装协会统计，越南约有纺织服装企业 7500 家，从业人数约 430 万人。

越南服装出口以美国市场为主。根据越南纺织服装协会统计数据显示，2023 年越南服装出口额为 400 亿美元，主要出口市场是美国、日本、欧盟、韩国和加拿大。其中，对美国服装出口 110 亿美元，占其服装出口总额的 27.5%，居第 1 位；对日本服装出口额 30 亿美元，占其服装出口总额的 7.5%，居第 2 位；对欧盟出口额 29 亿美元，占其服装出口总额的 7.3%，居第 3 位（表 2-10）。

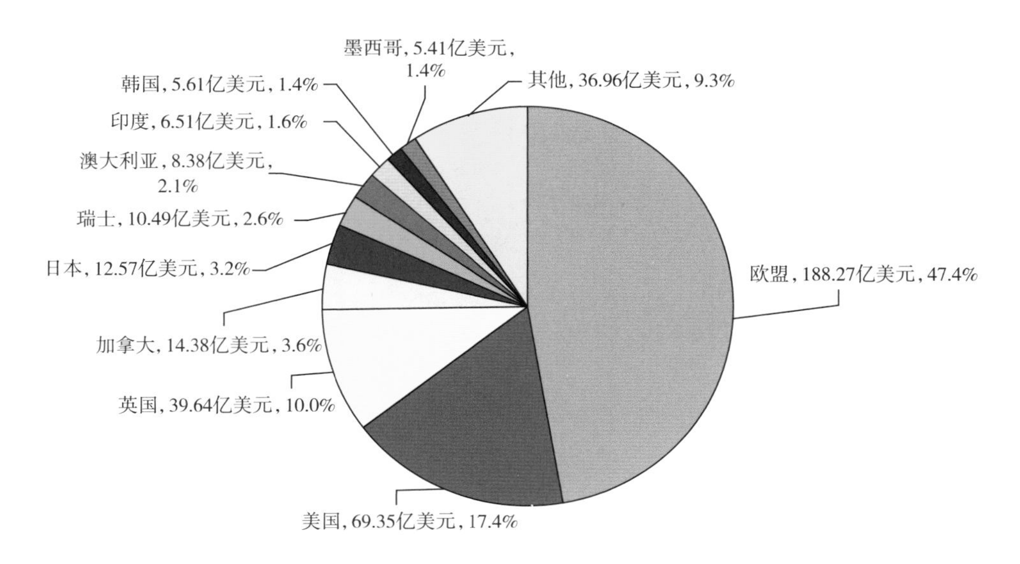

图 2-28 2023 年孟加拉国服装主要出口市场及占比

（数据来源：美国国际贸易委员会《服装：某些外国供应商对美国的出口竞争力》）

表 2-10 2023 年越南服装主要出口市场

位次	出口市场	出口额（亿美元）	同比（%）	占比（%）
1	美国	110.0	-16.7	27.5
2	日本	30.0	-0.4	7.5
3	欧盟	29.0	—	7.3
4	韩国	24.3	-7.9	6.1
5	加拿大	11.0	-16.3	2.8
	其他	195.7	—	48.9
越南服装出口额		400.0	-9.0	100

［数据来源：越南纺织服装协会（VITAS）统计］

4. 2023 年土耳其服装主要出口市场

土耳其为全球第 6 大服装出口国。2023 年土耳其 GDP 总额达 11190 亿美元，商品出口额 2554.2 亿美元，其中纺织品服装出口额 301 亿美元，占出口总额的 11.78%；服装出口额 206.03 亿美元，占土耳其出口总额的 8.1%。

土耳其服装出口市场以欧盟成员国为主。根据土耳其统计数据显示，2023 年土耳其服装出口前 10 位市场中，有 6 个欧盟成员国。其中，对德国服装出口额 34.21 亿美元，同比增长 5%，占土耳其服装出口总额的 16.6%，居第 1 位；对西班牙服装出口额 23.03 亿美元，同比下降 5.1%，占土耳其服装出口总额的 11.2%，居第 2 位；对荷兰服装出口额 18.30 亿美元，同比下降 2.8%，占土耳其服装出口总额的 8.9%，居第 3 位；对前 10 位国家服装出口额为 136.27 亿美元，占其服装出口总额的 66.1%（表 2-11）。

表 2-11　2023 年土耳其服装主要出口市场

位次	出口市场	出口额（亿美元）	同比（%）	占比（%）
1	德国	34.21	5.0	16.6
2	西班牙	23.03	-5.1	11.2
3	荷兰	18.30	-2.8	8.9
4	英国	15.80	12.1	7.7
5	法国	11.14	13.8	5.4
6	美国	10.67	6.3	5.2
7	意大利	7.63	23.1	3.7
8	波兰	5.89	-6.1	2.6
9	伊拉克	5.43	-3.7	2.6
10	哈萨克斯坦	4.17	6.2	2.0
	其他	69.76	—	33.9
欧盟		115.72	3.9	56.2
土耳其服装出口额		206.03	-7.3	100

（数据来源：《2023 年土耳其服装出口展望》）

土耳其服装出口以欧盟市场为主，2023 年对欧盟服装出口额 115.72 亿美元，占其服装出口总额的 56.2%。对美国服装出口额仅为 10.67 亿美元，占其服装出口额的 5.2%。

5. 2023 年印度服装主要出口市场

印度是全球服装第 9 大出口国，服装出口额占印度商品出口总额的 3.4%。服装出口额占印度纺织服装出口总额的 36%。印度服装出口额占全球服装出口总额的 2.9%。

根据印度统计数据显示，2023 年印度服装出口额 145.11 亿美元，同比下降 13.4%。其中，对美国服装出口居第 1 位，出口额 46.51 亿美元，同比下降 19.6%，占印度服装出口总额的 32.1%；对欧盟服装出口居第 2 位，出口额 40.58 亿美元，同比下降 13.8%，占印度服装出口总额的 28%；对英国出口居第 3 位，出口额 13.33 亿美元，同比下降 9.3%，占印度服装出口总额的 9.2%；对阿拉伯联合酋长国服装出口居第 4 位，超过 10 亿美元，为 11.57 亿美元，同比下降 8.7%，占印度服装出口总额的 8%（表 2-12）。

表 2-12　2023 年印度服装主要出口市场

位次	出口市场	出口额（亿美元）	同比（%）	占比（%）
1	美国	46.51	-19.6	32.1
2	欧盟	40.58	-13.8	28.0
3	英国	13.33	-9.3	9.2
4	阿拉伯联合酋长国	11.57	-8.7	8.0
5	沙特阿拉伯	3.98	2.3	2.7
6	澳大利亚	3.15	4.7	2.2
7	加拿大	2.48	-16.8	1.7
8	日本	1.94	-1.5	1.3

续表

位次	出口市场	出口额（亿美元）	同比（%）	占比（%）
9	墨西哥	1.69	-1.2	1.2
10	马来西亚	1.17	-20.9	0.8
	其他	18.71	-7.1	12.9
印度服装出口额		145.11	-13.4	100

（数据来源：美国国际贸易委员会《服装：某些外国供应商对美国的出口竞争力》）

印度对前10位服装出口市场出口额126.4亿美元，占比87.1%。其中，主要集中在美国、欧盟、英国和阿拉伯联合酋长国，累计服装出口占比高达77.3%，而对日本服装出口额仅为1.94亿美元，占比仅为1.3%（图2-29）。

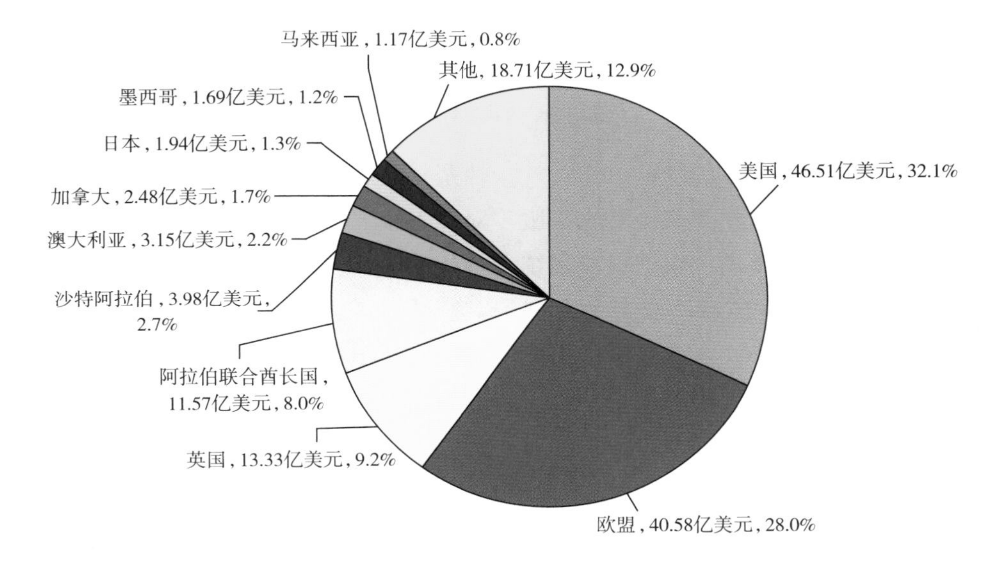

图2-29 2023年印度服装主要出口市场及占比

（数据来源：美国国际贸易委员会《服装：某些外国供应商对美国的出口竞争力》）

6. 2023年印度尼西亚服装主要出口市场

印度尼西亚服装产量中70%被出口，属于出口加工型产业，30%是国内消费。根据印度尼西亚统计数据显示，2023年印度尼西亚服装出口额86.47亿美元，占其商品出口总额的11.9%。印度尼西亚为全球服装第13大出口国。

印度尼西亚服装出口对美国市场依存度高，2023年对美国服装出口额42.03亿美元，同比下降25.5%，占其服装出口总额的48.6%，是美国第5大服装进口来源国；对欧盟服装出口额10.55亿美元，占其服装出口额的12.2%；对日本服装出口额7.99亿美元，占其服装出口额的9.2%。印度尼西亚服装前10位出口市场累计出口额79.42亿美元，占其服装出口额比重的91.8%（表2-13）。

表2-13 2023年印度尼西亚服装主要出口市场

位次	出口市场	出口额（亿美元）	同比（%）	占比（%）
1	美国	42.03	-25.5	48.6
2	欧盟	10.55	-23.4	12.2

续表

位次	出口市场	出口额（亿美元）	同比（%）	占比（%）
3	日本	7.99	3.0	9.2
4	韩国	5.36	-7.6	6.2
5	加拿大	3.25	-7.9	3.8
6	中国	2.85	-13.4	3.3
7	澳大利亚	2.54	-5.6	2.9
8	英国	2.42	-19.3	2.8
9	新加坡	1.40	-36.1	1.6
10	墨西哥	1.03	—	1.2
	其他	7.05	-13.6	8.2
印度尼西亚服装出口额		86.47	-19.9	100

（数据来源：美国国际贸易委员会《服装：某些外国供应商对美国的出口竞争力》）

7. 2023 年柬埔寨服装主要出口市场

柬埔寨为全球服装第 15 大出口国。柬埔寨服装主要出口市场集中在欧盟和美国。根据柬埔寨统计数据显示，2023 年柬埔寨服装出口额为 121.68 亿美元，同比下降 13.6%。其中，对欧盟服装出口额 34.76 亿美元，占其服装出口总额的 28.6%；柬埔寨是美国第 6 大服装进口来源国，2023 年柬埔寨对美国服装出口额 33.74 亿美元，占其服装出口总额的 27.7%；对日本服装出口额 11.24 亿美元，占其服装出口总额的 9.2%。柬埔寨服装前 10 位出口市场累计出口额 109.17 亿美元，占其服装出口额的 89.7%（表 2-14）。

表 2-14　2023 年柬埔寨服装主要出口市场

位次	出口市场	出口额（亿美元）	同比（%）	占比（%）
1	欧盟	34.76	-10.0	28.6
2	美国	33.74	-23.8	27.7
3	日本	11.24	-6.5	9.2
4	英国	9.84	-9.0	8.1
5	加拿大	9.72	-24.2	8.0
6	中国	3.31	-3.5	2.7
7	瑞士	2.50	9.2	2.1
8	韩国	2.10	9.9	1.7
9	墨西哥	1.96	13.3	1.6
10	土耳其	1.49	—	1.2
	其他	12.51	16.0	10.3
柬埔寨服装出口额		121.68	-13.6	100

（数据来源：美国国际贸易委员会《服装：某些外国供应商对美国的出口竞争力》）

8. 2023 年斯里兰卡服装主要出口市场

斯里兰卡服装出口居全球第 20 位。斯里兰卡统计数据显示，2023 年斯里兰卡服装出口额 45.35 亿美元，主要出口到美国、欧盟和英国。其中，对美国服装出口额 18.12 亿美元，占其服装出口总额的 40.0%；对欧盟服装出口额 13.9 亿美元，占其服装出口总额的 30.7%；对英国服装出口额 6.27　亿美元，占其服装出口总额的 13.8%（表 2-15）。

表 2-15　2023 年斯里兰卡服装主要出口市场

位次	出口市场	出口额（亿美元）	同比（%）	占比（%）
1	美国	18.12	-22.3	40.0
2	欧盟	13.90	-17.4	30.7
3	英国	6.27	12.6	13.8
	其他	7.06	-17.7	15.6
斯里兰卡服装出口额		45.35	-18.9	100

（数据来源：斯里兰卡服装协会网）

三、2023 年全球服装进口贸易

（一）2023 年全球服装进口规模

WTO 数据显示，2023 年全球纺织品进口额 3564.92 亿美元，同比下降 7.7%；全球服装进口额 6028.51 亿美元，同比下降 4.1%；全球纺织品服装进口额 9593.43 亿美元，占全球商品进口总额的 4.0%（表 2-16）。

2023 年，全球服装进口额下降，但仍保持在 6000 亿美元以上规模，高于 2020—2021 年新型冠状病毒感染期间全球服装进口规模（图 2-30）。

表 2-16　2020—2023 年全球纺织品和服装进口贸易

项目	2020 年	2021 年	2022 年	2023 年
商品进口额/亿美元	178716.44	225795.20	256567.86	242545.41
纺织品进口额/亿美元	3615.28	3886.42	3878.43	3564.92
服装进口额/亿美元	4954.07	5998.80	6354.94	6028.51
纺织品服装占商品进口总额比重/%	4.8	4.4	4.0	4.0
服装进口额同比增长/%	-7.9	21.1	5.9	-4.1

（数据来源：WTO 官网）

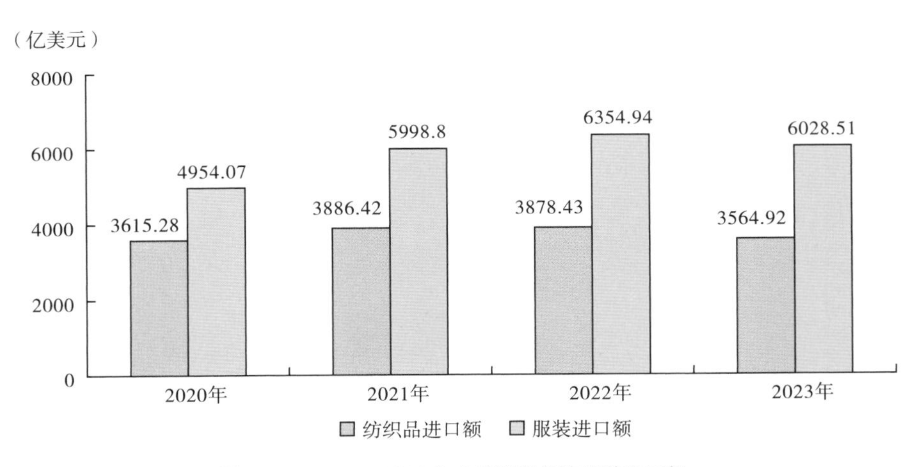

图 2-30　2020—2023 年全球纺织品和服装进口额

（数据来源：WTO 官网，作者整理）

（二）2023 年全球服装主要进口市场

1. 全球服装进口前 10 位市场以发达经济体为主

根据 WTO 数据，将欧盟作为整体统计，2023 年全球服装进口前 10 位经济体进口额达 4002.4 亿美元，占全球服装进口总额的 66.5%。

其中，欧盟服装进口额 2041.5 亿美元，同比下降 6%，居第 1 位，占全球服装进口总额的 33.9%；美国居第 2 位，也是全球最大的服装进口国，2023 年美国服装进口额 893.5 亿美元，同比下降 23%，占全球服装进口总额的 14.8%；日本居第 3 位，服装进口额 256.2 亿美元，同比下降 5.0%，占全球服装进口总额的 4.3%；中国服装进口额 102.3 亿美元，居第 7 位，占全球服装进口总额的 1.7%（表 2-17）。

表 2-17　2023 年全球服装进口前 10 位经济体

位次	经济体	进口额（亿美元）	同比（%）	占比（%）
1	欧盟	2041.5	-6.0	33.9
2	美国	893.5	-23.0	14.8
3	日本	256.2	-5.0	4.3
4	英国	214.0	-16.6	3.5
5	韩国	128.1	-2.5	2.1
6	加拿大	117.9	-13.6	2.0
7	中国	102.3	-5.3	1.7
8	瑞士	88.4	1.8	1.5
9	澳大利亚	83.6	-11.3	1.4
10	俄罗斯	76.9	26.1	1.3
前 10 位合计		4002.4	—	66.5

（数据来源：WTO 官网）

2. 按单一市场统计，全球服装进口前 20 位市场集中于美洲、欧盟和亚洲

按照单一国家和地区统计，2023 年全球服装进口前 20 位国家和地区累计服装进口额达 3818.6 亿美元，占全球服装出口总额的 63.3%。主要集中于欧洲、美洲和亚洲国家（图 2-31）。

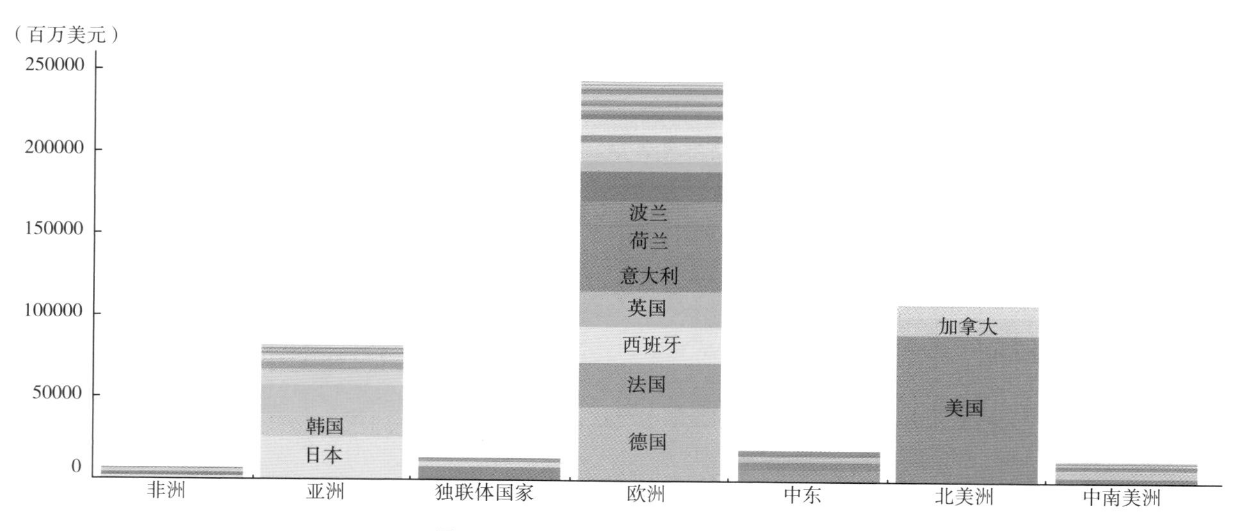

图 2-31　2023 年全球服装主要进口国

（图片来源：WTO 官网）

其中，2023 年美国是全球服装第一大进口国；欧盟成员中有 8 个国家位居全球服装进口前 20 位行列，其中德国、法国、西班牙、意大利、荷兰和波兰分别位居全球服装进口第 2 位、第 3 位、第 5 位、第 7 位、第 8 位和第 9 位，此外，比利时和奥地利分别位第 13 位和第 19 位；日本服装进口额居全球第 4 位。

全球服装进口额在 500 亿美元以上的国家只有美国。全球服装进口额在 100 亿～500 亿美元的国家有 11 个，分别为德国、法国、日本、西班牙、英国、意大利、荷兰、波兰、韩国、加拿大和中国。全球服装进口额在 60 亿～100 亿美元的国家和地区有 8 个，分别为比利时、瑞士、澳大利亚、俄罗斯、中国香港、阿拉伯联合酋长国、奥地利和墨西哥（表 2-18）。

表 2-18　2023 年全球服装前 20 位进口市场

位次	国家和地区	进口额（亿美元）	占比（%）	位次	国家和地区	进口额（亿美元）	占比（%）
1	美国	893.5	14.8	11	加拿大	117.9	2.0
2	德国	444.6	7.4	12	中国	102.3	1.7
3	法国	274.9	4.6	13	比利时	92.2	1.5
4	日本	256.2	4.3	14	瑞士	88.4	1.5
5	西班牙	216.1	3.6	15	澳大利亚	83.6	1.4
6	英国	214.0	3.5	16	俄罗斯	76.9	1.3
7	意大利	208.2	3.5	17	中国香港	73.6	1.2
8	荷兰	199.9	3.3	18	阿拉伯联合酋长国	69.6	1.2
9	波兰	142.2	2.4	19	奥地利	69.2	1.1
10	韩国	128.1	2.1	20	墨西哥	67.2	1.1
前 20 位服装累计进口额						3818.6	63.3

（数据来源：WTO 官网，作者整理）

3. 2020—2023 年全球服装进口前 10 位市场位次变化

2020—2023 年，全球服装进口前 10 位经济体中，欧盟和美国稳居第 1 位和第 2 位；日本上升至第 3 位，英国降至第 4 位；第 5～10 位服装进口国位次有所变化，主要包括韩国、加拿大、中国、瑞士、澳大利亚和俄罗斯（表 2-19）。

表 2-19　2020—2023 年全球服装前 10 位进口经济体位次变化

前十位经济体	2020 年	2021 年	2022 年	2023 年
第 1 位	欧盟	欧盟	欧盟	欧盟
第 2 位	美国	美国	美国	美国
第 3 位	英国	日本	日本	日本
第 4 位	日本	英国	英国	英国
第 5 位	加拿大	中国	加拿大	韩国
第 6 位	韩国	加拿大	韩国	加拿大

续表

前十位经济体	2020 年	2021 年	2022 年	2023 年
第 7 位	中国	韩国	中国	中国
第 8 位	瑞士	俄罗斯	澳大利亚	瑞士
第 9 位	中国香港	瑞士	瑞士	澳大利亚
第 10 位	俄罗斯	澳大利亚	中国香港	俄罗斯

（三）2023 年美欧日服装进口市场

1. 2023 年美国服装进口主要来源国

（1）美国服装前 10 位进口来源国占比达 75.9%。美国是全球第一大服装进口国。美国国际贸易委员会 2024 年 8 月发布的《服装：对美国部分国外供应国出口竞争力》报告显示，2023 年美国服装进口额 792.91 亿美元，同比下降 20.7%，美国服装前 10 位进口来源国占比高达 75.9%。

在美国服装前 10 位进口来源国中，自中国进口额 169.22 亿美元，同比下降 22.8%，占美国服装进口总额的 21.3%，居第 1 位；自越南进口服装 141.46 亿美元，同比下降 21.6%，占美国服装进口总额的 17.8%，居第 2 位；自孟加拉国进口服装 71.20 亿美元，同比下降 22.7%，占美国服装进口总额的 9%，居第 3 位；第 4~6 位进口来源国分别为印度、印度尼西亚和柬埔寨；第 7~8 位是美洲国家墨西哥和洪都拉斯（表 2-20）。

表 2-20　2023 年美国服装进口前 10 位来源国

位次	进口来源国	进口额（亿美元）	同比（%）	占比（%）
1	中国	169.22	-22.8	21.3
2	越南	141.46	-21.6	17.8
3	孟加拉国	71.20	-22.7	9.0
4	印度	45.66	-20.2	5.8
5	印度尼西亚	42.40	-24.9	5.3
6	柬埔寨	34.31	-22.2	4.3
7	墨西哥	29.41	-10.3	3.7
8	洪都拉斯	25.38	-22.3	3.2
9	意大利	22.17	4.8	2.8
10	巴基斯坦	20.78	-25.1	2.6
	东盟	234.78	-23.4	29.6
	其他	190.93	-19.0	24.1
美国服装进口额		792.91	-20.7	100

（数据来源：美国国际贸易委员会《服装：某些外国供应商对美国的出口竞争力》）

（2）美国自中国服装进口占比逐年下降。2014—2023 年的 10 年间，美国服装进口额略有起伏，但总量保持在 800 亿~850 亿美元规模。中国和越南一直居于美国服装进口第一大和第二大来源国地位。

2014—2023 年，美国自中国服装进口额呈逐年下降的趋势，2014 年自中国服装进口额为 303.82 亿美元，到 2023 年自中国服装进口额下降至 169.22 亿美元。与此同时，美国自越南服装进口额逐年增长，2014 年自越南服装进口额 91.86 亿美元，到 2023 年增加到 141.46 亿美元（表 2-21）。

表 2-21 2014—2023 年美国从中国和越南服装进口额及占比

年份	美国服装进口额（亿美元）	自中国进口额（亿美元）	占美国服装进口额比重（%）	自越南进口额（亿美元）	占美国服装进口额比重（%）
2014 年	826.63	303.82	36.8	91.86	11.1
2015 年	855.07	308.16	36.0	104.07	12.2
2016 年	805.58	279.85	34.7	106.09	13.2
2017 年	850.50	271.51	33.7	114.23	14.2
2018 年	849.51	279.35	32.9	125.63	14.8
2019 年	859.95	256.28	29.9	138.40	16.1
2020 年	692.41	187.28	27.0	129.55	18.7
2021 年	835.37	205.26	24.6	145.54	17.4
2022 年	999.49	219.22	21.9	180.33	18.0
2023 年	792.91	169.22	21.3	141.46	17.8

（数据来源：美国国际贸易委员会《服装：某些外国供应商对美国的出口竞争力》）

在美国服装进口来源国中，中国服装出口竞争力明显下降，主要受到劳动力成本上升、对华贸易政策和海运价格上涨等因素的影响。

中国在美国服装进口额中的占比从 2014 年的 36.8%，下降至 2023 年的 21.3%。越南在美国服装进口额中的占比从 2014 年的 11.1%，上升至 2023 年的 17.8%。2023 年越南与中国在美国服装进口额中的占比相差甚微，为 3.5 个百分点，而 2014 年两国相差 25.7 个百分点（图 2-32）。

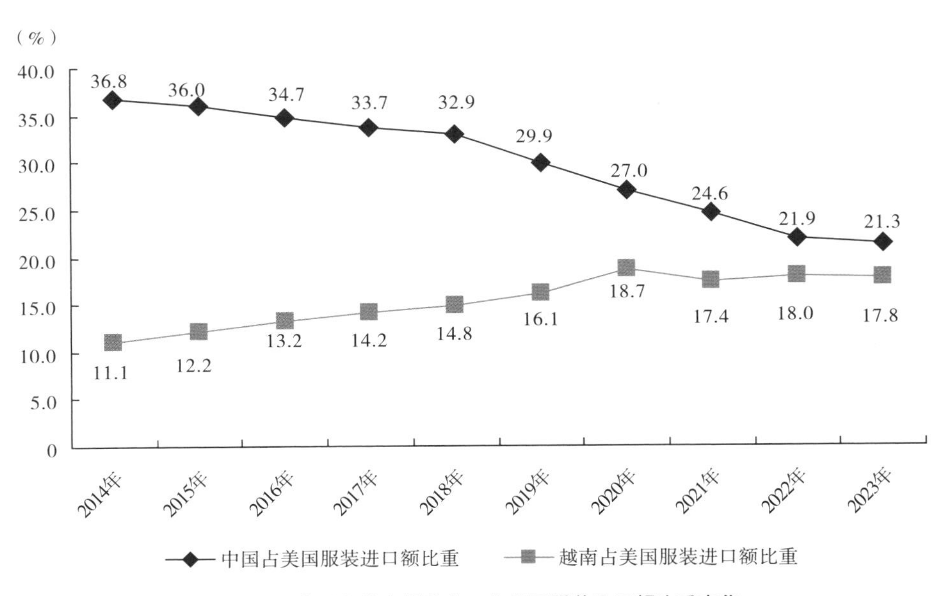

图 2-32 中国和越南服装出口占美国服装进口额比重变化

（数据来源：同上，作者整理）

（3）中国对美国棉制服装产品出口受限。2019年12月，美国国会众议院通过“2019年维吾尔人权政策法案”后，2022年6月美国《维吾尔强迫劳动预防法案》（以下简称《涉疆法案》）正式实施。自2019年以来，美国自中国进口棉制服装产品明显下降。

美国纺织品服装办公室（OTEXA）数据显示，美国海关税则代码31棉制服装产品（Code 31 Cotton apparel products）项下，2018年美国棉制服装产品进口额387.06亿美元，其中自中国棉制服装产品进口额103.68亿美元，占美国棉制服装产品进口额的26.8%；2023年自中国棉制服装产品进口额42.01亿美元，与2018年相比，降幅达59.5%，占美国棉制服装产品进口额的11.8%。同期，自中国以外的亚洲国家进口棉制服装产品占比从2018年的47.6%，升至2023年的58.8%，增幅达11.2个百分点（表2-22）。

表2-22　中国棉制服装产品占美国进口额比重变化

美国	2018年	2022年	2023年
美国棉制服装产品进口额/亿美元	387.06	474.68	356.33
自中国棉制服装产品进口额/亿美元	103.68	61.14	42.01
中国占美国棉制服装产品进口比重/%	26.8	12.9	11.8
自中国以外的亚洲国家进口棉制服装产品占比/%	47.6	59.3	58.8
自其他国家进口棉制服装产品占比/%	25.9	27.8	29.4

（数据来源：同上，作者整理）

棉制服装是各国服装主要出口产品，2023年棉制服装产品出口额占全球服装出口额比重为45.8%。2023年美国棉制服装产品进口额占美国服装进口额的45%。

从主要国家棉制服装产品对美国服装出口额占比看，2023年中国对美国服装出口额中棉制服装产品占25.7%（2017年占比达40%）；越南对美国服装出口额中棉制服装产品占38.5%；孟加拉国对美国服装出口额中棉制服装产品占比高达69.4%；柬埔寨对美国服装出口额中棉制服装产品占56.1%（表2-23）。

表2-23　2023年棉制服装产品占主要出口国的比重

棉制服装产品	2023年
占中国对美国服装出口额比重/%	25.7
占越南对美国服装出口额比重/%	38.5
占孟加拉国对美国服装出口额比重/%	69.4
占柬埔寨对美国服装出口额比重/%	56.1
占全球服装出口额比重/%	45.8

（数据来源：同上，作者整理）

2. 2023年欧盟服装主要进口来源国

根据WTO数据显示，2023年欧盟服装进口额2041.49美元，其中，自欧盟成员国服装进口额1086.51美元，占53.2%；自欧盟外国家服装进口额954.98美元，占46.8%。欧盟服装贸易以成员间为主（表2-24）。

表2-24　2023年欧盟服装进口额

进口额	进口额（亿美元）	占比（%）
欧盟服装进口额	2041.49	100
自欧盟成员国服装进口额	1086.51	53.2
自欧盟外国家服装进口额	954.98	46.8

（数据来源：WTO官网）

欧盟统计局数据显示，2023年，欧盟从非成员国服装进口前10位的国家累计进口额794.16亿美元，占自欧盟外国家服装进口额的85.2%。其中，中国居第1位，欧盟自中国服装进口额255.68亿美元，占比为27.4%；孟加拉国居第2位，自孟加拉国服装进口额188.29亿美元，占比为20.2%；土耳其居第3位，自土耳其服装进口额109.09亿美元，占比为 11.7%；印度居第 4 位，自印度服装进口额 47.07 亿美元，占比为 5%；越南居第 5 位，自越南服装进口额 42.06 亿美元，占比为 4.5%（表 2-25）。

表 2-25 2023 年欧盟服装进口前 10 位来源国

位次	进口来源国	进口额（亿美元）	同比（%）	占比（%）
1	中国	255.68	-19.1	27.4
2	孟加拉国	188.29	-18.1	20.2
3	土耳其	109.09	-10.3	11.7
4	印度	47.07	-11.4	5.0
5	越南	42.06	-12.2	4.5
6	巴基斯坦	36.51	-15.6	3.9
7	柬埔寨	34.88	-10.1	3.7
8	摩洛哥	27.81	-11.5	3.0
9	缅甸	27.00	-18.4	2.9
10	突尼斯	25.77	6.0	2.8
	东盟	131.29	-18.4	14.1
	其他	138.33	-19.0	14.8
欧盟服装进口额		932.49	-14.2	100

（数据来源：欧盟统计局网）

3. 2023 年日本服装主要进口来源国

日本财务省数据显示，2023 年日本服装进口额 249.25 亿美元。日本服装进口前 10 位来源国以亚洲国家为主，自 10 位来源国服装进口额 234.29 亿美元，占日本服装进口总额的 94.0%。

其中，中国居第 1 位，从中国进口服装 126.41 亿美元，占日本服装进口额的 49.3%；越南居第 2 位，从越南进口服装 42.38 亿美元，占日本服装进口额比重的 16.5%，同比增长 3.1%；孟加拉国居第 3 位，从孟加拉国进口服装 12.75 亿美元，占日本服装进口额的 5.0%；从东盟国家服装进口额 84.11 亿美元，占日本服装进口额的 32.8%。

整体上讲，日本从中国服装进口占比从 2021 年的 56.1%下降至 2023 年的 49.3%；从越南及东盟成员国服装进口占比分别从 2021 年的 14.2%和 30.6%上升至 2023 年的 16.5%和 32.8%（表 2-26）。

表 2-26 2023 年日本服装进口前 10 位来源国

位次	进口来源国	进口额（亿美元）	同比（%）	占比（%）
1	中国	126.41	-12.0	49.3
2	越南	42.38	3.1	16.5
3	孟加拉国	12.75	-6.3	5.0
4	缅甸	12.30	13.7	4.8
5	柬埔寨	11.27	-6.4	4.4
6	意大利	9.97	24.6	3.9

续表

位次	进口来源国	进口额（亿美元）	同比（%）	占比（%）
7	印度尼西亚	8.30	2.2	3.2
8	泰国	4.40	-7.4	1.7
9	马来西亚	3.96	-17.4	1.5
10	印度	2.55	0.3	1.0
	东盟	84.11	1.1	32.8
	其他	14.96	—	6
日本服装进口额		249.25	-5.4	100

（数据来源：日本财务省）

四、2024年全球服装进出口贸易

（一）2024年上半年全球商品进出口额

世界贸易组织发布的2024年10月期《全球贸易展望与统计》（*Global Trade Outlook and Statistic*）报告预计，2024年全球GDP增长2.7%，全球商品贸易量同比增长2.7%。由于地缘政治紧张局势加剧和经济政策不确定性增加，继续给预测带来巨大的下行风险。2021年和2022年商品贸易量飙升，但2023年遭遇萎缩。2024年上半年，商品贸易量同比增长2.3%，贸易额仅微增0.1%，反映出全球商品贸易额在回升，但进出口货物价格有明显下滑（表2-27）。

WTO数据显示，2024年第一、二季度全球商品出口额累计为119814.37亿美元，同比微增0.8%；全球商品进口额120608.45亿美元，同比微降0.7%（表2-28）。

表2-27　WTO全球经济与贸易量增长预测

单位：%

预测	2021年	2022年	2023年	2024年	2025年
全球GDP增长	6.3	3.1	2.7	2.7	2.7
全球商品贸易量增长	9.0	2.2	-1.1	2.7	3.0

（数据来源：世界贸易组织《2024年10月全球贸易展望和统计更新报告》）

表2-28　2024年第一、二季度全球商品进出口额及同比增长

商品	2024年第一季度	2024年第二季度	合计	同比
出口额/亿美元	59152.95	60661.42	119814.37	0.8%
进口额/亿美元	59419.75	61188.70	120608.45	-0.7%

（数据来源：WTO官网，作者整理）

（二）2024年全球服装主要出口国家

1. 2024年1—10月中国服装出口贸易

中国海关统计数据显示，2024年，全国货物贸易进出口总值61622.9亿美元，同比增长3.8%；其中出口额35772.2亿美元，增长5.9%；进口额25850.7亿美元，增长1.1%，累计贸易顺差9921.6亿美元。

2024年，我国服装出口额1591.5亿美元，微增0.36%。在我国前10位出口市场中，对美国、欧盟、哈萨克斯坦、英国和墨西哥的服装出口额同比增长，对东盟、日本、吉尔吉斯斯坦、澳大

利亚和俄罗斯的服装出口额同比下滑（表2-29）。

表2-29 2024年1—10月我国服装主要出口市场

位次	1—10月	出口额（亿美元）	同比（%）	占比（%）
1	美国	361.88	8.7%	22.7%
2	欧盟	277.48	4.8%	17.4%
3	东盟	153.42	-1.0%	9.6%
4	日本	116.10	-7.8%	7.3%
5	哈萨克斯坦	63.72	6.4%	4.0%
6	吉尔吉斯斯坦	54.29	-16.8%	3.4%
7	英国	52.18	7.5%	3.3%
8	澳大利亚	47.08	-10.3%	3.0%
9	俄罗斯	38.13	-9.9%	2.4%
10	墨西哥	27.97	20.5%	1.7%
“一带一路”沿线国家和地区		671.66	-4.3%	42.2%
RCEP 14国		390.94	-4.6%	24.6%
中国服装出口额		1591.5	0.36%	100%

（数据来源：中国海关统计数据）

2. 2024年1—9月越南纺织品服装出口贸易

越南纺织服装协会统计数据显示，2024年1—9月，越南纺织品服装（不含纱线）出口额273.4亿美元，同比增长8.9%。

2024年1—9月，越南对美国、日本和中国纺织品服装出口额同比增长。其中，越南对美国出口额120.1亿美元，同比增加9.1%；对日本和中国分别出口31.3亿美元和9.8亿美元，分别同比增长6.4%和18.3%。同期，越南对韩国纺织品服装出口额23.8亿美元，同比下降1.9%（表2-30）。

表2-30 2024年1—9月越南纺织品服装主要出口市场

出口市场	出口额（亿美元）	同比（%）
越南纺织品服装出口额	273.4	8.9
对美国出口额	120.1	9.1
对日本出口额	31.3	6.4
对韩国出口额	23.8	-1.9
对中国出口额	9.8	18.3

［数据来源：越南纺织服装协会（VITAS）统计］

3. 2024年1—5月孟加拉国服装出口规模

根据孟加拉国服装制造商和出口商协会（BGMEA）数据显示，2024年1—5月，孟加拉国服装出口额206亿美元，同比增长5.0%。

4. 2024年1—10月印度服装出口规模

印度商务和工业部公布数据显示，2024年1—10月，印度服装出口额131亿美元，同比增长8.0%。

5. 2024年1—8月土耳其服装出口规模

土耳其贸易部和统计局数据显示，2024年1—10月，土耳其对全球出口纺织品服装207.2亿美元，同比下降3.7%。其中，纺织品出口额87.4亿美元，较2023年同期基本持平；服装出口额119.8亿美元，同比下降6.3%。

6. 2024年1—9月斯里兰卡服装出口规模

斯里兰卡统计数据显示，2024年1—9月斯里兰卡服装出口额35.56亿美元，同比下降5.1%。其中，对美国服装出口额14.36亿美元，同比下降4.0%；对欧盟服装出口额10.27亿美元，同比下降10.1%；对英国服装出口额5.22亿美元，同比下降0.4%（表2-31）。

表2-31 2024年1—9月斯里兰卡服装主要出口市场

位次	出口市场	出口额（亿美元）	同比（%）	占比（%）
1	美国	14.36	-4.0	40.4
2	欧盟	10.27	-10.1	28.9
3	英国	5.22	-0.4	14.7
	其他	5.71	-2.7	16.1
斯里兰卡服装出口额		35.56	-5.1	100

（数据来源：斯里兰卡服装协会网）

（三）2024年全球服装主要进口市场

1. 2024年1—9月美国服装进口

美国纺织品服装办公室数据显示，2024年1—9月美国服装进口额763.65亿美元，同比下降6.9%。美国从主要国家服装进口额均出现下滑，2024年1—9月美国进口中国服装160.80亿美元，同比下降4.3%，占美国服装进口额的21.1%，居第1位；从越南进口服装143.19亿美元，同比下降2.8%，占美国服装进口额的18.8%，居第2位；从孟加拉国进口服装69.26亿美元，同比下降13.1%，占美国服装进口额的9.1%，居第3位；从印度进口服装44.87亿美元，同比下降4.0%，占美国服装进口额的5.9%，居第4位；从印度尼西亚进口服装40.55亿美元，同比下降9.2%，占美国服装进口额的5.3%，居第5位（表2-32）。

表2-32 2024年1—9月美国服装进口额

服装进口额	进口额（亿美元）	同比（%）	占比（%）
美国服装进口额	763.65	-6.9	100
其中：中国	160.80	-4.3	21.1
越南	143.19	-2.8	18.8
孟加拉国	69.26	-13.1	9.1
印度	44.87	-4.0	5.9
印度尼西亚	40.55	-9.2	5.3
前5位合计	458.67	—	60.1

（数据来源：美国纺织品服装办公室网）

2. 2024年1—9月欧盟自非成员国服装进口

欧盟统计数据显示，2024年1—9月欧盟自非成员国服装进口额650亿美元，同比增长1%。其中，从中国进口服装占比28%；从孟加拉国进口服装占比22%；从土耳其进口服装占比12%；从印度进口服装占比6%；从越南进口服装占比5%。

3. 2024年1—9月日本服装进口

日本统计数据显示，2024年1—9月日本服装进口额167亿美元，同比下降7%。其中，从中国进口服装占比58%；从越南进口服装占比18%；从孟加拉国进口服装占比4%；从柬埔寨进口服装占比4%。

2024—2025 年中国服装行业资本市场报告

申万宏源证券 王立平 求佳峰 刘佩 李璇

一、2024 年分析：海外服饰下游补库需求催化制造业绩增长，内需消费暂承压

（一）板块行情复盘：出口链受益于终端补库、内需触底期待政策加码之下反弹

2024 年纺织服装板块行情，主要由国内消费需求预期驱动的国内品牌服饰表现，以及海外补库存需求预期驱动的出口型纺织制造板块表现。从内需品牌服饰角度来看，一季度冷冬晚春催化羽绒类冬季服饰、家纺产品销售表现强劲；二季度户外运动迎来旺季；三季度奥运会主线继续提振运动户外需求，但国内消费环境偏弱；四季度政策持续发力释放消费支持信号，板块股价表现先行，冰雪运动、母婴、IP 经济相关主题有望获得催化。外需纺织制造角度，一季度到三季度仍处于海外终端补库存周期，订单在低基数之下得到强劲反弹，四季度订单基数有所回升；同时，三、四季度随着宏观出口政策方面的不确定性增加，板块预期受影响（图 2-33）。

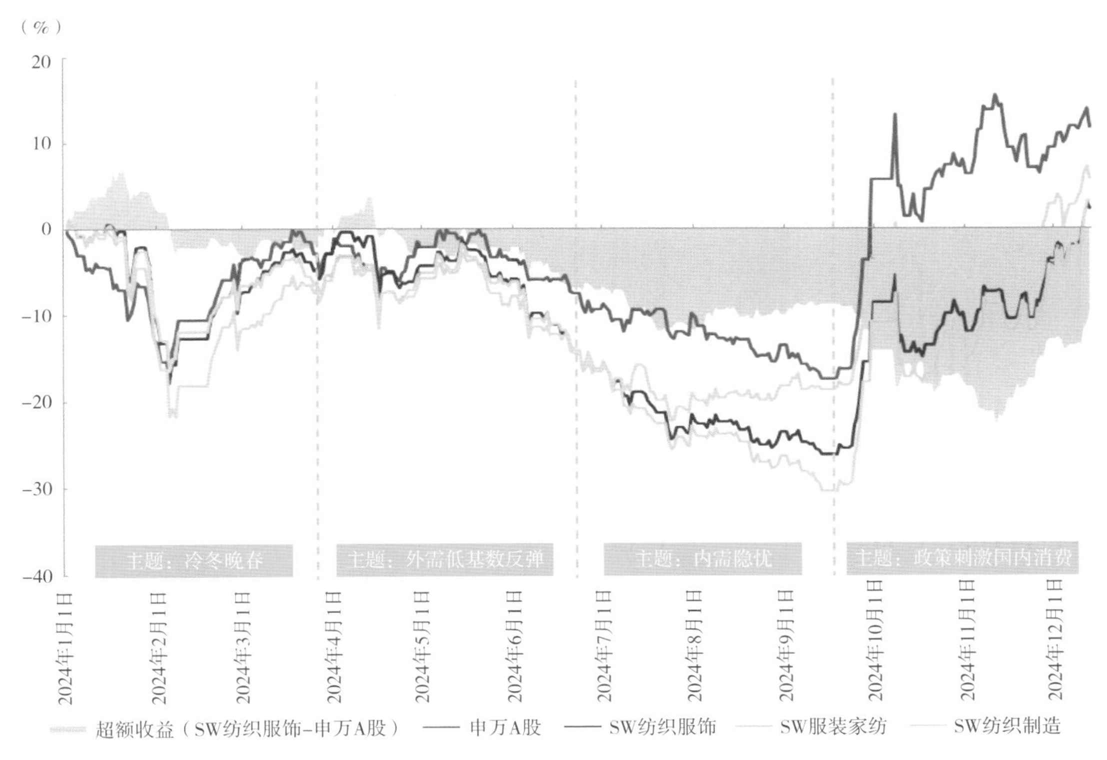

图 2-33 2024 年纺织服装板块行情复盘

（数据来源：Wind，申万宏源研究；统计截至 2024 年 12 月 20 日）

纺织服饰相对收益率整体跑输大盘，位居全行业中下游。2024 年初至 12 月 20 日，申万纺织服饰绝对收益率为-0.9%，相对申万 A 股指数跑输 11.4 个百分点，相对收益位列全行业第 24，处于所有申万一级行业的中下游。在申万二级行业中，服装家纺绝对收益-0.9%，相对收益-11.4%；纺织制造绝对收益+3.3%，相对收益-7.1%（图 2-34）。

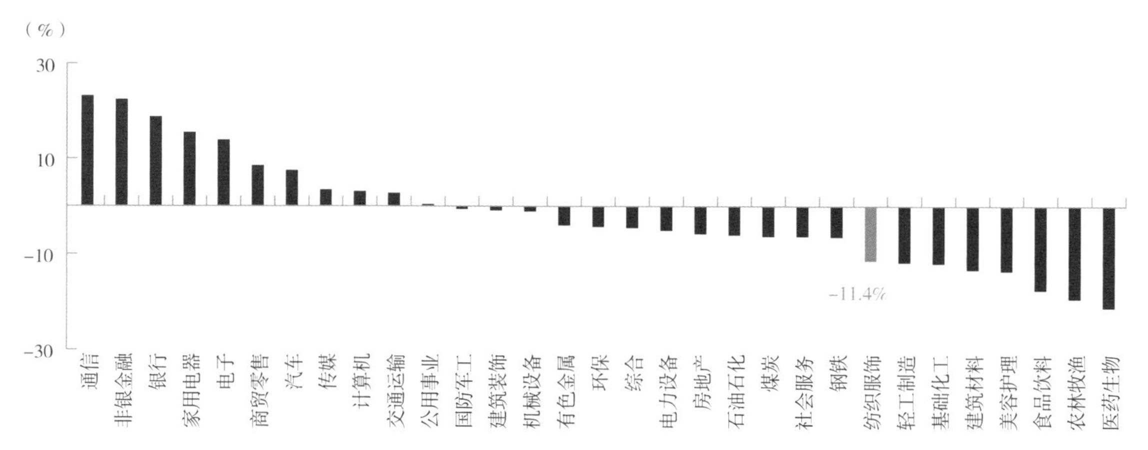

图 2-34　2024 年申万一级行业累计超额收益（相对申万 A 股指数）

（数据来源：Wind，申万宏源研究；统计截至 2024 年 12 月 20 日）

（二）行业销售表现：内需消费二季度后走弱，补库周期中出口反弹

2024 年高基数叠加消费环境偏弱，服装消费平稳增长、具备韧性。2024 年 1—11 月服装鞋帽零售额为 13073 亿元，同比增长 0.4%，其中，1—3 月在冷冬晚春保暖服饰需求带动下实现增长，4 月之后随基数的抬升有所走弱，大部分月份同比下滑，其中 5 月、10 月在出行需求、电商大促催化下分别同比增长 4.4%、8.0%。9 月末开始，政策层面对消费支持不断强化，期待后续消费反弹（图 2-35、图 2-36）。

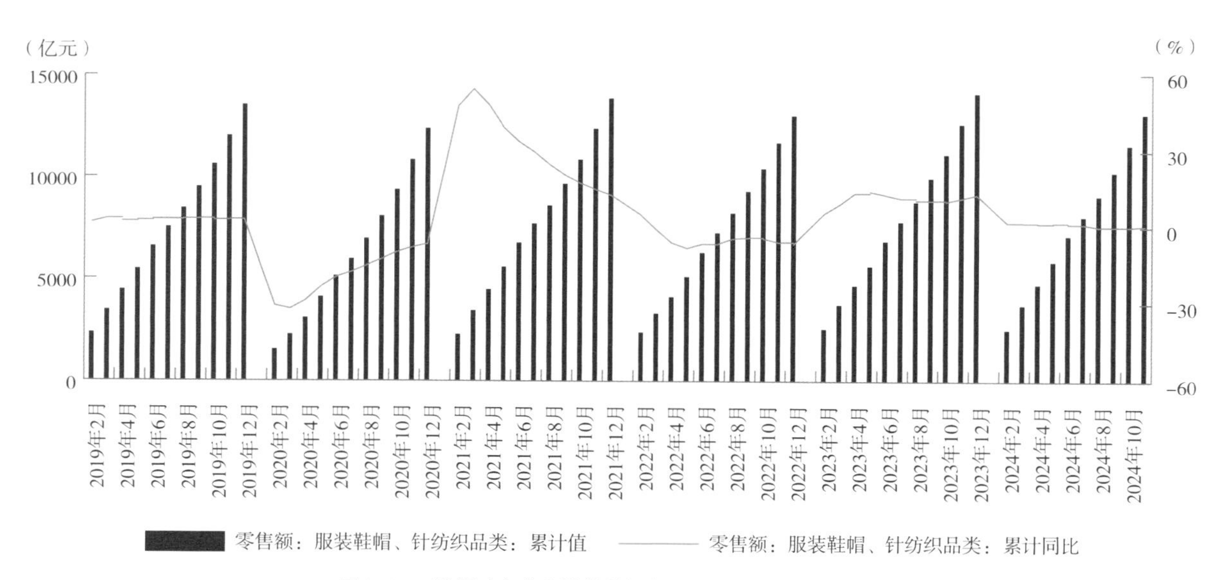

图 2-35　限额以上企业服装鞋帽当月零售总额及同比增速

（数据来源：国家统计局，申万宏源研究）

海外终端在经历了近 1 年的去库存后，2024 年进入补库存周期，带动纺织服装出口额反弹。2024 年 1—11 月中国纺织服装出口金额 2731 亿美元，同比增长 2.0%。1—2 月低基数下实现双位数增长，3—4 月开工时间错期导致阶段性下滑，5 月后纺织品出口恢复同比增长，但增速回落，服装出口偏弱，仅 5 月和 10 月同比增长。2024 年四季度进入补库存周期尾声，2025 年出口或将回归平稳节奏（图 2-37）。

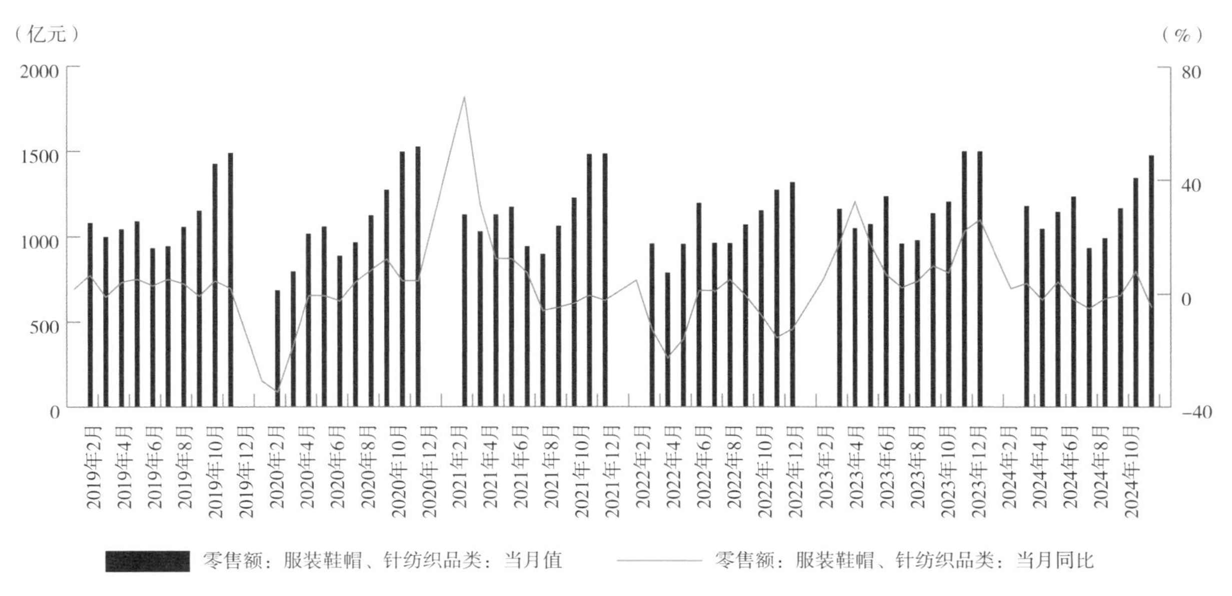

图 2-36 限额以上企业服装鞋帽累计零售总额及同比增速

（数据来源：国家统计局，申万宏源研究）

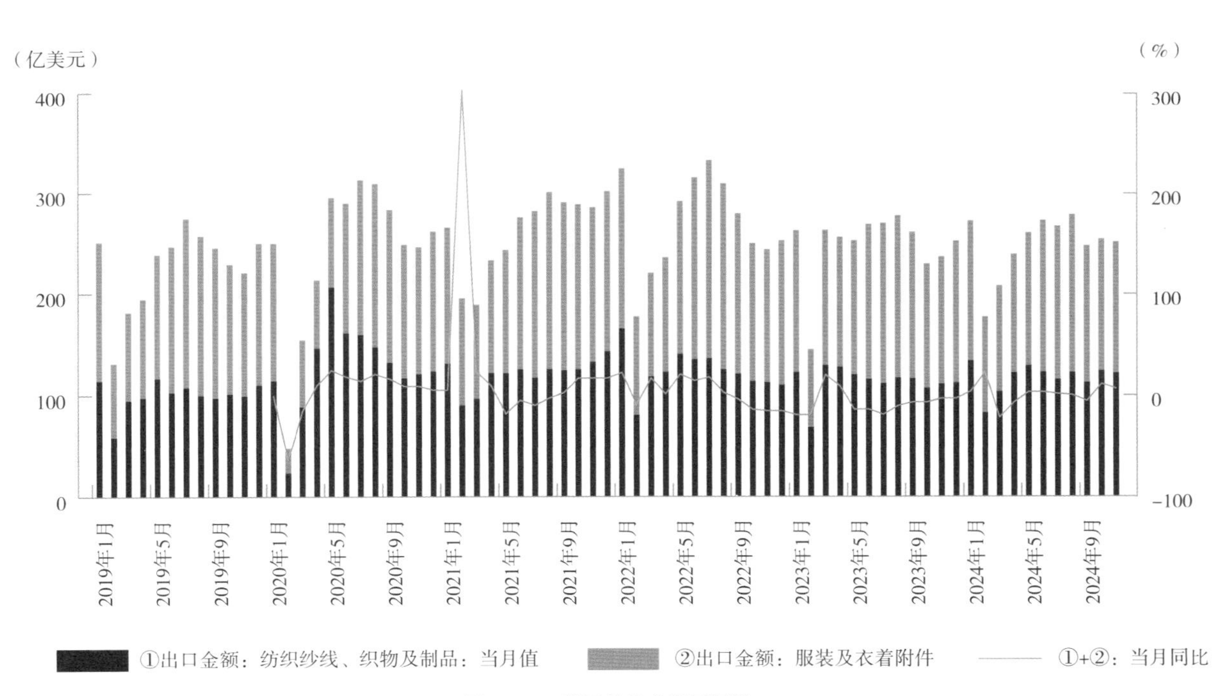

图 2-37 我国纺织业出口规模

（数据来源：Wind，海关总署，申万宏源研究）

汇率和棉花价格是影响出口企业利润的重要因素，棉花价格在经历了 2021 年的迅速上涨后已从高位回落，由于需求不足，2024 年国内外棉价继续下滑，对于纺织制造企业而言，短期棉价波动降低了企业生产成本压力。就汇率而言，出口国货币相对进口国货币贬值有利于本国产品出口，2024 年初至今人民币相对美元为小幅贬值，同时，中国企业在越南、柬埔寨等东南亚国家也有一定的产能布局，部分产品直接从东南亚出口至欧美等发达国家，2024 年初至今越南、孟加拉国货币相比美元处于贬值状态（图 2-38、图 2-39、表 2-33）。

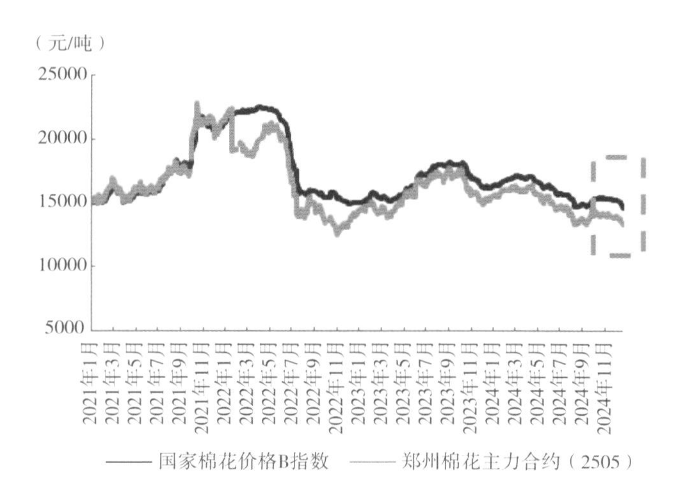

图 2-38 中国棉花价格及期货指数

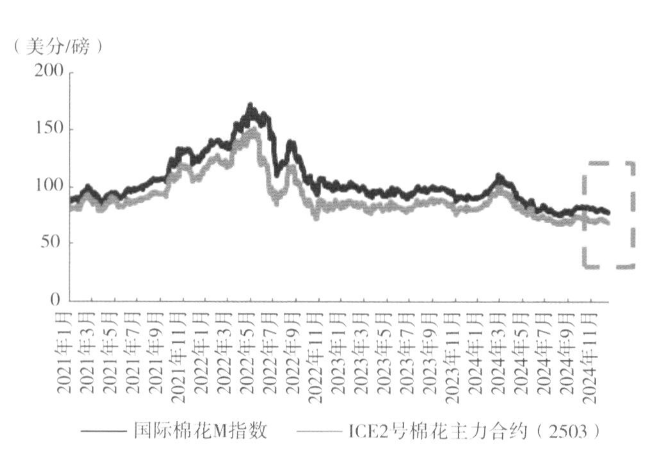

图 2-39 国际棉花价格及期货指数

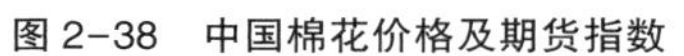

（数据来源：Wind，中国棉花网，申万宏源研究）

表 2-33 美元兑主要纺织出口国货币汇率变化

当月末汇率	美元兑人民币	美元兑越南盾	美元兑柬埔寨瑞尔	美元兑孟加拉国塔卡	美元兑斯里兰卡卢比
2024 年 1 月	7.10	23991	4083	110.0	317.0
2024 年 2 月	7.10	24002	4069	110.0	310.0
2024 年 3 月	7.10	24003	4041	110.0	300.4
2024 年 4 月	7.11	24246	4064	110.0	298.1
2024 年 5 月	7.11	24261	4093	117.7	301.8
2024 年 6 月	7.13	24260	4110	118.0	305.7
2024 年 7 月	7.13	24255	4108	118.0	302.5
2024 年 8 月	7.11	24224	4057	120.0	300.0
2024 年 9 月	7.01	24093	4061	120.0	298.0
2024 年 10 月	7.13	24243	4063	120.0	293.6
2024 年 11 月	7.19	24251	4028	120.0	290.7
2024 年 12 月 20 日	7.19	24324	4019	120.0	293.0
较年初汇率变动	1.5%	1.9%	-1.6%	9.1%	-9.6%
较月初汇率变动	0.03%	0.3%	-0.2%	0	0.8%

（数据来源：Wind，各国央行，申万宏源研究）

（三）板块业绩回顾：纺织制造低基数下反弹，品牌服饰业绩暂承压

根据申银万国行业类（2021）分类标准，纺织服饰为一级行业分类，包含纺织制造、服装家纺、饰品3个二级行业，其中，服装家纺包含运动服装、非运动服装、家纺、鞋帽及其他4个三级子行业，报告主要选取3个二级行业进行板块业绩表现分析。

1. 营业收入

2024年前三季度，上游纺织制造板块受下游品牌补库存拉动，订单反弹，收入端同比增长10.5%，服装家纺板块受高基数及消费环境偏弱影响收入下滑 2.6%，饰品板块受高基数、金价急涨高位影响收入下滑 2.7%（图 2-40）。

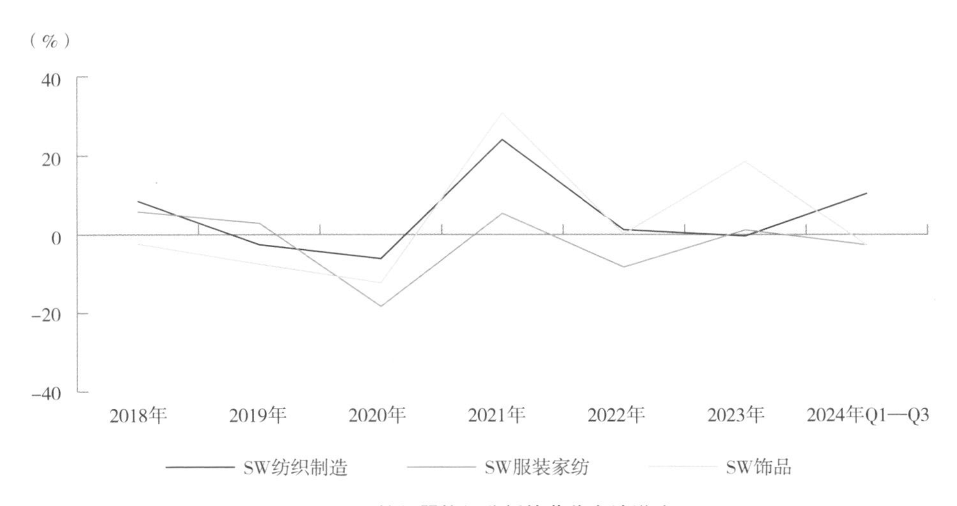

图 2-40 纺织服饰细分板块营收合计增速

（数据来源：Wind，申万宏源研究）

2. 净利润

2024 年前三季度，纺织服饰板块净利润表现分化。其中，上游纺织制造板块增长 14.2%，主要受益于下游补库存带来的产能利用率提升、规模效应释放；服装家纺板块在高基数、消费偏弱的背景下收入承压，同时门店租金、员工薪酬等刚性费用仍在，前三季度板块净利润同比下滑 20.4%；与服装家纺类似，饰品板块利润下滑 3.7%（金价上涨有部分利好）。预计后续随消费预期改善、零售回暖，费用摊薄等拉动，服装家纺板块利润将逐步修复（图 2-41）。

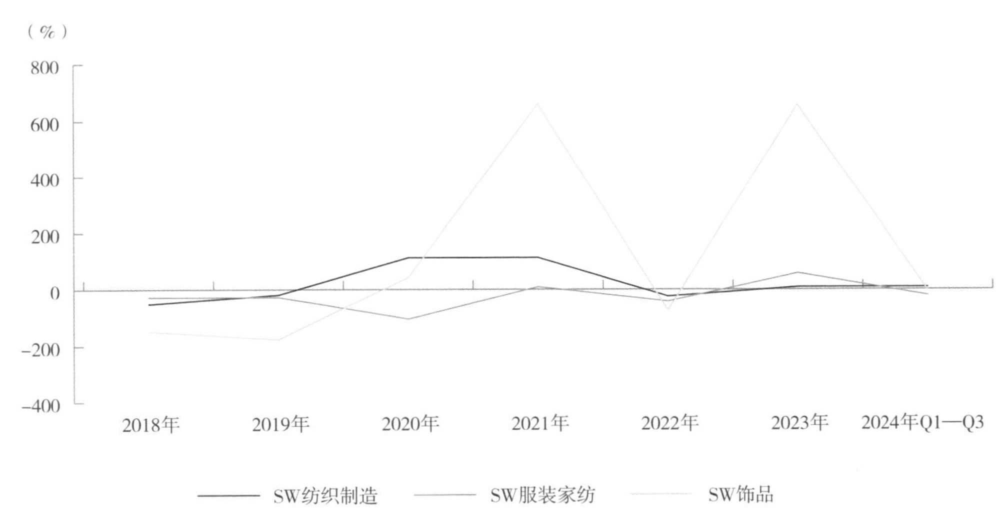

图 2-41 纺织服饰细分板块归母净利润合计增速

（数据来源：Wind，申万宏源研究）

3. 盈利能力及营运指标

2024 年前三季度，上游纺织制造板块盈利能力同比提升，毛利率同比提升 2.1 个百分点达到 19.7%，净利率同比提升 1.1 个百分点达到 8.6%，主要受益于产能利用率回升带来的规模效应释放。服装家纺板块盈利能力整体下滑，毛利率同比下滑

1.9 个百分点达到 43.8%，净利率同比下滑 2.0 个百分点达到 8.0%，主要由于终端零售较弱，而门店租金、人员成本等费用支出较为刚性。从营运能力看，服装家纺板块存货及应收账款周转速度相比 2023 年同期小幅提升或持平（图 2-42、图 2-43、表 2-34）。

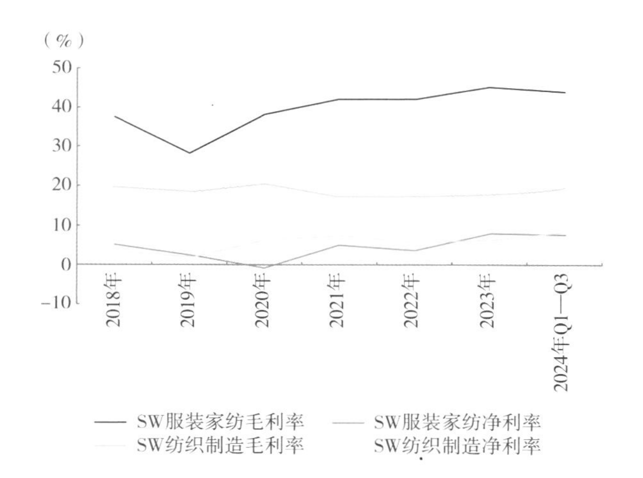

图 2-42 近年 A 股纺织服装板块盈利能力表现

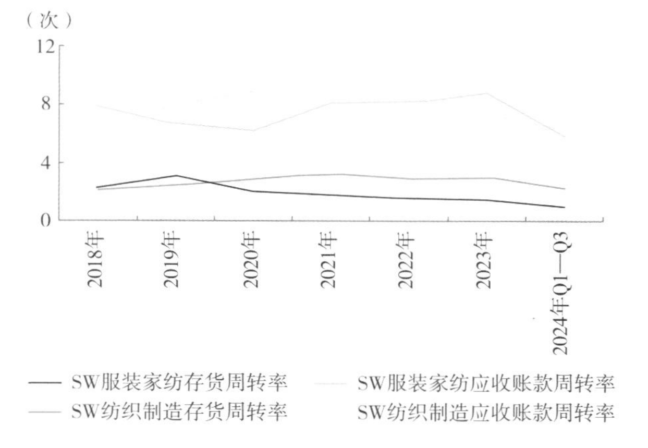

图 2-43 近年 A 股纺织服装板块营运能力表现

（数据来源：Wind，申万宏源研究）

表 2-34 纺织服装行业 2024 年 Q1—Q3 业绩汇总

子行业	证券代码	公司简称	营业收入同比增速				归母净利润同比增速				股价涨跌幅
			2023 年度	2024Q1	2024Q2	2024Q3	2023 年度	2024Q1	2024Q2	2024Q3	年初至今（12/1）
运动服饰	2020. HK	安踏体育	● 16%	14%		—	● 35%	63%		—	4%
	2331. HK	李宁	● 6%	3%		—	○ -22%	-8%		—	-20%
	1368. HK	特步国际	● 11%	10%		—	● 12%	13%		—	37%
	1361. HK	361 度	● 20%	19%		—	● 29%	12%		—	24%
大众服饰	600398. SH	海澜之家	● 16%	9%	-6%	-11%	● 37%	10%	-14%	-65%	9%
	002563. SZ	森马服饰	● 2%	5%	10%	3%	● 76%	11%	1%	-36%	22%
	603877. SH	太平鸟	○ -9%	-13%	-12%	-14%	● 127%	-27%	-63%	-54%	-11%
中高端服饰	3998. HK	波司登	● 3%	—	18%		—	—	23%		21%
	3709. HK	赢家时尚	● 22%	-1%		—	● 119%	-37%		—	-32%
	002832. SZ	比音勒芬	● 23%	18%	10%	-4%	● 25%	20%	2%	17%	-36%
	002154. SZ	报喜鸟	● 22%	5%	-5%	-12%	● 52%	-2%	-38%	-52%	-13%
	003016. SZ	欣贺股份	● 1%	-19%	-25%	-21%	○ -22%	-88%	-102%	-261%	18%
	603587. SH	地素时尚	● 10%	-12%	-7%	-19%	● 28%	-33%	-21%	-47%	1%
	603808. SH	歌力思	● 22%	12%	-1%	2%	● 417%	-38%	-53%	-239%	-11%
家纺	002293. SZ	罗莱生活	● 0%	-12%	-16%	-16%	○ -1%	-49%	-36%	-22%	3%
	603365. SH	水星家纺	● 15%	-12%	-9%	-8%	● 36%	-12%	-39%	-23%	21%
	002327. SZ	富安娜	○ -2%	5%	1%	-11%	● 7%	10%	-12%	-41%	10%

续表

子行业	证券代码	公司简称	营业收入同比增速				归母净利润同比增速				股价涨跌幅
			2023 年度	2024Q1	2024Q2	2024Q3	2023 年度	2024Q1	2024Q2	2024Q3	年初至今（12/1）
中游制造	2313. HK	申洲国际	○ -10%	12%		—	○ 0%	38%		—	-24%
	300979. SZ	华利集团	○ -2%	30%	21%	18%	○ -1%	64%	12%	16%	46%
	603558. SH	健盛集团	○ -3%	10%	2%	37%	● 3%	112%	-2%	27%	11%
	603908. SH	牧高笛	● 1%	4%	-7%	-17%	○ -24%	9%	-30%	2%	-1%
	605080. SH	浙江自然	○ -13%	14%	13%	35%	○ -39%	-42%	16%	372%	-8%
上游供应	603889. SH	新澳股份	● 12%	12%	8%	11%	● 4%	7%	3%	8%	2%
	002003. SZ	伟星股份	● 8%	15%	32%	19%	● 14%	45%	36%	-10%	34%
	601339. SH	百隆东方	○ -1%	23%	24%	11%	○ -68%	-5%	-19%	-36%	30%
	603055. SH	台华新材	● 27%	52%	59%	34%	● 67%	101%	152%	35%	-1%
	605189. SH	富春染织	● 14%	14%	28%	19%	○ -36%	30%	164%	-29%	-15%

（数据来源：Wind，申万宏源研究；港股公司季度增速为流水增速）

（四）板块估值分析：估值处于历史低位，板块性价比凸显

2024 年纺织服饰板块小幅上涨，但目前纺织服饰板块估值仍处于历史低位。截至 2024 年 12 月 20 日，申万一级行业纺织服饰的 PE（TTM）为 21.1 倍，处于 2017 年以来的 25%的估值分位水平，服装家纺、纺织制造估值分别是 23.8 倍、21.9 倍，分别处于 2017 年以来的 34%、39%估值分位水平（表 2-35、图 2-44）。

表 2-35　A 股纺织服装板块 PE（TTM）统计

PE（TTM）	SW 纺织服饰	SW 服装家纺	SW 纺织制造
最大值	39.5	45.1	51.7
最小值	15.0	15.2	15.2
当前值	21.1	23.8	21.9
分位数	25%	34%	39%

（数据来源：Wind，申万宏源研究；统计周期为 2017 年 1 月 1 日至 2024 年 12 月 20 日）

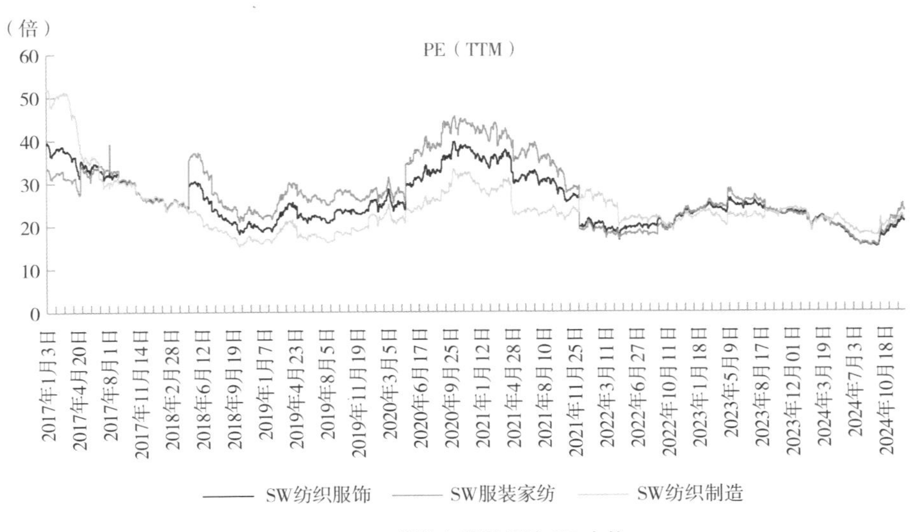

图 2-44　A 股纺织服装板块 PE 走势

（数据来源：Wind，申万宏源研究；统计周期为 2017 年 1 月 1 日至 2024 年 12 月 20 日）

港股主要代表公司估值当前处于历史低位，前期港股市场受到国内消费弱复苏、海外经济衰退悲观预期等影响，股价跌幅较大。当前估值仍处于相对低位，截至2024年12月20日，安踏体育、李宁、特步国际、申洲国际、波司登的PE（TTM）均回落至历史中枢以下（表2-36、图2-45）。

表2-36　H股纺织服装龙头的PE（TTM）统计

PE（TTM）	安踏体育	李宁	特步国际	申洲国际	波司登
最大值	91.6	128.9	75.2	56.3	42.7
最小值	13.5	9.1	6.8	14.1	11.6
当前值	15.7	13.1	12.6	15.5	12.5
分位数	1.8%	9.0%	35.7%	1.9%	1.7%

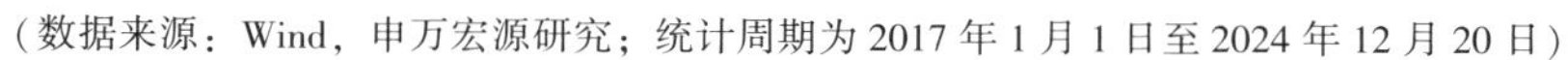

（数据来源：Wind，申万宏源研究；统计周期为2017年1月1日至2024年12月20日）

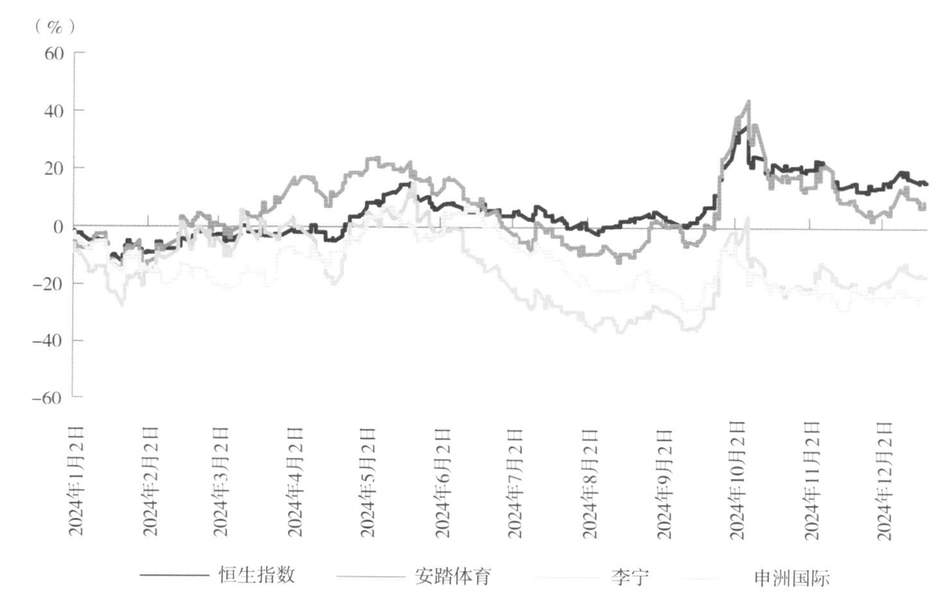

图2-45　港股代表纺织服装行业上市公司2024年初至今累计涨跌幅走势

（数据来源：Wind，申万宏源研究；统计周期为2024年1月1日至2024年12月20日）

二、服装行业现状：运动户外功能型赛道具备高景气度，大众服饰分化

（一）运动服饰：运动赛道具备长期成长性，功能性服饰持续火热

服装行业是我国经济的重要产业之一，2023年开始复苏，各赛道表现分化。根据欧睿（Euromonitor）数据，2023年我国服装市场规模达到21644亿元，同比增长8.5%，其中男装占比约26%，女装占比约48%，童装占比约12%，预计2023—2028年服装市场规模复合增速约为3.5%。

运动服饰是服装板块中最具景气度和需求韧性的子赛道，2023年中国运动服饰市场规模达到3858亿元，同比增长14.2%，2019—2023年中国运动服饰市场规模的复合增速为4.8%，高于全球的3.4%。随着政策推动打造运动强国，全民健身上升为国家战略，人们对于户外运动需求增长，未来国内运动行业有望继续保持持续增长，预计2023—2028年市场规模复合增速为7.7%，高于全球6.6%的增长水平（图2-46）。

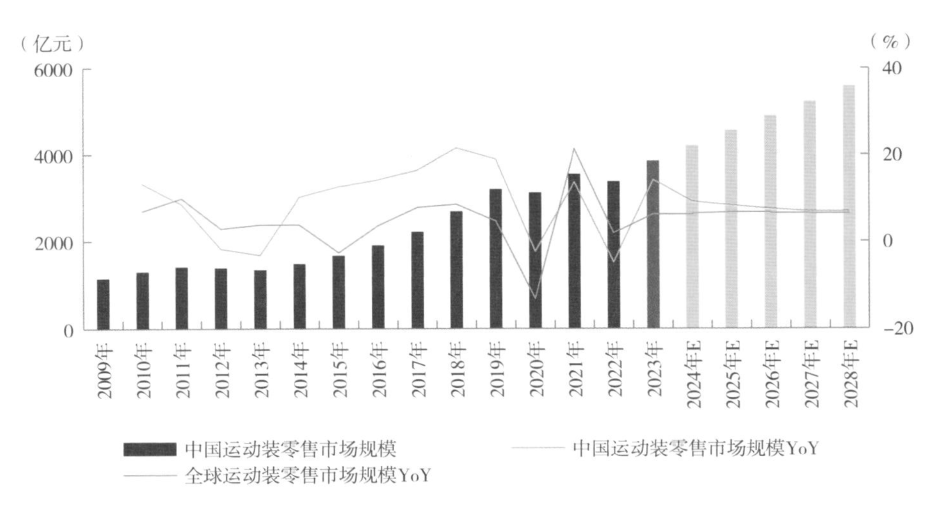

图 2-46　2009—2023 年我国运动服装市场规模

（数据来源：Euromonitor，申万宏源研究）

从竞争格局上看，中国运动市场集中度高，竞争格局优质，近年来国货崛起趋势明显。2023 年运动服饰品牌 CR10 为 77%，前十大公司中，中国本土品牌占据六席，包括安踏、李宁、斐乐、特步、361°、中国乔丹。公司口径集中度更高，2023 年运动服饰集团 CR10 高达 85%。安踏集团在 2021 年首次超过阿迪达斯，跃升为中国市场第二大运动服饰集团；李宁公司在 2022 年超过阿迪达斯，成为中国市场第三大运动服饰公司；耐克、阿迪达斯公司市场份额在 2019—2023 年分别下降 0.9 个和 9.8 个百分点，国货崛起趋势继续强化（表 2-37）。

表 2-37　2023 年中国运动服饰零售市场前 10 大品牌份额（品牌口径）　　单位:%

排名	品牌	2014 年	2022 年	2023 年	2014—2023 年变化	2019—2023 年变化	2023 年同比变化
1	耐克（Nike）	14.3	17.5	17.9	3.6	-0.9	0.4
2	安踏	7.0	10.8	10.2	3.2	1.1	-0.6
3	李宁	6.6	10.4	10.1	3.5	3.6	-0.3
4	阿迪达斯（Adidas）	14.8	9.8	9.0	-5.8	-9.8	-0.8
5	斐乐（FILA）	1.5	7.4	7.4	5.9	2.0	0
6	特步	6.6	6.1	6.1	-0.5	1.3	0
7	斯凯奇（Skechers）	0.6	5.9	6.0	5.4	0.7	0.1
8	乔丹（Jordan）	2.2	4.5	4.7	2.5	0.8	0.2
9	361°	4.3	3.3	3.4	-0.9	0.5	0.1
10	中国乔丹	2.3	2.1	2.2	-0.1	-0.1	0.1

（数据来源：Euromonitor，申万宏源研究）

2022 年 10 月 25 日，国家体育总局、发展改革委等八部门联合印发的《户外运动产业发展规划（2022—2025 年）》明确提出户外运动产业高质量发展的目标，通过持续增加户外运动场地设施大幅提升普及程度。至 2025 年，户外运动产业总规模超过 3 万亿元，至 2035 年，户外运动产业规模更大、质量更优、动力更强、活力更足、发展更安全。此外，2024 年 11 月 6 日，国务院办公厅印发《关于以冰雪运动高质量发展激发冰雪经济活力的若干意见》。在体育产业发展和全民健身规划之下，已围绕山地户外、冰雪运动、水上运动及航空运动四大细分板块推出相关发展规划，将多类户外运动体系化。

近几年人们对健康生活方式的追求，露营、徒步、跑步、骑行、滑雪、水上运动等户外运动逐渐走入大众视野，在行业快速发展之下，国货运动品牌顺势而为，加大户外运动领域布局，传统运动行业龙头公司安踏、李宁、波司登、特步、361°纷纷在细分赛道中进行品牌和产品布局，而牧高笛、探路者、三夫户外等专注于户外行业服饰装备的公司也享受了行业发展的红利。近两年，冲锋衣、抓绒衣等户外产品成为热门单品，强功能性、高性价比的特点使其快速出圈，赢得消费者喜爱（图 2-47）。

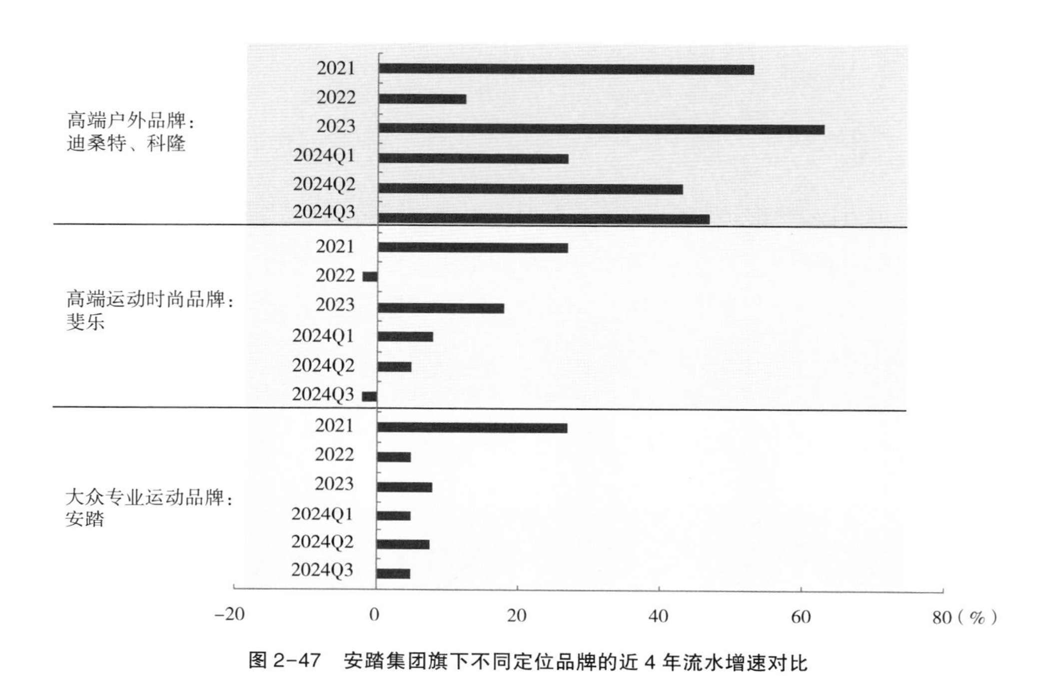

图 2-47　安踏集团旗下不同定位品牌的近 4 年流水增速对比

（数据来源：各公司公告，申万宏源研究；部分增速为区间的取中间值，不代表准确数值）

（二）男女童装：休闲装竞争格局逐步优化

由于社交属性较强，男装市场复苏较快，用户品牌忠诚度相对更高，且国内品牌认知度提升，竞争格局持续优化。2023 年我国男装市场规模为 5617 亿元，同比增长 8.1%。从竞争格局上看，男装市场集中度相比女装、童装均更高，2023 年男装品牌 CR10 为 23.4%，其中海澜之家稳居市场占有率第一，市场占有率为 5.0%，安踏、耐克品牌位居第二和第三，占比分别为 2.2%和 2.2%。海澜之家、安踏市场占有率同比均有提升（图 2-48）。

女装市场为最大的细分服装领域，占比接近服装行业的一半，行业稳步恢复。2023 年我国女装市场规模为 10443 亿元，同比增长 8.3%，但行业集中度较低。2023 年女装品牌 CR10 为 7.6%，最大的优衣库品牌市场份额仅为 1.9%，竞争格局较为分散。由于女性对于品牌多样性、服饰风格变化要求较高，女装市场多品牌布局是行业必然的发展趋势（图 2-49）。

童装市场增速相对较快，龙头市场地位稳固，运动品牌势头强劲。2023 年童装市场规模为 2526 亿元，同比增长 9.9%。2019—2023 年年复合增速 1.4%，高于男装和女装。从竞争格局上看，2023 年童装品牌 CR10 为 13.9%，其中，森马服饰旗下的巴拉巴拉品牌龙头地位稳固，2023 年市场占有率达到 5.2%，安踏和斐乐位居第二、第三，市场

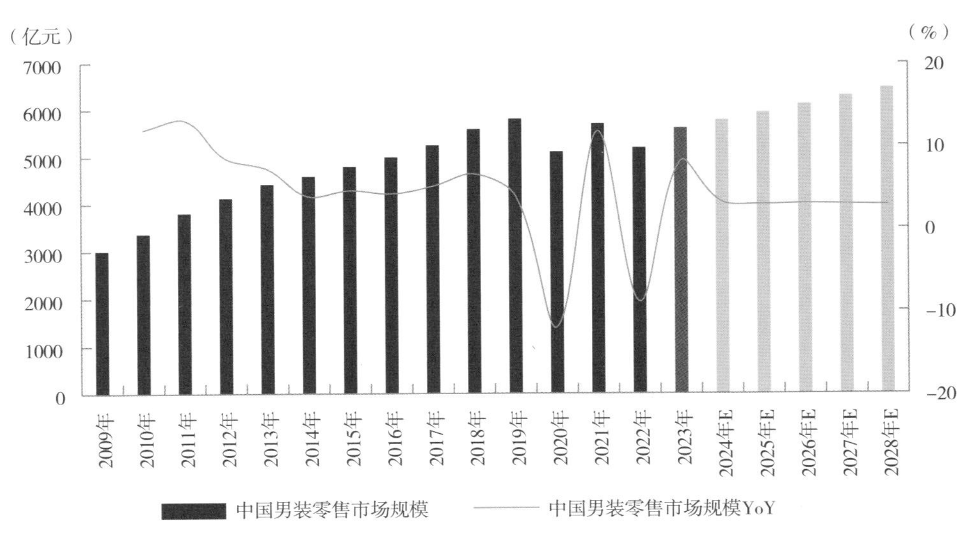

图 2-48　2009—2023 年中国男装市场规模

（数据来源：Euromonitor，申万宏源研究）

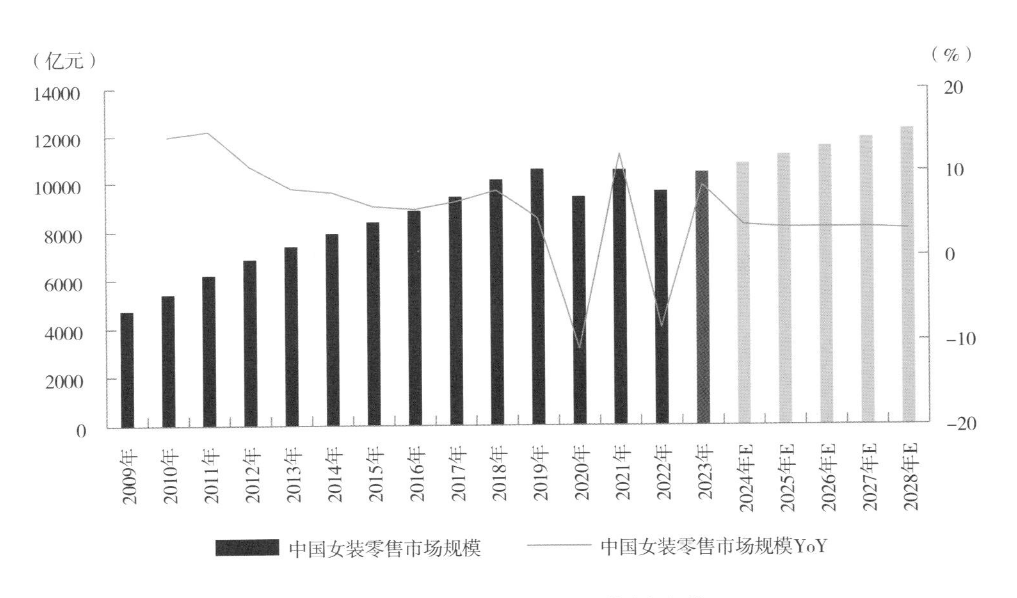

图 2-49　2009—2023 年中国女装市场规模

（数据来源：Euromonitor，申万宏源研究）

占有率分别为 1.9%和 1.5%（图 2-50）。

三、行业趋势：政策发力看好消费反弹，关注顺周期、新消费方向

（一）户外冰雪需求高涨，2025 年亚冬会与政策共振

政策端自上而下加快冰雪运动市场发展速度，万亿级冰雪经济前景可期。2024 年 11 月 6 日，国务院办公厅印发《关于以冰雪运动高质量发展激发冰雪经济活力的若干意见》，目标到 2027 年冰雪经济总规模达到 1.2 万亿元，2030 年达到 1.5 万亿元，2027—2030 年三年复合增速为 8%（图 2-51、图 2-52、表 2-38）。

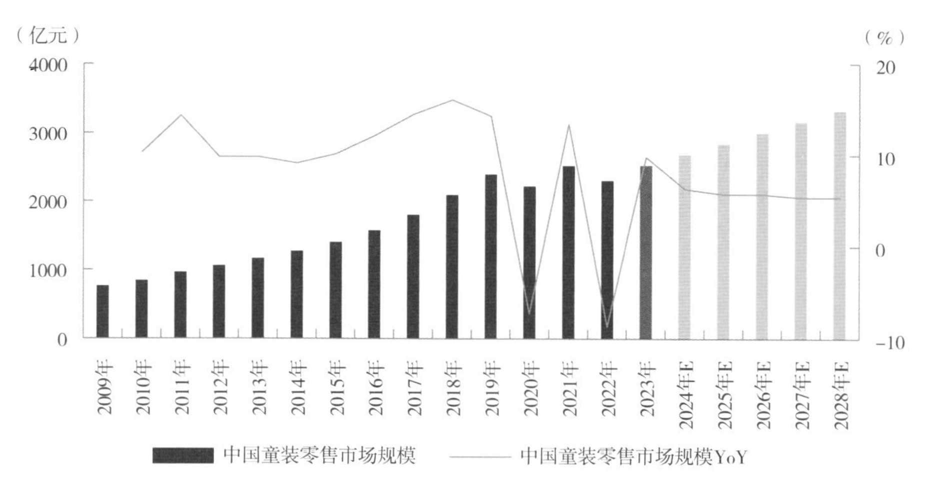

图 2-50　2009—2023 年中国童装市场规模

（数据来源：Euromonitor，申万宏源研究）

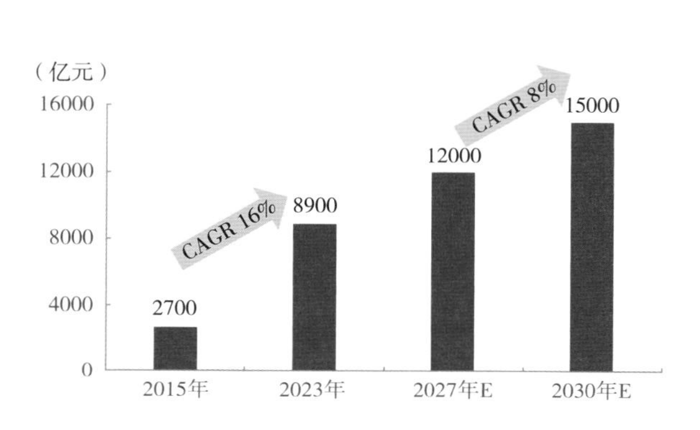

图 2-51　我国冰雪产业规模保持快速增长

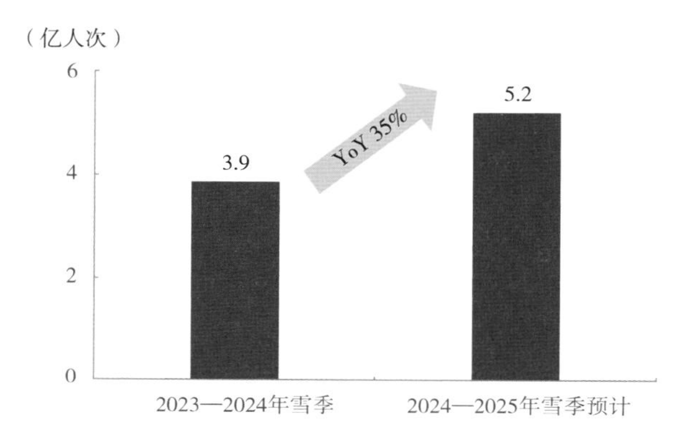

图 2-52　我国冰雪季休闲旅游人数增长迅速

（数据来源：《中国冰雪产业发展研究报告（2024）》，申万宏源研究）

表 2-38　政策持续支持户外冰雪运动发展

年份	政策	颁发单位	内容
2016	《冰雪运动发展规划（2016—2025年）》	国家体育总局	到 2025 年形成冰雪运动基础更加坚实，普及程度大幅提升，竞技实力极大提高，产业体系较为完备的冰雪运动发展格局
2019	《关于推进体育产业创新发展的指导意见》	国务院办公厅	加快发展冰雪产业，促进冰雪产业与相关产业深度融合，合理规划、广泛调动社会力量投资建设冰雪运动场地设施 到 2022 年，体育服务业增加值占体育产业增加值的比重达到 60%；冰雪产业总规模超过 8000 亿元，推动实现“三亿人参与冰雪运动”目标
2021	《冰雪旅游发展行动计划（2021—2023 年）》	文化和旅游部、发展改革委、国家体育总局	到 2023 年，推动冰雪旅游形成较为合理的空间布局和较为均衡的产业结构，助力北京 2022 年冬奥会和实现“带动三亿人参与冰雪运动”目标。冰雪旅游市场健康快速发展，打造一批高品质的冰雪主题旅游度假区。冰雪旅游参与人数大幅增加，消费规模明显扩大，对扩内需贡献不断提升
2022	《关于公布“筑梦冰雪・相伴冬奥”全国冰雪旅游精品线路的通知》	文化和旅游部	确定 10 条全国冰雪旅游精品线路。推进冰雪旅游发展，完善服务设施体系，促进冰雪旅游与冰雪运动、冰雪文化、冰雪装备制造等融合发展

续表

年份	政策	颁发单位	内容
2022	《户外运动产业发展规划（2022—2025年）》	发展改革委、体育总局、工业和信息化部、自然资源部等	冰雪运动深入实施“南展西扩东进”战略。以京津冀为核心发展区域，东北、华北、西北地区为重点发展区域，在河北崇礼、吉林长白山（非红线区）、黑龙江亚布力、新疆阿勒泰等地建设冰雪丝路带
2023	《关于释放旅游消费潜力推动旅游业高质量发展的若干措施》	国务院	发展冰雪经济，推动冰雪运动、装备、旅游全产业链发展
2024	《关于以冰雪运动高质量发展激发冰雪经济活力的若干意见》	国务院	到2027年，实现冰雪经济总规模达到1.2万亿元。到2030年冰雪经济总规模达到1.5万亿元。冰雪消费成为扩大内需的重要增长点，建成一批冰雪运动和冰雪旅游高质量目的地，“冰雪丝路”、中国—上海合作组织冰雪体育示范区发展迈上新台阶

（数据来源：国务院、国家体育总局、发展改革委等政府部门官网，申万宏源研究）

冰雪运动服饰兼具功能与时尚属性，中国企业积极布局高成长赛道。2015年北京冬奥会申办成功以来，众多国际滑雪户外运动品牌乘势加速布局中国市场，其背后多数有中国合作伙伴身影。例如，安踏体育2016年与迪桑特全球（Descente Global）、伊藤忠商事株式会社三方成立合资公司，正式将迪桑特（Desccente）品牌引入中国市场，2019年收购亚玛芬体育，间接取得旗下始祖鸟、壁克峰（Peak Performance）、萨洛蒙（Salomon）等户外品牌；波司登2021年12月成立合资公司，引进高端滑雪时尚品牌博格纳（Bogner）（表2-39）。

表2-39 中国市场集齐众多国际滑雪品牌，多数背后有中国合作伙伴

品牌	国家	成立年份	首次进入中国年份	中国首店	滑雪服定价区间	当前合作中国企业/投资机构
Burton	美国	1977	2002	北京隆福寺旗舰店	1500~6000元	高瓴资本
Phenix	日本	1952	2008	北京三里屯太古里都市综合店	1000~5000元	中国动向
Salomon	法国	1947	2008	上海合生汇双S直营店	1000~3500元	安踏集团
Volcom	美国	1991	2015	杭州万象城旗舰店	1500~5000元	华鼎集团
Descente	日本	1935	2016	北京西单大悦城店	1500~7000元	安踏集团
Head	奥地利	1950	2016	北京侨福芳草地购物中心运动服饰店	1500~5000元	海澜集团
Bogner	德国	1932	2018	北京王府中环直营店	15000~23000元	波司登
Rossignol	法国	1907	2018	北京三里屯太古里精品店	1500~7500元	IDG资本
Fusalp	法国	1952	2019	杭州大厦精品店	4000~10000元	
Kjus	瑞士	2000	2019	北京国贸商场	6000~12000元	边城体育
Spyder	美国	1978	2019	北京东方新天地旗舰店	1000~8000元	联亚集团
Templa	比利时	2017	2020	北京/上海限时店	7000~15000元	
Helly Hansen	挪威	1877	2021	北京SKP店	4000~18000元	
Peak Performance	瑞典	1986	2021		4000~6000瑞典克朗	安踏集团

（数据来源：华丽志，申万宏源研究）

（二）全方位扩大内需，关注消费补贴、顺周期收益方向

2023 年为“消费提振年”、2024 年为“消费促进年”，近年刺激消费的政策密集出台。为了提振消费者和消费行业信心，自 2022 年底，国务院、发展改革委、商务部等多部门陆续发布消费相关政策。12 月中央政治局会议指引 2025 年政策方向：突出“全方位扩大国内需求”“稳住楼市股市”，释放积极信号。中央政治局会议提出“大力提振消费以及全方位扩大国内需求”，且扩大内需部分的工作要求排序靠前。在中央经济工作会议中，提振消费成为 2025 年全年经济工作的首要任务。12 月中央政治局会议首次强调“稳住楼市股市”，重视资产端表现对实体经济的影响。政治局会议进一步强化对楼市和股市表述，希望延续推动私人部门资产端持续改善，进一步牵引实体经济企稳回升。

上海、厦门再扩大消费补贴范围，家纺品类首次被纳入。2024 年 10 月下旬，上海、厦门家纺类首次新增先后纳入当地政府补贴范围，罗莱、水星家纺、富安娜等品牌均参与在内。11 月中上旬，补贴地线下门店，以及线上天猫、京东平台均已上线活动，线上补贴适用范围也从上海收货地，逐步延展至全国收货地，超过市场原认为仅限于补贴地线下门店补贴的预期。本次上海新增家纺类消费补贴，同步适用于上海线下门店、线上多电商平台，且实际达成补贴全国消费者，也带动了吉林、江苏、贵州等多地补贴政策跟进覆盖家纺，超预期。本轮家纺类消费补贴集体出炉，主要倾斜头部品牌，并恰逢“双 11”“双 12”电商大促及秋冬旺季，将对上市家纺企业旺季零售起到关键促进作用，值得期待能领先其他品类率先恢复增长趋势（表 2-40）。

表 2-40 上海、厦门新增家纺品类纳入政府补贴范围

发布时间	发布单位	发布文件/通知	涉及家纺品类的内容	补贴力度
2024 年 10 月 22 日	上海市商务委员会 上海市住房和城乡建设管理委员会 上海市经济和信息化委员会	《新增家电家居消费补贴政策补贴品类和参与企业名单》	新增家纺类补贴，包括被子、床上套件、枕芯、毯类、软床垫、家居服，家纺类（第一批）补贴品牌包括罗莱、水星家纺、富安娜等	实际成交价补贴 15%，单笔补贴额上限 2000 元
2024 年 10 月 30 日	厦门市住房和建设局 厦门市发展和改革委员会 厦门市财政局 厦门市市场监督管理局	《关于修改厦门市旧房装修和厨卫等局部改造所用材料物品购置补贴实施细则部分条款的通知》	“家装厨卫家具”增加“梳妆台、屏风、床上用品”等 3 类产品	实际成交价补贴 20%，单笔补贴额上限 2000 元

（数据来源：上海商务委员会、厦门住房和建设局等官网，申万宏源研究）

人口均衡发展为重要国家战略，鼓励生育政策陆续重磅出台。面对出生率降低的潜在压力，近年来政府陆续推出相关政策推动生育政策与经济社会发展政策配套衔接，减轻家庭生育、养育、教育负担，降低生育成本，激发生育意愿。近期京东自营平台国补品类拓至母婴童装产品，折扣力度达到 15%，进一步刺激童装消费。2024 年 11 月 20 日至 12 月 31 日，京东自营平台增加童装类国补，折扣力度达到 15%，巴拉巴拉、全棉时代等品牌的部分产品适用，期待后续扩大补贴范畴和力度（图 2-53）。

（三）首发经济引燃零售新热点，服装品牌 IP 价值潜力大

2024 年 12 月，中央经济工作会议提及积极发展“首发经济”，首发经济强调“首次”，包括新产品、新技术、新服务、新业态、新模式的首次发布和展示。首发经济具有时尚、品质、新潮的特征，符合消费升级趋势和高质量发展要求，是地区

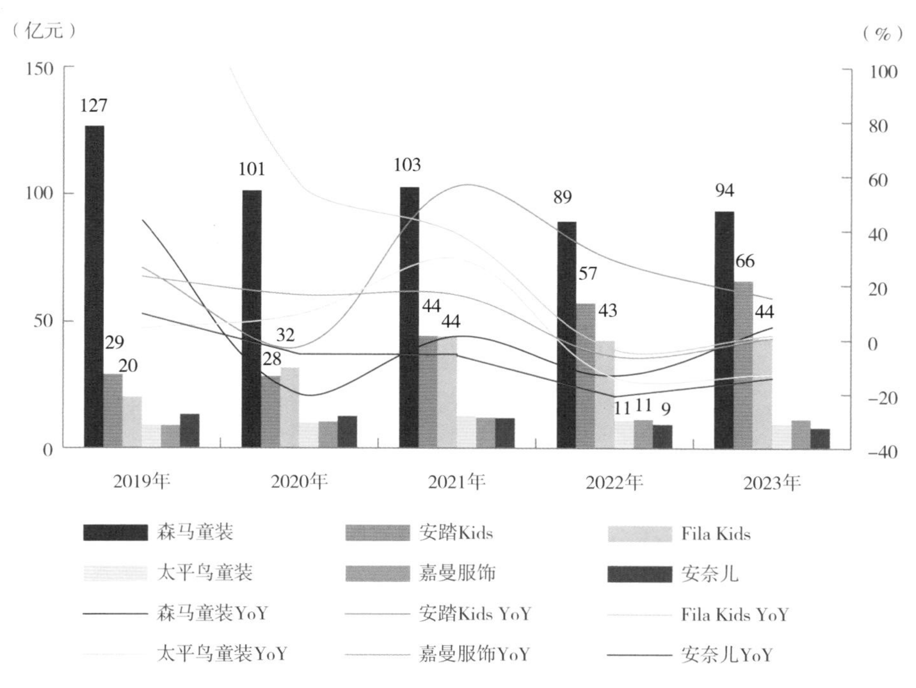

图 2-53　上市企业童装业务营收及增速比较

（数据来源：各公司公告，申万宏源研究）

商业活力和创新能力的重要体现。

在服装行业中，服饰品牌 IP 形象蕴含巨大的衍生价值，类似于传媒行业的 IP，品牌 IP 往往也具有丰富的内容和形象，衍生品主要为服装，但可以结合 IP 特点拓展至潮玩、生活用品等多个品类，在当前“IP 经济”热潮中具有极大的发展潜力（图 2-54）。

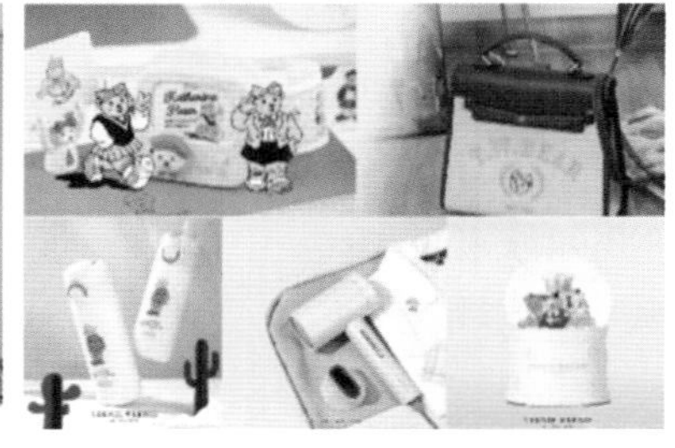

图 2-54　Teenie Weenie 品牌的小熊 IP 形象、上海武康路概念店形象及衍生品

（数据来源：锦泓集团公告，Teenie Weeine 武康路店小红书官方号，申万宏源研究）

(四) 线上平台多元化，社交电商、传统电商持续发力

2024 年 1—11 月实物商品网上零售额同比增长 6.8%，依然优于社零大盘增长 3.5%的表现，实物商品网上零售占比 26.7%，同比下降 0.8%。其中，2024 年 1—11 月穿类商品网上零售额同比增长 2.8%，略高于同期服装鞋帽零售额同比增长 0.4%的表现，主要因为直播带货、即时零售等电商新模式激发线上消费潜力（图 2-55、图 2-56）。

家纺电商销售占比保持高位，品牌服饰线上零售进一步提升。由于家纺产品主要为标品，适合在线上进行销售推广，因而电商占比相比其他服饰品类更高。2023 年，罗莱、水星家纺、富安娜线上营收占比分别达到 30%、57%和 40%，在服装领域处于绝对领先位置。大众服饰领域中，海澜之家、森马服饰 2023 年线上收入占比分别为 16%、46%，与 2022 年相近。运动服饰中，李宁、安踏、特步

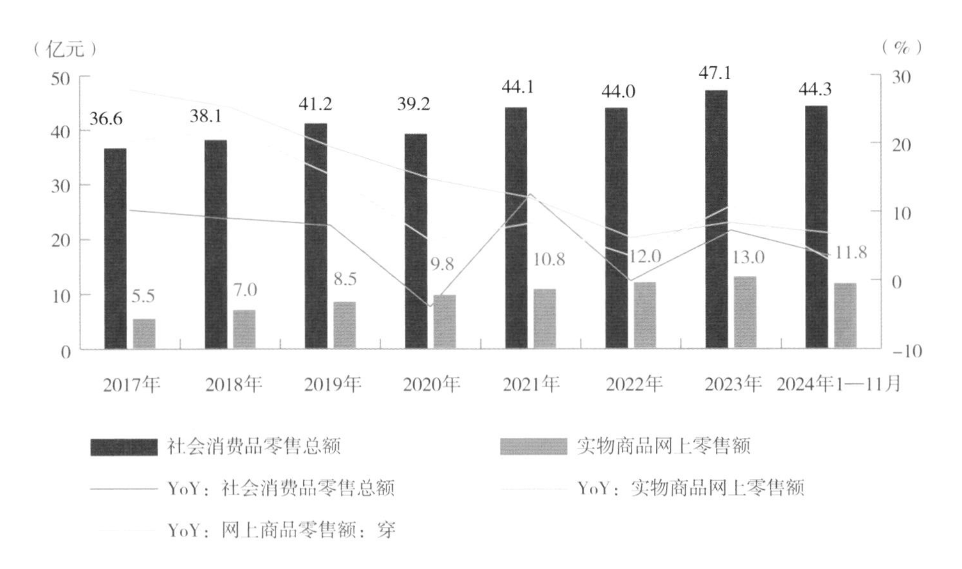

图 2-55 社会消费品及实物商品网上零售额、同比增速

（数据来源：国家统计局，申万宏源研究）

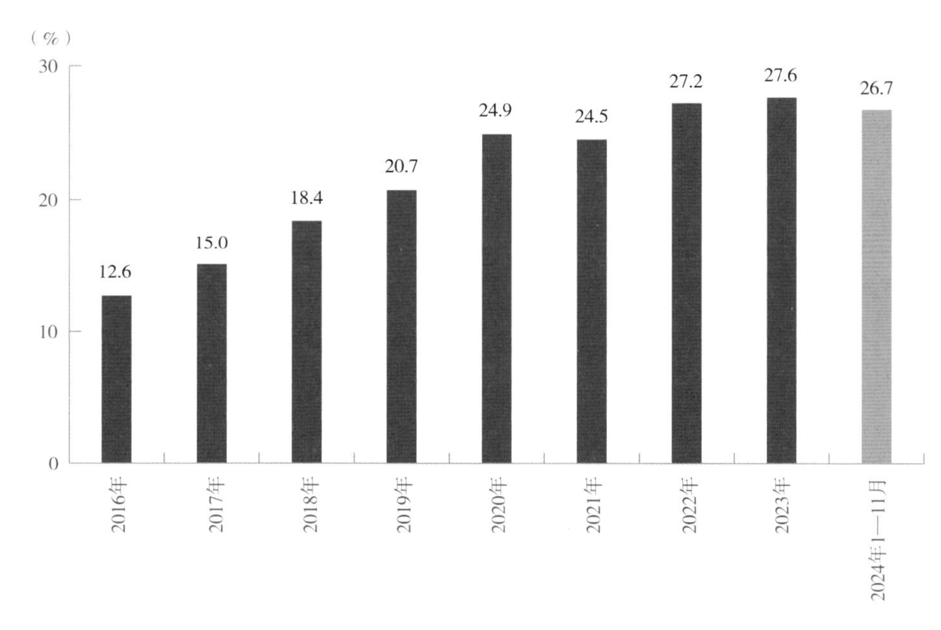

图 2-56 实物商品网上零售额占社会消费品零售总额的比重（累计值）

（数据来源：国家统计局，申万宏源研究）

2023 年线上收入占比分别达到 27%、33%、33%（图 2-57）。

中国互联网电商行业发展 20 余年，社交电商逐渐成为新的发展趋势，从传统货架式发展到如今以短视频、直播等为载体的兴趣电商，从“人找货”到“货找人”，推荐算法的精准度在不断提升，消费网购的体验在不断优化，基于用户浏览内容挖掘用户消费需求的兴趣电商已成为电商行业发展的重要渠道（图 2-58）。

据网经社数据，2023 年我国直播电商用户已达到 5.4 亿人，同比增长 14.2%；直播电商市场规模近 4.9 万亿元，同比增长 40%，延续增长。凭借讲解全面、互动即时、娱乐休闲等优势，直播为线上服装销售打开新客流渠道（图 2-59、图 2-60）。

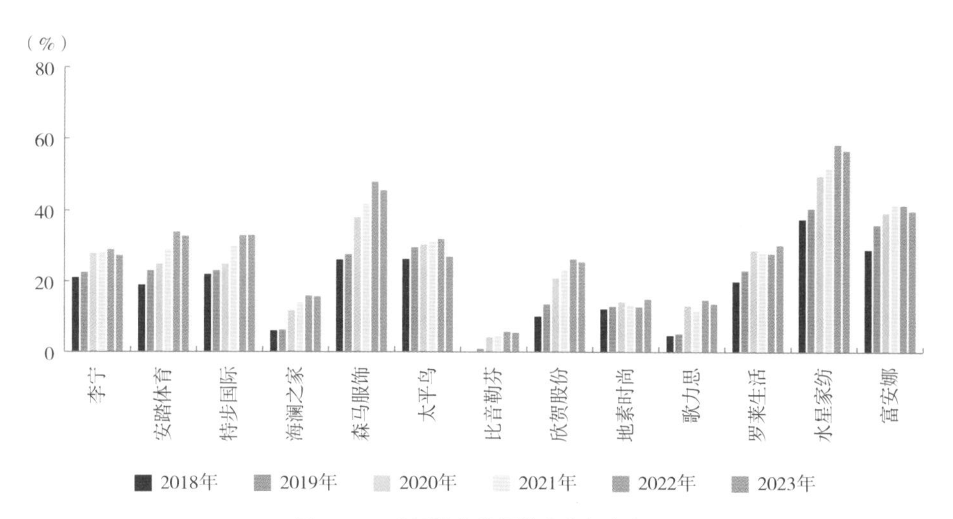

图 2-57　主要服饰公司线上收入占比

（数据来源：各公司公告，申万宏源研究）

图 2-58　电商行业发展历程图

（数据来源：各公司官网，申万宏源研究）

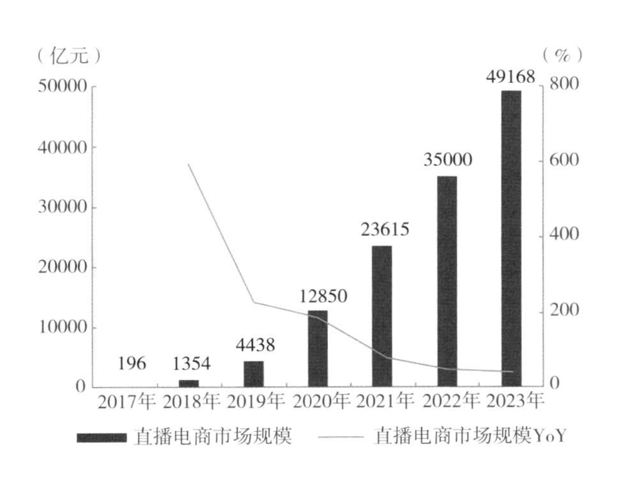

图 2-59　2017—2023 年中国直播电商行业市场快速增长

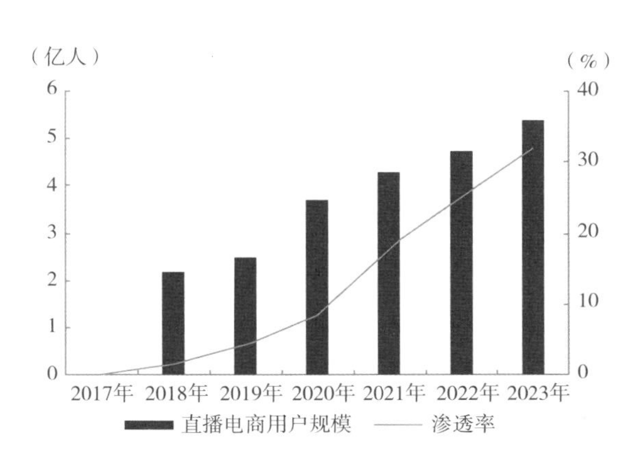

图 2-60　2017—2023 年中国直播电商行业用户

（资料来源：网经社，申万宏源研究）

（五）品牌出海为下一个蓝海，跨境出口延续高景气

随着经济全球化发展、互联网基础建设和全球物流网络的完善，全球电子商务持续增长，市场渗透率从 2017 年的 10.4%上升到 2023 年的 19.4%。在品牌全球化的同时，中国作为全球最大的制造业基地，中国制造的经验、能力正在向全球延伸，跨境出海尚有巨大潜在市场空间待释放。

2024 年前三季度，我国跨境电商出口额达 1.5 万亿元，同比增长 15.2%。2023 年，我国跨境电商启动了以“集约化、品牌化、数字化”为特征的新一轮增长。其中，贸易方式更加集约化，出现了全托管新模式；出海产品趋于品牌化，大量内贸传统品牌入局；产业服务更加数字化，围绕跨境电商的数字贸易蓬勃发展。

从服装品类看，伴随着跨境电商独立站 SHEIN 的爆发式增长，以及速卖通、Temu、Tik Tok Shop 等跨境电商新平台的接续发力，全面助力服装成为跨境电商出口的主打品类和重要分支。根据中国纺织工业联合会流通分会测算数据，2019—2023 年，我国服装跨境电商出口额从 1455 亿元增长到 4870 亿元，实现跨越式增长；服装在我国跨境电商出口金额的占比从 2019 年的 18.23%提高到 2023 年的 26.61%，服装品类影响力明显提升（图 2-61、图 2-62）。

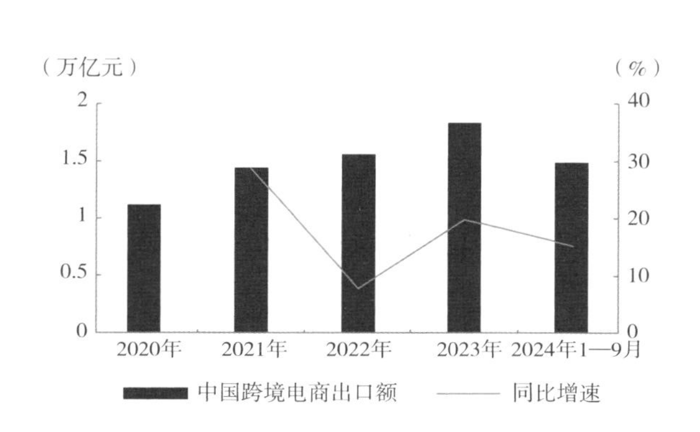

图 2-61　2020—2023 年中国跨境电商进出口额

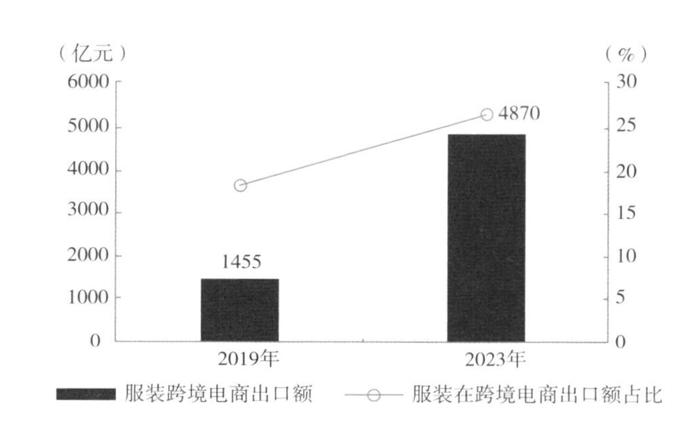

图 2-62　服装类在跨境电商出口中占比

（资料来源：海关总署，中国纺织业联合会，申万宏源研究）

梳理服装行业具有代表性的跨境电商公司，普遍具有较强的性价比优势，如 SHEIN、赛维时代等核心产品基本为线下渠道或亚马逊等平台同品质商品价格的 30%～60%。以欧美地区为主要销售地，以亚马逊为主要渠道，但是多区域、多平台布局正在稳步推进。SHEIN 品牌力居前，赛维时代的核心产品在细分赛道同样位居翘楚（表 2-41）。

表 2-41　代表性服装行业跨境电商

	SHEIN	赛维时代	子不语
核心品类	快时尚，服饰类为主	服装配饰占比约 67%	服饰鞋履，服饰占比约 78%
核心品牌	年轻快时尚品牌 ROMWE、熟龄女装品牌 EMERY ROSE、美妆品牌 SHEGLAM、中高端服装品牌 MOTF、鞋履品牌 Cuccoo	家居服 Ekouaer、男装 Coofandy、内衣 Avidlove、运动器材 ANCHEER	女装 Cicy bell、女士毛衣 Imly Bela 等
核心销售地	北美、欧洲、中东	北美占比约 85%	北美占比约 95%
核心渠道	独立站	亚马逊占比约 89%	亚马逊占比约 90%

（资料来源：各公司官网，申万宏源研究）

2024—2025 年中国纺织服装品牌发展报告

中国纺织工业联合会品牌工作办公室

一、中国纺织服装品牌建设生态环境分析

2024 年中国纺织服装品牌建设环境呈现出更趋向好态势，国家层面系列政策措施为品牌建设提供坚实保障，地方层面落地配套给予有力支持，行业层面公共服务带来系统支撑。

（一）国家品牌战略革新明确新方向

2024 年政府工作报告明确提出“加强标准引领和质量支撑，打造更多有国际影响力的‘中国制造’品牌”，这一战略部署不仅为中国纺织服装产业绘制了清晰的发展路径，更为中国纺织服装品牌建设奠定了坚实的政策基石，指明了战略导向。国家发展和改革委员会、工业和信息化部、商务部等部门出台系列政策措施，也有力地构建了更加良好的品牌建设生态环境（表 2-42）。

（二）地方政府落地配套提供新支持

地方政府纷纷出台具体政策措施，为纺织服装品牌建设提供强有力的支持与保障，进一步优化行业发展的外部环境（表 2-43）。

表 2-42 2024 年国家有关部门品牌建设主要政策措施

发布时间	文件/活动名称	主要内容
2024 年 4 月	工业和信息化部办公厅《关于做好 2024 年工业和信息化质量工作的通知》	将打造“中国制造”品牌列入重点任务，为加快推进新型工业化提供有力支撑
2024 年 4 月	工业和信息化部、商务部“2024‘三品’全国行活动”	以“名优好品强供给 提质创优促升级”为主题，突出地方产业集聚优势和区域发展特色，发挥消费品工业“三品”战略示范城市引领效应，加大升级和创新消费品市场供应，更高水平满足多层次、多元化消费需求
2024 年 4 月	工业和信息化部、商务部“2024 纺织服装优供给促升级活动”	旨在深入推动纺织服装增品种提品质创品牌“三品”行动，加快形成纺织行业新质生产力，推动纺织服装行业稳中求进、以进促稳，促进纺织服装行业高质量发展
2024 年 5 月	国家发展和改革委员会、国务院国有资产监督管理委员会、市场监管管理总局、国家知识产权局“2024 年中国品牌日活动”	主题为“中国品牌，世界共享；国货潮牌，品筑未来”，包括中国品牌发展大会、中国品牌博览会、品牌特色创建活动等
2024 年 6 月	商务部等 9 部门《关于拓展跨境电商出口推进海外仓建设的意见》	指导地方依托跨境电商综合试验区、跨境电商产业园区、优势产业集群和外贸转型升级基地等，培育“跨境电商赋能产业带”模式发展标杆
2024 年 10 月	工业和信息化部办公厅《关于分级打造中国消费名品方阵的通知》	到 2027 年，初步构建品质至上、特色鲜明、产文融合的品牌体系，着力培育千件文化内涵丰富、全球认可度高的优质品牌，征集推广一批技术先进、成效显著、可复制易推广的“数字三品”应用场景典型案例，打造一批国际一流消费品企业和特色品牌

（资料整理：中国纺织工业联合会品牌工作办公室）

表 2-43　2024 年部分省份发布的品牌建设相关政策

发布时间	政策文件名称	主要内容
2024 年 4 月	吉林省市场监管厅等 13 部门《关于推进“吉字号”特色品牌建设的若干举措》	引导培育一批国际一流、国内领先、市场占有率处于同行业领先水平的“吉字号”特色品牌，基本形成层次分明、优势互补、具有较强影响力的“吉字号”品牌体系，消费认可度大幅度提高，品牌形象更加深入人心，对全省产业转型升级、区域经济发展的作用显著提升
2024 年 5 月	上海市市场监督管理局《关于开展“上海品牌”培育试点工作的通知》	围绕本市现代化产业体系建设，加大重点优势产业、服务业、未来产业等行业的推进力度，加强消费品、工业设计、供应链管理等领域的品牌打造，夯实数字化、智能化、绿色化相关领域的品牌底座。到 2026 年，新增 40 项经过先进性评价的标准、100 项“上海品牌”培育产品和服务
2024 年 6 月	浙江省商务厅等 8 部门《关于加快推进浙江省新消费品牌发展的指导意见》	到 2026 年，新消费品牌培育和创新发展工作体系基本建成
2024 年 8 月	安徽省制造强省建设领导小组《追求卓越品质打造工业精品矩阵行动方案（2024—2027 年）》	到 2027 年，全省制造业产品结构进一步优化，产品品种丰富度、品质满意度、品牌认可度明显提升，形成进阶升级的安徽制造精品矩阵，即“省级新产品—首创产品（‘三首’产品）—工业精品—标志性产品”的梯次矩阵，推动“安徽制造”在市场有竞争力，在全国有知名度，在国际有影响力
2024 年 8 月	四川省地方志工作办公室《关于加强全省地方志事业品牌建设的意见》	以创建地方志事业品牌为重要抓手，围绕“存史、育人、资政”主责主业，深入总结提炼省、市（州）、县（市、区）地方志工作特色做法和典型经验，创建一批特色鲜明、成效明显、社会认可，具有较高知名度、美誉度和影响力的品牌
2024 年 9 月	河北省市场监督管理局《关于进一步加强商标品牌指导站建设提升商标品牌指导站服务能力和水平的实施意见》	到 2025 年底，全省商标品牌指导站达到 500 家，实现商标品牌指导服务两个全覆盖，即商标注册、运用、管理、保护、推广各链条指导服务全覆盖；重点产业、重点园区、重点市场、重点区域品牌、重点集群、重点企业等市场主体商标培育帮扶指导全覆盖，有效促进企业商标品牌、区域商标品牌、地理标志品牌市场价值和竞争力明显提升，形成更多有影响力、竞争力的河北知名品牌、全国知名品牌、国际知名品牌
2024 年 11 月	陕西省知识产权局等部门《深入实施商标品牌战略的若干措施》	系统提升商标品牌培育、保护、运用和服务能力，持续强化陕西商标品牌影响力，大力发展以商标为法律载体的品牌经济，更好发挥商标品牌在促进陕西经济高质量发展中的重要作用
2024 年 12 月	山西省商务厅等 21 部门《关于打造“古韵新辉夜山西”促进夜间经济高质量发展进一步扩消费增创业促就业的指导意见》	打造“古韵新辉夜山西”夜间经济品牌，推动我省夜间经济高质量发展，进一步扩消费增创业促就业
2024 年 12 月	内蒙古自治区商务厅等 4 部门《内蒙古老字号认定及管理办法》	进一步促进内蒙古老字号守正创新发展，充分发挥老字号在商贸流通、消费促进、质量管理、技术创新、品牌建设、文化传承等方面的示范引领作用

（资料整理：中国纺织工业联合会品牌工作办公室）

可以看出，地方政府在纺织服装品牌建设方面的配套支持，呈现出全面覆盖、精准施策、协同推进的特点。这些政策措施不仅为品牌企业提供了资金、技术、市场等多方面的支持，还通过优化营商环境、加强产业链协同等方式，为品牌发展创造了更加有利的条件。

（三）行业平台务实创新优化新环境

通过举办时装周、品牌建设专题论坛、品牌联动对接等活动，以及优化完善品牌培育与价值评价标准、推动品牌价值评估提升等，不断优化升级行业平台，助力品牌竞争力提升（表 2-44）。

表 2-44　2024 年纺织服装品牌建设主要行业平台活动

时间	工作名称	主要内容
2024 年 3 月	AW2024 中国国际时装周	汇聚 133 场时尚活动，涵盖 97 个品牌、170 位设计师
2024 年 5 月	2024 中国纺织服装品牌竞争力优势企业	69 家品牌价值超过 50 亿元以上的企业入围
2024 年 5 月	2024 中国品牌发展大会纺织服装行业会议	以“品牌新质　未来新光”为主题，通过深入探讨品牌发展的新质生产力提升路径，品牌企业得以分享成功经验、交流创新理念、拓展合作机会
2024 年 7 月	启动修订相关国家标准	修订《品牌价值评价　纺织服装、鞋、帽业》（GB/T 31278—2014）国家标准
2024 年 9 月	华峰千禧·中国纤维品牌联动创享汇	举办“华峰千禧·中国纤维品牌联动创享汇”，启动“中国纤维品牌联动创享汇纤维品牌库”，确定“千禧”“盛虹”等八个纤维品牌成为首批入库品牌
2024 年 9 月	SS2025 中国国际时装周	260 多个品牌、400 多名设计师参与，涵盖 160 多场时装大秀、商贸艺术展览、时尚论坛等活动

（资料整理：中国纺织工业联合会品牌工作办公室）

二、中国纺织服装品牌竞争力水平分析

（一）竞争力水平不断提升

随着中国制造综合实力不断提升，中国品牌正以前所未有的速度和影响力崛起。在世界品牌实验室发布的 2024 年《中国 500 最具价值品牌》榜单中，有 22 家纺织服装品牌入围，包括鄂尔多斯、魏桥和波司登等；其中 5 家超过千亿元，比 2023 年增加 3 家。这些品牌的入选凸显了中国纺织服装品牌在国内外市场的竞争力、品牌价值和增长趋势，以及在创新、质量和市场影响力方面的显著进步。

2024 年，中国纺织工业联合会发布了“2024 中国纺织服装品牌竞争力优势企业”，即品牌价值超过 50 亿元企业名单，共计 69 家，价值合计 3. 25 万亿元。其中，百亿以上品牌价值企业 34 家，12 家超过 500 亿元，6 家超过 1000 亿元，超半数企业品牌价值分布在 50 亿～100 亿元（图 2-63）。

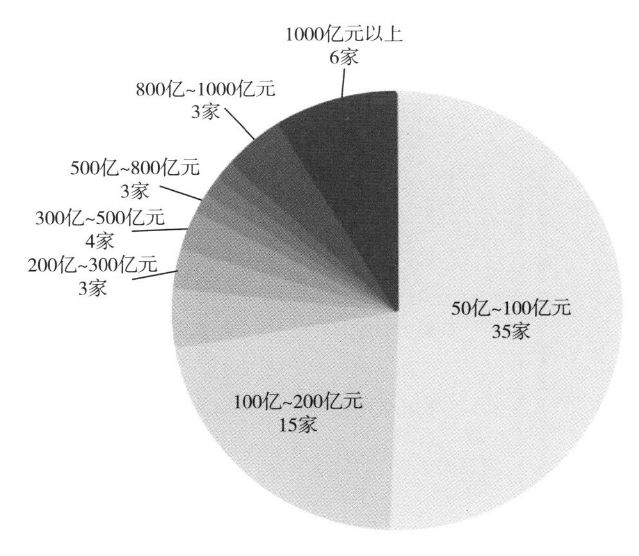

图 2-63　69 家优势企业品牌价值区间分布

（数据来源：中国纺织工业联合会品牌工作办公室）

从专业领域来看，服装领域优势企业数量最多，为 28 家，其中有 3 家企业品牌价值过千亿；化纤 12 家，家纺 10 家，棉纺 8 家，毛纺、产业用纺织品各 4 家，丝绸 2 家、针织 1 家（图 2-64）。

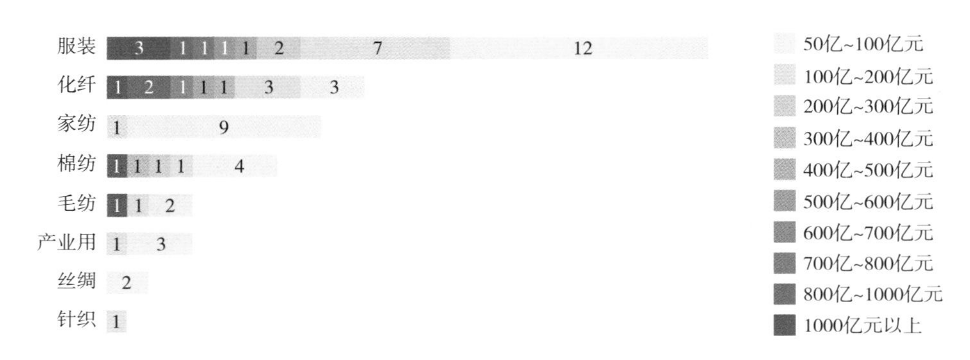

图 2-64　69 家优势企业品牌价值按专业领域分布

（数据来源：中国纺织工业联合会品牌工作办公室）

（二）主要维度分析

根据“多周期超额收益法”品牌价值测算模型，盈利能力与品牌强度是决定品牌价值高低的关键因素，其中品牌强度指标体系由综合实力、管理创新力、市场表现力、消费端表现力、可持续发展力五大维度构成。以此为衡量标尺，综合分析品牌竞争力优势企业数据资料可以发现，迭代管理模式、持续研发投入和追求绿色发展是促进我国纺织服装品牌竞争力持续提升的关键。

1. 数字智能不断深化

数字技术和人工智能系统的快速迭代，已经大大降低企业成本、提高管理效率、提升创新能力，未来将深入延伸至消费端，激发潜在需求、创造更大的增长空间。

在 29 家消费品牌中，各业务环节数字化程度平均达 93.5%；数字化、智能化系统应用方面，CRM 和 ERP 仍占主导地位，使用率分别为 96.6% 和 93.1%，超过八成的企业使用了 WMS 系统和数据中台，另有 41.4%的企业使用了 SAAS 管理平台（图 2-65、图 2-66）。

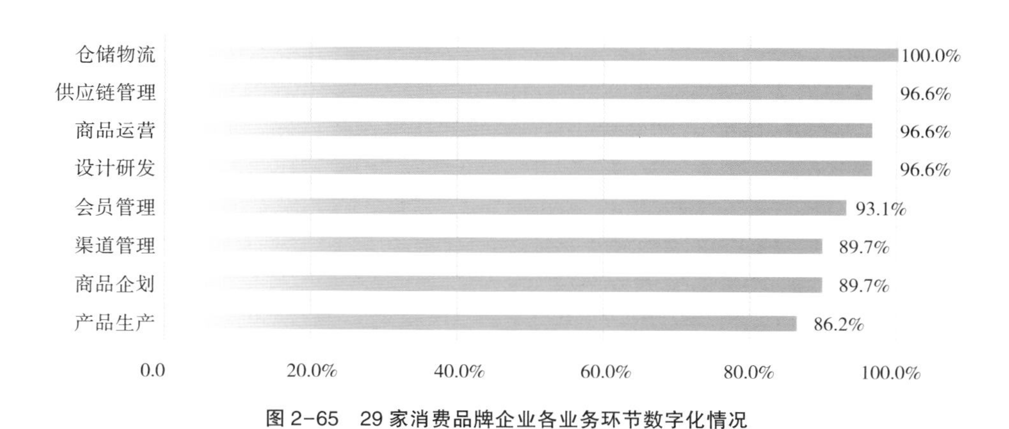

图 2-65　29 家消费品牌企业各业务环节数字化情况

（数据来源：中国纺织工业联合会品牌工作办公室）

在 40 家制造品牌中，各个业务环节的数字化程度平均达 84.4%，其中生产调度和仓储物流方面的应用最为广泛，应用率达 95.0%；数字化、智能化系统应用程度不断深入，ERP、MES、WMS 等常用系统普及率超过七成，数据中台使用率为 25%（图 2-67、图 2-68）。

已有企业开始自研采购制造系统，应用分布式数字控制（DNC）、产品数据管理（PDM）、分散控制系统（DCS）、企业资源计划系统（SAP）、商业智能系统（BI）、方法时间测量（MTM）、高级

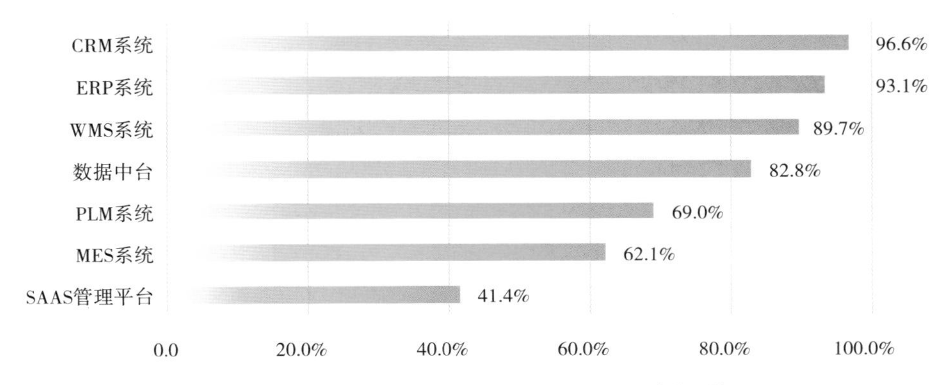

图 2-66 29 家消费品牌企业数字化、智能化系统应用情况

（数据来源：中国纺织工业联合会品牌工作办公室）

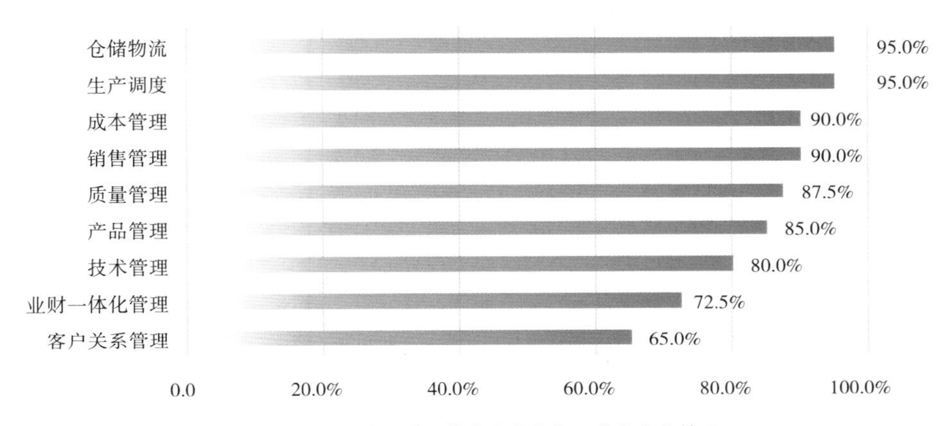

图 2-67 40 家制造品牌企业各业务环节数字化情况

（数据来源：中国纺织工业联合会品牌工作办公室）

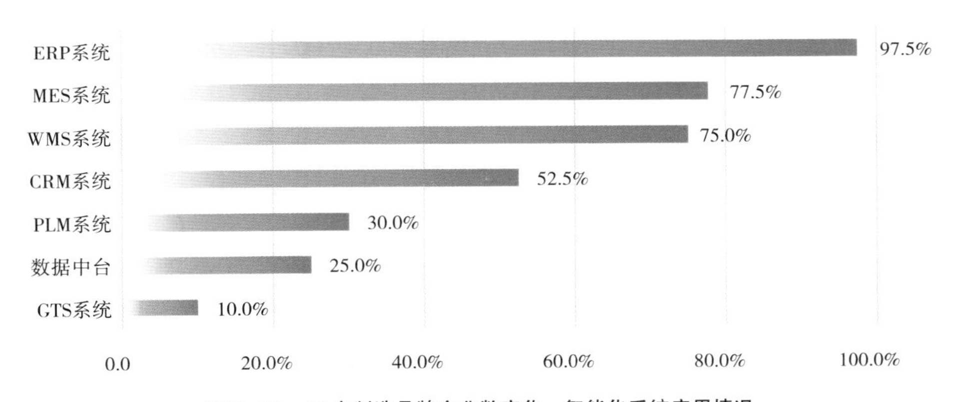

图 2-68 40 家制造品牌企业数字化、智能化系统应用情况

（数据来源：中国纺织工业联合会品牌工作办公室）

计划与排程系统（APS）等系统工具。

2. 研发投入持续稳定

加大研发设计投入是提升品牌竞争力的重要举措。96.7%的优势企业均建立了自有或合作研发机构，有效专利数均值达 205 个，其中制造品牌有效专利数均值达 222 个，同比增长 30.59%；从研发设计投入来看，优势企业研发投入均值 5 亿元，同比略有下滑，42%的企业研发投入强度超过 3%；研发人员数量均值 546 人，同比增长 0.74%，占职工人数比例为 5.8%，11.6%的企业专职研发设计人员数量超过 1000 人（表 2-45）。

表 2-45　69 家优势企业研发投入情况

	研发投入（万元）		研发人员（人）			有效专利（个）	
	金额均值	强度（%）	数量均值	同比（%）	占比（%）	数量均值	同比（%）
优势品牌	49959.72	2.65	546	0.74	5.80	205	28.93
消费品牌	19945.56	1.77	363	2.54	2.87	183	27.0
制造品牌	73047.53	2.95	687	0.00	9.90	222	30.59

（数据来源：中国纺织工业联合会品牌工作办公室）

3. 共同践行绿色发展

“碳达峰碳中和”已纳入生态文明建设整体布局，“十四五”期间，“推进节能低碳发展、引领绿色化消费”也已列入《纺织行业“十四五”发展纲要》，绿色低碳循环经济发展受到更广泛的关注。从品牌竞争力优势企业来看，所有企业均开展了社会责任工作，其中 52.2%的企业已建立（CSC 9000T）中国纺织企业社会责任管理体系或其他社会责任管理体系；同时，79.7%的企业开展双碳相关工作，其中 44.9%的企业已制定或公开碳达峰碳中和目标及其路线图（图 2-69、图 2-70）。

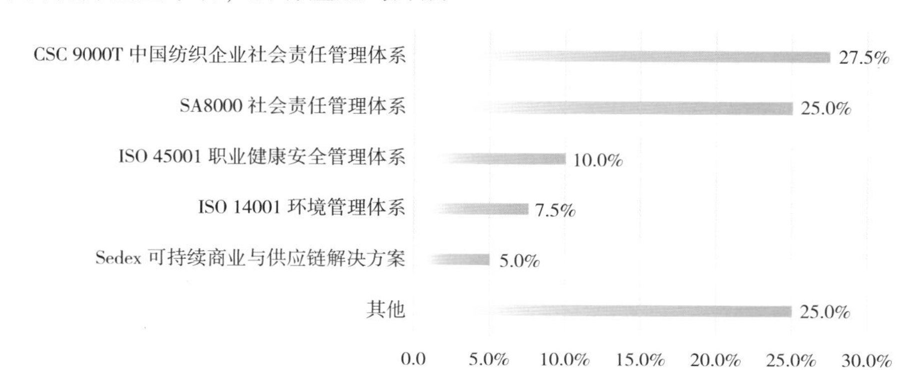

图 2-69　已建立社会责任管理体系的优势企业情况

（数据来源：中国纺织工业联合会品牌工作办公室）

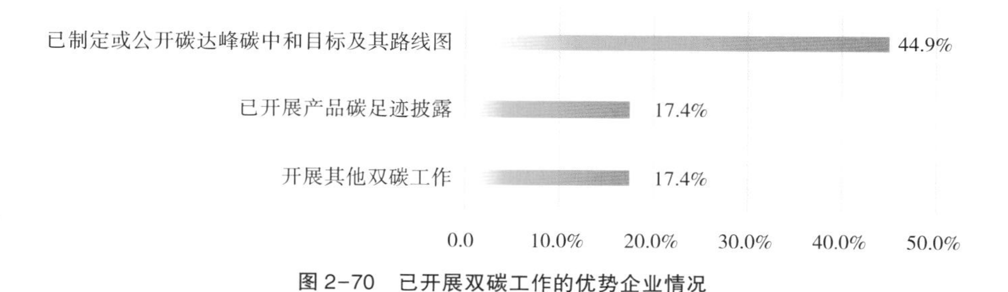

图 2-70　已开展双碳工作的优势企业情况

（数据来源：中国纺织工业联合会品牌工作办公室）

三、2024 年中国纺织服装品牌发展年度亮点

（一）亮点一：国潮经济理性重塑，国货品牌格局重构

国潮时代是传统文化、现代理念、先进技术相互碰撞融合的时代，也是个性宣扬、文化表达、潮流风范激荡的时代。2024 年，立足于纺织服装的产业语境，“国潮”文化走入理性重塑阶段，逐步从“爆红”，步入文化内核稳定、消费心智成熟、市场多元拓展的“长红”阶段。搭乘国潮时代这股“东风”，当下的中国纺织服装产业，从个体品牌到区域品牌，凭借完备的产业链、强大的生产力和有

效的叙事力，正在不断实现创新突围与格局重构，加速实现自身的内涵式增长。

1. 国潮文化深度转换，国货品牌内涵加强

随着中国经济的快速发展、消费需求的细分及时尚审美的重塑，2024年，国潮经济并非呈现出所谓的“急剧衰退”，而是在以多元的风格面貌，与这一年大行其道的户外运动品牌，以及传统男装、女装、童装、家纺、面料等品牌，实现更为深度的产品融合，双向的艺技赋能，凝练的风格迭代与当代的设计转换。《2024年度青年国潮品牌强国观察报告》显示，如果产品融入国潮元素，78.9%的受访青年会更有购买意愿。以国潮文化为表征的国货品牌群体，市场分化逐步显现，优势品牌日臻成熟，消费认同有所加强，呈现出“强者愈强”的竞争局面。

一方面，随着非遗元素从“表面符号”的堆砌到“中国气韵”的融入，国潮产品开始汇入全球时尚产业语境，形成更高声量、更大影响。新中式服饰作为国潮的代表，市场规模持续扩大，成为指向时尚界“新风格”的“新常态”与“新浪潮”。2024年，国货品牌积极探索非遗技艺与东方美学的融合之道，从图腾纹样到历史文脉，从技艺运用到气韵精神，从文化融合到创意呈现，用更富有归属感的美学符号、更贴近时代的文化表达、更简约内敛的审美偏好，以及更持久互动的场景体验，建构起独立的文化坐标和美学系统，向当代全球消费者释放出强大的文化号召力。

另一方面，面对日益多元化的市场需求与正在崛起的新生代消费，国货品牌以国潮元素为媒介，加速实现全品牌、全品类、全渠道的渗透，促进线上线下的消费融合与国际国内市场的拓展并行，以此推动自身在文化资产积累、内容号召力提升与体验消费方面的广度、深度与温度，体现出立足本土文脉、放眼全球风尚，既会讲“经济故事”、又会讲“文化故事”的品牌竞争力特质。

2. 根植产业集聚，区域品牌竞争力提升

近年来，中国纺织服装行业在全球化的大潮中，不仅稳固了“世界工厂”的地位，更涌现出一系列具有全球影响力的区域品牌，如“柯桥纺织”“虎门服装”等，其品牌价值已突破千亿元大关。2024年，绍兴现代纺织产业集群等9个纺织服装产业集群列入2024年中国百强产业集群，彰显了中国纺织服装行业的整体实力。随着国潮文化的持续发酵和产业集聚的效应深化，中国纺织服装产业更是形成了多个特色鲜明、优势互补、实力强劲的产业集群。这些区域品牌适时地汲取了国潮文化的资源禀赋，在地域上分布广泛，抓住转型升级机遇，共同构成了中国纺织服装行业的多元化发展格局。

如山东曹县、河南洛阳、广东东莞等借助马面裙“出圈”加紧布局，打造具有地域国潮文化特色、具有高识别度的区域品牌；浙江中国轻纺城开设包括新中式国风面料专区在内的汉服面料集聚区；盛泽镇纺织企业积极引进提花纺织设备，推动升级改造；涌泉镇全力推动绣衣旗袍产业专业市场建设，发展成为全国最大旗袍生产加工基地；汉正街小商品中心市场内国风女装吸引全国网红主播及采购商；广州白马服装市场新中式服装销量环比增长近五倍……可以看到，中国纺织服装产业依托深厚的文化底蕴、不断创新的设计理念和强大的区域品牌影响力，正逐步构建起一个国潮文化特色明显、资源集聚、链式互补、发展多元的产业格局。

（二）亮点二：数智工具赋能，提升品牌营销质效

2024年，纺织服装行业的数智化转型越发深入。随着消费者需求的多样化以及可持续时尚的兴起，越来越多的品牌在创新发展中，借助智能化和数字化工具，创新营销方式和消费体验，提升营销的质效。

1. 基于生成式AI赋能内容营销

据工业和信息化部测算，2023年我国生成式AI（AIGC）市场规模约14.4万亿元，2035年将突破30万亿元，在全球占比超过35%。在纺织服装产业的语境下，越来越多的品牌应用AI生成内容赋能营销，相较于传统方式，逐步显现出显著的发展优势：在效率与速度方面，能够在短时间内生成

大量文案、广告语和社交媒体帖子，快速响应市场需求与热点，大幅提高内容产出效率；在个性化与精准度方面，能够为不同目标受众生成高度个性化的内容，精准匹配用户兴趣与需求；在成本效益方面，显著降低人力成本，同时提升资源利用效率，带来更高营销效能。例如，鸿星尔克积极融合AIGC技术，在产品上新、朋友圈营销、公域种草、社群运营和短视频制作等多场景中高效创作优质内容，精准传递品牌价值与产品亮点。

2. 基于元宇宙技术催生虚拟营销

从技术驱动到资本介入再到政策支持，元宇宙已经从“概念”走向“前台”，深入真实的品牌实践。2023年8月，工业和信息化部等五部门印发《元宇宙产业创新发展三年行动计划（2023—2025年）》，推动元宇宙技术成为数字经济重要增长极。泰伯智库预测，到2030年，中国元宇宙市场规模将达8500亿元。

中国纺织服装品牌开始拥抱“元宇宙”时代的虚拟营销方式，主要体现在数字人虚拟主播、AI客服和虚拟展播场景等领域内的应用。例如，家纺品牌洁丽雅通过AI客服实现营销、服务与管理的全面升级，智能话术生成与高效自动回复功能大幅提升营销效果和购物体验，同时覆盖90%以上电商咨询问题。

3. 通过虚拟测款打造便捷化消费体验

市场研究和商业情报公司（Expert Market Research）数据显示，全球虚拟试衣间市场预计将从2023年的62.4亿美元增长到2032年的283.5亿美元，2024—2032年的复合年增长率为18.3%。在纺织服装产业语境下，品牌逐步采用“虚拟试穿”技术，结合人工智能、增强现实（AR）、图像处理和3D建模等技术，为消费者提供无须亲自试穿、现场购买，即可查看纺织品服装穿着、家用效果的便捷方式。品牌同步在探索“虚拟测款”技术，为时尚消费者带来全新的购物体验，提供多样选择、降低风险和增添趣味的显著优势。

（三）亮点三：品牌定位革新，渗透消费心智模式

纺织服装品牌的定位精准化、祛魅化、多元化、细分化趋势更加明显，适应消费、引领消费、创新消费能力进一步提升，更加注重关注新消费需求，持续渗透消费心智模式，涌现出“卓越品牌”的“做强”趋势、“平替品牌”的“做实”趋势，以及“细分品牌”的“做精”趋势。

1. 做强：成熟赛道“卓越品牌”

大批纺织服装成熟品牌不断寻求突破，着力科技创新、数智赋能、时尚创意、绿色低碳等竞争力的系统化提升，由成熟品牌向卓越品牌迈进，不断拓新中国纺织服装品牌高地。从中国纺织工业联合会开展的品牌价值评价工作来看，化纤、棉纺、服装领域已经涌现千亿价值纺织服装品牌。中国纺织服装品牌在全球市场的竞争力正在不断提高，潜力逐步释放，独特优势开始凸显，一批兼具文化底蕴、前沿科技、匠心品质的高端卓越品牌正在崛起。在运动服装、羽绒服装等领域，我国已经拥有市场竞争力强的国际品牌。如运动品牌安踏先后收购高端户外品牌迪桑特、可隆以及拥有始祖鸟、萨洛蒙等品牌的亚玛芬体育。2023年，迪桑特在中国市场营收突破50亿元，2024年上半年，包括迪桑特在内的“其他品牌”上涨超四成。

2. 做实：更高价比“平替品牌”

“我可以买贵的，但我不能买贵了。”以“人”为核心的市场需求和潜在需要，开始反向配置生产资源，成为新消费的重要特征。有调查显示，82.4%的年轻人开始“精研型消费”，即从“炫耀和符号消费”变成“追寻自我的消费”。部分“白牌”通过“超大投流+极致性价比+强调功效”的营销模式，迅速在线上市场打开局面。与新消费趋势相匹配，面向“消费祛魅”，有深度竞争力与长远发展潜力的“平替品牌”应运而生，更加注重技术与设计升级，同时也能保持原创设计的独立“品牌人格”，重心在于提高“质（品质）价比、性（性能+个性）价比、情（情绪）价比”，关注多元化的新消费需求，满足消费兴趣爱好与精神、情绪诉求，最终实现品牌“价格平价、价值升级”，成功挤占部分大牌的市场份额。

3. 做精：生活方式“细分品牌”

2024 年，涌现出一批以生活方式或生活场景为切入口，以细分产品为媒介，提供细分场景下的“生活方式提案”，使之自然融入特定生活片段，满足消费者功能化、情感化、个性化的发展需求，成为消费者在某类产品功能下的“首选品牌”——生活方式“细分品牌”。例如，随着人们健康、绿色、生态等生活方式的不断升级，骑行领域备受关注，追求松弛感的年轻消费群体热衷城市骑行（city ride），骑行经济不断升温，随之涌现出骑行生活方式的品类细分品牌。在 2024 年“双 11”活动中，骑行服饰、骑行装备类目达到双位数高速增长，天猫平台的全品类销售额增长超 40%。又如，受“自在旷野”的生活方式驱动，户外与自然消费兴起，“野生”内容声量增长，牧高笛品牌通过产品创新和场景布局，助力消费者从精致生活，奔赴“野生”生活方式。

（四）亮点四：跨界文化交融，深化内涵品牌共创

在品牌设计与品牌故事的提炼挖掘上，跨界文化的融合正在发挥重要作用。品牌+博物馆文化 IP 联名等联名设计、联名营销热度持续高涨。

1. IP 跨界联名热度增长

IP 联名在服装家纺品牌设计与营销领域呈现出明显的增长态势，合作 IP 涉及类型多种多样，主要包括动漫、艺术家、潮流、文创、体育等。据相关统计，2024 年前三季度，安踏、李宁、特步、361°、太平鸟、森马、锦泓集团 7 家品牌企业的 IP 联名产品共 69 件。其中，森马服饰的罗小黑 T 恤、观园吉联名 T 恤、巴拉巴拉×三丽鸥联名 T 恤等单品天猫销量过万件（图 2-71、图 2-72）。

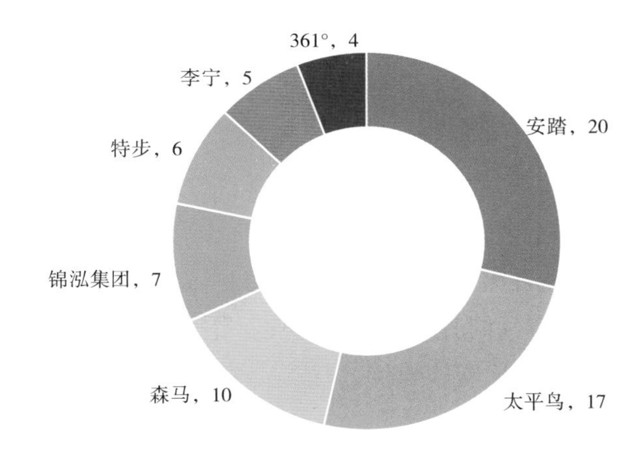

图 2-71 2024 年前三季度 7 家品牌企业 IP 联名产品数量统计

（资料整理：雷报，中国纺织工业联合会品牌工作办公室）

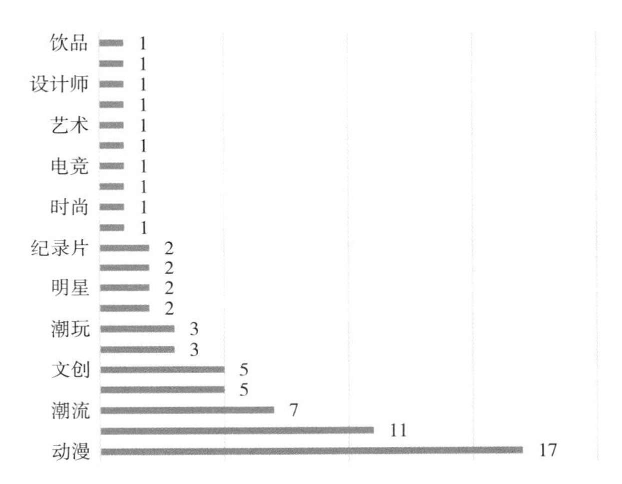

图 2-72 2024 年前三季度 7 家品牌企业 IP 联名产品数量分类型统计

（资料整理：雷报，中国纺织工业联合会品牌工作办公室）

2. 博物馆文化 IP 颇受欢迎

博物馆文化 IP 以其鲜明特征的传统文化元素，通过跨界联名和创新融合，以独特的中式美学和现代设计理念相结合，在挖掘双方品牌特色的基础上，打造具有创意和特色的产品，为品牌文化软实力提升赋能。《2024 中国品牌授权行业发展白皮书》显示，2023 年艺术文化（含博物馆）类 IP 在整个品牌授权市场占比 22.9%。故宫博物院、敦煌博物馆、苏州博物馆、苏州丝绸博物馆等 IP 积极与服装家纺品牌合作，不断拓展 IP 授权新路径，创新品牌系列产品设计。

3. 多平台战略助力联名营销

联名营销热度持续高涨，在提高品牌曝光率的同时，显著增强消费者的参与度。杭州数象文化传媒有限公司（SocialBeta）发布的《2023 跨界联名营销趋势报告》显示，食品饮料、服饰、餐饮行业在跨界联名营销活动中最为高频，分别占 23.5%、22.3%和 21.5%，占据了大半江山，服饰成为联名跨界营销第二大行业。

多平台战略成为品牌营销的重要方式与趋势，诸多纺织服装品牌依托多个线上平台互动，获取更加广泛的受众群体，通过视频、博客和社交媒体帖子，分享品牌联名创意过程和背后的故事。谜底数据基于微博、抖音、小红书等平台数据得出，2024年1—5月各大品牌联名相关作品的产量达到1169.6万，同比增长137.9%；作品互动量达到4.1亿，同比增长86%。

（五）亮点五：绿色低碳行动深化，提高可持续发展力

纺织服装品牌绿色低碳行动不断深化，零碳工厂、绿色能源正在扩大在生产中的应用，绿色纤维正在更大范围引领消费，一些区域品牌正在借助碳能源管理助力绿色化发展。

1. 绿色能源与绿色生产逐步推进

零碳工厂建设受到更多关注。零碳产业园、零碳工厂逐步建设推进，如丝丽雅集团旗下雅士德公司、吉林化纤等建设“零碳工厂”。中国纺织信息中心打造的一站式环境足迹评价平台LCAplus，为纺织服装企业提供绿色纺织品全生命周期分析、评价与设计工具，助力企业实现绿色属性的全价值链追溯与价值挖掘。

光伏等可再生能源，持续为纺织服装产业贡献减排。中国纺织工业联合会社会责任办公室发布的《“时尚气候创新30·60碳中和加速计划”企业进展手册》调研发现，可再生能源电力项目是纺织企业减排项目中减排贡献最高的部分。从产品供应链视角看，根据实际测量的57个纺织品的全供应链碳排放贡献数据，能源在产品碳足迹中的贡献率约65%。因此，电力的绿色化或者零碳化将对纺织行业的碳中和起决定性作用。

2. 绿色纤维加速应用引领绿色消费

欧睿咨询《2025全球消费者趋势报告》显示，超过60%的消费者愿意为可持续产品支付更高的价格，尤其是在包装、原材料和供应链透明度方面表现出色的品牌更受欢迎。可持续原材料进一步增加，以天然植物纤维为原料的再生纤维素纤维，性能最接近棉纤维，具有原料来源广泛、工艺方法成熟等优势，加速渗透到更多应用领域。

生物基化学纤维处于大规模推广应用上升期，关键技术不断突破，产品品种日益丰富。我国生物基化学纤维2023年总产能达118.26万吨，同比增长46.09%，总产量达48.86万吨，同比增长83.62%。其中，莱赛尔纤维产量快速增长，总产能达56.45万吨，总产量达33.6万吨；聚乳酸（PLA）纤维产能约18.6万吨，在建项目68万吨；生物基聚酯（PTT）纤维产能20.0万吨，产量5万吨，同比增长100%；涌现出生物基聚酰胺56纤维、海藻纤维、壳聚糖纤维等一系列中国特有的绿色纤维品种。

3. 碳足迹管理助力区域品牌绿色化发展

产品碳足迹管理是行业发展大势所趋。当前欧盟的碳关税已涵盖电力、水泥、钢铁等高能耗产业，预计2026年将正式扩展到纺织等产业。2024年5月，生态环境部等15个部门联合发布《关于建立碳足迹管理体系的实施方案》，确立了“到2027年，碳足迹管理体系初步建立……制定出台100个左右重点产品碳足迹核算规则标准”“到2030年……制定出台200个左右重点产品碳足迹核算规则标准”等一系列目标，鼓励有条件的地区、行业企业先行先试。

2024年6月，绍兴市15家纺织企业成为全国首批获得“碳标签”的纺织企业；10月，盛泽镇携手中国纺织工业联合会正式启动纺织服装行业碳足迹管理体系试点行动，成为中国纺织行业首个先行先试的产业集群；山东夏津县等产业集群正在开展碳能源管理，建设集碳足迹核算、认定、碳标签等于一体的纺织产业碳服务平台，为纺织企业提供碳标签、碳足迹认证服务。

（六）亮点六：品牌出海步伐加大，拓新全球化布局

据不完全统计，目前我国纺织业境外投资已超过100多个国家和地区，阿拉伯国家、东盟、中亚、非洲等新兴市场成为产业合作的广阔蓝海。从

出海类型来看，在传统“产能出海”的基础上，纺织服装行业逐步涌现出一批布局终端渠道的“品牌出海”。跨境电商平台、达人营销快速增长成就了一批电商出海品牌；以品牌的设计观和价值观为媒，“文化出海”使得纺织品服装成为全球了解中国、传递中国历史文化和当代生活观念的重要窗口。

1. 平台经济拓深加速电商出海

跨境电商成为品牌国际化的重要渠道。据海关初步测算，2024 年前三季度，我国跨境电商进出口 1.88 万亿元，同比增长 11.5%。2019—2023 年，我国服装跨境电商出口额由 1455 亿元增长至 4870 亿元，实现跨越式发展，服装品类在我国跨境电商出口总额的占比也从 18.23%提高到 26.61%，影响力明显提升。

一方面，跨境电商平台频繁推出各类措施吸引优质商家。例如，下调佣金，推出“全托管”“半托管”模式，结合精准产品趋势洞察提供“爆款打造”等精细化、精准化营销策略，加速海外仓及物流体系建设，提升海外物流效率、增强本土客户满意度等。另一方面，DTC（Direct to Consumer，直接面向消费者）独立站成为品牌出海的重要渠道。独立站拥有更大的主动经营权，直接触达消费者，更加有利于提高品牌黏性、提升品牌力和消费者认可度。调研平台 eMarketer 数据显示，独立站成为仅次于线下门店的美国消费者接纳新服装品牌的渠道。

2. 达人营销加速助力海外营销

海外营销投入持续加大，达人营销等方式快速崛起，加速助力品牌种草和传播。《2024 出海达人营销白皮书》显示，75%的出海企业 2024 年准备与关键意见领袖（KOL）/关键意见消费者（KOC）合作营销，75%的用户表示短视频是最引人入胜的内容类型；达人直播成为席卷海外的最新趋势，直播收入同比增长 99%；预计到 2027 年，全球付费达人营销市场规模将接近 5000 亿美元。

社交媒体在国潮产品的全球化传播中发挥了重要的推动作用。作为全球用户基数最大的品类，部分服装品牌开始布局 Instagram、Facebook、TikTok 等新兴社交媒体平台营销，越来越多的国外消费者分享产品和使用体验，与目标受众直接互动，通过多种形式让品牌和产品在国外市场被看到、被感知、被认可，从而树立新叙事下的中国品牌形象，收获品牌认知度和美誉度。

3. 品牌传播拓新赋能文化出海

随着中国的崛起和国际地位的不断提升，中国文化在全球范围内的影响力日益增强。“品牌构建+文化输出”，打造品牌 IP、传播文化内核，成为中国纺织服装品牌出海新模式。

在全球化的舞台上，本地化的内容创作和传播拓新，不仅仅是“语言的转换”，更是“文化共鸣的交织”。越来越多的中国纺织服装品牌开始探索“文化+品牌”的国际化多维表达，秉持具有国际视野的发展格局，输出具有文化亲和力的品牌策略，将“产能的扩张”内化为品牌资产和全球信誉。一方面，给予当地文化以充分的理解与尊重，使得本地化沟通更具特色和温度；另一方面，以全球化审美为底层基础，结合不同地域的特点，围绕时尚品牌文化进行定制化开发。

四、中国纺织服装品牌建设的未来方向

加快构建新质生产力、推进中国式现代化，中国纺织服装品牌发展迎来新方向、新要求。

（一）不断满足美好生活需要，细分培育品质品牌

培育高品质中国纤维面料品牌，联动下游消费品牌，建立完善的品牌培育管理体系、纤维面料吊牌体系；深入细分、研究新消费趋势，从产业链联合创新着手，加大高端化、健康化、舒适化、功能化、时尚化、绿色化产品开发，强调抗菌、人体亲和、吸湿排汗等功能，加强生活方式品牌、新老品牌的培育与升级，系统化提升品牌引领当代消费、创造美好生活的能力；依托科技创新、设计创意，不断扩宽领域、细分品类，提升产品差异化性能，满足消费者不断升级的多元化需求。

（二）充分依托数智技术手段，强力铸造智慧品牌

不断加强 AI 赋能品牌建设，依托大模型、大数据、大算力等技术，加速与物联网、5G、区块链等技术的深度融合，创造性构建更多新场景、新模式、新生态，为创意设计、产品开发、渠道管理、品牌营销等品牌建设关键环节带来质效提升，创造新增长极；同时加强社交经济、达人经济等赋能品牌营销，加快构建线上线下渠道、社交媒体、线下实体店等多种场景结合的完整营销生态圈，持续提升品牌消费黏度和影响力。

（三）传承创新中华优秀文化，用心打造国潮品牌

基于中华优秀传统文化的典型元素、精神宝藏和智慧思想，充分依托纺织行业的传统与时尚产业兼备的行业优势特征，更大化发挥纺织品服装的载体作用，向全社会展现我国历史文化艺术与纺织服装品牌之美；注重运用现代科技手段对中华优秀传统文化进行当代化表达，创新赋能品牌战略定位、创意设计、营销叙事、焕新升级；加强跨界文化研究与交流，推进跨领域文化交流合作，碰撞衍生出新的文化价值，推动国潮国风持续扩圈、破圈。

（四）深入践行可持续理念，全链条塑造绿色品牌

加强碳足迹管理，推进更多品牌、更大范围开展全生命周期评价，加快碳治理进程，建立碳足迹认证体系，进一步推进绿色原料、绿色生产、绿色流通；加速开发负碳技术纤维，加大政策引导力度，提升负碳纤维市场认可度，推动负碳纤维产业化；加快促进太阳能、风能等可再生能源替代化石能源，推进生产过程低碳化；加强在全社会范围内的可持续消费知识与理念普及，做好废旧纺织品回收利用闭环管理与价值挖掘，加大力度引导绿色消费、绿色生活。

（五）推动中国品牌世界共享，多维度培植国际品牌

加强对不同国家历史背景、地域文化、消费特色、价值追求等的研究，注重目标市场洞察，结合本土化营销，输出承载中国文化特色、融合国际审美、适配当地居民需求的中国品牌；充分发挥跨境电商平台的运营模式、管理体系、技术体系优势，推进权益合理化、竞争差异化、供应链弹性化、物流高效化，培育更具活力、更高质效的跨境电商品牌；加强对中国传统优秀文化与当代消费潮流的创造性开发与创新性应用，充分借助国际优势时尚发布、宣传推介平台，开展多样化的文化交流与品牌推广活动，推进中国品牌文化出海；积极主动履行社会责任，实现经济效益与社会效益的有序平衡，打造代表大国形象、中国态度的负责任品牌。

撰稿人：王晴颖　惠露露　刘正源　何粒群

2024—2025 年中国消费趋势报告

知萌咨询　肖明超

2024 年，全球经济在曲折中前行，中国经济也面临着复杂多变的外部环境。但是，在国家各项政策的有力支撑下，经济彰显出较强韧性，高质量发展稳中有进的态势稳固且持续向好。中国消费者也在适应经济环境的动态变化，积极探索并追寻契合自身需求的消费新价值定位，“稳进”与“向新”成为中国消费者 2024 年的关键词。

2025 年，中国消费市场会走向何方？中国消费市场会涌现哪些新的趋势？中国消费者会焕发哪些新需求？产业、行业、企业如何在趋势中挖掘新机会，实现新增长？品牌如何打造新场景、激发新活力、满足新需求？

知萌咨询长期专注于消费趋势研究，通过融合鲜活的第一手研究与多元数据，开展对消费者生活及消费心理的研究，总结提炼出 2025 年的趋势关键词和七大消费趋势，以期为企业在新的一年找到消费市场商业创新与品牌营销逻辑提供参考。

一、2025 年消费趋势关键词：“求真”与“向实”

开展的消费趋势研究显示，消费者期待稳定发展，但也希望有所突破，超五成的消费者表示会考虑在 2025 年增加消费支出，这一比例高于 2024 年，意味着在即将到来的这一年，消费市场或将迎来一定程度的活跃度提升。并且，消费者更加希望将更多的资金花费在子女的成长教育、探索不同的风土人情和健康运动体验上，预计增加消费的 TOP5 领域分别为子女教育、旅游、运动健身、医疗保障以及投资理财。

结合 2024 年知萌咨询对于中国消费市场的观察，我们将 2025 年消费趋势关键词定为“求真”与“向实”。“求真”代表着消费者对于产品品质将会呈现出更极致的苛求，他们不再满足于表面的华丽或基本功能的完备，而是深入探究产品的材质是否精良、工艺是否精湛、设计是否精妙，他们期望每一个细节都经得住审视，期待更加高效和专业的产品体验；“向实”代表着消费者不再局限于传统的消费模式与既定的产品功能，而是积极主动地去探寻那些能够带来独特愉悦感的消费元素，他们渴望在消费过程中发现新奇、收获惊喜，通过不断探索未知的消费领域来满足内心对于愉悦体验的多元追求（图 2-73）。

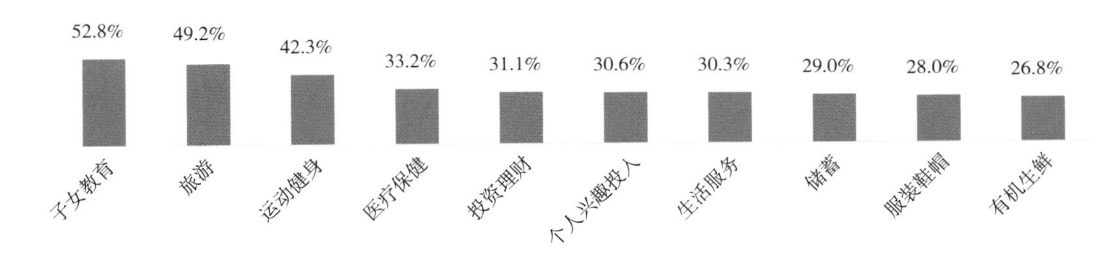

图 2-73　2025 年消费者预计增加消费支出的领域（多选）

（数据来源：定量资料来源于知萌咨询机构 2024 年 12 月针对北京、上海、广州、深圳、成都、武汉、西安、南京、杭州、厦门、贵阳、哈尔滨、淄博、乌鲁木齐、湖州、江门、大同、朔州、天水、许昌、义乌、诸暨 22 个城市 18～65 岁消费者进行的在线调查，N=4000。下各图同。）

二、2025 年七大消费趋势

经过深度的研究，预见 2025 年将会呈现的七大消费趋势分别是：品质觉醒、心界重塑、线下新生、功效主义、品牌向心力、中式新韵、悦享 AI。

（一）趋势一：品质觉醒

过去，人们在追求高品质商品时，不得不接受高昂的价格，或者为了便宜而在质量上做出妥协。然而如今，消费者对品质和价格均不再让步，力求让消费者花出去的每一分钱都物有所值，尽情享受着“质价双优”带来的良好消费体验。

今天的消费者更加在意品质，更加倾向于寻找价格和品质的双优。知萌趋势调研显示，60.8%的消费者期望购买到的产品彰显高品质，36.9%的消费者希望通过消费行为可以获得独特体验。这预示着，品质觉醒下消费者需要的是更低成本可以得到的幸福感，因此，中国消费市场将呈现四大分级：平替的性价比、优替的质价比、情替的心价比、贵替的奢价比（图 2-74）。

图 2-74 2024 年消费者通过消费更想要达到哪些新的精神和情感诉求 TOP5（多选）

在服装消费方面，消费者根据自己的需求进行分级管理，选择价格与品质均能够满足需求的产品，将更多的资源投入真正能够提升生活幸福感的领域，实现消费的优化与升级，展现出一种理性而成熟的消费理念。

在当前“品质觉醒”的消费潮流中，那些能够完美融合高品质与合理价格定位的产品，正日益成为消费者的首选。以女装品牌 CHICJOC 为例，该品牌通过实施极致的“质价比”策略，在去年10 月与淘宝“超级时装发布”联合举办的直播活动中，实现了单场直播销售额突破 6420 万元人民币的壮举，这一成绩刷新了淘宝服饰类店铺直播的历史销售纪录。

CHICJOC 专注于高端女装市场，却独辟蹊径地走上了“质价比”路线，用更低的价格采购到奢侈品大牌同款面料，并形成了“质高价低”的独特优势。而这正迎合了消费者“既要品质，又要价格”的产品诉求。面对国内女装市场长期以来的白热化竞争态势，消费者越加理性，不愿为高昂的品牌溢价买单，即便是拥有较强消费能力的高端消费群体，也越加重视产品的“质价比”。

在品质觉醒的大趋势下，品牌应从提升品质入手，平衡品质和性价比，为消费者带来消费的最优解，提升品牌的盈利能力与市场地位，为品牌开拓出全新的市场空间。

（二）趋势二：心界重塑

随着人们将焦点转向内在世界，消费者正逐渐摆脱外界期望的标尺，深度探寻自我本真及追求情感的真挚满足。生活调剂、兴趣消费、快乐满足以及瞬间疗愈，正在勾勒出全新的情绪消费蓝图。在这一进程中，消费者所追寻的远非单纯的产品实体，而是重塑内心秩序、缓和情绪波澜的“心灵滋养”与“情绪妙方”。

在心界重塑趋势下，消费者更愿意为附着积极情绪的产品买单。知萌趋势调研显示，84%的消费者希望商品和服务为自己带来惊喜，77.8%的消费者认为满足情绪价值贵一点也可以（图 2-75）。

消费者追求兴趣满足，以兴趣满足来提升自我和愉悦自我。消费者为兴趣买单，不仅是对物质的

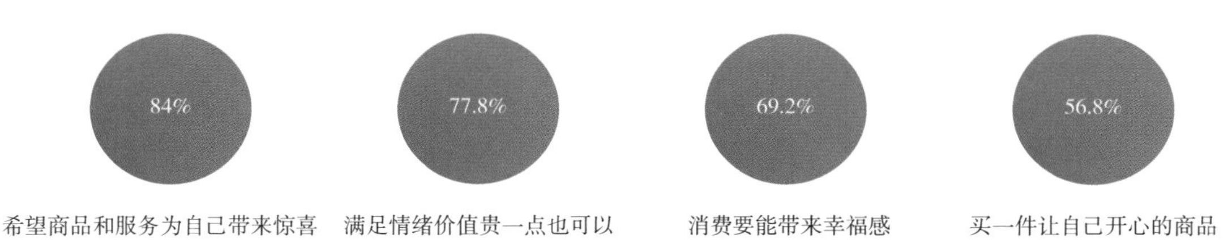

图 2-75 消费者愿意为附着积极情绪的产品买单

追求，更是对精神世界的一次深度投资，在兴趣消费的驱动下，IP 经济的火爆，为品牌情绪营销打开增量空间。例如，Jimmy Choo 借《美少女战士》诞生 30 周年之际，与原创者武内直子推出联名系列，以此传达个性突出、展现时代风貌的形象，并与女性赋权的核心价值相契合。同样，优衣库也频繁通过大量联名合作来吸引各类 IP 爱好者。迄今为止，优衣库已与上百个卡通 IP、艺术家 IP 携手，融合了艺术、音乐、电影、动漫等多种流行文化元素，与众多杰出 IP（如三丽鸥、宝可梦等）联合推出产品。

此外，消费者日益重视瞬间的疗愈体验，将其视为对自我关怀的一种宝贵投资，仿佛为精神世界提供了一场水疗（SPA），让心灵得以暂时逃离日常的喧嚣。在快节奏的都市生活中，人们常感身心疲惫，因此，户外活动逐渐变得炙手可热。如今，年轻人不再畏惧自然的挑战，他们身着专业的冲锋衣、徒步鞋，投身大自然的怀抱，追寻那份自由与野性的乐趣。时尚品牌也纷纷涉足户外领域，如品牌 Loro Piana 便巧妙地将珍贵面料与户外功能相结合，推出了“Into The Wild”户外系列。而在 2024 年的秋冬大片中，Burberry 继续沿用其近几季的户外风格，整个系列以中性色和大地色系为主调，低调中洋溢着自然的蓬勃生机。

基于这两个维度，更多行业和企业可以围绕塑造治愈生活力和打造兴趣物疗力展开心界重塑趋势的商业应用，通过在情感层面上的支持和抚慰，成为消费者心中“走心”且“动心”的品牌。

（三）趋势三：线下新生

在长期沉浸于虚拟世界后，消费者对现实体验的渴望激增，推动了线下消费的回归。2024 年，线下消费烟火升腾，越来越多消费者回归线下，线下消费活力进一步凸显。消费者认为，线下体验具有不可替代性。在哪些线下购物体验是线上购物无法替代的问题中，72. 9%的消费者选择触摸和感受商品质感、材质，55. 6%的消费者选择线下购物是放松体验，42. 6%的消费者选择面对面交流获得销售人员的专业建议（图 2-76）。

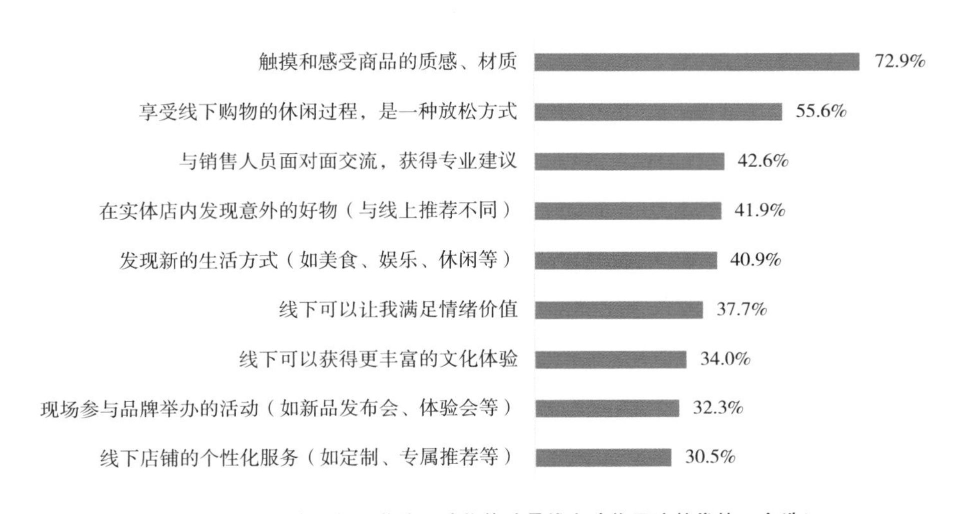

图 2-76 消费者觉得哪些线下购物体验是线上购物无法替代的（多选）

消费者期待在线下空间获得更多体验，因此，独特的外观和设计，主题性、独家限量商品及特殊的布局设计等都将进一步刺激消费的探索欲望，成为他们在线下空间停留更久的动因。例如，快时尚品牌 UR 就十分注重门店的体验式营销，打造了宽敞舒适的购物环境和个性化的陈列展示。同时，UR 经常举办时尚讲座、穿搭比赛等活动，为消费者提供时尚灵感和购物乐趣。

奢侈品牌同样高度重视线下体验。2024 年，《时尚宣言丨嘉柏丽尔·香奈儿》展览在上海当代艺术博物馆盛大开幕，作为嘉柏丽尔·香奈儿在中国的首个作品回顾展，自开幕以来持续吸引消费者前往参观，消费者通过展览能够更直观地感受到香奈儿品牌的故事和精神，增强了品牌与消费者之间的情感联系。

为抓住线下新生的趋势，品牌营销策略要围绕：以多元化体验为核心，重塑线下品牌价值；打造品牌独特的故事化体验空间，强化与消费者的情感联结；深挖文旅与户外场景的潜力，与消费者的生活方式紧密结合；延长消费者的停留时间，提升场景价值转化效率。

（四）趋势四：功效主义

在信息高度透明化的当下，消费者日益重视产品的实际功效和科学依据，倾向于选择成分明晰、功效显著、经科学验证且效果可快速感知的产品，在服装行业，这种趋势也十分明显。

消费者的行为正在经历从感性驱动到理性决策的转变。知萌趋势调研显示，60.8%的消费者更关注产品的真实价值，从细究面料，到仔细审视功能性成分，服装的实际效用成为消费者追求的核心（图 2-77）。以功能性服装为例，消费者不再仅仅依赖于品牌知名度，而是更加倚重产品的技术说明、性能测试报告以及用户的实际体验反馈来做出购买决定。在寻求性价比平衡的同时，消费者更加关注服装是否能提供显著且持久的功能性效益，如透气性、保暖性、速干性或防晒性能等。

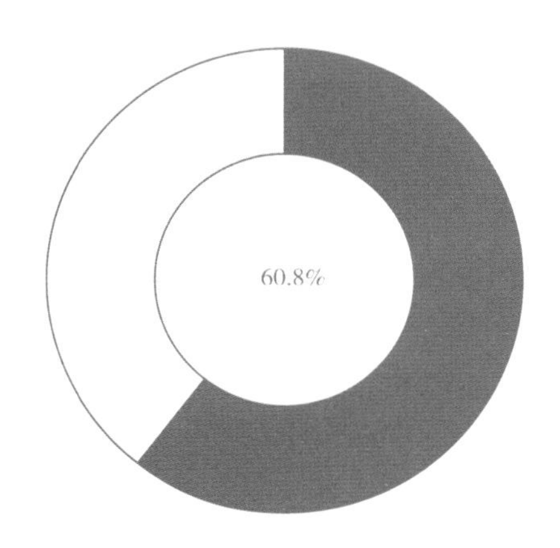

图 2-77　产品真实价值

功效主义的崛起催生了功能性服装的市场需求，无论是满足户外极端天气防护的冲锋衣，还是采用特殊面料阻挡紫外线的防晒衣，又或是通过高科技保温材料确保极寒环境下温暖舒适的羽绒服，功能性服装逐渐成为现代消费者衣橱中不可或缺的一部分。

以羽绒服市场为例，波司登推出的“极寒羽绒服”，凭借其远红外发热层、高蓬鹅绒锁温层及远红外蓄热层组成的三重保暖系统，能够有效应对极端天气，同时巧妙融合了科技元素与时尚设计；蕉下则凭借其独创的“气绒 3.0”材料，在保持羽绒原有保暖性能的同时，增添了机洗便捷、抗菌耐磨等特，不仅提升了羽绒服的实用性，更使其适配多样穿搭，展现出更强的可塑性；李宁的“火锅羽绒服”，通过采用“全自动吸光发热”新型保暖面料与拒水 80 绒，结合航天级保温材料，实现了轻质恒温，并具备出色的防风、防水及防污性能。在功效主义盛行的当下，各大品牌不仅持续在技术创新上寻求突破，更在确保产品实用功效的同时，兼顾了消费者的个性化与多元化需求。

在功效主义趋势下，品牌需从产品本质到消费者体验进行全面升级。品牌需通过清晰的材质说明、专业化的功效定位以及优质的感官体验，全方位满足消费者对“可感知功效”的期待。

（五）趋势五：品牌向心力

尽管市场竞争加剧，但消费者对品牌的依赖从未减弱，消费者在购买时会优先考虑知名品牌，在拿不定主意时更倾向于选择品牌知名度高的产品，这表明品牌不仅是消费者选择的标准，更是消费者心理认同的重要支撑。在不确定的环境下，引领消费趋势的依然是知名的品牌，如在 2024 年“双 11”的榜单中，商品交易总额（GMV）名列前茅的皆为大众耳熟能详的品牌，这些品牌仰仗长时间积累的雄厚市场口碑，始终引领着消费的潮流走向。

品牌不仅是购买决策的参考，更是消费者生活方式和身份认同的重要载体，消费者期望品牌成为其身份的延伸。在品牌选择上，消费者不再仅仅关注功能性，而是越加重视品牌是否能体现其个人价值观和生活方式。知萌趋势调研显示，69.5%的消费者总是会优先选择能反映其个人价值观和生活方式的品牌，54.2%的消费者认为在做出购买决策时品牌价值观比价格更重要（图 2-78、图 2-79）。

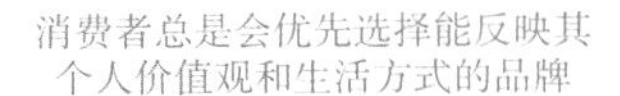

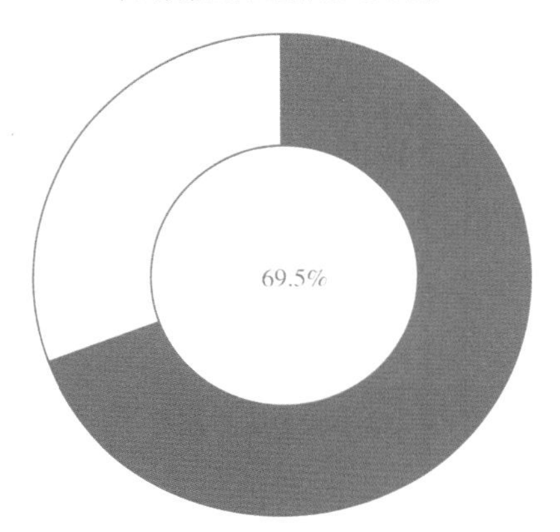

图 2-78　认同

当消费者在做出购买决策时
品牌的价值观比价格更重要

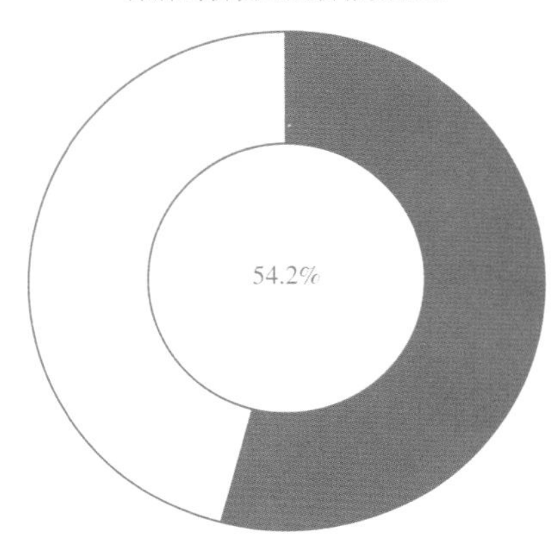

图 2-79　品牌的价值观

品牌需要通过凝聚向心力，将品牌价值转化为消费者的信任与归属感。向心力不仅依赖于品牌在品质、知名度上的表现，更需要与消费者价值观的共鸣、情感上的连接，以及持续创新的投入和场景吸引力，从而打造独特而持久的品牌影响力。

以泰兰尼斯童鞋品牌为例，该品牌通过品类心智建设，线下门店已扩展至全国 200 多个城市。泰兰尼斯始终坚守“健康童鞋”的理念，并率先将自己定位为“更适合中国孩子的高端时尚童鞋”。该品牌将目标客户群体锁定在小资且具备轻奢消费能力的妈妈群体，从舒适性、健康性到时尚感等多个维度，全面满足家长的需求。在激烈的市场竞争中，泰兰尼斯凭借这样的品牌定位，成功开辟出一条独具特色的品牌发展之路。

户外品牌凯乐石通过强化产品专业功能的心智建设，成功推动其冲锋衣系列硬核崛起。该品牌以“硬核场景搭载”为核心策略，推出专业新品冲锋衣 MONT-X，并通过紧密关联登山这一户外硬核热门场景和发起“人生第一座雪山”挑战活动，为产品的极致功能背书。这一系列举措不仅深化了产品在登山场景中的专业形象，更广泛拓展至多元户外场景，实现了专业功能心智的全面渗透。最终，冲锋衣 MONT-X 凭借其硬核实力成为品牌明星单品，带动凯乐石品牌搜索热度激增 3 倍有余，登山爱好者中的品牌渗透率亦显著翻倍。

品牌必须塑造更加一致的形象，提供更具象化的场景表达与叙事，以及与消费者建立更深层次的心理联系，才能在消费者心中占据独特位置，获得动态而稳固的“当下忠诚度”。

（六）趋势六：中式新韵

2018 年，李宁品牌在纽约时装周的惊艳亮相，吹响了国潮崛起的号角，也标志着“国潮”元年的正式开启。2022 年，迪奥马面裙事件引发了广泛的讨论和关注，将新中式这一话题的热度再次提升。2024年，新中式套装成为春节期间最火爆的穿搭，在随后的一年里，互联网刮起了穿着新中式走向全世界的浪潮。

随着新中式趋势的复兴，越来越多的新中式穿搭、宋锦外套、马面裙等服饰频繁登上热搜榜，成为人们关注的焦点。这些服饰不仅展现了中国传统文化的深厚底蕴，也融入了现代时尚元素，呈现出别具一格的美感。同时，旗袍、汉服等传统文化服饰也开始受到越来越多人的关注和喜爱。越来越多的人开始“入坑”中国传统文化，他们不仅热爱这些服饰的美丽和独特，更怀揣着对传统文化的敬畏之心和探索的热情，去深入挖掘其深度和广度。消费者希望通过自己的努力和探索，去探寻那些隐匿在古老技艺背后的深刻内涵与智慧结晶，让传统文化在现代社会中焕发新的生机和活力。

随着时代的发展，传统文化从传统中式风时期的深厚底蕴，到国潮时期的焕新崛起，再到如今新中式时期传统与现代的融合，这一系列的发展历程，彰显了传统文化强大的生命力与适应性。在不同时代语境下，传统文化不断自我革新、与时俱进，持续丰富滋养人们的精神世界。

在新中式时期，底蕴深厚的“新中式”文化与现代生活相互交织，逐渐具象化、生活化。知萌趋势调研显示，新中式不只是产品，更具有民族文化与精神内涵。消费者热衷于体验中式文化内涵，追求有新体验的产品和服务，从服饰、美妆、家居到食饮，再到新中式美甲、新中式发型、新中式妆容等新花样，新中式以其民族文化与精神内涵进入日常生活的方方面面，成为青年群体新的生活方式（图2-80）。

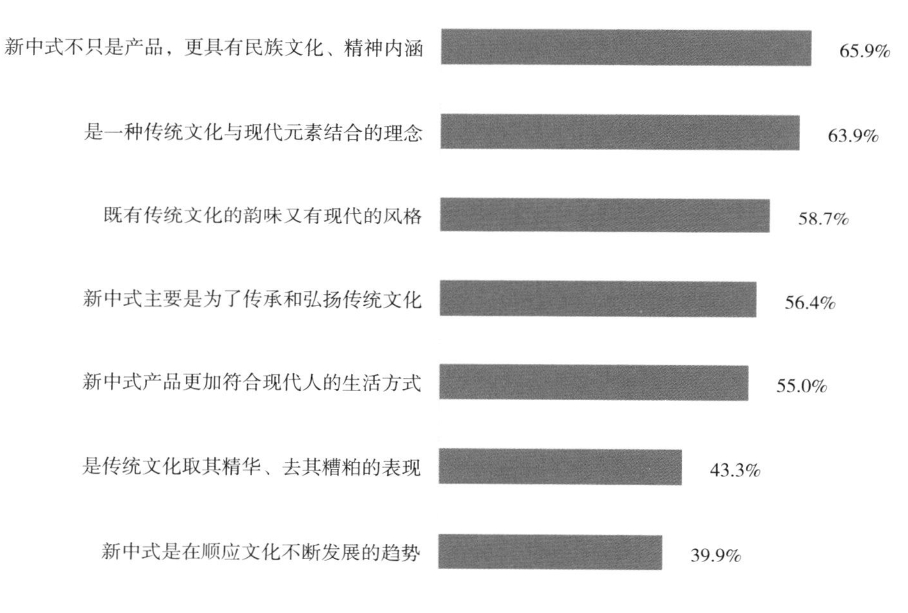

图2-80　消费者对“新中式”的理解（多选）

诞生于天津的女装品牌M essential，自创牌以来便持续重塑人们对东方美学的理解，将传统东方底蕴与现代面料巧妙融合。如今，不仅M essential的品牌创始人马凯获得“芭莎艺术设计大赏年度时装设计师”的殊荣，M essential还成为众多明星红毯亮相时的首选独立设计师品牌。每一季的M essential作品，都是对东方文化及传统工艺的崭新诠释，它不仅仅围绕“将东方美学融入现代生活”的主题，更从文化遗产中汲取灵感，同时融入人的故事与世代相传的技艺。

2024年，“中式”风格无疑是时尚界最耀眼的明星之一，不仅在国内掀起热潮，引发广泛热议，更在国际舞台上刮起了一股中式美学的旋风。从Loro Piana 2024春夏系列、Dior 2024秋冬男装系列，到阿玛尼（Armani）2024春夏系列等众多国际奢侈品牌的时装秀中，都能捕捉到那份令人惊艳的东方韵味。

新中式让消费者在现代生活中感受到传统文化的温暖和力量，也能够享受到现代生活的便利和舒适。因此，品牌可以通过新中式文化元素的萃取与演绎、传承与创新，以及故事性与情感化的品牌塑造、跨界融合以及创新产品开发，抓住这股机遇进行产品和营销创新。

（七）趋势七：悦享 AI

距离 ChatGPT“横空出世”已近两年，AI 的影响力正不断蔓延，从智能识别、智能办公等软件形态逐渐向智能家居、无人驾驶、智能制造等硬件领域渗透，AI 的脚步并未就此停歇。可以说，AI 的应用场景在各个领域持续拓展，为我们的生活和社会发展带来了诸多全新的可能与深刻的改变。

在工作场景中，AI 技术正成为个体能力的放大器，帮助消费者突破个人知识和技能的边界，使个体展现出“小而强”的组织形态。在生活场景中，AI 深入渗透到各个角落，提升了人们生活的便捷性与高效性，带来生活新境界。知萌趋势调研显示，65.5%的消费者使用 AI 的语言处理功能（图 2-81），72.6%的消费者使用 AI 智能助手进行智能家居控制（图 2-82）。

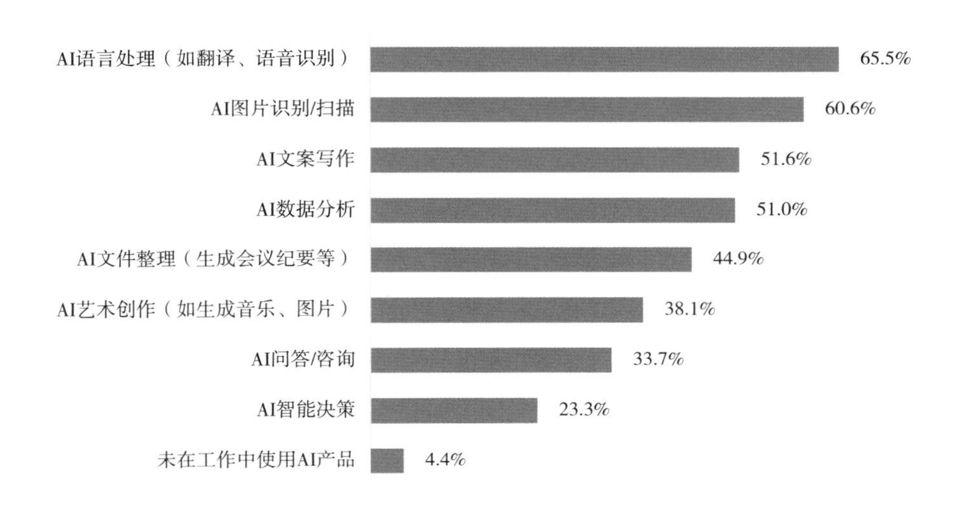

图 2-81 在工作场景中，您在哪些方面使用 AI（多选）

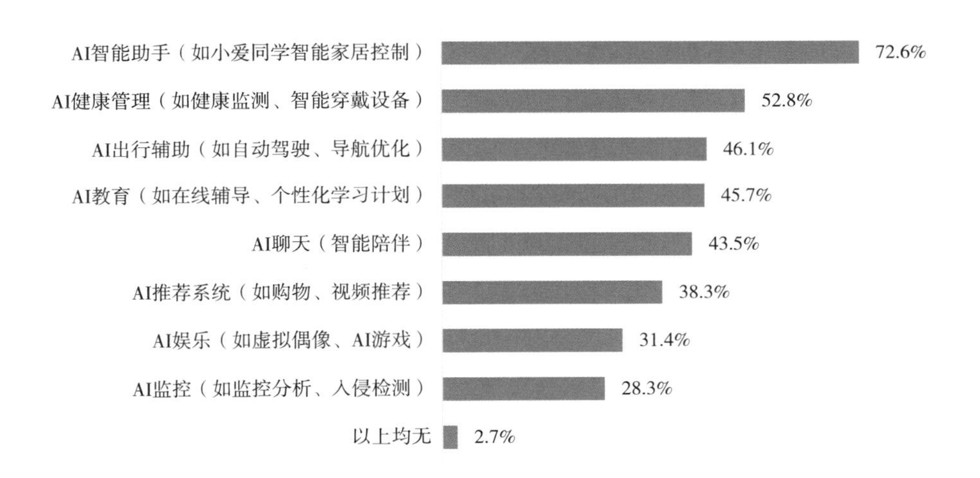

图 2-82 在生活场景中，您在哪些方面使用 AI（多选）

在服装领域，数字技术的运用已经实现高度逼真的3D虚拟服装模型构建，这一过程由AI自动完成，涵盖了从服装款式、面料到花纹设计的全方位操作，将研发周期缩短了80%以上。如今，即便是被视为“传统”的纺织服装行业，也正经历着一场前所未有的深刻变革，而这场变革的核心驱动力正是AI技术。

举例来说，浙江移动与领航（浙江）工业互联有限公司合作，为春禾时装量身定制了基于人工智能生成内容（AIGC）的服务平台“LINKHAND AI”，与此同时，杭州嘉溢制衣有限公司采用了联通的衣影大模型。这些先进平台为服装设计师们提供了强大的创意支持及快速打样能力，不仅大幅缩短了产品的研发周期，还有效降低了研发成本，使得企业能够更加敏捷地响应市场，满足消费者日益多样化、个性化的需求，从而在激烈的市场竞争中占据有利地位。

在AI的推动下，消费者体验正迎来前所未有的变革。AI技术通过场景化应用、个性化服务和情感交互，为消费者带来全新的体验，并重塑了传统的体验模式。

经历了“稳进”与“向新”的2024年，我们即将迎来“求真”与“向实”的2025年。可以发现，并不是消费欲望不足，而是消费需求和理念正在发生深度蜕变，消费者不再关注产品的“体面”，而是更加关注真实的“体验”，这也意味着产品的价格和价值、品牌的定位与传播，都需要进行新的匹配与重构。只有真正理解了消费者的需求，并能够以实际行动回应这些需求，品牌才能在未来的市场中立于不败之地。

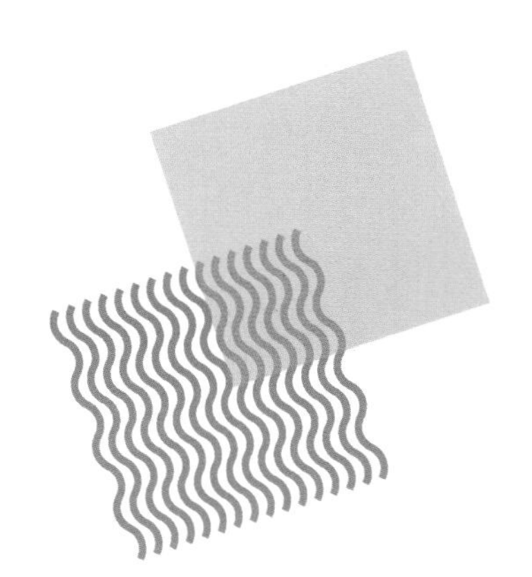

Opportunity

汇聚优质时尚资源

对接服装行业升级发展

Cooperation

Collision

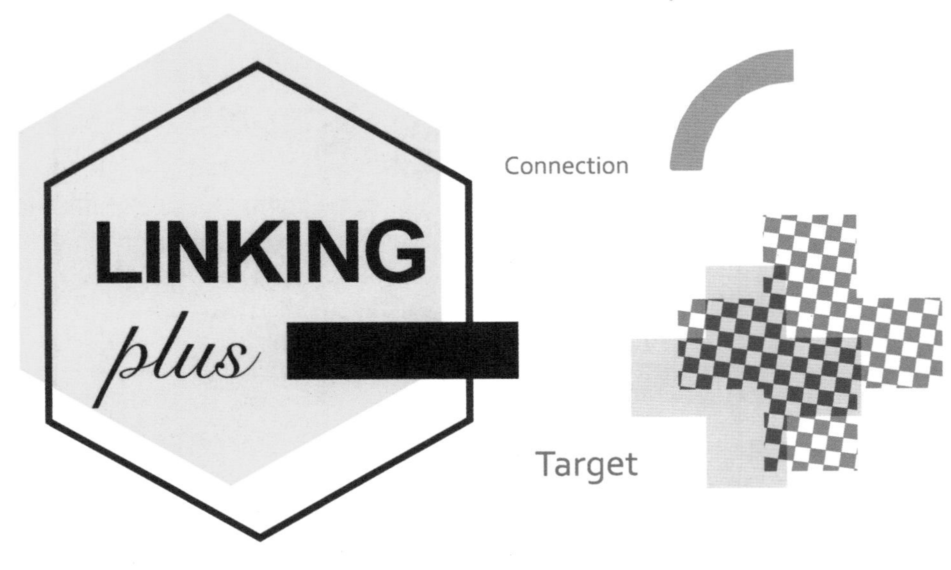

Connection

Target

中国服装产业链对接平台

Fusion

Communication

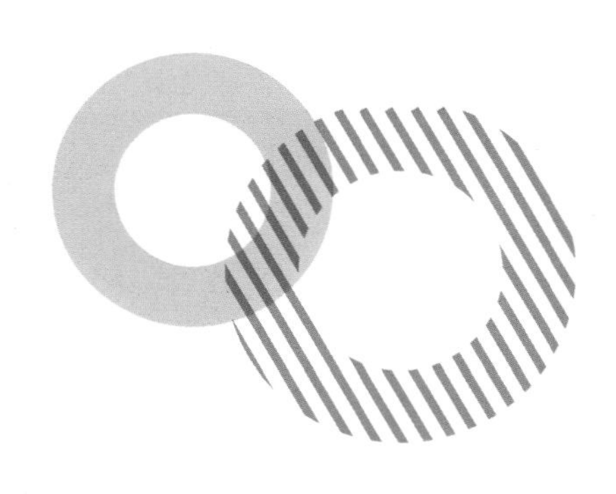

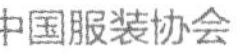

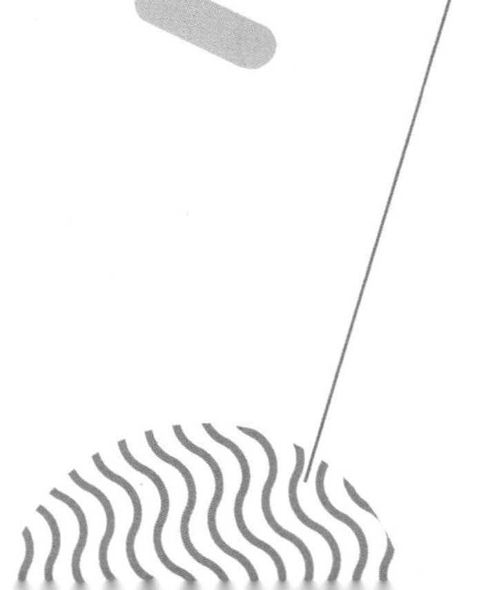

第三部分　产业链报告篇

2024—2025 年中国棉纺织行业运行报告

中国棉纺织行业协会　郭占军

2024 年以来，国际环境依然严峻复杂，贸易保护主义、产业安全等问题持续影响企业经营，受原料供应端冲击和终端有效需求不足双向挤压，在整个纺织产业链体系中，棉纺织行业恢复力度偏弱。行业淡旺季周期性减弱，旺季不旺、淡季持续局面长时间维持，规模以上企业利润率和亏损面两项关键比率指标均达到十余年来最低水平，行业承受压力极其明显。在压力面前，我国棉纺织行业深入贯彻落实中共中央、国务院决策部署，围绕建设棉纺织现代化产业体系目标，迎难而上、积极作为，沉着应对各种风险和挑战，努力实现行业经济运行平稳发展。

在正视困难的同时，一些积极因素也在累积。从行业经济数据来看，在存量和增量政策叠加作用下，多项经济数据出现边际改善和指标修复。接下来，棉纺织行业亟须进一步把握与棉纺织相关的国家宏观政策，通过在行业内发展新质生产力，提高全要素生产率，深化产业转型升级，着力实现高质量发展。棉纺织行业要继续稳定市场预期，提振信心，加速闯过新旧动能转换阵痛期，同时要强化行业自律，防止“内卷式”恶性竞争。

一、2024 年我国棉纺织行业经济运行概况

（一）主要经济指标承压明显，利润率创十余年新低

据国家统计局 1—10 月数据显示，2024 年以来，棉纺织主要经济指标承压明显，与规模以上工业企业、制造业和纺织行业相比，棉纺织业营业收入、利润总额、营收利润率、每百元营业收入中的成本、资产负债率、产成品存货周转天数等主要指标有不同程度的落后，仅每百元资产实现的营业收入和应收账款平均回收期等指标稍好。1—10 月，规模以上棉纺织业营业收入同比持平，但利润总额大幅度下降，降幅达到 23.1%，由于营收未能增加，利润大幅度下降拖累行业营业收入利润率走低，仅为 1.7%，从年内趋势看，近半年以来利润率持续修复的趋势被打破。与此前年度相比，营收利润率为 2011 年规模以上工业企业起点标准从年营收 500 万元提高到 2000 万元以来最低点，继 2022 年和 2023 年分别创下新低后，2024 年继续向下寻底。规模以上棉纺织业 25.0% 的亏损面亦为 2011 年以来新高（图 3-1、图 3-2）。2024 年以来，

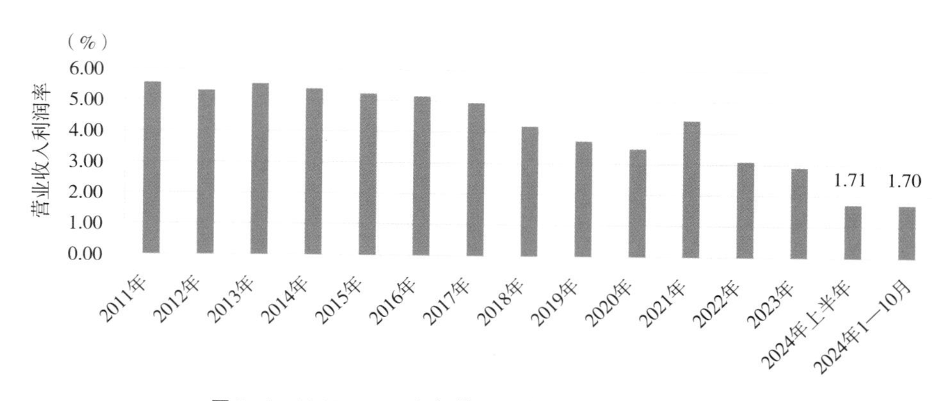

图 3-1　2011—2024 年规模以上棉纺织业营业收入利润率

（数据来源：国家统计局）

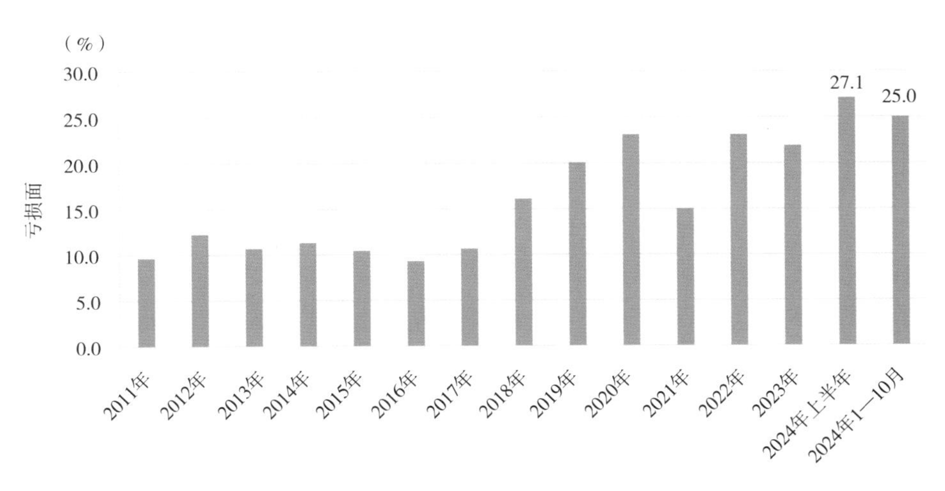

图 3-2 2011—2024 年规模以上棉纺织业亏损面

(数据来源：国家统计局)

棉纺织业继“金三银四”未达预期之后，“金九银十”旺季周期几乎落空，行业淡旺季周期性明显减弱，淡季特点长时间持续，行业承压持续加大。10 月末，棉纺织产成品存货周转天数为 38.8 天，较 2023 年同期扩大 0.8 天，产品库存压力持续加大，应收账款平均回收期为 45.3 天，较 2023 年同期扩大 3.3 天，现金流更加紧张（表 3-1、表 3-2）。

表 3-1 2024 年 1—10 月规模以上工业企业主要财务指标

分组	亏损面（%）	营业收入同比（%）	营业成本同比（%）	利润总额同比（%）
工业企业	—	1.9	2.3	-4.3
制造业	—	1.9	2.2	-4.2
纺织行业	24.5	4.4	4.1	9.7
棉纺织业	25.0	0.0	-0.2	-23.1
其中：棉纺纱	27.4	-2.8	-2.8	-39.8
棉织造	21.2	5.3	4.9	-5.3

(资料来源：国家统计局)

表 3-2 2024 年 1—10 月规模以上工业企业经济效益指标

分组	营业收入利润率	每百元营业收入中的成本	每百元资产实现的营业收入	资产负债率	产成品存货周转天数	应收账款平均回收期
	1—10 月（%）	1—10 月（元）	10 月末（元）	10 月末（%）	10 月末（天）	10 月末（天）
工业企业	5.29	85.39	77.3	57.7	20.0	66.7
制造业	4.41	85.96	89.4	57.3	22.3	68.4
纺织行业	3.32	88.66	99.1	60.2	34.4	49.7
棉纺织业	1.70	91.07	91.2	62.2	38.8	45.3
其中：棉纺纱	1.07	92.34	86.6	65.7	37.3	37.4
棉织造	2.81	88.83	100.5	55.1	41.4	59.1

(资料来源：国家统计局)

在棉纺织行业中，棉纺纱和棉织造经济运行走势有所分化。其中棉纺纱经济运行更加艰难。1—10月，规模以上棉纺纱业累计营业收入和利润总额双降，利润总额降幅达到39.8%，拖累营业收入利润率仅为1.07%，与棉纺纱业相比，规模以上棉织造业主要经济指标较好，营业收入累计同比增长5.3%，利润总额同比下降5.3%，降幅更低，营业收入利润率为2.81%，虽不及2023年同期3.17%，但较棉纺纱业仍高出1.74个百分点（表3-1、表3-2）。

（二）中国棉纺织景气指数收缩多于扩张，信心指数亟待提振

2024年前10个月，中国制造业采购经理指数（PMI）仅3月、4月和10月3个月位于荣枯线上，制造业指数表现欠佳。在制造业整体运行偏弱的背景下，中国棉纺织景气指数整体走势和制造业PMI指数较为接近，在1月、3月、9月和10月位于荣枯线上，指数收缩月份多于扩张月份。其中企业信心指数2—7月连续6个月位于荣枯线下，随后在国家宏观政策及对传统旺季有所期待的共同推动下，企业信心指数在8月和9月重新站上荣枯线上，但“金九银十”未能兑现预期，在10月企业信心指数有所回落，勉强处于临界点（图3-3、表3-3）。

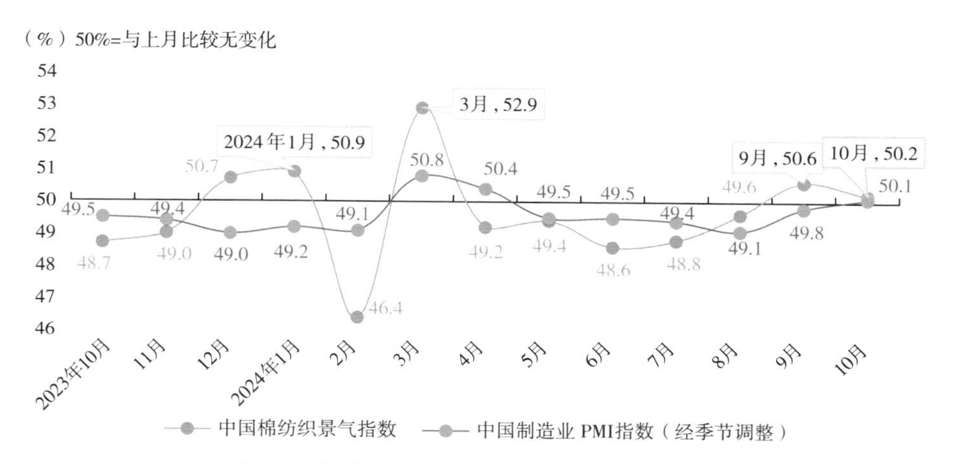

图3-3　中国棉纺织景气指数和中国制造业PMI指数

（数据来源：国家统计局，中国棉纺织行业协会）

表3-3　2024年中国棉纺织景气指数及各分项指数

单位：%

月份	中国棉纺织景气指数	各分项指数						
		原料采购指数	原料库存指数	生产指数	产品销售指数	产品库存指数	企业经营指数	企业信心指数
1月	50.9	52.9	52.5	50.9	50.7	49.7	49.8	50.4
2月	46.4	48.0	48.1	45.0	47.5	48.0	44.2	48.2
3月	52.9	52.7	49.4	54.8	52.9	49.4	55.8	48.6
4月	49.2	49.8	49.6	49.4	49.4	50.8	49.9	44.7
5月	49.4	49.3	50.8	50.2	48.1	48.0	49.9	47.6
6月	48.6	48.6	49.1	49.0	48.5	48.4	49.4	46.0
7月	48.8	48.5	49.2	49.3	48.7	48.2	49.1	47.3
8月	49.6	48.5	49.9	50.3	49.8	48.7	49.1	50.6
9月	50.6	50.4	48.9	50.4	51.1	51.1	50.5	52.5
10月	50.2	50.9	48.5	49.7	51.0	50.9	50.6	50.0

（资料来源：中国棉纺织行业协会）

（三）产品产量纱降布增，原料中化纤替代趋势明显

据国家统计局数据显示，1—10月，规模以上棉纺织行业纱产量为1854.4万吨，同比下降0.86%，其中棉纱和棉混纺纱分别下降3.61%和4.14%，化学纤维纱同比增长6.25%，化学纤维对棉花替代趋势明显，规模以上棉纺织行业布产量为260.3亿米，同比增长2.03%（图3-4）。

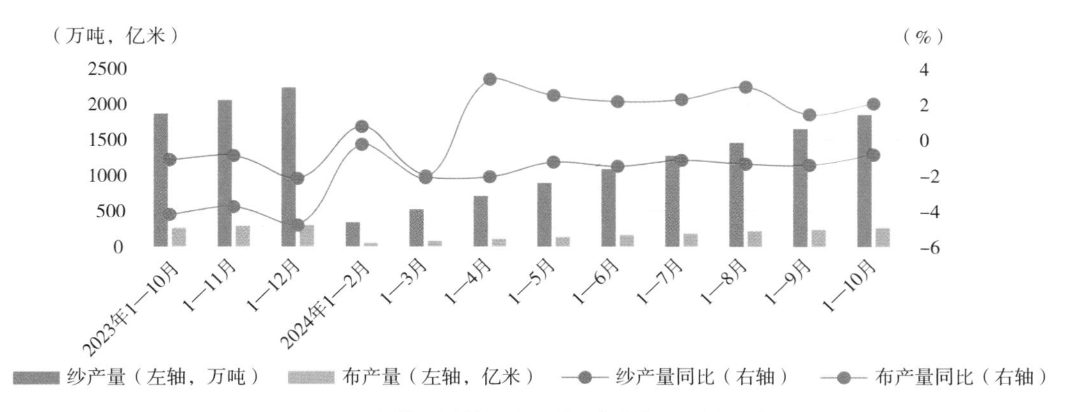

图3-4 规模以上棉纺织行业纱和布产量同比变化趋势

（数据来源：国家统计局）

二、2024年我国棉纺织原料及产品价格走势分析

（一）多数时间国内棉价高出国外，滑准税配额数量为发放年份最低

2024年2—3月，在国外棉花价格短期加剧波动的情况下，国内棉花价格相对平稳，国内外棉花价格出现倒挂。4月之后，内外棉花价格同频下降，国内棉花价格高于国外的情况恢复常态，从2024年初至12月初，国内较国外棉花价格平均高出约450元/吨（图3-5）。7月21日，国家发展改革委发布棉花进口滑准税配额公告：发放棉花进口滑准税配额数量为20万吨，全部为非国营贸易配额，限定用于加工贸易方式进口。除2015—2017年为配合抛储没有发放滑准税配额，2024年为我国加入世界贸易组织（WTO）以来发放数量最少的一年，

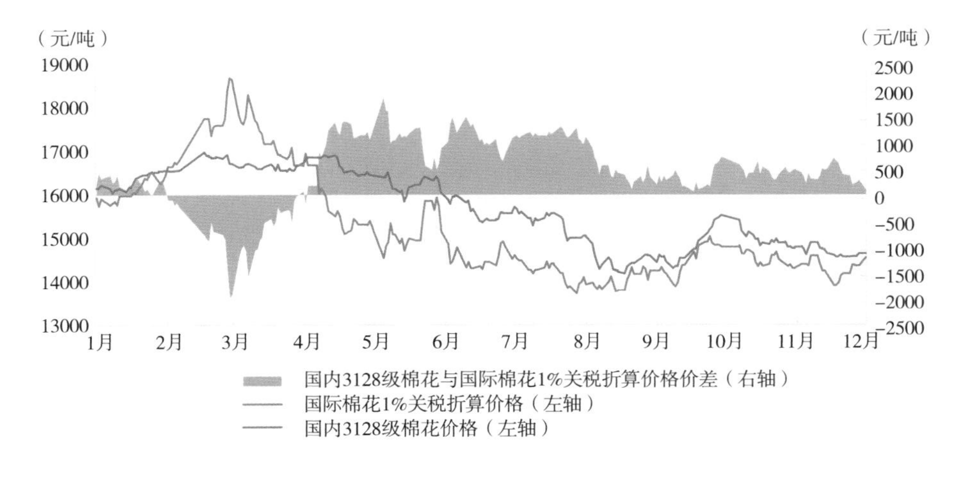

图3-5 2024年国内外棉花价格及价差走势图

［资料来源：棉纺织信息网（TTEB）］

结合限定为加工贸易配额，目的或为保障新疆棉花的销售。在国家目标价格政策支持下，新疆棉农的利益已经得到了充分的保障。新疆棉花消化进度偏缓，一方面由于部分加工企业收购时未完全进行套期保值，希望市场给出更好的价格以顺价销售，另一方面是产业链下游需求低迷。作为棉花产业发展的基础，棉纺织产业面临更大的困难，应在政策层面给予支持。限制配额的数量并限定加贸，对缓解国内棉花销售压力效果并不明显，在配额政策公布后，棉花价格仍在下行反映了市场内在规律。

（二）棉花与棉纱即期价差大幅收缩，化纤短纤价格走势更为平稳

从2024年初至12月初，标准级棉花最高价为16980元/吨，最低价为14185元/吨，平均价格为15671元/吨，最低价到最高价波动幅度为19.7%；涤纶短纤最高价为7935元/吨，最低价为7020元/吨，平均价格为7429元/吨，最低价到最高价波动幅度为13.0%；黏胶短纤最高价为13820元/吨，最低价为12600元/吨，平均价格为13358元/吨，最低价到最高价波动幅度为9.7%。32支纯棉纱与标准级棉花平均即期价差为6343元/吨，较2023年平均价差缩小481元/吨，花纱即期价差大幅收缩反映了纯棉纱产品的利润被严重压缩或亏损加大；32S涤纶短纤纱与涤纶短纤平均即期价差为4081元/吨，较2023年平均价差扩大73元/吨，30S黏胶短纤纱与黏胶短纤平均即期价差为3981元/吨，较2023年平均价差扩大105元/吨。与棉花相比，化纤短纤价格走势更为平稳，且加工费更加稳定，单位价格更低，在棉花价格波动且趋势向下时，企业更倾向于以化纤短纤为加工原料（图3-6~图3-8）。

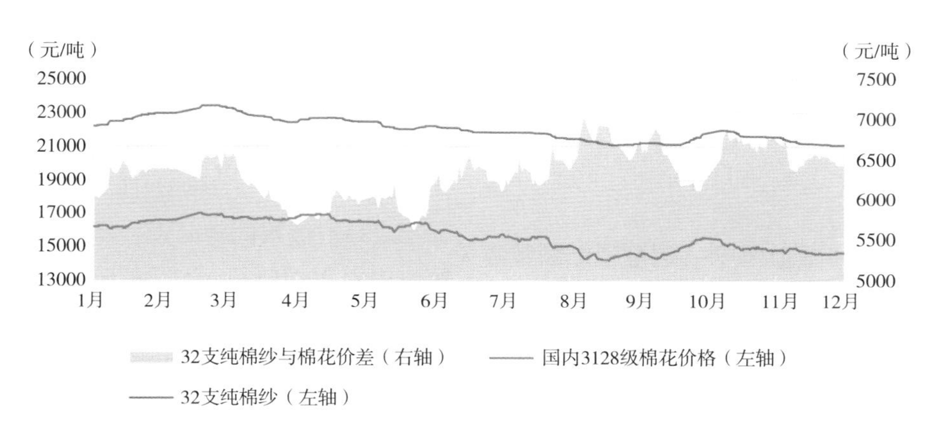

图3-6　2024年棉花和32支纯棉纱价格及即期价差走势图

（数据来源：TTEB）

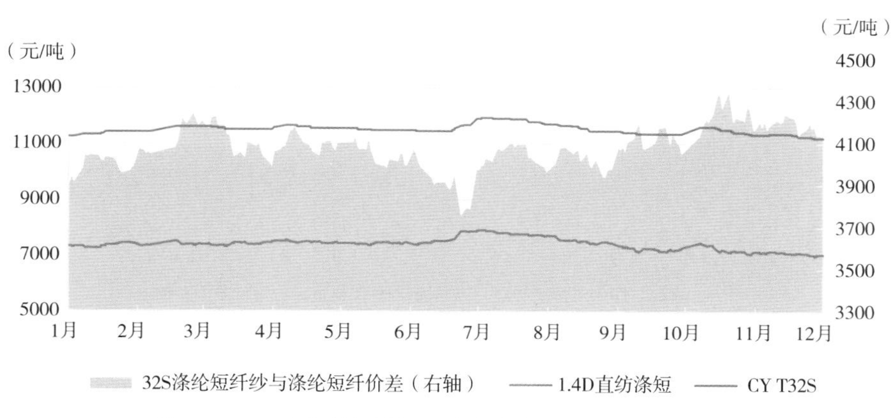

图3-7　2024年涤纶短纤和32支涤纶纱价格及即期价差走势图

（数据来源：TTEB）

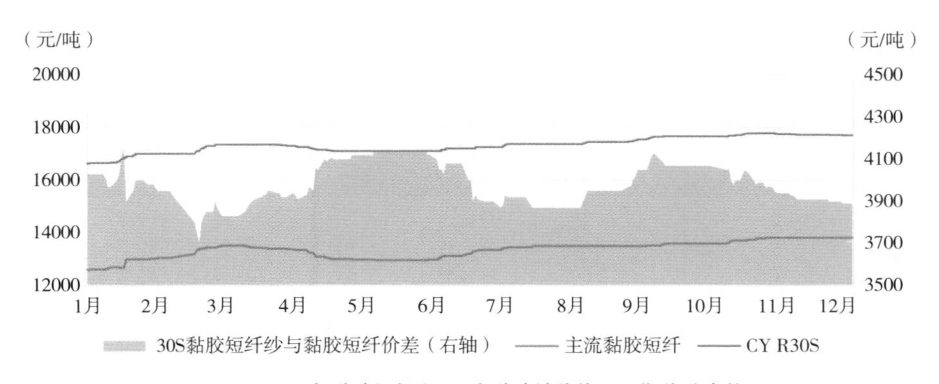

图 3-8 2024 年黏胶短纤和 30 支黏胶纱价格及即期价差走势图

（数据来源：TTEB）

三、2024 年我国棉纺织进出口市场分析

（一）海关数据显示棉花进口量大增，进入加工领域受配额限制

2024 年 1—10 月，据海关数据显示，我国进口棉花量为 236.5 万吨，同比增长 71.4%。2023 年国内较国外棉花价格平均高出 78 元/吨，2024 年初至 12 月初，国内较国外棉花价格平均高出约 450 元/吨，2024 年国内外棉花价差的扩大提升了国外棉花价格的竞争优势。除加工贸易外，以一般贸易和保税监管场所进出境货物、海关特殊监管区域物流货物方式进口的棉花量均有大幅增加。2024 年发放的限定加工贸易的棉花进口滑准税配额数量为 20 万吨，在 2024 年国内外棉花价差仍然较大，进口棉花资源相对稀缺的背景下，直接以加工贸易进口的棉花量仅为 6.2 万吨，很大程度上反映了棉纺织企业普遍认为当前棉花加工贸易制度不符合企业生产要求和市场发展规律，棉花进口加工贸易制度亟待进一步改革完善。

从海关统计数据原则分析，我国海关棉花进口数据依据的是“跨境”原则，从境外运进海关特殊监管区域和保税监管场所的棉花即使没有通关也被列入海关统计数据。仅通过海关统计数据分析我国棉纺织行业使用国外棉花情况与实际不符。更贴近棉纺织应用国外棉花实际的数据是配额发放数量，实际进入棉纺织生产环节的棉花除少量 2023 年配额展期至今年，整体应不超过配额发放的数量。2024 年发放的配额数量为 89.4 万吨关税内配额和 20 万吨限定加工贸易配额，合计进入棉纺织加工环节的进口棉花理论上不超过 110 万吨，较 2023 年发放的配额总量减少 55 万吨。从储备棉有关国外棉花收放储分析，2023 年储备棉投放的国外棉花成交了约 62 万吨，而 2024 年没有投放储备棉，海关进口数据统计的棉花进口量大幅增加，不排除有部分海关统计中的国外棉花进入储备棉。

从进口来源国来看，2024 年 1—10 月，进口数量达到 1 万吨以上的来源国有 10 个，排在前三位的分别是巴西、美国和澳大利亚。前 10 个月，我国从巴西进口棉花 95.8 万吨，同比增长 237%，占进口份额的比重达到 40.5%，再次超越美国。来源于美国和澳大利亚的棉花进口量分别为 86.1 万吨和 27.4 万吨，同比分别增长 26.7%和 42.3%，同比均有较大幅度增长（表 3-4）。

（二）纯棉纱进口量同比下降，越南纱线市场份额增加

2024 年 1—10 月，据海关数据显示，我国进口纯棉纱为 112.5 万吨，同比下降 11.7%。从进口来源国家和地区份额来看，越南仍居首位，份额为 48.3%，较 2023 年全年提升了 5.4 个百分点。巴基斯坦市场份额为 13.6%，较 2023 年下降 3.8 个百分点，但超过印度处于第二位。印度纯棉纱的市场

份额从2023年的第二位下滑至第四位，且市场份额也从15.9%下降至8.8%。在主要纯棉纱来源国家和地区中，越南凭借区位优势及东盟零关税优势，纱线的市场竞争力仍在增强（表3-5）。

表3-4 2024年1—10月我国棉花进口量

类别		数量（万吨）	同比（%）	占比（%）
贸易方式	总计	236.5	71.4	100.0
	一般贸易	124.8	136.5	52.8
	进料加工	6.2	-1.2	2.6
	保税监管场所进出境货物	55.8	62.0	23.6
	海关特殊监管区域物流货物	49.8	13.0	21.1
主要国别	巴西	95.8	237.0	40.5
	美国	86.1	26.7	36.4
	澳大利亚	27.4	42.3	11.6
	印度	7.4	161.8	3.1
	土耳其	6.4	178.3	2.7
	哈萨克斯坦	2.3	130.0	1.0
	阿根廷	2.1	110.0	0.9
	苏丹	2.0	-49.4	0.8
	布基纳法索	1.6	75.0	0.7
	塔吉克斯坦	1.0	68.2	0.4

（资料来源：中国海关）

表3-5 2024年1—10月我国纯棉纱进口量

国家和地区	数量（万吨）	份额（%）
总计	112.5	100.0
越南	54.4	48.3
巴基斯坦	15.3	13.6
乌兹别克斯坦	13.0	11.6
印度	9.9	8.8
马来西亚	6.7	6.0
孟加拉国	6.0	5.3
中国台湾	3.0	2.7
印度尼西亚	2.2	2.0
柬埔寨	0.8	0.7

（资料来源：中国海关）

（三）棉制纺织品服装出口下降趋势缓解，在美市场份额触底

据中国海关数据显示，2022年，我国纺织品服装出口创历史新高，达到3233.4亿美元。2023年，海外主要经济体持续高通胀，纺织品服装出口规模同比降幅较为明显。受“涉疆问题”等因素影响，2021—2023年，棉制纺织品服装出口金额连续下降，占纺织品服装整体出口比重持续下降。对美出口棉制纺织品服装占对全球出口棉制纺织品服装的比重持续下降，我国棉制纺织品服装在美市场份额也在持续下降，且降幅更加明显。2024年1—10月，棉制纺织品服装出口同比微增0.4%，涨幅虽不及全部纺织品服装，但连续下降的趋势有所缓解，棉制纺织品服装对美出口同比

增长9.3%，占对全球棉制纺织品服装出口的比重企稳回升（表3-6）。

表3-6 2024年1—10月我国棉制纺织品服装出口金额

年份	纺织品服装出口		其中：棉制纺织品服装出口		棉制纺织品服装出口额占行业出口额比重（%）	棉制纺织品服装对美出口		棉制纺织品服装对美出口占对全球出口比重（%）
	金额（亿美元）	同比（%）	金额（亿美元）	同比（%）		金额（亿美元）	同比（%）	
2021年	3154.7	8.4	1051.7	-15.7	33.8	177.9	28.6	16.9
2022年	3233.4	2.6	1013.2	-3.7	31.7	166.5	-6.4	16.4
2023年	2936.4	-8.1	871.1	-14.0	29.7	138.3	-17.0	15.9
2024年1—10月	2478.9	1.5	720.6	0.4	29.1	124.4	9.3	17.3

注 表中棉制指棉花制品，不包括棉型化纤制品。

（资料来源：中国海关）

2024年1—10月，美国自全球进口纺织品服装同比增长0.9%，其中棉制品同比增长0.7%，进口的棉花制品占纺织品服装的比重稳定在约41%，美国自我国进口的纺织品服装和棉制品同比增幅分别为2.0%和3.1%，其中棉制品比重为23.4%，较2018年比重下降了近10个百分点，与2023年比重一致。2024年1—10月，我国纺织品服装和棉制品在美市场份额分别为24.3%和13.8%，较2018年分别下降了12.3和14.4个百分点，较2023年市场份额分别回升了0.3和0.2个百分点，“涉疆问题”等对我国纺织品服装在美国市场份额的影响在2024年未有进一步加剧（表3-7）。

表3-7 2024年1—10月美国自全球及我国进口纺织品服装情况 单位：亿美元

年份	自全球进口纺织品服装					自中国进口纺织品服装					中国纺织品服装在美国市场份额	
	合计		其中棉制品			合计		其中棉制品				
	进口额	同比（%）	进口额	同比（%）	棉制品比重（%）	进口额	同比（%）	进口额	同比（%）	棉制品比重（%）	全部纺织品服装份额	棉制品份额（%）
2018年	1106.8	4.6	473.3	3.5	42.8	404.8	3.5	133.4	1.1	33.0	36.6	28.2
2019年	1110.0	0.3	470.0	-0.7	42.3	364.1	-10.1	110.9	-16.9	30.5	32.8	23.6
2020年	896.0	-19.3	374.3	-20.4	41.8	252.6	-30.6	67.2	-39.4	26.6	28.2	18.0
2021年	1137.0	26.9	491.9	31.4	43.3	315.5	24.9	84.1	25.1	26.7	27.7	17.1
2022年	1320.1	16.1	568.5	15.6	43.1	326.7	103.5	82.3	-2.1	25.2	24.7	14.5
2023年	1049.8	-20.5	433.5	-23.7	41.3	251.8	-22.9	58.8	-28.6	23.4	24.0	13.6
2024年1—10月	908.0	0.9	373.8	0.7	41.2	220.3	2.0	51.5	3.1	23.4	24.3	13.8

注 表中棉制指棉花制品，不包括棉型化纤制品。

（资料来源：中国海关）

四、2025 年我国棉纺织行业发展形势展望

（一）面临的挑战

终端有效需求不足。2024 年 1—11 月平均，全国居民消费价格同比上涨 0. 3%，与年初政府工作报告 3%左右的增长目标有较大差距。全国工业生产者出厂价格当月同比自 2022 年 10 月以来至 2024 年 11 月持续为负值。2024 年 1—10 月，服装、鞋帽、针纺织品类零售额同比增长 1. 1%，落后社会消费品零售总额增幅 2. 4 个百分点。部分宏观经济指标显示，和棉纺织相关的终端有效消费需求仍然不足，棉纺织回升向好的基础仍不稳固。2025 年，若消费端宏观数据未能有明显改善，自终端传导至棉纺织业的压力或仍将制约行业经济运行。

国际形势复杂严峻。当前贸易保护主义、单边主义和地缘政治冲突交织，世界经济运行的不确定性仍然很大。美国新当选的总统特朗普多次表示要加关税，特别是针对我国。高盛发布的《2025 年全球宏观经济及市场展望报告》预测相比其他地区，我国受到的影响更加直接，几乎可以肯定将面临关税上调，预计关税增幅可能高达 60 个百分点，平均对所有出口至美国的商品征收约 20 个百分点的关税。美国关税的上调有可能对我国经济造成影响，特别是我国棉纺织终端产品对美国出口占有较大比重，受直接冲击影响可能较大。

新旧动能转换阵痛。作为传统制造业的代表，当前我国棉纺织业正处在结构调整转型的关键期，行业发展信心和预期尚未明显改善，增长动力机制尚不健全，旧动能乏力而新动能尚未充分形成竞争优势。在整个棉纺织产业链体系中，棉纺织行业核心竞争力不显著，话语权偏弱，受原料供应端冲击和终端有效需求不足双向挤压，全要素生产率还有较大提升空间。2025 年新旧动能转换给行业带来的阵痛或将持续。

（二）发展机遇

宏观政策环境发展机遇。中共中央政治局 2024 年 12 月 9 日召开会议，分析研究 2025 年经济工作，会议指出，实施更加积极的财政政策和适度宽松的货币政策，充实完善政策工具箱，加强超常规逆周期调节，打好政策“组合拳”，提高宏观调控的前瞻性、针对性、有效性。要大力提振消费、提高投资效益，全方位扩大国内需求。更加积极有为的宏观政策，将有利于扩大国内需求，推动科技创新和产业创新融合发展，有利于棉纺织行业稳定预期、激发活力，推动经济持续回升向好。

新兴增长动能接续转换机遇。习近平总书记指出，发展新质生产力不是忽视、放弃传统产业。2024 年 4 月，工业和信息化部等七部门联合印发《推动工业领域设备更新实施方案》，明确指出将“纺织行业更新转杯纺纱机等短流程纺织设备，细纱机、自动络筒机等棉纺设备”列入实施先进设备更新行动，加快落后低效设备替代的重点任务。棉纺织产业作为传统产业的代表，通过在棉纺织行业内发展新质生产力，推动科技创新和产业创新融合发展，促进棉纺织产业高端化、智能化、绿色化，将有效提升棉纺织全要素生产率。棉纺织业正处于传统增长动能和新兴增长动能接续转换加速演进的时期，应把握住新质生产力加快发展，数字化、智能化赋能产业“数实融合”的机遇，把握住科技创新赋予产业全要素生产率提升的机遇。

2024—2025年中国纤维流行趋势发布报告

中国化学纤维工业协会

化纤工业是我国具有国际竞争优势的产业，是纺织工业整体竞争力提升的重要支柱产业，也是战略性新兴产业的重要组成部分。为了打造“中国纤维”品牌，提升“中国纤维”在国际市场的整体形象和竞争力，2012年，由工业和信息化部牵头，中国化学纤维工业协会、东华大学、国家纺织化纤产品开发中心共同组织的“中国纤维流行趋势”活动拉开序幕。历经十多年的培育和发酵，对纤维流行元素及应用进行了系统调研分析，深刻阐释中国纤维的发展内涵，逐渐形成了具有中国特色的纤维品牌建设推进体系。时至今日，中国纤维流行趋势已然成为化纤行业发展的风向标，引领着中国纤维产业在科技创新、绿色发展、匠心精神等诸多方面实现全方位提升，使产业链整体竞争能力不断增强。

中国纤维流行趋势2024/2025的主题是“聚变与万象”，围绕该主题，发布了纤·多元探索、纤·回溯自然、纤·功能解构、纤·极限升级4个篇章及入选、入围纤维。本文重点解读中国纤维流行趋势2024/2025发布的主题篇章及发布产品（表3-8、表3-9）。

表3-8 中国纤维流行趋势2024/2025入选产品

篇章	分类	纤维名称
纤·多元探索	弹性纤维	同质异构复合弹性聚酰胺纤维
		异形双组分涤/锦复合纤维
		弹性复合仿棉聚酯纤维
	舒感纤维	阳离子改性聚酰胺6纤维
		全消光细旦多孔扁平仿绒聚酯纤维
		异形混纤共聚改性聚酯纤维
		亲水抗起球改性聚酯纤维
纤·回溯自然	生物基化学纤维	离子液法再生纤维素长丝
		生物基氨纶
		细旦聚酰胺512纤维
		抗原纤化莱赛尔纤维
		抗原纤化抑菌莱赛尔纤维
	循环再利用化学纤维	低温常压染色化学法循环再利用聚酯纤维
		高强低伸循环再利用纤维素纤维
		循环再利用莱赛尔纤维
	原液着色化学纤维	原液着色聚乳酸纤维
		异形原液着色抑菌聚乳酸纤维

续表

篇章	分类	纤维名称
纤·功能解构	凉感升级纤维	凉感异形抑菌聚酰胺56纤维
		凉感原液着色聚乙烯纤维
		凉感可染聚乙烯复合纤维
	多功能复合纤维	红外反射中空聚酯纤维
		原位聚合多功能复合聚酯纤维
		姜·动物蛋白复合改性纤维素纤维
纤·极限升级	鞋服用特种纤维	防切割超高分子量聚乙烯纤维
		PBT/PA6皮芯复合单丝
		细旦聚酰亚胺纤维
		原液着色对位芳纶
	产业用纤维	无氟抗芯吸聚酯工业丝
		35K聚丙烯腈碳纤维

表3-9 中国纤维流行趋势2025/2025入围产品

分类	纤维名称	分类	纤维名称
舒感纤维	玫瑰花改性纤维素纤维	原液着色化学纤维	超黑聚酯纤维
	全消光复合弹性聚酯纤维		石墨烯改性熔体直纺有色聚酯纤维
	凉感速干聚酰胺66纤维	抑菌纤维	抑菌聚酯纤维
	氮化硼改性聚乙烯纤维		锌系抑菌聚酯纤维
	细旦差别化聚丙烯腈纤维		细旦铜系抑菌聚酯纤维
	吸湿发热聚丙烯腈纤维		原位聚合锌系抑菌聚酯纤维
仿真纤维	细旦多孔异形聚酯纤维		抑菌氨纶
	仿真丝聚酯纤维	多功能复合纤维	蓄热抑菌聚酯纤维
	海岛高收缩聚酯复合弹性纤维		凉感抑菌原液着色聚酯纤维
轻柔纤维	轻质保暖聚酯纤维		吸湿排汗抑菌聚酰胺6纤维
	蛋白改性超柔聚酰胺6纤维		稀土抗紫外抑菌聚酰胺6纤维
	聚丙烯短纤维		抑菌消臭再生纤维素纤维
生物基化学纤维	莲叶成分改性再生纤维素纤维		凉感抑菌皮芯复合纤维
	填充专用聚乳酸纤维	阻燃纤维	阻燃阳离子聚酯纤维
	生物基PEF纤维		阻燃再生纤维素纤维
循环再利用化学纤维	循环再利用聚酯纤维		阻燃生物基聚酰胺56纤维
	循环再利用聚酯混纤空变丝	产业用纤维	原液着色聚酰胺66工业丝
原液着色化学纤维	原液着色细旦聚酯纤维		T700S级聚丙烯腈碳纤维

一、趋势主题：聚变与万象

（一）聚变

风起于青萍之末，浪成于微澜之间。中国纤维沉潜蓄势，积聚、思变、造浪潮。

积聚——从一束丝到千万吨的积累，创造前所未有；从常规产品到创新迭代升级，造就新纤世界；从纤维生产到产业链向上下游拓深延展，聚焦积聚优势；从粗放式增长到数智化发展，升级发展模式；从穿衣蔽体到家国情怀，出征星辰大海。

思变——追逐一抹绿，循环再生；共享一片土，物尽其用；生物基叠加再生，减碳友好；可降解、碳捕集、纺织品回收、全生命周期闭环……于自然，纤聚绿前行。差异化，打造人体亲和；天然功能，开启生态抑菌；桀骜匠心，缔造品质生活；极限性能，织就工业防护。于人间，纤聚力共生。

造浪潮——风雨后新生，便是重生。释放呵护，纤暖人间；剑指苍穹，纤卫家园；实践双碳，纤美中国；一带一路，纤连世界。以微毫诠释盛大，掀起无法阻挡的浪潮。

（二）万象

纤动辉煌，万象前行。中国纤维闪耀荣光，创空间、赋价值、预未来。

创空间——于光阴流转间，孕育非凡时刻；畅享身随心动，升级户外体验；四季朝夕相伴，装饰居家美好；聚焦科技赛服，狂野体育梦想；助力医学进步，韧动生命健康；经纬链接天地，凝视日月星辰；四海深空，中国纤维。

赋价值——当勃勃生机带来商机，织就经济繁荣；当千丝万缕延展生活方方面面，纤维无处不在；当创意功能满足多元需求，传递情绪涟漪；当柔软力量韧动发展前行，推进社会进步，蕴含无限价值。

预未来——心驰神往，零碳产品构建生态城市。绿色让城市越发清澈，科技开启全新智感方向，智能穿戴定义健康出行，崭新生活从智慧城市浮起。预见未来，怀抱梦想。

二、发布篇章及发布纤维

（一）发布篇章之“纤 · 多元探索”

多元潜能，探索无限。在充满无限可能的世界里，每个人都是勇敢的探险家。纤维人怀揣梦想，用多元视角去探索世界的每一种可能。舒适纤维于细腻之处让我们奔赴轻盈柔软、亲肤透气、舒适亲和的自然美感，营造出低调平静、不刻意张扬的氛围。生物基复合再生、异形双组分、同质异构等巧思创新带来的弹性升级，营造轻松自在的沉浸状态，一动一静之间展现出人与服装的松弛和谐之美。

1. 发布品种：弹性纤维

弹性纤维，一动一静之间皆是随心所欲的优雅切换。基于纤维原材料的同质异构、异质异构，结合异形截面设计、多种纤维间的排列组合设计，构造“弹簧”状、“芯壳”状的卷曲3D结构，从化学结构、物理结构上赋予纤维强大的弹性、蓬松性和保形性。持久的弹性和保形让我们在肆意飞扬间亦能时刻有型。

推荐品种	品牌
同质异构复合弹性聚酰胺纤维	尼拉（NILA） 金笙纺织 （JINSHENG TEXTILE）
异形双组分涤/锦复合纤维	桐昆（TONGKUN）
弹性复合仿棉聚酯纤维	舒棉弹（COTTIMA-Q）

（1）同质异构复合弹性聚酰胺纤维。

推荐理由：同质异构聚酰胺双组分并列复合设计形成自卷曲效果。聚酰胺纤维的品种创新及弹性升级，提升弹性面料的亲肤触感，为品牌客户提供更多选择与方向。

①制备技术：以聚酰胺5X、聚酰胺6为原料，

设计专用熔融挤压螺杆和新型喷丝板，调控产品的力学性能和弹性指标，采用并列复合纺丝技术制备同质异构复合弹性聚酰胺纤维（图 3-9）。

②主要规格：33 ~ 78dtex/24F、78dtex/48F、111dtex/48F、156dtex/96F、222dtex/96F（FDY/DTY）。

图 3-9 同质异构复合弹性聚酰胺纤维示意图

③性能及制品特点：

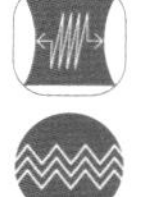

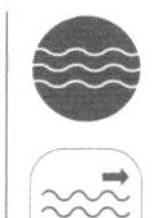
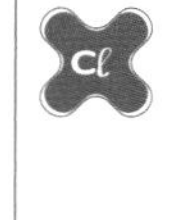

- 并列双组分异形截面设计，弹性好且持久、弹性回复性以及稳定性好。
- 面料柔软滑爽、悬垂性良好。
- 面料抗皱、耐磨性优异、亲肤透气。

④应用领域：休闲服、家居服、婴儿服、西装等服装领域（图 3-10）。

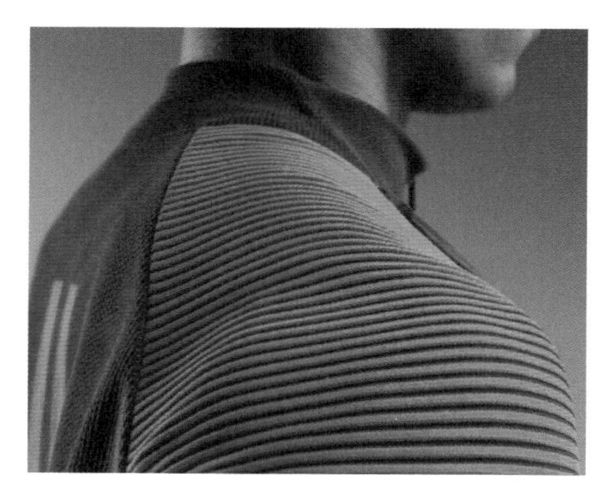

图 3-10 同质异构复合弹性聚酰胺纤维应用领域

（2）异形双组分涤/锦复合纤维。

推荐理由：聚酯和聚酰胺异质异构，开发的橘瓣形截面纤维，兼具涤纶及锦纶优点。面料干爽舒适、挺阔、耐磨、易护理，是一种极具创意风格和多领域应用的纤维品种。

①制备技术：在聚酯熔体直纺技术的基础上，以聚酯熔体和锦纶切片为生产原料，结合异形喷丝板设计，制备异形双组分涤/锦复合纤维（图 3-11）。

②主要规格：115~360dtex/36~72F（POY）。

图 3-11 异形双组分涤/锦复合纤维示意图

③性能及制品特点：

- 易染、微弹、优良的吸水透气性。
- 面料挺括、保形性好、耐磨。
- 手感柔软细腻、易护理、防静电、不易起皱。

④应用领域：西装、工装、衬衣等服装领域；床上寝具、窗帘、沙发布等家用纺织品（图3-12）；汽车内饰等产业用纺织品。

图3-12 异形双组分涤/锦复合纤维应用领域

（3）弹性复合仿棉聚酯纤维。

推荐理由：由生物基PTT/PET双组分纤维与循环再利用PET纤维创意复合，打造“芯壳”结构，形成自然卷曲，演绎持久弹力（图3-13）。

图3-13 纤维的“芯壳”结构

①制备技术：选用性能有明显差异的两种纤维进行混纤，将循环再利用PET纤维包裹在PTT/PET双组分纤维外围，特殊的变形复合工艺使纤维产品产生类似棉纱线的毛羽感和持久弹性（图3-14）。

②主要规格：66.6~166.5dtex/48~120F（DTY）。

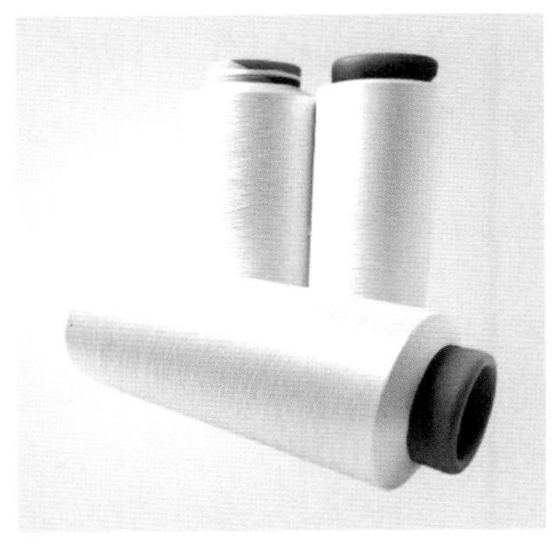

图3-14 弹性复合仿棉聚酯纤维示意图

③性能及制品特点：

 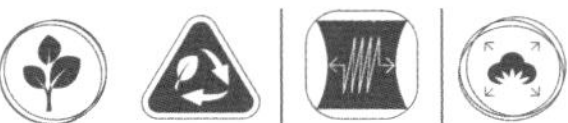 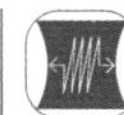 

• 循环再利用+生物基属性结合，环保升级。

• 持久弹力及良好回复性。

• 面料柔软细腻，手感类似棉的毛羽触感，外观类似棉织物的自然条干感。

④应用领域：休闲服、牛仔、运动服等服装领域（图3-15）。

图3-15 弹性复合仿棉聚酯纤维应用领域

2. 发布品种：舒感纤维

舒适纤维，美好你我生活，绽放自然活力。分子链段设计再优化赋予纤维常温染色、低碳属性、丰富色彩，以及高回潮、低起球与低静电的舒适感；原位聚合无机粒子添加、一步法混纤技术、异形截面再创新，赋能织物吸湿排汗、柔软舒适和流动般的温柔光泽，让我们享受松弛温馨生活。

推荐品种	品牌
阳离子改性聚酰胺6纤维	锦逸纱（Jinyi Yarn）
全消光细旦多孔扁平仿绒聚酯纤维	桐昆（TONGKUN）
异形混纤共聚改性聚酯纤维	苏丝（SAY）
亲水抗起球改性聚酯纤维	箐纶（QING LUN）

（1）阳离子改性聚酰胺6纤维。

推荐理由：对聚酰胺纤维进行阳离子改性，品种创新，满足消费者对服装色彩炫酷和舒适度兼具的需求。

①制备技术：通过微量添加技术，将纳米复合材料粉体与聚酰胺进行改性，然后与锦纶切片共混熔融纺丝，制成阳离子改性聚酰胺 6 纤维（图 3-16）。

②主要规格：长丝，44dtex/36F（DTY）。

图 3-16　阳离子改性聚酰胺 6 纤维示意图

③性能及制品特点：

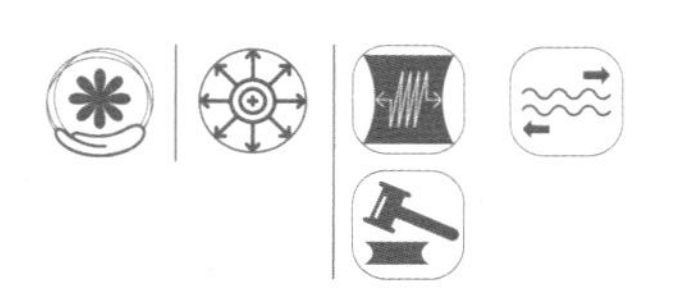

• 色彩鲜艳、色牢度高。

• 与常规聚酰胺纤维配合使用，织物能实现双色效果，风格时尚炫酷。

• 织物亲肤柔软、强度高、耐磨、弹性优。

④应用领域：休闲服、运动服、牛仔等服装领域（图 3-17）；床上寝具、沙发布等产业用领域。

图 3-17　阳离子改性聚酰胺 6 纤维应用领域

（2）全消光细旦多孔扁平仿绒聚酯纤维。

推荐理由：TiO_2 原位聚合、异形截面设计与熔体直纺结合。其面料风格独特、绒感丰盈、抗紫外线，在仿棉绒类面料中有较好的应用。

①制备技术：在大体量熔体直纺装置上采用原位聚合技术，通过在聚合反应低聚物阶段在线添加 TiO_2 悬浮液，实现全消光聚酯熔体的制备，再经多孔扁平喷丝板纺丝制得全消光细旦多孔扁平仿绒聚酯纤维（图 3-18）。

②主要规格：短纤维，288dtex/288F（POY）。

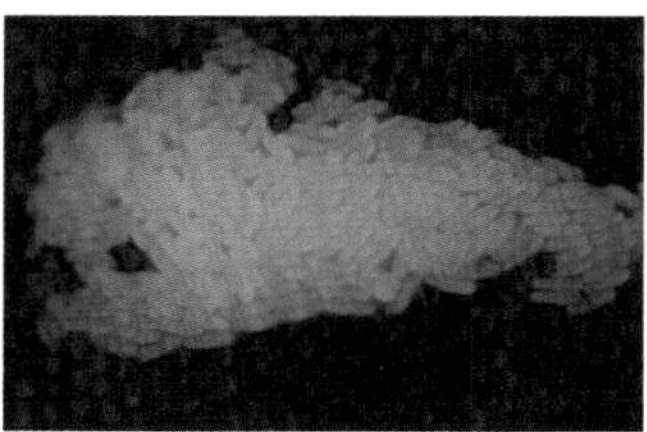

图 3-18　全消光细旦多孔扁平仿绒聚酯纤维示意图

③性能及制品特点：

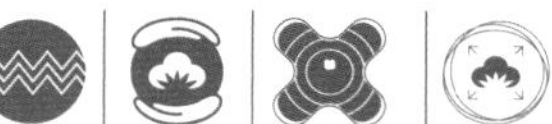

• 纤维截面呈椭圆带状。

• 较好的消光效果，具有天然棉纤维的外观和手感。

• 具有较好的遮蔽性和抗紫外性能。

• 面料手感细腻、垂感好、绒感丰满。

④应用领域：保暖外套、裙装等服装领域；窗帘、装饰品等家纺用品领域（图 3-19）。

图 3-19　全消光细旦多孔扁平仿绒聚酯纤维应用领域

（3）异形混纤共聚改性聚酯纤维。

推荐理由：聚合改性、异形截面设计及混纤工艺赋予纤维差异性和功能性，其制成的面料光泽柔和、爽滑悬垂、亲肤舒适、吸湿排汗，可媲美醋酸织物。

①制备技术：在酯化第二反应釜引入柔性第三单体，复配热稳定剂，调整终缩聚工艺制备改性聚酯切片，再通过一步法多种异形混纤工艺制备异形混纤共聚改性聚酯纤维（图 3-20）。

②主要规格：长丝，55~99dtex/30~50F（DTY）。

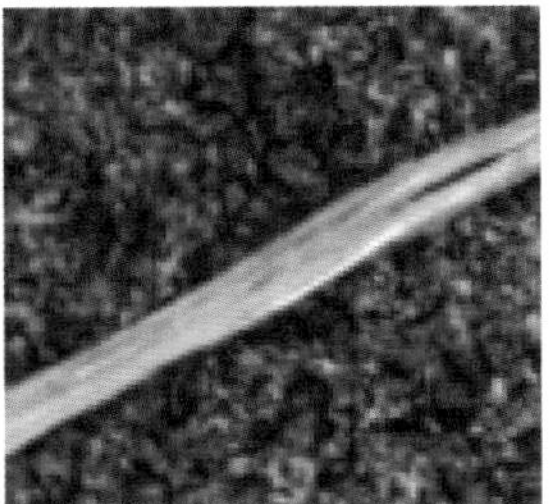

图 3-20　异形混纤共聚改性聚酯纤维示意图

③性能及制品特点：

- 常温可染，节约能耗，绿色环保。
- 蓓叶形仿生截面，多棱角沟槽结构。
- 具有抗静电、吸湿排汗、柔软亲肤的特点。

④应用领域：家居服、衬衣、贴身内衣等服装领域（图 3-21）。

图 3-21　异形混纤共聚改性聚酯纤维应用领域

（4）亲水抗起球改性聚酯纤维。

推荐理由：解决聚酯纤维染色高温、高压、高能耗问题，采用常温染色可降低废水排放量，节能减排。改性设计赋予纤维柔软亲肤、吸湿快干、低静电、抗起球特性，穿着舒适感升级。

①制备技术：采用第三、四单体对聚酯大分子链进行改性设计，降低大分子链段的柔顺性，增加亲水基团，降低聚酯的模量，通过熔体直纺进行纺丝，制得亲水抗起球改性聚酯纤维（图 3-22）。

②主要规格：长丝，22 ~ 167dtex/24 ~ 288F（DTY 和 FDY）。

图 3-22　亲水抗起球改性聚酯纤维示意图

③性能及制品特点：

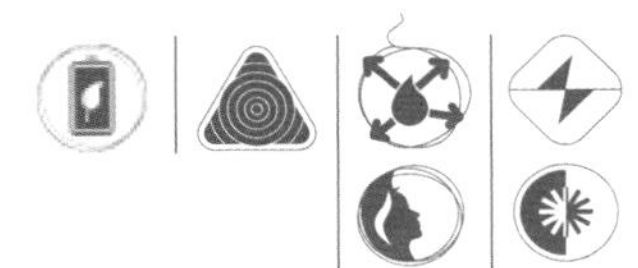

- 染整工序低温深染，节能降碳。
- 常压上染率高、100℃以下低温染色，上染率较普通涤纶高 2%~3%，固色好。
- 回潮率高、吸水及导湿快、舒适柔软。
- 织物低静电、抗起球性能优异，减少穿着刺痒感。

④应用领域：运动服、家居服、羽绒服等服装领域（图 3-23）；床上寝具、沙发布、窗帘等家用纺织品领域。

图 3-23　亲水抗起球改性聚酯纤维应用领域

（二）发布篇章之“纤 · 回溯自然”

回归自然，追根溯源。纤维人重新认识大自然的馈赠，思考纤维产业的过去、现在和未来，回到最初的“纯净”状态，找到最适合的位置。生物基多元醇替代石油基多元醇，解锁生物基叠加细旦、色彩、功能，生物质原材料与生物法齐驱。捕捉自然界不经意间的杰作，汲取自大自然，最终回归于大自然。废旧纺织品回收再利用、原液着色、易染产品开发等“绿色”关键技术，实现资源循环与减碳可持续，表达我们对地球和大自然的尊重与呵护。

1. 发布品种：生物基化学纤维

生物基化学纤维诞生于可持续发展，壮大于科技与时尚。以天然林木为原料，创新开发新型生态溶剂，引领纤维素纤维绿色革新。生物质原材料替代石化原料，助力生物基聚酰胺纤维、氨纶等纤维原料体系不断拓展。后道交联叠加抑菌处理，使莱赛尔纤维性能与功能再进一步。持续创造无限可能，贡献纤维改变自然的力量。

推荐品种	品牌
离子液法再生纤维素长丝	首赛尔（Firscell）
生物基氨纶	千禧（QIANXI） 奥神（AOSHEN）
细旦聚酰胺 512 纤维	泰纶（TERRYL）
抗原纤化莱赛尔纤维	赛得利 CL 莱赛尔纤维（CL by Sateri）
抗原纤化抑菌莱赛尔纤维	元丝（ORICELL）

（1）离子液法再生纤维素长丝。

推荐理由：原料来自速生林天然纤维素、可自然降解，纤维性能优良，溶剂可回收重复使用，整个生产过程形成闭环回收再循环系统。实现绿色升级，为全新概念绿色纤维。

①制备技术：通过采用最新一代绿色溶剂离子液体将天然纤维素溶解成纺丝胶液，经物理法再生纺丝工艺制备离子液体法再生纤维素纤维（图 3-24）。

②主要规格：长丝，82～330dtex/24～40F。

图 3-24　离子液法再生纤维素长丝示意图

③性能及制品特点：

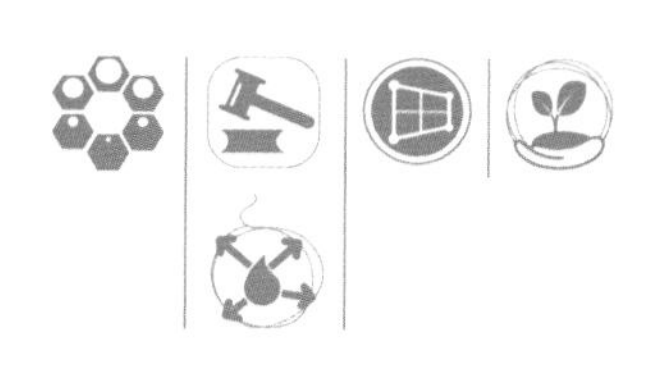

- 天然植物原料、可生物降解。
- 强度高、吸湿性好。
- 优异的尺寸稳定性。
- 离子液体溶剂可循环，无“三废”排放、全过程绿色环保。

④应用领域：休闲服、运动服等服装用纺织品（图 3-25）；窗帘、床上寝具等家用纺织品。

图 3-25　离子液法再生纤维素长丝应用领域

（2）生物基氨纶。

推荐理由：使用可再生生物质，替代传统石油，大大降低氨纶产品的碳排放量。在不损失产品性能的基础上，向消费者提供绿色环保的氨纶产品。

①制备技术：以再生生物质为主要原料，经生物法得到聚合单体，再通过缩聚脱水反应合成线型的生物基聚酯二元醇。以全部或部分生物基聚酯二元醇为原料，制备纺丝原液，经干法纺丝技术生产生物基氨纶纤维（图3-26）。

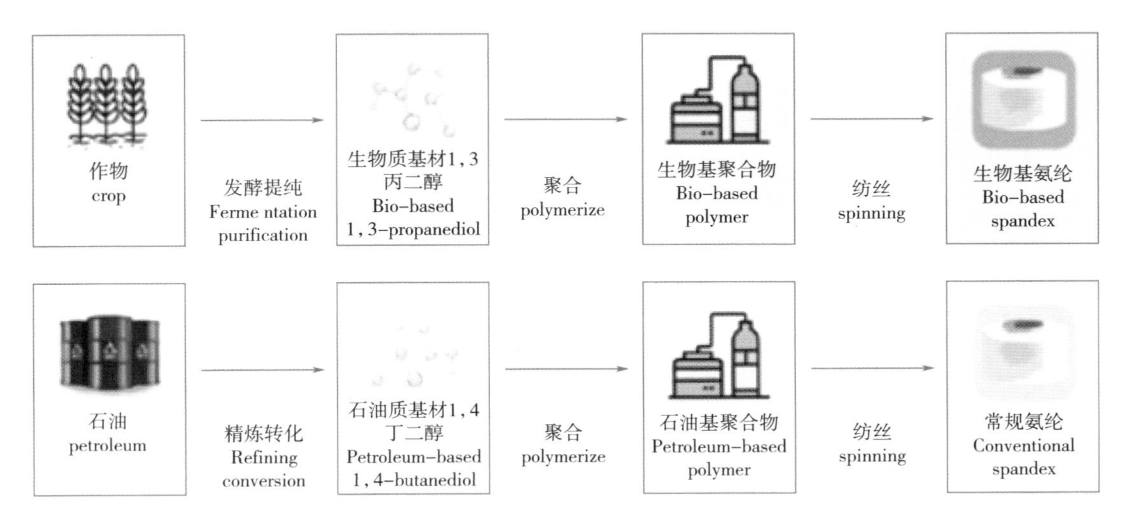

图3-26 生物基氨纶制备技术

②主要规格：奥神，20～560D，华峰，20～70D（图3-27）。

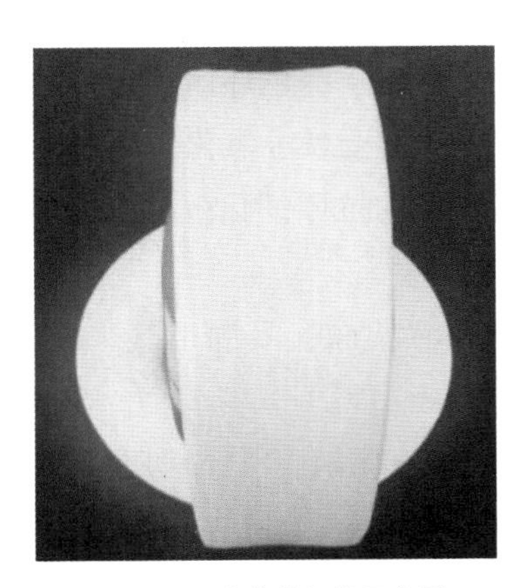

图3-27 生物基氨纶示意图

③性能及制品特点：

- 生物基原料，生物基碳含量30%～76%。
- 绿色低碳、环境友好、可降解。
- 高伸长、高弹性回复率。

④应用领域：牛仔、泳衣、袜子等服装用纺织品（图3-28）。

图3-28 生物基氨纶纤维应用领域

（3）细旦聚酰胺512纤维。

推荐理由：细旦化的长链聚酰胺新品种，面料集质轻、耐磨、耐低温、防紫外线等特点于一身，受到轻型羽绒服市场的青睐。

①制备技术：采用来自生物质原料的二元胺单体和生物法制备的长链二元酸单体，仿照天然蚕丝分子结构，利用合成生物学的方法聚合得到类似蚕

丝的长链聚合物，经低温熔融纺丝工艺制得纤维（图 3-29）。

②主要规格：长丝，22dtex/24F（FDY）。

图 3-29 细旦聚酰胺 512 纤维示意图

③性能及制品特点：

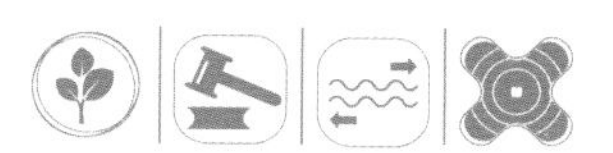

- 生物基原料、绿色环保。
- 强度高。
- 耐磨。
- 防紫外线，UPF>50。

④应用领域：休闲服、家居服、泳衣、袜子等服装用纺织品（图 3-30）。

图 3-30 细旦聚酰胺 512 纤维应用领域

（4）抗原纤化莱赛尔纤维。

推荐理由：采用纤维后道交联处理，解决莱赛尔纤维原纤化、提高对碱和氧化还原剂的耐受性，更易于与棉麻等交织、染色、丝光，拓宽了莱赛尔纤维的适用性（图 3-31）。

图 3-31 抗原纤化莱赛尔纤维示意图

①制备技术：采用常规工艺制备莱赛尔纤维，然后将未烘干的莱赛尔短纤维浸轧在企业自行配置的绿色交联液中，使其表面基团发生交联反应，再通过 110℃烘干，50℃水洗，上油烘干打包等工序制得抗原纤化莱赛尔纤维。

②主要规格：短纤维，1.33dtex×38mm。

③性能及制品特点：

- 生物基材料、绿色环保、可生物降解。
- 更佳的碱耐受性、氧化还原耐受性。
- 具有优异的抗原纤化效果，优异的可纺性、可织性和可染性。
- 织物手感柔软、吸湿透气、亲肤舒适、保型性优良。

④应用领域：休闲服、家居服、牛仔、衬衣等服装用纺织品（图 3-32）；毛巾、床上寝具等家用纺织品。

图 3-32 抗原纤化莱赛尔纤维应用领域

（5）抗原纤化抑菌莱赛尔纤维。

推荐理由：抗原纤化与抑菌完美结合，莱赛尔纤维品种创新。在绿色环保舒适的基调下，抑菌保健护理功能为健康舒适纺织品提供更多选择。

①制备技术：以 NMMO 为溶剂，制备莱赛尔纤维，然后将未烘干的莱赛尔短纤维先后经无醛交联剂与生物多糖抑菌剂处理，再经洗涤、上油、烘干、打包等工序制得抗原纤化抑菌莱赛尔纤维（图 3-33）。

②主要规格：短纤维，1. 33dtex×38mm。

图 3-33　抗原纤化抑菌莱赛尔纤维示意图

③性能及制品特点：

- 生物基原料、绿色环保、可生物降解。
- 抑菌性能好、效果持久，防霉。
- 吸湿、透气、可染性好、织物颜色光鲜亮丽。
- 湿磨损次数≥500 次、易打理。
- 织物手感柔软、保形性优良。

④应用领域：休闲服、家居服、贴身内衣、作训服等服装用纺织品；床上寝具、毛巾等家用纺织品（图 3-34）。

图 3-34　抗原纤化抑菌莱赛尔纤维应用领域

2. 发布品种：循环再利用化学纤维

循环再利用化学纤维是纤维的新篇章、地球的守护者。低温常压染色化学法循环再利用聚酯纤维解决了循环再利用纤维染色高温、高压、高能耗问题，减少废水排放，优化生产工程的碳排放。以部分或全部来自废旧纺织品为原料制备的纤维素纤维、莱赛尔纤维，遵循环保理念，打造循环经济，旧衣变化纤，实现衣衣循环，推动纺织产业链绿色可持续发展。

推荐品种	品牌
低温常压染色化学法循环再利用聚酯纤维	佳人（GREEN CIRCLE）
高强低伸循环再利用纤维素纤维	唐丝（TangCell） 宜赛尔（Regracell）
循环再利用莱赛尔纤维	里奥（LYO）

（1）低温常压染色化学法循环再利用聚酯纤维。

推荐理由：先进的化学法循环再利用生产技术升级，融合聚合改性，得到循环再利用聚酯纤维品种创新。低温常压染色和高品质舒适特点融入纤维，环保效应叠加，低碳效果升级。

①制备技术：采用先进的化学法循环再生技术与工艺装备，利用四单体阳离子助剂进行聚合改性，制得改性切片，再经纺丝制备低温常压染色循环再利用聚酯纤维（图 3-35）。

②主要规格：长丝，22 ~ 330dtex/12 ~ 288F（FDY）。

③性能及制品特点：

图 3-35　低温常压染色化学法循环再利用聚酯纤维示意图

- 循环再利用，绿色环保，品质媲美原生。
- 低温易染，90～100℃的温度下可染色，节能降耗。

④应用领域：休闲服、家居服等服装用纺织品；床上寝具等家用纺织品（图 3-36）。

图 3-36　低温常压染色化学法循环再利用聚酯纤维应用领域

（2）高强低伸循环再利用纤维素纤维。

推荐理由：以部分或全部回收废旧纤维素类纺织品经溶解制浆，再制成全新的循环再利用纤维素纤维，棉、纤维素资源的循环再利用，天然环保，助力纺织产业链的绿色可持续发展。

①制备技术：以回收废旧纤维素类纺织品制取的浆粕为原料，采用低锌、高盐、高纺速、多段牵伸成型技术，通过纺前共混湿法纺丝工艺制备纤维（图 3-37）。

②主要规格：丝丽雅，1. 22dtex×38mm；三友，1. 33dtex×38mm。

图 3-37　高强低伸循环再利用纤维素纤维示意图

③性能及制品特点：

- 天然环保、可回收再次利用。
- 强度高、保形性好。
- 柔软亲肤、丝滑透气。

④应用领域：休闲服、婴儿服、工装、袜子等服装用纺织品（图 3-38）；床上寝具、窗帘等家用纺织品。

图 3-38　高强低伸循环再利用纤维素纤维应用领域

（3）循环再利用莱赛尔纤维。

推荐理由：纤维原料来自棉制废旧纺织品，采用绿色 NMMO 溶剂，旧衣新生，最终实现衣衣循环，绿色属性升级。

①制备技术：应用废旧棉制品制得溶解浆，溶解在 NMMO 和水的混合溶剂中，通过干湿法纺丝制得的新溶剂法纤维素纤维（图 3-39）。

②主要规格：短纤维，1. 7dtex×38mm。

图 3-39　循环再利用莱赛尔纤维示意图

③性能及制品特点：

- 废旧纺织品再利用，品质稳定接近原生。
- 手感柔软、吸湿透气、亲和舒适。
- 面料悬垂性好、保形性优良。

④应用领域：休闲服、运动服、牛仔等服装用纺织品；床上寝具等家用纺织品（图 3-40）。

图 3-40　循环再利用莱赛尔纤维应用领域

3. 发布品种：原液着色化学纤维

原液着色化学纤维创造自然有活力的色彩美学，重现本质精彩。原液着色技术赋予聚乳酸纤维初生精彩，在功能与异形截面设计的加持下，聚乳酸纤维柔软亲肤、可降解、抑菌、防霉、阻燃，让最炫的绿色时尚穿着体验变得触手可及。

推荐品种	品牌
原液着色聚乳酸纤维	福泰来丝（FUTAILAISI）
异形原液着色抑菌聚乳酸纤维	德福伦（Different）

（1）原液着色聚乳酸纤维。

推荐理由：基于可再生的生物质原料打造可降解的生物基纤维、绿色环保，原液着色技术赋予纤维色彩丰富多样，色泽鲜艳饱满。

①制备技术：从玉米、木薯、高粱等农作物中提取淀粉，再经淀粉酶水解制成葡萄糖；或从秸秆中提取纤维素和半纤维素，通过物理和化学方法转化成葡萄糖。葡萄糖经发酵生成乳酸，乳酸脱水制得丙交酯，再经开环聚合生成聚乳酸，最后经熔融纺丝工艺和原液着色技术制备原液着色聚乳酸纤维（图 3-41）。

②主要规格：短纤维，（1. 33～22. 22）dtex×51mm，中空和实芯，本色和有色。

图 3-41　原液着色聚乳酸纤维示意图

③性能及制品特点：

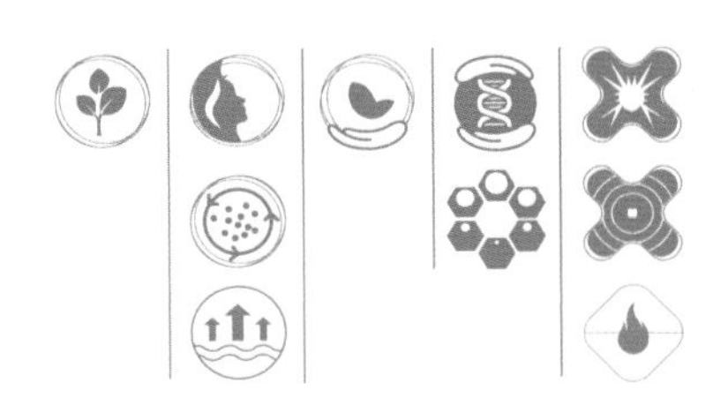

• 生物基原料、绿色环保。

• 亲肤、保暖、透气、回潮率低。

• 原液着色技术减少印染工序二次污染，织物色彩饱满、色牢度达到 4 级。

• 良好的生物相容性，可生物降解。

• 抑菌、抗螨、抗紫外，本质阻燃、燃烧无黑烟。

④应用领域：休闲服、运动服、袜子等服装用纺织品（图 3-42）；地毯、填充物、窗帘等家用纺织品；卫生纺织品、口罩等产业用纺织品。

图 3-42 原液着色聚乳酸纤维应用领域

（2）异形原液着色抑菌聚乳酸纤维。

推荐理由：在保留聚乳酸属性的基础上叠加了抑菌的功能，通过原液着色技术和异形截面设计，使纤维集柔软亲肤、绿色环保、抑菌防霉等多重功效于一身，为消费者带来全新的穿着体验。

①制备技术：采用共混添加改性技术，添加抑菌和原液着色母粒熔融共混，再经异形截面设计及熔融纺丝工艺制备异形原液着色抑菌聚乳酸纤维（图 3-43）。

②主要规格：短纤维，（1.33～6.6）dtex×（25～102）mm。

图 3-43 异形原液着色抑菌聚乳酸纤维示意图

③性能及制品特点：

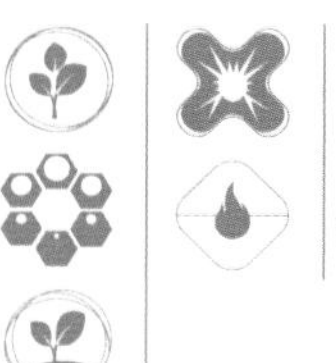

• 生物基原料、绿色环保、可生物降解。

• 三种菌种的抑菌率均>90%、本质阻燃。

• 多种形状截面满足不同功能，可灵活定制。织物温润柔滑、弹性好、悬垂性好。

• 色彩饱满且丰富，色牢度达到 4 级。

④应用领域：婴儿服、衬衣、袜子等服装用纺织品（图 3-44）；床上寝具等家用纺织品；卫生纺织品等产业用纺织品。

图 3-44 异形原液着色抑菌聚乳酸纤维应用领域

（三）发布篇章之“纤 · 功能解构”

功能焕新、科技解构。纤维科技在发展更迭中跨上时代阶梯，与生态、功能、情感共容共生，不断向前延伸更多潜能。随着我们对自身健康管理需求的日益提升，机体的功能防护受到更多的关注，凉感、抑菌、远红外、锁热与降温、抗紫外、抗静电、空气净化等成为我们获得心理安全感的热门诉求。多功能复合纤维在卫生保健、安全防护、热湿适应等方面提供最佳呵护，让我们无惧环境变化，尽情自由畅行，感受生活科技时尚。

1. 发布品种：凉感升级纤维

凉感升级纤维以科技创新与设计突破不断提升产品凉爽体验。氮化铝功能因子、抑菌功能粒子搭档十字截面，打造酷爽、速干、持续凉感抑菌的“贴身层”聚酰胺56纤维。融合原液着色技术的聚乙烯纤维，演绎凉爽状态下的缤纷环保标签。创新的两点异形截面设计，绽放聚乙烯复合纤维凉感多彩、亲肤属性，成为人们青睐的夏季家纺用品。

推荐品种	品牌
凉感异形抑菌聚酰胺56纤维	伊纶（EYLON） 果冻凉（Jelly Cooling）
凉感原液着色聚乙烯纤维	汇隆（Welong）
凉感可染聚乙烯复合纤维	酷纺（Kufang）

（1）凉感异形抑菌聚酰胺56纤维。

推荐理由：以生物基尼龙为基础材料，聚酰胺56的独特分子结构叠加异形截面、凉感因子元素，让纤维具有快速放湿功能，凉感加倍，在炎炎酷暑中给消费者带来持久舒适的凉爽体验。

①制备技术：将氮化铝纳米粉体和改性氧化锌纳米粉体，按照一定质量比与聚酰胺56切片混合制备聚酰胺56复合功能母粒。纺前添加4%~8%的聚酰胺56复合功能母粒，采用异形喷丝板，经熔融纺丝工艺制备凉感异形抑菌聚酰胺56纤维（图3-45）。

②主要规格：短纤维，1.67dtex×38mm；长丝，78dtex/68F、44dtex/34F（FDY和DTY）。

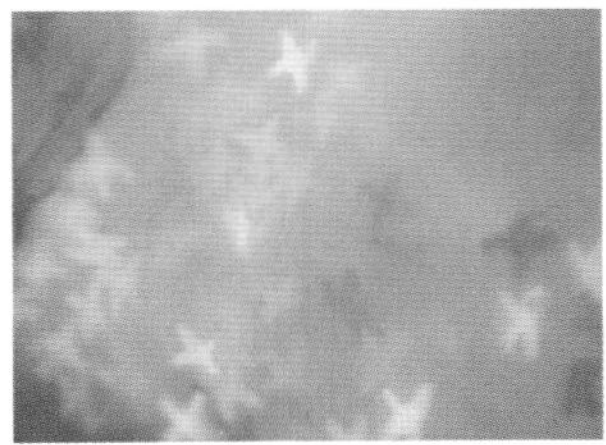

图3-45 凉感异形抑菌聚酰胺56纤维示意图

③性能及制品特点：

• 生物基原料、绿色环保。

• 纤维十字截面，其面料瞬间凉感系数高，Q_{max}值可达到0.37，有良好的持续凉感效果。

• 抑菌性优异，金黄色葡萄球菌抑菌率≥98%，大肠杆菌抑菌率≥95%，白色念珠菌抑菌率≥92%。

• 悬垂性好，吸湿速干、不易起皱，手感舒适。

④应用领域：运动服、衬衣、贴身内衣等服装用纺织品（图3-46）；填充物、床上寝具等家用纺织品。

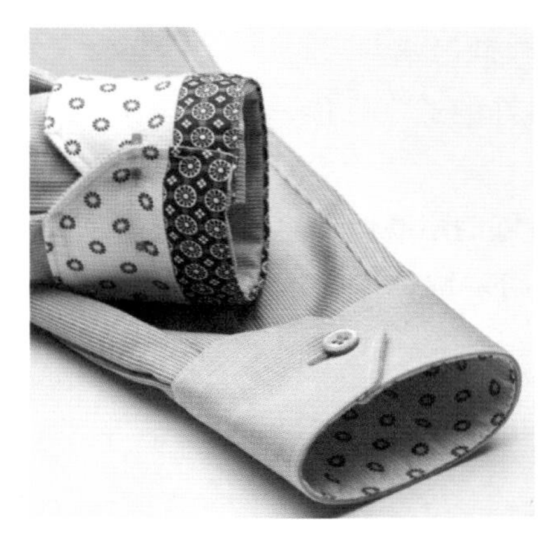

图3-46 凉感异形抑菌聚酰胺56纤维应用领域

（2）凉感原液着色聚乙烯纤维。

推荐理由：融合原液着色技术解决聚乙烯纤维面料难染色问题，面料制品具有凉感优势，且色彩丰富、绿色环保。

①制备技术：聚乙烯原料溶解，经双螺杆挤出机时添加色母粒，而后经高温混炼、喷丝板挤出、惰性气体吹扫、多级多次超倍热拉伸得到凉感原液着色聚乙烯纤维（图3-47）。

图3-47 凉感原液着色聚乙烯纤维示意图

②主要规格：长丝，55.6~666.7dtex/24~576F

（POY、FDY 和 DTY）。

③性能及制品特点：

• 原液着色、减省去印染工序，避免产生印染废水。

• 可定制全色系，色彩丰富、饱和度高。

• 较高的导热速率，迅速吸收和散发体热，提供冰凉亲肤触感。

• 良好的透气性能、轻盈柔软，适合直接贴身穿着。

• 良好的耐磨性和耐用性。

④应用领域：运动服、贴身内衣、瑜伽服等服装用纺织品；床上寝具、沙发布等家用纺织品（图 3-48）。

图 3-48　凉感原液着色聚乙烯纤维应用领域

（3）凉感可染聚乙烯复合纤维。

推荐理由：聚酰胺与聚乙烯经过特殊的双组分设计，赋予复合纤维染色特性及瞬间凉感功能，纤维柔软亲肤、吸湿透气，可个性化定制。

①制备技术：采用聚酰胺与聚乙烯两种组分，经复合纺丝技术制成凉感可染复合纤维。其中聚酰胺赋予复合纤维染色属性，聚乙烯为复合纤维提供凉感支持（图 3-49）。

②主要规格：长丝，70dtex/24F（FDY）。

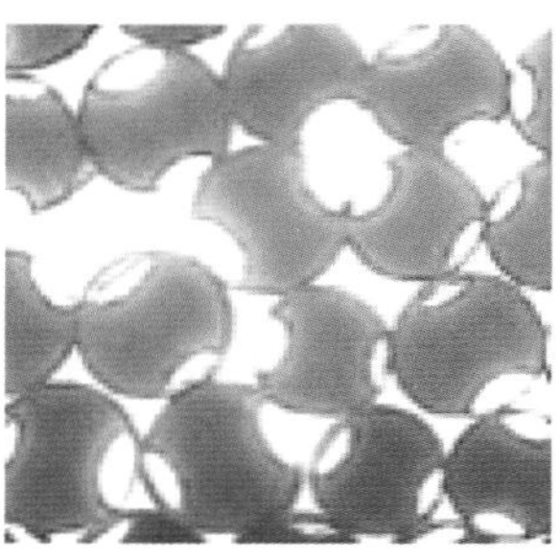

图 3-49　凉感可染聚乙烯复合纤维示意图

③性能及制品特点：

• 两点异形截面，聚酰胺为中心主体，聚乙烯位于纤维边界的两点部位。

• 接触瞬间凉感性能，凉感系数为 0.22。

• 因聚酰胺组分可实现染色，从而赋予聚乙烯复合纤维可染色属性。

• 织物吸湿透气、亲肤舒适。

④应用领域：运动服、袜子、鞋材等服装用纺织品；床上寝具等家用纺织品（图 3-50）。

图 3-50　凉感可染聚乙烯复合纤维应用领域

2. 发布品种：多功能复合纤维

多功能复合纤维以引领性技术守护健康。神奇的稀土功能粒子打造轻质、隔热降温、红外反射功能，营造人体与周围微环境的热舒适性。原位聚合改性技术将抑菌、阻燃、抗静电、抗紫外、去甲醛等多种功能深深嵌入分子链段中，一纤多用。开创动植物有效物双重抑菌的先河，升级纤维素纤维和蛋白质纤维及 14 种氨基酸含量，护航科学保健之道。

推荐品种	品牌
红外反射中空聚酯纤维	Catchwarm
原位聚合多功能复合聚酯纤维	葛伦森（GLENTHAM） 苏纤（Suxian）

（1）红外反射中空聚酯纤维。

推荐理由：该纤维兼具力学性能、轻质、隔热降温、红外反射的功能。打造人体自身及周围局部微环境的热舒适性。

①制备技术：将稀土功能粉体与聚合物粉体进行共混，通过复配不同比例的母粒助剂，制备稀土复合功能母粒。再将复合母粒与聚酯切片共混，通过熔融纺丝技术制备红外反射中空聚酯纤维（图 3-51）。

②主要规格：长丝，33.3dtex/24F、83.3dtex/72F（DTY）。

图 3-51 红外反射中空聚酯纤维示意图

③性能及制品特点：

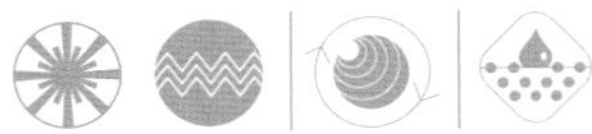

• 细旦，中空异形截面，具有轻质且柔软亲肤的效果。

• 稀土添加改性，具有很好的远红外发射能力，促进人体与微环境的热交换。

• 通过反射作用减少对太阳光的吸收，具有优异的隔热性能。

④应用领域：安全防护服、家居服、手套等服装用纺织品；床上寝具、窗帘等家用纺织品；睡袋、遮阳伞及帐篷等产业用纺织品（图 3-52）。

（2）原位聚合多功能复合聚酯纤维。

推荐理由：通过原位聚合多功能复合技术，能够解决无机材料与聚合物相容性问题，兼具聚酯性能及抑菌、阻燃、抗静电、抗紫外线、去甲醛等多功能，可在医疗卫生、运动户外、商务差旅、工装防护等多个场景中应用。

图 3-52 红外反射中空聚酯纤维

①制备技术：采用原位聚合改性的方法，在聚酯酯化结束后加入无机纳米矿石抑菌剂及阻燃剂，经缩聚反应制得多功能集成聚酯切片，再经熔融纺丝获得多功能复合纤维（图 3-53）。

②主要规格：短纤维，1.33dtex×38mm；长丝，33.3dtex/36F、83.3dtex/72F、83.3dtex/144F、166.6dtex/288F（DTY）。

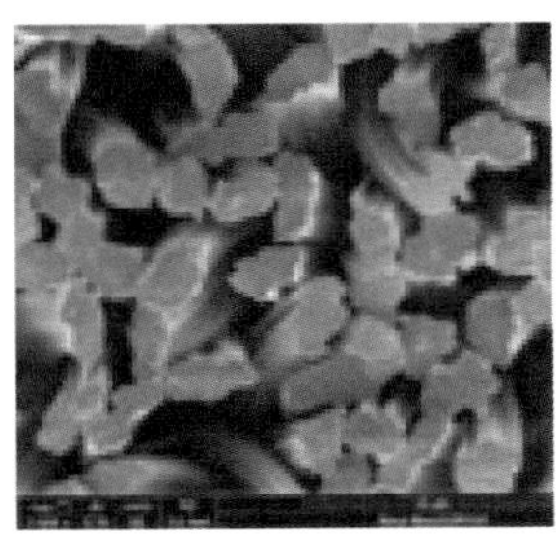

图 3-53 原位聚合多功能复合聚酯纤维示意图

③性能及制品特点：

• 织物经 50 次水洗后对金黄色葡萄球菌、大肠杆菌、白色念珠菌抑菌率均达 90% 以上。具有 AAA 级抑菌效果。

• 磷系无卤阻燃，极限氧指数为32。

• 光照24小时后，面料对甲醛、苯、二甲苯、甲苯去除率分别为91.2%、86.2%、88.2%、84.7%，具有净化空气的性能。

• 水洗50次抗紫外线UPF>50，针织和机织面料抗静电达到A级。

• 运动服面料吸湿速干效果优异，蒸发速率为0.47g/h。

④应用领域：婴儿服、工装、袜子等服装用纺织品；窗帘、地毯等家用纺织品；汽车内饰、医用纺织品等产业用纺织品（图3-54）。

图3-54 原位聚合多功能复合聚酯纤维应用领域

（3）姜·动物蛋白复合改性纤维素纤维。

推荐理由：开创动植物双重抑菌的先河，纤维天然抑菌，同时其蛋白质及氨基酸含量极高，透气亲肤，深受内衣、家纺等品牌和消费者的喜爱。

①制备技术：将生姜中的姜辣素、姜烯酮和姜酮等有效功能成分进行溶解、浓缩、提取、干燥，得到生姜功能粉体；从猪皮、牛皮、猪蹄、牛蹄筋中提取的胶原蛋白粉，经过溶解、过滤、离心，得到胶原蛋白液。最后通过高分子交联技术将溶解后的生姜功能粉体、胶原蛋白液与竹浆、木浆混合后，经湿法纺丝工艺得到纤维（图3-55）。

②主要规格：短纤维，1.33dtex×38mm、1.67dtex×38mm。

③性能及制品特点：

• 植物+动物的双重生态抑菌，抗菌性能达到

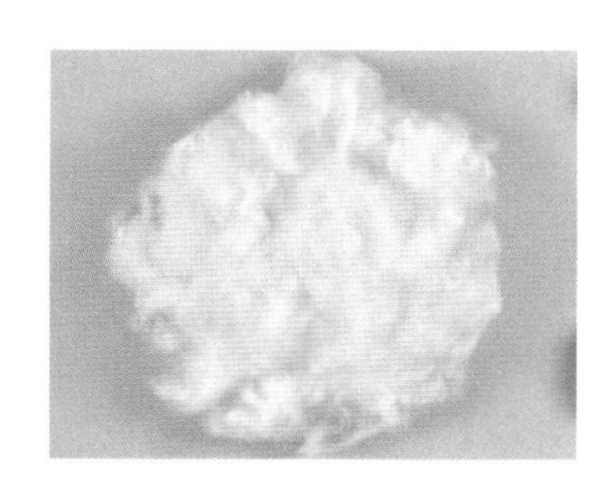

图3-55 姜·动物蛋白复合改性纤维素纤维示意图

AAA级。

• 富含天门冬氨酸、甘氨酸等14种氨基酸，且蛋白质含量高，具有优良的亲肤性。

• 织物透气性强，垂坠性佳，手感润滑。

④应用领域：休闲服、家居服、贴身内衣等服装用纺织品（图3-56）；床上寝具、填充物等家用纺织品。

图3-56 姜·动物蛋白复合改性纤维素纤维应用领域

（四）发布篇章之“纤·极限升级”

极致碰撞，迭代升级。纤维细腻而坚韧，承载着化纤人的探索与创新。跨越纤维的边界，突破极限的束缚，与极致完美交融，碰撞出无尽的可能与惊艳的魅力，一丝一缕间尽显精湛的技艺与匠心独运，给予有力防护。纤维以更轻、更强、更韧、更耐高温的姿态，用于防切割手套、鞋材、消防服、飞行服、军用装具、城市灯箱布、烟道除尘、风电叶片、航空航天等领域，在极致细节中聚力伴随，在极端环境中书写价值。

1. 发布品种：鞋服用特种纤维

鞋服用特种纤维，以优异性能洞见未来。碳纤维的高防切割性和超高分子量聚乙烯纤维的高韧性完美融合，防切割超高分子量聚乙烯纤维制品有效避免我们工作中的意外划伤，将保护度及舒适性最大化。PBT/PA6 皮芯复合单丝，兼具聚酯的强度和挺阔以及锦纶的耐磨和吸湿，为鞋面专属材料提供卓越支持。细旦聚酰亚胺纤维、原液着色对位芳纶开创性应用于服装，为特殊服用场景带来颠覆性体验。

推荐品种	品牌
防切割超高分子量聚乙烯纤维	金刚丝（ADAMAS）
PBT/PA6 皮芯复合单丝	金通（Jintong）
细旦聚酰亚胺纤维	轶纶（Yilun）
原液着色对位芳纶	维科华（VICWA）

（1）防切割超高分子量聚乙烯纤维。

推荐理由：具有超高的防切割性能，用其制成的面料每平方米克重仅有 245g 的情况下，防切割级别达到 A6 级。

①制备技术：采用有机—无机共价键交联技术，将碳纤维的高强度与超高分子量聚乙烯纤维的高韧性相结合，所获复合纤维的抗切割性高可达美标 A6 等级，同时还兼具柔软、亲肤等良好的服用性能，以及与橡胶结合牢度好等性能优势（图 3-57）。

②主要规格：长丝，533.3dtex/120F、444.4dtex/120F、222.2dtex/120F。

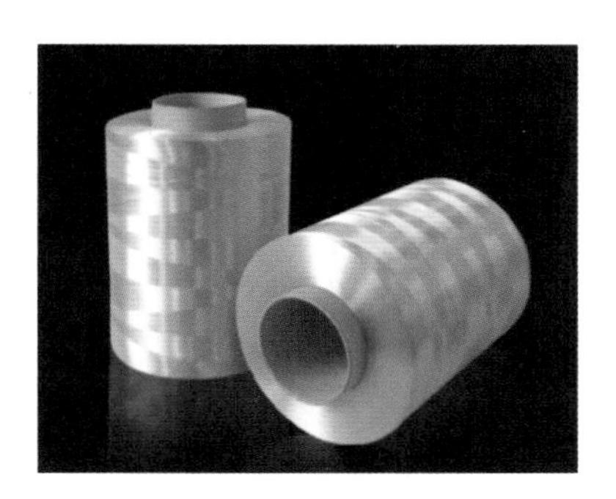

图 3-57　防切割超高分子量聚乙烯纤维示意图

③性能及制品特点：

- 兼具轻柔和高强度防切割性，面料防切割最高达到美标 A6 等级。
- 织物轻柔、亲肤、无刺激，避免引起皮肤刺痒和过敏。
- 与丁腈胶、天然乳胶的黏合力比普通纱线增强 30%，所织的手套使用寿命长，可反复水洗。

④应用领域：安全防护服、工装等服装用纺织品；地毯、床上寝具等家用纺织品；建筑增强、缆绳、织带等产业用纺织品（图 3-58）。

  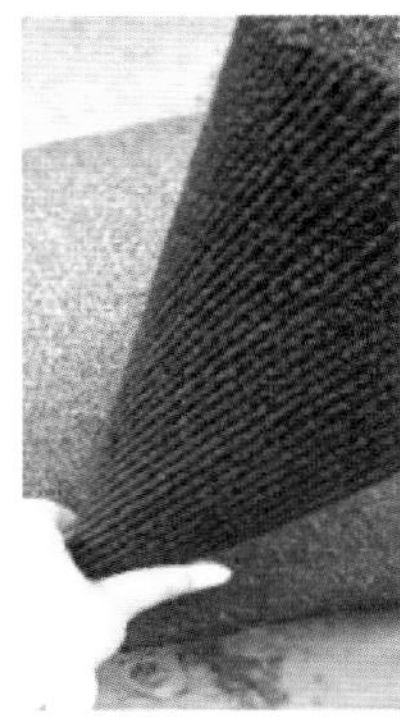 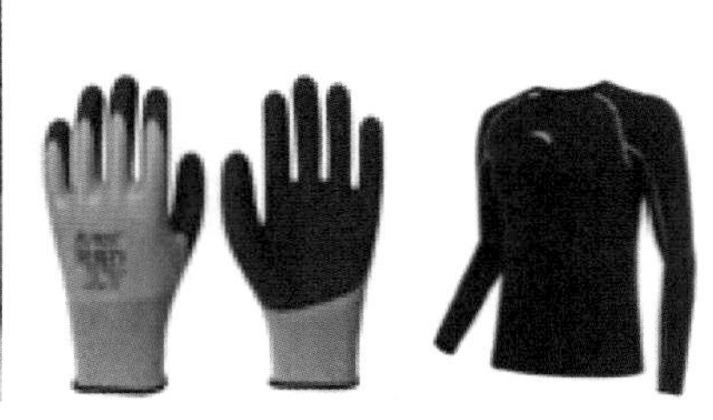

图 3-58　防切割超高分子量聚乙烯纤维应用领域

（2）PBT/PA6 皮芯复合单丝。

推荐理由：该纤维以 PBT 为皮层，PA6 为芯层，兼具聚酯的强度和良好的挺阔性及锦纶的耐磨性和吸湿性。面料质地柔软，手感滑腻，广泛用于运动服、鞋面等。

①制备技术：使用 PBT、PA6 两种原料，经不同螺杆加热熔融挤出，进入特殊的皮芯复合组件，PBT 为皮层，PA6 为芯层，经喷头挤出、冷却、上

油、拉伸定型制成高强度的复合纤维（图 3-59）。

②主要规格：长丝，33.3～123.3dtex/1F。

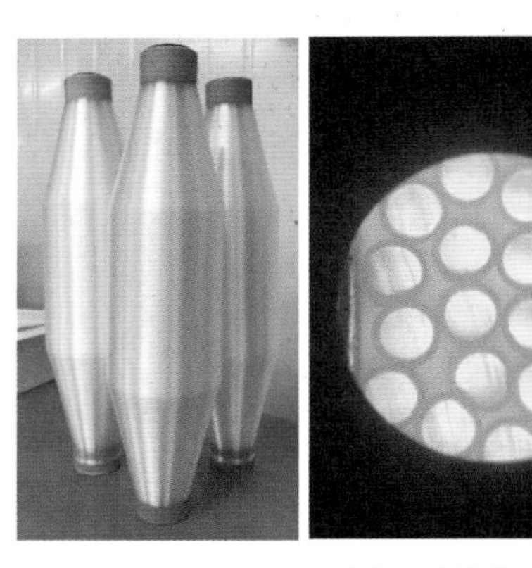

图 3-59　PBT/PA6 皮芯复合单丝示意图

③性能及制品特点：

- PBT 为外层，PA6 为内芯层。
- 低摩擦系数、耐疲劳。
- 韧性强、抗弯曲，弹性回复性好。
- 尺寸稳定性好、抗皱性好，手感柔软。

④应用领域：运动服、鞋材等服装用纺织品（图 3-60）；体育用品、户外用品等产业用纺织品。

图 3-60　PBT/PA6 皮芯复合单丝应用领域

（3）细旦聚酰亚胺纤维。

推荐理由：突破细旦化制备（0.89dtex）的聚酰亚胺纤维，具有优异的可纺性，可纺制 100 支高支纱，集保暖、抑菌、远红外等功能于一身，开创性地将航天材料应用到服装上。

①制备技术：二酐与二胺聚合后得到聚酰胺酸溶液，之后进行纺丝，经牵伸、洗涤、上油、干燥后进行高温环化处理，最终得到性能优异的聚酰亚胺纤维（图 3-61）。

②主要规格：短纤维，（0.89～6.67）dtex×（38～64）mm。

图 3-61　细旦聚酰亚胺纤维示意图

③性能及制品特点：

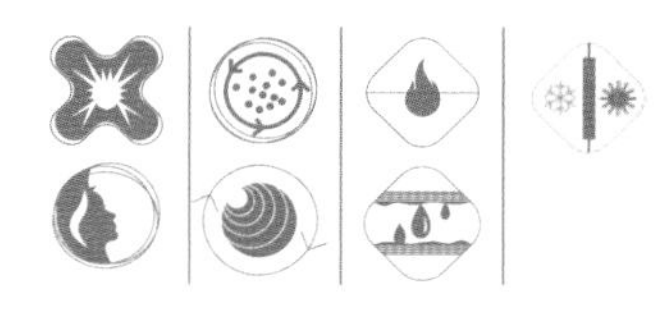

- 抑菌、抗螨、无致敏。
- 导热系数低、保暖效果好，原生远红外功能，易洗涤保养。
- 极限氧指数高、本质阻燃，遇火不熔滴、离火自熄、发烟率极低、不含卤素。
- 长期耐温 300℃，可耐受更高的短时高温。

④应用领域：安全防护服、婴儿服、贴身内衣等服装用纺织品；军用纺织品、消防用品等产业用纺织品（图 3-62）。

图 3-62　细旦聚酰亚胺纤维应用领域

（4）原液着色对位芳纶。

推荐理由：保持了芳纶原有的各项优异特性，兼具高强度、阻燃性与耐温性，可定制鲜艳多彩的颜色。在军工用途、高端数码产品保护壳等领域有着非常广阔的市场需求及应用前景。

①制备技术：在对位芳纶纺丝原液中加入色母粒，而后将含有色液浆料通过喷丝板组件送入凝固浴进行纺丝，再将所得的纤维进行洗涤和干燥（图 3-63）。

②主要规格：短纤维，（1.65～2.53）dtex×（38～51）mm；长丝，220～3300dtex/90～2000F。

图 3-63 原液着色对位芳纶示意图

③性能及制品特点：

- 高强度、高韧性、高拉伸度。拉伸强度是钢丝的 5～6 倍，比拉伸模量是钢丝的 2～3 倍，密度却只有钢丝的 1/5 左右。
- 原液着色、绿色环保，色彩丰富、不易褪色。
- 耐高低温。
- 本质阻燃，极限氧指数为 29%。

④应用领域：安全防护服、填充物、军用纺织品、消防用品等（图 3-64）。

图 3-64 原液着色对位芳纶应用领域

2. 发布品种：产业用纤维

产业用纤维，以硬实力托举新高地。无氟抗芯吸聚酯工业丝有效解决了制品因虹吸效应出现的外观变差、霉变等问题，唤醒城市的霓虹斑斓。35K 聚丙烯腈碳纤维具有高强度、高模量、高耐疲劳的特点，制造成本低，轻量化优势显著，能够助力风电叶片、航空航天产品升级。

推荐品种	品牌
无氟抗芯吸聚酯工业丝	尤夫（UNIFULL）
35K 聚丙烯腈碳纤维	吉林碳谷（Jilin Tangu）

（1）无氟抗芯吸聚酯工业丝。

推荐理由：无氟环保后整理聚酯工业丝，其强度高、助剂环保、抗芯吸性能持久，能够有效解决制品因虹吸效应出现的外观变差、霉变问题，助力城市夜晚霓虹斑斓。

①制备技术：以相对黏度稳定的高粘聚酯切片为原料进行熔融计量纺丝，选用无氟助剂进行乳液配置，通过独特的集束上油装置在纤维表面快速成膜，配合多级牵伸热定型工艺，制备高强度、尺寸稳定与抗芯吸性能兼具的聚酯工业丝（图 3-65）。

②主要规格：长丝，930～1400dtex/144～192F。

图 3-65 无氟抗芯吸聚酯工业丝示意图

③性能及制品特点：

- 抗芯吸性能优异。
- 纤维耐热好、稳定性优异。
- 完全不含氟素化合物 PFOA/PFOS 及其盐类衍生物，绿色环保。

④应用领域：汽车内饰、体育用品、卫生纺织品等家用纺织品（图 3-66）。

图 3-66　无氟抗芯吸聚酯工业丝应用领域

（2）35K 聚丙烯腈碳纤维。

推荐理由：35K 碳纤维具有高强度、高模量、高耐疲劳的特点，突破制造成本低，轻量化优势助力风电叶片、航空航天产品升级。

①制备技术：采用丙烯腈连续聚合，以 DMAC 溶剂，经湿法纺丝两步法制备 35K 聚丙烯腈纤维原丝，经预氧化预处理、低温—高温碳化、深度均质表面处理等工序制备 35K 聚丙烯腈碳纤维（图 3-67）。

②主要规格：长丝，35K。

图 3-67　35K 聚丙烯腈碳纤维示意图

③性能及制品特点：

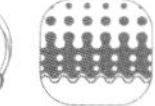

- 具有高强度、高模量等优异性能。
- 耐腐蚀、比重轻质、生产低成本。

④应用领域：汽车内饰、体育用品、自行车、风电叶片等产业用纺织品（图 3-68）。

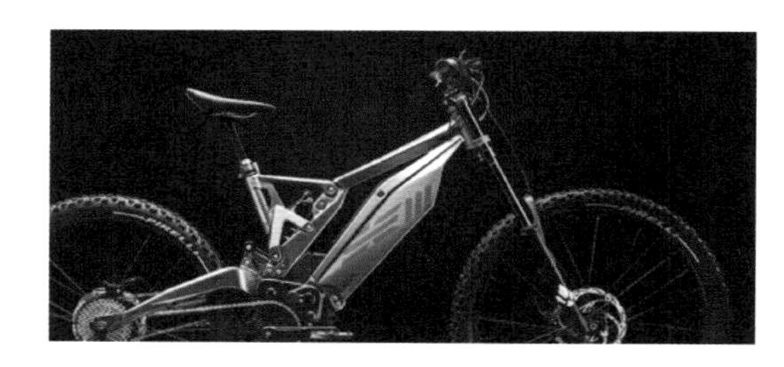

图 3-68　35K 聚丙烯腈碳纤维应用领域

研究编著：杨涛　靳高岭　王永生　窦娟　王祺

2024—2025年中国纺织面料流行趋势报告

中国纺织信息中心 国家纺织产品开发中心

2024年，中国纺织行业围绕建设纺织现代化产业体系的战略方向，锚定“设计创新、趋势引领、技术升级和绿色发展”等维度，全效推进行业新质生产力的建设。放眼全球产业和国内市场洞察，流行趋势已成为指导纺织产品开发的有效助力和创意源泉，更为行业的高质量发展开启了崭新篇章。面对充满不确定性的市场环境和消费者愈加审慎的消费理念，尽管简约实用、长期主义、可持续发展的价值取向已经深入人心，但消费者本能中对于视觉美学与精神美学上的内在需求，促使纺织面料的设计与研发在稳定发展和前沿开拓中力求维持有效的平衡，更令柔和精致与细节巧思成为产品得以顺应当下乃至未来行业需要极为重要的底层逻辑。

基于以上背景，中国纺织信息中心、纺织产品开发中心组织专业力量，历经系统化研究后编著了本报告。报告以流行趋势为导向，通过对生活方式、科技工艺、材质外观和风格设计等关键维度的深入洞察，结合中国文化特色和产业发展实际，力求全面提升中国纺织产业的趋势引领力和设计创新力。报告内容具体分为两大部分，分别针对2025春夏和2025/2026秋冬两季，于中国纺织面料流行趋势的核心理念、分主题概念、流行色彩、面料风格等内容进行了全方位的专业解读。此外，报告还与中国国际面料设计大赛入围产品相结合，充分展示了中国纺织产业创新发展的丰硕成果，更对未来春夏、秋冬两季纺织品在材料创新、工艺创新、设计创新、功能创新等多个维度的系统化发展做出有效指引。

一、2025年春夏中国纺织面料流行趋势解读

核心概念——偕行

在这个不断变化的新时代充满着对于生活的各种挑战，资源的消耗、技术的革新、价值观的改变，现实的不确定性令身处环境洪流交汇之处的人们迫切需要找到前进的关键。“凡益之道，与时偕行”，积极在矛盾中把握时机，做出时代需要的判断与选择，才能在新一轮的科技革命和产业革命中顺应变局。

“安危不贰其志，险易不革其心”，前进道路的曲折是风险，同样也是蓄势储能的机遇。关注虚实互联的数字创新，突破时尚美学的想象力边界；不断融合市场创新趋势，将可持续的发展理念扎根于全流程；聚焦经典的产品力与隽永文化的价值输出。大道不孤，众行致远（图3-69）。

（一）主题一：造梦

关键词：活力感知/疗愈悦己/静谧未来/高级数字风

1. 概念

在充满创造力能量的当下，新世代积极寻找更为温柔浪漫的方式去感知世界，追求心灵的长久庇护。于虚拟世界中挑战无限身份的可能，于天真童年世界里接受本源力量的指引与保护，在真实与虚幻、现实与梦境间探索新生活的印记；倾注情感的日常里优先关注快乐至上的个人时尚，随时保有机敏性与开放性，积极的情绪色彩与触感纹理传递感官生活的向心力。未来设计不断突破想象的边界，在创意技术的滋养下，成就高级精细化的艺术之美（图3-70）。

2. 色彩

本季活跃先锋的明亮色彩呈现享乐主义的焕新风尚，柔和数字美学的灵感赋予色板长久的科技生命力。游走于现实与数字之间的AI能量色活力满满，数字翠蓝色搭配西瓜洋红、火龙果色等，色彩在碰撞流转间不断探索数字世界更温柔的呈

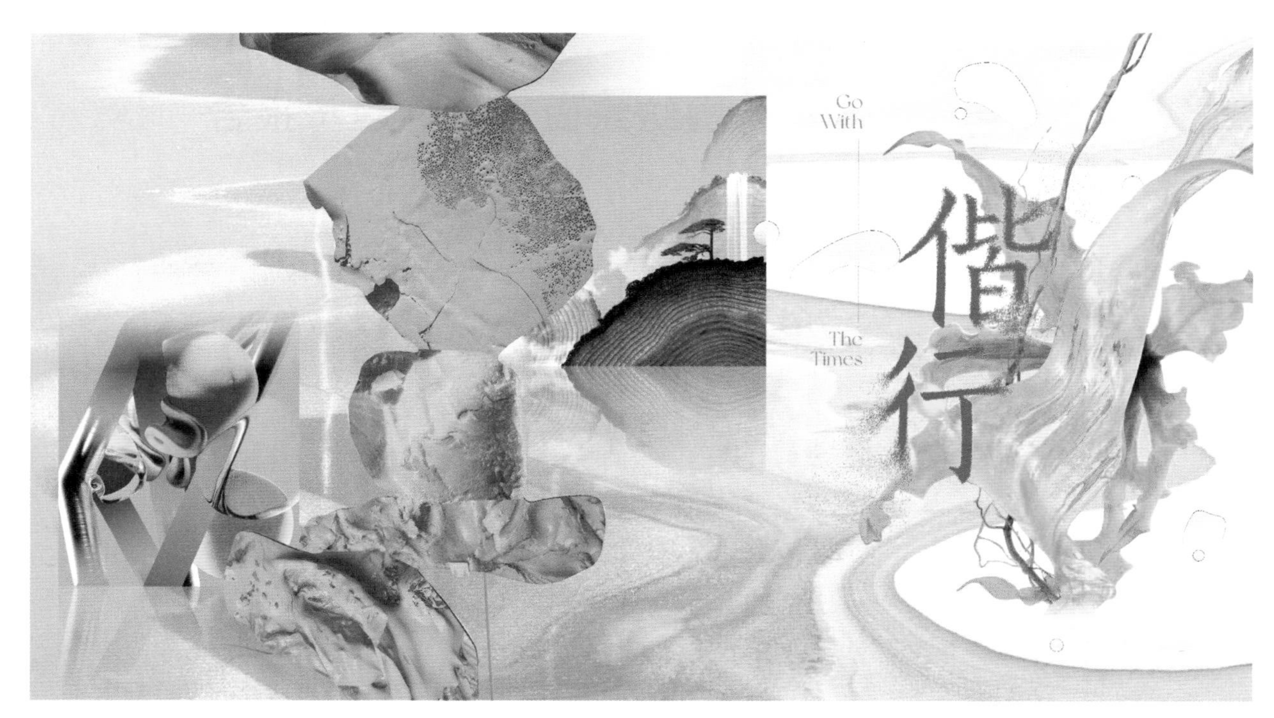

图 3-69　2025 年春夏中国纺织面料流行趋势——偕行

图 3-70　造梦

现形式。俏皮亮色打造青春休闲的活力基本款，由水晶粉、粉末蓝、薄荷粉绿等组成的童年梦幻粉蜡色清新而灵动，安心治愈的夏日氛围由此展开（图 3-71）。

coloro 024-55-38	coloro 068-66-16	coloro 146-51-27	coloro 101-66-24	coloro 009-61-29	coloro 040-92-00	coloro 151-78-15	coloro 107-78-14	coloro 054-85-13	coloro 023-82-18	coloro 136-75-10

图 3-71　造梦色彩

3. 面料

（1）活力趣味。在倾注情感的日常里，优先关注快乐至上的个人时尚，积极的情绪色彩与触感纹理传递着感官生活的向心力。细腻彩条、撞色色块、错位几何、手绘纹理等打造温柔浪漫的童趣世界，多以印花、提花或局部刺绣表现。多彩的喷绘渐变、金属亮片、局部刺绣、镂空剪花纹理尽呈视觉冲击力，结合俏皮亮色带来青春休闲的活力趣味外观。灵活应用、鲜活有力的多维材质，打造无拘无束的乐享都市风格（图 3-72）。

（2）数字治愈。数字世界与现实生活交融碰撞，不断突破时尚美学的艺术边界。仿若 AI 感的未来感色调令织物表现极具梦幻效果，色彩丰富的平纹织物，如细棉布、府绸、塔夫绸、弹力缎、舒适针织等，用于基础款式造型，打造安心治愈的夏日氛围。数字灵感下的轻质与光泽感十分重要，丝感面料如莱赛尔、黏胶纤维或真丝混纺面料，具有流动感的珍珠光泽，丝质尼龙面料叠加金属质感或虹彩涂层，锤纹、折痕、压纹等变化肌理，令织物表面更加丰富（图 3-73）。

图 3-72　活力趣味

①—绍兴迈媛针纺科技有限公司　②—绍兴明晗绣品有限公司　③—鲁泰纺织股份有限公司　④—常州依丝特纺织服饰有限公司　⑤—江阴宝邦纺织有限公司　⑥—汕头市鼎泰丰实业有限公司　⑦—南通市德胜纺织品有限公司　⑧—嘉兴市帝徽纺织有限公司　⑨—苏州迪赛贸易有限公司

图 3-73　数字治愈

①—吴江嘉耀纺织有限公司　②—绍兴明晗绣品有限公司　③—江苏金辰针纺织有限公司　④—常州旭荣针织印染有限公司　⑤—魏桥纺织股份有限公司　⑥—浙江朗贝尼纺织科技有限公司　⑦—三六一度（中国）有限公司　⑧—江苏华艺服饰有限公司　⑨—吴江永达纺织品有限公司

（二）主题二：应时

关键词：长期价值/雅致日常/自然精致/耐久包容

1. 概念

克制化消费主义下，对产品新价值的界定开始回归于原始的实用化属性。耐久性设计延长考究单品的使用周期，极简化设计成为轻松生活的必备公式，从单一抛弃到更有意义的选择，逐步修复人与环境的关系。灵感脱胎于植物力量，强调产品本身而非概念的营造，天然和纯粹的原生考究设计帮助情绪在纷繁复杂的世界中找到安全的栖息之地。小众运动实现大众化的普及，带来优雅细致与舒适包容兼备的现代力量，由内而外诠释出自洽舒适的时尚风貌（图3-74）。

图3-74 应时

2. 色彩

百搭耐久的柔和中性色和质朴大地色再次成为色彩关注的焦点，不断迎合平衡实用的新生活理念。经典原生白搭配焦茶色、羊皮灰以及香草拿铁色，带来温润柔和的耐久格调，适合诠释更为雅致现代的都市气质。青提绿、无花果绿、沙黄棕等带来自然的新鲜表达，在冷调晴雨蓝的调和之下构建静谧高级的户外休闲风格。采用更环保的天然染料呼应长期价值主张，色彩微妙变幻唤醒自然声息（图3-75）。

coloro 027-51-19　coloro 021-67-15　coloro 042-83-19　coloro 030-65-06　coloro 032-90-05　coloro 017-74-00　coloro 120-81-11　coloro 050-69-11　coloro 043-54-11　coloro 038-53-19　coloro 021-33-12

图3-75 应时色彩

3. 面料

（1）雅致日常。消费者对产品新价值的界定开始回归至原始的实用化属性，百搭耐久的精致化材料极具市场竞争力。选择舒适、简约、基础的高品质跨季材质，如毛/丝、毛/棉、毛/麻等混纺织物，带来柔和混色、精致斑纹的效果以及含蓄的天然光泽。有着超柔软触感的细腻针织由高支羊毛、天丝、高支棉纯纺或混纺，具备防臭、调温的特性。未加工的、天然色彩的结子及竹节纱线，关注可持续纤维和色彩，提升休闲舒适质感（图3-76）。

图3-76 雅致日常

①—吴江瑞丽蕾丝刺绣有限公司 ②—杭州新生印染有限公司 ③—达利（中国）有限公司 ④—南通华凯纺织有限公司 ⑤—浙江兴茂致尚科技有限公司 ⑥—广州市祥派纺织品有限公司 ⑦—江苏阳光集团 ⑧—鲁丰织染有限公司 ⑨—万姿科技有限公司

（2）自然精致。灵感脱胎于植物力量，强调产品本身而非概念营造，天然和纯粹的原生考究设计帮助情绪在纷繁复杂的世界中找到安全的栖息之地。细腻的自然表面纹理效果丰富，有机棉、麻类纤维及混纺织物带来天然略有粗糙感的肌理纹路，挺括度较好的棉、涤纶、锦纶或再生聚酯，表面光洁或自然微皱，附加防水、防风、吸湿排汗、抗菌、易打理等功能性，都市户外皆适宜。提花或印花的植物纹样清新淡雅，由内而外传递出生机自然的时尚风貌（图3-77）。

图3-77 自然精致

①—麦地郎集团有限公司 ②—汕头市鼎泰丰实业有限公司 ③—福建协盛协丰印染实业有限公司 ④—鲁泰纺织股份有限公司 ⑤—福建宇邦纺织科技有限公司 ⑥—绍兴洁隆纺织品有限公司 ⑦—广州市彬胜纺织品有限公司 ⑧—南京万泰纺织有限公司 ⑨—嵊州雅戈尔毛纺织有限公司

（三）主题三：游溯

关键词：梦幻异界/生物纪元/户外美学/实用科技

1. 概念

突出的环境污染问题、脆弱的海洋生态系统，对地球新未来的深入思考让设计专注于探索生命万物的本源。发展的目光投向广袤无际的蓝海之境，回收渔网、再生微藻、海带成分等新材料探索占据重要地位，聚焦革新的技术与产品为环境的恢复与修复带来正能量。多样生物的异世魅力、发光的神秘物种激发惊奇无限的设计想象，成就更有意义的户外探险，穿梭于城市与旷野；精细化的功能升级成为户外市场的必修课。反思的力量让时尚不断关注地球、探索太空，在复杂的环境中找寻和谐共生的根本之道（图 3-78）。

图 3-78 游溯

2. 色彩

自带幻想属性的水生色调具有超现实的异世风情，实用蓝色以深海奇境为灵感变得愈加神秘。在星河紫、青碧蓝、青叶绿的相互调和下，进入超脱而梦幻的未来之境。折叠时间与空间，放大宇宙与星空，将未来科技的户外美感注入其中。光彩变幻的闪光玫红、生物青柠活力十足，想象力的目光聚焦生物荧光，关注结构色彩所带来的真实变幻，不断成就多世代自由创变的个性表达（图 3-79）。

coloro 140-26-08	coloro 123-29-19	coloro 155-45-20	coloro 042-31-12	coloro 134-34-23	coloro 111-42-21	coloro 091-58-23	coloro 118-37-29	coloro 079-47-22	coloro 050-89-28	coloro 110-72-17

图 3-79 游溯色彩

3. 面料

（1）梦幻水感。突出的环境污染问题、脆弱的海洋生态系统，对地球新未来的深入思考让设计专注于探索生命万物的本源。将发展的目光投向广袤无际的蓝海之境，回收渔网、再生微藻、海带成分等新型纱线的研发占据重要地位。以海洋为灵感的生物靛蓝色系为微光泽面料带来日常适用性，虹彩变换的 PU 材质呈现出超脱梦幻的异世魅力。水感效果的纹样带来数字风尚，吊染、扎染、喷涂、印花等形成渐变或抽象图案，3D 发泡的面料肌理结合水生色调传递出超现实的设计魅力（图 3-80）。

图 3-80　梦幻水感

①—苏州迪赛贸易有限公司　②—昆山俊邦纺织科技有限公司　③—福建华峰新材料有限公司　④—达利（中国）有限公司　⑤—麦地郎集团有限公司　⑥—绍兴荣第贸易有限公司　⑦—广州市恒兴布业贸易有限公司　⑧—中健纺织新材料（苏州）有限公司

图 3-81　科技户外

①—绍兴云梭纺织品有限公司　②—苏州华宜丝绸科技有限公司　③—探路者控股集团股份有限公司　④—常熟市迅达亿针纺织有限公司　⑤—佛山市图胜纺织有限公司　⑥—苏州市斯运伯恩纺织有限公司　⑦—常州裕源灵泰面料科技有限公司　⑧—盛意成石墨烯科技（苏州）有限公司　⑨—惠烨纺织（江苏）有限公司

（2）科技户外。发光的神秘物种激发惊奇无限的设计想象，成就更有意义的探险户外。性能设计对创意不断进行探索，创造动态美学。再生聚酯或尼龙材质，环保处理附加多重功能性，超细旦纤维可用于轻盈面料。粗斜纹布、帆布和纸质防撕裂尼龙布质地干爽，可采用天然染料或天然油蜡提升天然纤维基布的质感。户外性能开始融入都市场景，创意的动物图案、斑驳的肌理结构带来个性升级的多元运动风格（图 3-81）。

（四）主题四：观内

关键词：文化归因/人本主义/工艺叙事/奢华革新

1. 概念

文化的追随是对繁荣时代的向往，也是构建心理安全的强大基石，艺术有塑造思想意识的力量。去中心化的时尚语境与风格审美，鼓励多元且包容的创意勇敢发声。价值的表达与传统非遗的积极传承是对本土身份的无限认同，从过去走向未来，在当下创造永恒，复古的历史气息与悠远的文化积淀奏响艺术时尚的交融乐章，奢华革新延续匠心的工艺魅力。典藏灵感与现代风格的创新融合，拥抱能量无限的浪潮文化，以崭新的形象风貌畅享中华文明的丰富馈赠（图 3-82）。

2. 色彩

暖意光辉的怀旧格调带来多元华丽的色彩变化，以深宝石绿、极光紫、绛红色、可可深棕为主的深邃色调彰显稳重悠远的复古美学。跳跃搭配的向日葵黄、蓝莓紫，相互折射、彼此呼应，为奢华

图 3-82　观内

格调注入轻松随性的流动姿态，彰显度假风格肆意挥洒的年轻与活力。标志性的明艳红、航海蓝融合其中，隽永且典雅。结合故事性的工艺表达，成就宁静华丽的现代经典（图 3-83）。

coloro 079-26-18	coloro 138-28-13	coloro 009-35-20	coloro 029-65-29	coloro 022-31-10	coloro 022-41-13	coloro 035-78-29	coloro 149-35-25	coloro 003-23-14	coloro 010-40-32	coloro 129-35-18

图 3-83　观内色彩

3. 面料

（1）工艺叙事。复古的历史气息与悠远的文化积淀奏响艺术时尚的交融乐章，传承匠心的工艺魅力不断提升面料单品的价值属性。关注手工艺感的肌理编织效果，如人字纹、斜纹、编篮结构等构成的雕刻和凹凸纹理，或由植绒、剪花、数码印花等营造 3D 立体视觉，结合数字变化的复古纹样突出现代感。艺术启发下的花卉、几何、数字变形图案、抽象图案等，以刺绣和肌理设计被赋予精巧的工艺细节（图 3-84）。

（2）奢华革新。新一季的奢华表达内敛低调，将典藏灵感与现代风格创新融合，拥抱能量无限的浪潮文化。丝质缎感材质采用提花工艺打造立体结构或抽象图案，多以花卉植物为纹样灵感，奢华而更具日常性。桑蚕丝、莱赛尔、醋酸等光泽纤维纯纺或混纺面料，叠加金属外观效果，带来奢华光泽感，用于基础款设计更添实用性。浮雕效果印花、亮片和水晶装饰面料，华丽而精美。流苏的细节、撞色的花式纱线为日常设计赋予华丽氛围（图 3-85）。

图 3-84 工艺叙事

①—广西蒙山金富春新材料有限公司 ②—绍兴秀芭纺织品有限公司 ③—绍兴迈嫒针纺科技有限公司 ④—吴江盘古纺织有限公司 ⑤—杭州万事利丝绸数码印花有限公司 ⑥—河北宁纺集团有限责任公司 ⑦—吴江涂泰克纺织后整理有限公司 ⑧—吴江瑞丽蕾丝刺绣有限公司 ⑨—常州市三邦纺织品有限公司

图 3-85 奢华革新

①—绍兴永耀纺织品有限公司 ②—浙江嘉欣丝绸股份有限公司 ③—吴江新民高纤有限公司 ④—吴江盘古纺织有限公司 ⑤—绍兴布财纺织品有限公司 ⑥—绍兴洁隆纺织品有限公司 ⑦—绍兴庐纹纺织品有限公司 ⑧—佛山柿蒂坊纺织有限公司

二、2025—2026 年秋冬中国纺织面料流行趋势解读

核心概念——智致

新质生产力驱动极具韧性与潜力的社会变革，时尚前行的准则与价值观也更源于真实、扎根于生活，需要以更富有智慧的思维与行动力去学习、感知、决策、创造与升华，“故善者因时而化，因事而变，因物而革”，在多元且复杂的时代变程中，实践并调整行为与策略。

人们重新思考并拥抱真实自我，新理性消费观念的盛行令具有长久价值的产品融合事物的多元创新性；科技的加持以人本主义为基础，享受当下的理念令舒适和健康化成为关注点；全新的日常装扮以轻松和适度趣味化重新演绎，中式文化传承下的东方美学源于日益强大的文化自信。

积极探索时代情绪，科技生产力、绿色生产力、文化生产力高质化协同演进，在时间的轮回中找寻真实的自我与无尽的可持续化创意源泉（图 3-86）。

（一）主题一：呼吸

关键词：精巧简约/温和趣味/舒享生活/优雅实用主义

1. 概念

新生活态势下，实用主义设计仿若留白的空间概念给人无限遐想。极简化风格以适度装饰点缀，诠释产品“长期主义”趋势下的秩序之美与温和趣味性，简约而精巧；自然随性的生动表达在冰雪映衬的阳光下，将优雅灵动与蓬勃盎然巧妙结合，融

图 3-86 2025—2026 年秋冬中国纺织面料流行趋势——智致

合轻未来主义元素，慵懒而轻盈。捕捉并感受生活中微末而细腻的快乐，柔和且舒适的感官需要令日常画卷恰如其分地融合了脆弱与力量的对比之美（图 3-87）。

图 3-87 呼吸

2. 色彩

中性化灰彩度色盘让人在沉闷的秋冬季节享受鲜活的感官愉悦，犹如在梦幻的新世界中探索轻松与想象。水洗粉蜡色系如晶石蓝、裸感肉粉、小苍兰黄，柔和而舒缓，且有着半透感视效，在极地白的调和下交织出慵懒而略带俏皮的情调。星蓝色、冰晶绿、珊瑚蓝绿色组成冷感灰蓝色组，诠释优雅而灵活的日常休闲风格，是极简与高级的多重表达（图 3-88）。

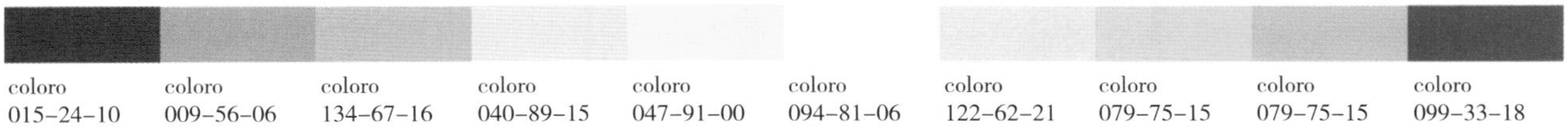

coloro	coloro	coloro	coloro	coloro	coloro	coloro	coloro	coloro	coloro
015-24-10	009-56-06	134-67-16	040-89-15	047-91-00	094-81-06	122-62-21	079-75-15	079-75-15	099-33-18

图 3-88　呼吸色彩

3. 面料

（1）柔和精巧。新理性消费观念与舒享生活的心理令消费者倾向于选择随性而精致化的面料，其质地带来的感官享受尤为突出。蓬松轻盈的羊毛或马海毛混纺织物有着静谧柔软的触感，辅以艺术化的纹理，打造新颖外观；触感细腻的冬季毛绒或顺滑细腻，或有着微微卷曲的原生化表面效果，适用于精致日常穿着；冬日蕾丝、花式纱线粗花呢等略有趣味性的设计带来生动、优雅与高级的实用化表达。柔和而舒缓的中性淡彩色令面料具有长期化价值，从材质到色彩均流露出自在随性之感（图 3-89）。

（2）优雅日常。人们拥抱真实自我，不断追求松弛优雅的日常体验。简约风格以适度装饰点缀，诠释产品在“长期主义”趋势下的秩序之美与温和趣味性。蚕丝、莱赛尔、醋酸、铜氨等奢华光泽原料打造塔夫绸等丝质感面料，优雅的光泽、流动的视觉表面辅以褶皱或提花，尽显奢华的舒适感；柔和针织打底层面料关注温度调节、抗氧化及护肤等功能性，轻盈化材质带来视觉上的放松感。将优雅灵动与蓬勃盎然巧妙结合，融合轻未来主义冷感蓝绿色，诠释优雅而灵活的日常休闲风格（图 3-90）。

图 3-89　柔和精巧

①—江苏华佳控股集团有限公司　②—苏州睿帛源纺织科技有限公司　③—常州裕源灵泰面料科技有限公司　④—张家港华之彩纺织有限公司　⑤—江阴笛科隆毛纺有限公司　⑥—福建协盛协丰印染实业有限公司　⑦—浙江兴茂致尚科技有限公司　⑧—江苏丹毛纺织股份有限公司　⑨—泉州衣伯仕纺织科技有限公司

图 3-90　优雅日常

①—苏州盘云纺织科技有限公司　②—无锡恒诺纺织科技有限公司　③—绍兴众蔚纺织有限公司　④—福建省晋江市华宇织造有限公司　⑤—浙江嘉名染整有限公司　⑥—绍兴聚尚纺织品有限公司　⑦—吴江景鸿织造有限公司　⑧—嵊州市津津布业有限公司　⑨—绍兴米若克纺织品有限公司

（二）主题二：对话

关键词：创意新都市/愉悦感设计/能量感官/混合动感

1. 概念

人们开始挑战时序规范性，选择在充满活力与创意能量的都市中拥抱真实的自我，以现代主义视角享受感官愉悦，大胆表达矛盾与个性。日常服装被注入了运动感的舒适与自在，混合经典与创新，转化为更具有实验性及艺术性的新式表达。城市元素被拆解与重构，社交进化、生活机能、快乐体验，在对立中找寻安定，肆意追求并享受自由而不受束缚的美好时代（图 3-91）。

图 3-91　对话

2. 色彩

日常生活场景下色彩的使用冲破固有规则的羁绊，于基础色盘中注入极具活力的高饱和明亮色组，强烈的对比表达更具能量感的活力都市风格。由黑鸢尾蓝、宝蓝色、绛紫色等组成的都市暗夜基调，为多场景穿搭提供创意来源。实用的醒目亮色组，户外亮黄与油彩绿，漆红色与青蓝，叠加大面积的深黛灰，自信地展现出功能性升级下的日常动感基调（图 3-92）。

coloro	coloro	coloro	coloro	coloro	coloro	coloro	coloro	coloro	coloro
122-22-10	156-29-13	122-28-28	136-34-29	039-81-31	058-55-18	016-49-37	102-41-24	134-29-02	000-73-00

图 3-92　对话色彩

3. 面料

（1）创意都市。现代主义视角下，人们越发推崇经典设计的当代创新。材质的创意表现焕发新的生机，技术与感官元素结合在一起，成为城市日常生活的重要组成部分。精细的混色经典毛型织物以轻或中等克重为主，模糊的视效纹路、精细格纹四季可用，或穿插精细花式纱线及金银丝更新嵌线和表面，商务、休闲皆宜；压光整理的经典平纹布散发柔和低调的光泽，高性能针织面料混合经典与创新，带来更具有实验性及艺术性的新式表达。辅以都市暗夜色调，为多场景穿搭提供创意来源（图3-93）。

图3-93　创意都市

①—江苏联发纺织股份有限公司　②—百隆东方股份有限公司　③—浙江美欣达纺织印染科技有限公司　④—诺华（杭州）纺织有限公司　⑤—绍兴市新得利纺织有限公司　⑥—阿尔法纺织科技（苏州）有限公司　⑦—江苏丹毛纺织股份有限公司　⑧—苏州迪赛贸易有限公司　⑨—浙江汇明提花织造有限公司

（2）能量感官。这是一个肆意追求快乐、享受自由而不受束缚的美好时代，人们通过创造力展现对生活的热爱。生动鲜艳的色彩令面料表现趋于年轻化，功能性材质与基础款式一起诠释新混搭风格。触感针织强调舒适性与耐用性，加入吸湿排汗和透气性等高性能纤维提升舒适体感；花式创意牛仔点缀刺绣等工艺装饰，混搭多场景造型；多彩趣味性图案如动感条格纹、抽象几何、插画纹样等，诠释时代创新精神。多元材质结合实用的醒目亮色自信展现功能性升级下的日常动感基调（图3-94）。

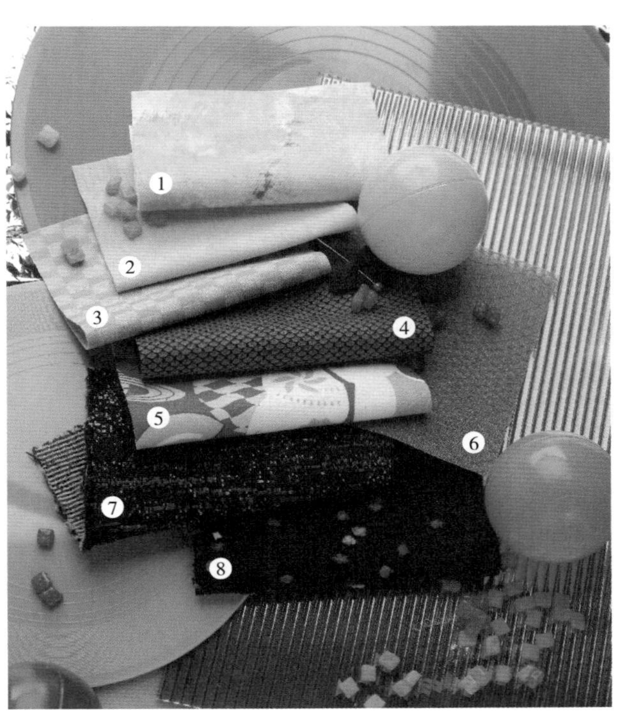

图3-94　能量感官

①—北江智联纺织股份有限公司　②—常州裕源灵泰面料科技有限公司　③—常州旭荣针织印染有限公司　④—浙江睿晟纺织科技有限公司　⑤—互太（番禺）纺织印染有限公司　⑥—信泰（福建）科技有限公司　⑦—诺华（杭州）纺织有限公司　⑧—临邑鲁意纺织有限公司

（三）主题三：心旅

关键词：人本科技/治愈化自然/多功能日常/乐享运动

1. 概念

户外运动逐步发展成全民常态化生活方式，与自然的深度交融唤起人们以快乐、轻松、舒适的方式感受身体与精神内核。城市探索与山野冒险给予设计启发，于高性能产品中融入大自然奇妙的纹理与丰富的色彩；日常功能性产品与智能纺织力求科技向善，功能导向满足多场景适配性。穿梭于城市与森林之间，感知富有生命力与自然之美的世界，积极倡导可持续发展理念，让时尚与环保和谐共生（图 3-95）。

图 3-95 心旅

2. 色彩

城市景观与自然野趣的融合将色彩从原始感进阶为理性的风格律动，去除过多的粗粝感，更添时髦都市化。一组由苔绿色、青黄色、硅藻深绿组合的舒缓自然绿色调，极具温和的中性化视效，叠加生息绿打造柔和自然美感下的安心氛围。落叶棕黄搭配秋栗色，经驳彩蓝与深湖蓝调和，展现复古基调下的都市功能性色调（图 3-96）。

coloro	coloro	coloro	coloro	coloro	coloro	coloro	coloro	coloro	coloro
048-82-17	052-49-13	124-49-17	031-50-26	038-42-18	177-34-27	069-43-23	059-37-05	022-31-10	000-47-00

图 3-96 心旅色彩

3. 面料

（1）愈幻自然。与自然的深度交融，令人们以快乐、轻松、舒适的方式感受身体与精神的内核。大自然的奇妙纹理与丰富色彩给予设计无限启发。混色粗纺毛呢以草地、苔藓形态为灵感，采用花式纱线打造丰富的肌理效果；毛绒面料呈现轻柔整洁的外观，良好的保暖与透气性适合多场景使用；自然生物启发下的植物元素为图案设计提供多样灵感，地衣、树皮、迷彩、花卉、藤蔓植物等，以环保染色工艺打造都市植物乐园。配合舒缓自然绿色调，带来柔和自然美感下的安心治愈氛围（图 3-97）。

图 3-97　愈幻自然

①②—广东前进牛仔布有限公司　③—诺华（杭州）纺织有限公司　④—浙江金晟纺织有限公司　⑤—广州美新纺织有限公司　⑥—张家港华之彩纺织有限公司　⑦—江苏申皇纺织集团有限公司　⑧—常州旭荣针织印染有限公司　⑨—上海布咖纺织科技有限公司

图 3-98　都市旷野

①—苏州海曼纺织科技有限公司　②—苏州庆仪布坊纺织科技有限公司　③—吴江尚誉纺织有限公司　④—南京万泰纺织有限公司　⑤—广东元来绿色纺织有限公司　⑥—福建协盛协丰印染实业有限公司　⑦—广州祥派纺织品有限公司　⑧—吴江煌骏纺织品有限公司

（2）都市旷野。穿梭于城市与旷野之间，我们从自然中窥见城市生活的多面性。都市时髦与自然野趣的碰撞令材质表现融合了日常舒适与户外性能。致密的棉及棉混纺的牛津布、帆布等有着防风、防水、透气、快干等特质，适用于都市实用基础款；棉感尼龙面料突出轻质透气、防水、抗撕裂等功能，有效解决城市多变的气候问题；秋冬毛呢强调厚重粗纺质感，使用彩点纱、段染纱等，突出其粗粝自然的肌理外观。色彩从原始感进阶为更为理性的风格律动，复古棕绿色更添时髦都市性（图 3-98）。

（四）主题四：绽放

关键词：文化至上/经典新生/高级装饰感/复古奢华

1. 概念

当下社会，人们不断探索中式文化传承与经典服饰风格延续的新式表达，审美与消费趋向“无龄化”，新旧记忆的交织令不同年龄群体间有着更为相似的具象化“无龄”表现。怀旧在忆往昔的同时更寻求多世代的共鸣，传统艺术与科技相互影响，以当代语言重塑日常装扮与奢华晚装间的衔接空间。各时代承载的文化与层次感在时间的轮回中找寻真实与创意的源泉，可持续发展进程下，让岁月沉淀下的经典元素焕发生机（图 3-99）。

2. 色彩

穿梭于历史交汇下的复古旋律中，探索华丽与实用之间的平衡。奢华暗红色调为秋冬注入深沉暖意，沉香褐色、浆果暗红色、嫣红色的组合成就本季新高级深调棕色组，琉璃黄与复古金的点缀展现工艺美感。乌木玫瑰粉作为新暖调基础中性色，搭配芝麻浅棕与麦麸棕，打造新派优雅，表达更精致化的质朴风格（图 3-100）。

图 3-99 绽放

coloro 028-66-10	coloro 021-67-15	coloro 025-49-19	coloro 032-69-25	coloro 018-43-24	coloro 160-35-26	coloro 157-34-22	coloro 014-27-19	coloro 013-27-08	coloro 044-61-17

图 3-100 绽放色彩

3. 面料

（1）雅致匠心。高速更迭的时代秩序中，人们反其道而行之，材质的表达被饰以时间赋予的层次感，诉说着岁月的沉淀。羊毛、羊绒等高质混纺材质伴有精细纹理，如绉感、颗粒、微型提花等，以增强温暖奢华质感；复古纹样经当下设计语言重释，如变化的小几何、人字纹、民俗花卉等，尝试使用多样工艺如多色浮动提花、混纺纱线等，浮雕般的肌理外观展现手工艺氛围；灯芯绒、麂皮绒兼具实用与复古外观，柔软而温暖的绒感诠释怀旧风格。暖调基础中性色打造新派优雅，带来更精致化的匠艺格调（图 3-101）。

图 3-101 雅致匠心

①—信泰（福建）科技有限公司 ②—常州市武进城南纺织品有限公司 ③—江阴笛科隆毛纺有限公司 ④—浙江兴茂致尚科技有限公司 ⑤—麦地朗集团有限公司 ⑥—江苏华佳控股集团有限公司 ⑦—佛山市图胜纺织有限公司 ⑧—银嘉国际（上海）有限公司 ⑨—浙江睿晟纺织科技有限公司

（2）古韵新奢。当下社会，人们不断探索中式文化传承与经典服饰风格延续的新式表达。神秘的东方元素极具文化的传承属性，吉祥寓意的花鸟纹样被重新设计，以古法工艺加以诠释，如香云纱、锦缎、刺绣等，经现代化审美改良为新古韵风格；丝质缎面面料有着垂坠或适宜的挺括感，以褶皱、提花、印花装饰，打造优雅而复古的日夜皆宜风格；仿真环保皮革有着柔软的触感，表面或原生真皮光泽，或油蜡、擦色等效果。奢华暗红色调为秋冬注入深沉暖意，探索华丽与实用之间的平衡（图 3-102）。

图 3-102 古韵新奢

①—绍兴明晗绣品有限公司 ②—广州凌枫纺织有限公司
③—浙江凯喜雅国际股份有限公司 ④—绍兴纺都植绒有限公司
⑤—广东前进牛仔布有限公司 ⑥—佛山市图胜纺织有限公司
⑦—杭州新生印染有限公司 ⑧—浙江三元纺织有限公司

研究编著：齐梅 李晓菲 姜蕊 彭丽桦 王玢 渠梦玮 高宇菲

2024—2025 年中国服装印花行业发展报告

中国印染行业协会　黄国光

服装是民生福祉的基础保障、产业结构升级的重要引擎、促进融通发展的关键载体。印花作为服装展现文化、传递思想及诠释时尚的关键因素，不仅显著提升服装的视觉吸引力和市场竞争力，更成为衡量服饰文化软实力的重要标志，并引领整个服装行业的创新发展潮流，以文化生产力推进服装产业的繁荣。2023 年，圆网、平网和滚筒的直接印花是最主要的印花方式，占印花总产量的 71.9%；包括数码直喷和数码转印在内的数码喷墨印花，占印花总产量的 18.2%；滚筒凹版的转移印花，占印花总产量的 9.9%，见表 3-10。从近几年印花行业的发展趋势来看，数码喷墨印花呈现持续增长态势，市场规模不断扩大，而直接印花、转移印花等常规印花规模呈现出一定程度的下降。

表 3-10　2015—2023 年中国印花布产量

年份	总产量（亿米）	直接印花		转移印花		数码喷墨印花	
		产量（亿米）	占比（%）	产量（亿米）	占比（%）	产量（亿米）	占比（%）
2015	194	153	78.9	37	19.1	4	2.1
2016	188	136	72.3	45	23.9	7	3.7
2017	194	137	70.6	47	24.2	10	5.2
2018	200	148	74.0	38	19.0	14	7.0
2019	205	151	73.7	35	17.1	19	9.3
2020	198	142	71.7	34	17.2	22	11.1
2021	220	164	74.5	31	14.1	25	11.4
2022	200	145	72.5	25	12.5	30	15.0
2023	203	146	71.9	20	9.9	37	18.2

（资料来源：《2022 中国纺织品数码喷墨印花发展报告》、中国印染行业协会）

根据中国纺织机械协会调研数据，2021—2023 年，圆网印花机、平网印花机销售数量年均分别下降 22% 和 32%，见表 3-11。在行业数字化转型背景下，印花生产方式不断调整变化，中国市场传统印花设备市场需求呈逐年下降态势，而以数码喷墨印花为代表的数字化技术在行业应用面不断扩大。

表 3-11　2021—2023 年圆网印花机和平网印花机销售量

年份	圆网印花机（台）	平网印花机（台）
2021	350	35
2022	270	22
2023	235	20
年均变化	-22%	-32%

（资料来源：中国纺织机械协会）

近年来，数码喷墨印花得到快速发展，工艺技术日趋成熟，设备及耗材迭代加快，性价比不断提高，为生产高品质、高附加值服装，满足消费者对个性化、多元化和时尚化产品的新需求提供了有力支撑，成为印染行业产业体系中最为活跃、最具增长潜力的领域，具有广阔的发展前景（图 3-103）。

一、生产形势

2024 年，中国服装印花行业在复杂多变的市场环境中展现出强大的韧性和创新能力，保持了稳健的发展态势。随着消费者对个性化、时尚化服装

图 3-103　印花女装

需求的不断增加，以及国家对环保、智能制造等政策的持续推动，服装印花行业在挑战中寻求机遇，持续推动行业转型升级。全年不同阶段的产量产值均呈现出积极的增长趋势，为行业的高质量发展奠定了坚实基础。以下是全年不同阶段生产情况的总结。

第一季度稳健增长，受春节消费旺季影响，服装印花产品需求量大幅增加，推动了行业产量的快速增长。根据中国印染行业的整体数据，可以推测服装印花行业也呈现出类似的增长趋势。国家统计局数据显示，2024 年 1—3 月，印染行业规模以上企业印染布产量 121.42 亿米，同比增长 3.96%（图 3-104、图 3-105）。

图 3-104　全自动圆网匹布印花

图 3-105　全自动平网匹布印花

第二季度加速增长，随着气温的逐渐升高和夏季服装市场的全面启动，服装印花行业迎来了更为旺盛的市场需求。企业加大生产力度，提高生产效率，以满足市场需求。同时，行业内部竞争加剧，企业纷纷通过技术创新和品牌建设来提升竞争力。在这一阶段，服装印花产量和产值均实现了快速增长（图 3-106、图 3-107）。

图 3-106　椭圆形自动平网裁片印花

第三季度平稳过渡，印花行业进入平稳过渡阶段，受前期生产惯性的影响，产量增速有所放缓。

图 3-107 数码喷墨成衣印花

随着市场需求的逐步饱和和行业竞争的加剧，企业开始更加注重产品质量和服务水平的提升。在这一阶段，行业总产值虽仍保持增长，但增速较上一季度有所放缓（图 3-108）。

图 3-108 手工台板裁片印花

第四季度稳健增长，随着冬季服装市场的启动和“双十一”“双十二”等电商购物节的到来，服装印花行业再次迎来市场需求高峰。在这一阶段，行业产量和产值均实现了稳健增长。根据全年趋势和市场需求，可以合理推测该季度产量和产值均保持稳健增长（图 3-109）。

图 3-109 数码喷墨匹布印花

从 2024 年中国纺织品数码喷墨印花产量和服装产量数据推测，中国服装印花全年总产量保持增长的态势。

二、年度特点

2024 年中国服装印花行业在提升新质生产力、印花工艺技术和设备材料的科技创新方面成绩显著，不仅提升了生产效率，还满足了市场对个性化、多元化和环保化产品的需求，为推动全球服装文化生产力和印花可持续健康发展做出巨大贡献。

（一）AI 印花图案设计赋能服装文化生产力

随着科学技术的不断进步，AI 在各个行业的应用逐渐深化，在纺织服装行业印花图案设计领域，AI 技术通过智能化的图案生成、设计优化和个性化定制等手段，为服装文化生产力注入新的活力。2024 年，AI 的飞速发展为服装印花行业带来诸多变革，数字化设计与生产的深度融合，使得整个行业在效率、创意和社会责任方面都取得了显著进步，尤其是在印花图案设计中的应用效果显著。以图蝇 AI 为例，展示 AI 如何赋能企业，带来可观的经济价值和社会价值。

1. AI 国际国内发展形势

2024 年，生成式 AI 技术的应用进入加速发展期，尤其是在创意内容生成和产业应用中展现了强大的潜力。在全球范围内，从 OpenAI 的 GPT-4 到 MidJourney、Stable Diffusion 等模型的推广，AI 正通过不断迭代推动着各行业的智能化升级。特别是在图像生成、多模态交互和实时应用方面，生成式 AI 展现了更加广泛的适用性。随着 Flux 和 Stable Diffusion 3.5 等新一代模型的发布，AI 在图案设计领域的能力边界也在不断拓展，为服装印花带来了前所未有的创意和生产突破（图 3-110）。

图 3-110　AI 生成图案与服装效果图

生成式 AI 技术已经成为“十四五”规划和智能制造战略中的重要组成部分，正在推动传统产业向数字化、智能化转型。上海如途网络科技有限公司研发的图蝇 AI 平台，凭借其强大的生成式 AI 能力，为服装印花图案提供了从创意设计到成品生成的全流程解决方案。在图蝇 AI 的助力下，企业不仅提升了设计效率，还显著降低了生产成本，推动了纺织行业的数字化转型并成为领先的印花图案设计应用示例。

2. AI 在服装印花图案设计领域的作用

服装因其创意性、季节性和多样性特点，一直是 AI 技术应用的重要领域之一。尤其在印花图案设计中，AI 展现出以下显著作用。

（1）提升设计效率：传统设计中，一幅印花图案往往需要数天甚至数周才能完成，而生成式 AI 可以在几分钟内完成从草图到成品图案的制作，且设计质量可媲美专业设计师。

（2）降低设计成本：AI 生成工具降低了对高成本设计师团队的依赖，通过自动化生成图案，极大减少了人力成本。

（3）解决灵感匮乏：设计师可以利用 AI 工具快速生成多个初步方案作为灵感的基础，大幅提升原创性。

（4）支持个性化定制：随着消费者对个性化需求的增加，AI 帮助企业快速满足小批量、多样化的定制需求，提高市场快速反应速度。

3. 图蝇 AI 在产业化中成效显著

图蝇 AI（TOURFLY）作为一个领先的生成式 AI 平台，在纺织行业的多个领域得到了广泛应用，尤其是在印花图案设计方面展现出强大的赋能作用。

（1）女装面料印花图案设计。某女装企业 2023 年引入图蝇 AI 平台开发印花图案，将连续纹样图案的设计周期从两周缩短至 2~3 天，同时爆款率从 10%提高到 20%~30%，取得了质和量的双重提升。通过 AI 辅助，在一年内累计完成 6000 幅设计，积累了 300 个个性化 AI 模型（AI 风格模型），增加了 300 多个外贸出口订单，取得了惊人的经济效益。该企业案例也被评选为国内首个 AIGC 在纺织行业应用产业化成功案例，并入选“中国纺织行业十大数字技术创新案例”（图 3-111、图 3-112）。

（2）T 恤印花图案设计。T 恤印花以单独纹样图案为主，印花图案对文化 T 恤的文化价值和经济价值起到举足轻重的作用，也提升了品牌的影响力和竞争力。例如，2024 intertextile 中国国际纺织面料及辅料（秋冬）博览会期间，由中国纺织信息中心举办的“2024 秋冬数字时尚创新空间”与厦门巴藤南理环保科技有限公司合作，在现场演示了“AI 生成图像→图案设计→数码喷墨印花→烘干固色→成品”的数字化文化 T 恤生产过程，从观众 AI 生成图像到制作文化 T 恤全程只需 15~20 分钟，以 AI 助力实现文化 T 恤个性化定制（图 3-113~图 3-115）。

AI TOOL >文生图

提示词Prompt

textile pattern，masterpiece，best quality，extremely detailed，wallpaper，colorful，Sketch Painting，botanical art，Sibylla Merian

图 3-111 AI 文生图

AI TOOL >图生图

提示词Prompt

蓝色图案，对称，纺织品图案，民族纹样，白色背景，颜色单一，精致细节，高质量细节

图 3-112 AI 图生图

图 3-113 AI 文化 T 恤图案

图 3-114 图案数码喷墨印花

图 3-115 印花 T 恤

图 3-116 AI 文生图提花面料

借助 AI 工具让消费者自定义设计图案，并使用数码喷墨印花机直接将图案呈现到 T 恤等成衣上，这种个性化互动吸引了大量消费者，提升了品牌的传播价值。同时，AI 还支持快速调整图案尺寸、颜色及风格，以适应不同服装成衣产品和客户需求。消费者可以实时看到定制效果，大大提升了购物体验的吸引力。AI 与数码印花的结合，不仅拓展了服装企业的营销模式，也推动了“按需生产”的绿色供应链转型，有助于减少库存和浪费，促进可持续发展。

（3）蕾丝花边和提花图案织造的智能化应用。蕾丝花边因其复杂性和精细度对设计要求较高，传统设计师难以满足高频次迭代需求。某蕾丝生产企业引入图蝇 AI 后，不仅提升了设计速度，还通过 AI 优化实现了更精细的图案。在服装面料提花织造领域，AI 技术通过自动化设计与工艺优化，帮助企业从烦琐的人工设计中解放出来，并满足多样化定制的生产需求。这种技术不仅简化了设计流程，还能快速生成复杂、多变的提花样式，适配不同材质与应用场景（图 3-116）。

（二）数码喷墨印花产量大幅提升

当前，印染行业在建设纺织现代化产业体系中的重要性不断凸显。为了加快推动印染行业数字化转型，国家及地方政府纷纷出台相关政策规划，其中关于数码喷墨印花行业高质量发展的多项利好政策效应不断释放。工业和信息化部印发的《印染行业绿色低碳发展技术指南（2024 版）》，将数码喷墨印花作为绿色先进适用技术，国家发展改革委发布的《产业结构调整指导目录（2024 年本）》将数码喷墨印花作为鼓励类技术，中国纺织工业联合会发布的《纺织行业“十四五”发展纲要》将数码喷墨印花关键技术列为纺织行业“十四五”发展重点任务之一等。数码喷墨印花技术成为推动行业高质量发展的关键一环，产业集中度提升，广东清远，江苏盛泽镇、川姜镇，江西南昌等地正积极规划建设数码喷墨印花产业园区，推动培育产业发展新优势。近年来，数码喷墨印花发展潜力持续释放，2015—2023 年，中国纺织品数码喷墨印花产量由 4 亿米增加至 37 亿米，年均增速 37.4%，其中，数码直喷印花产量由 1.1 亿米增加至 9.5 亿米，年均增速 30.9%；数码转移印花产量由 2.9 亿米增加至 27.5 亿米，年均增速 32.5%。2023 年，数码转移印花产量占比 74.3%，数码直喷印花产量占比 25.7%，见表 3-12 和图 3-117。

表 3-12　2015—2023 年中国纺织品数码喷墨印花产量和占比情况表

年份	总产量（亿米）	数码直喷印花		数码转移印花	
		产量（亿米）	占比（%）	产量（亿米）	占比（%）
2015	4	1.1	27.5	2.9	72.5
2016	7	1.6	22.9	5.4	77.1
2017	10	2.0	20.0	8.0	80.0
2018	14	2.5	17.9	11.5	82.1
2019	19	3.6	18.9	15.4	81.1
2020	22	4.2	19.1	17.8	80.9
2021	25	5.4	21.6	19.6	78.4
2022	30	7.2	24.0	22.8	76.0
2023	37	9.5	25.7	27.5	74.3

（资料来源：《2022 中国纺织品数码喷墨印花发展报告》、中国印染行业协会）

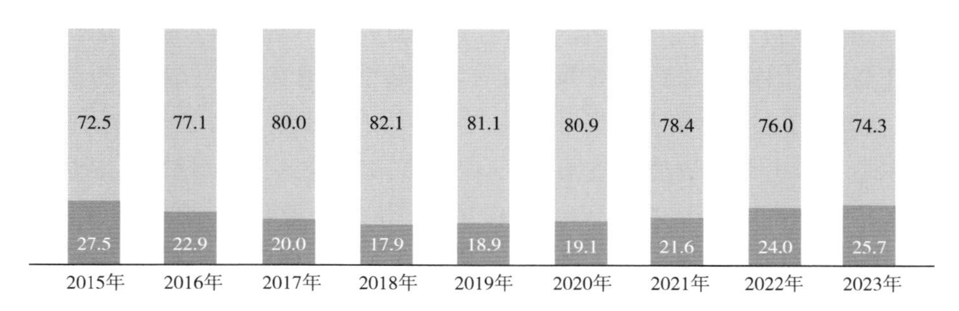

图 3-117　2015—2023 年数码直喷印花和数码转移印花产量占比情况图

数码喷墨印花的发展不仅增加了墨水的需求，也促进了墨水行业的技术创新和对市场潜力的挖掘，国产墨水性能得到明显提升，形成了门类齐全的墨水生产体系，能够适配更多品牌与型号的数码喷头。作为数码喷墨印花过程中的主要耗材，墨水占生产总成本比重的 40% 左右。2015—2023 年，墨水消耗总量由 8300 吨增加至 44350 吨，年均增长 23.3%，其中 2023 年中国数码喷墨印花墨水市场份额如图 3-118 所示。2024 年墨水消耗总量预计为 58000 吨，同比增加约 30%。据了解，深圳墨库 2024 年数码喷墨印花墨水产量超过产能 18000 吨，其中纺织数码喷墨印花墨水约占 60%，明年 6 月投产的珠海生产基地产能 40000 吨，将成为全球数码喷墨印花墨水头部企业。

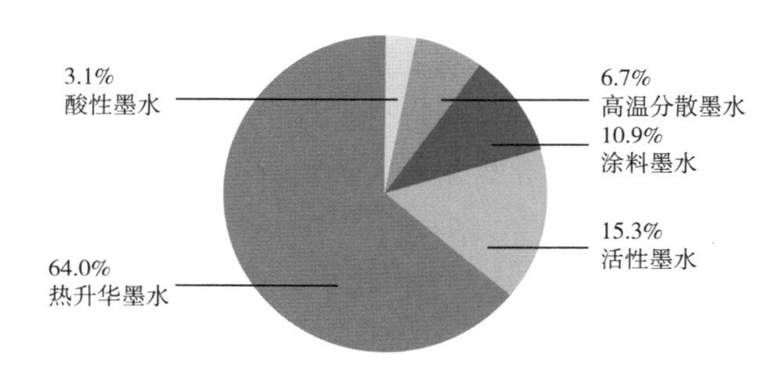

图 3-118　2023 年中国数码喷墨印花墨水市场份额

随着数码喷墨印花技术的持续创新和下游市场对多品种、快反应、小批量订单需求的增长，数码喷墨印花市场规模进一步扩大、应用领域加速拓展。预计“十五五”时期，中国纺织品数码喷墨印花行业将保持 10%的年均复合增长率。到 2030 年，中国纺织品数码喷墨印花产量有望突破 70 亿米，占印花总量的 35%，占全球数码喷墨印花总量的 30%以上。

（三）DTG 创造数码喷墨涂料印花新质生产力

DTG（Direct to Garment）指在纺织物上数码喷墨涂料印花，印后热固色即成品的一种直接印花方法。数码喷墨涂料印花具有免上浆、免蒸洗、生产流程短、环保和节能等显著优势，有助于减少环境污染。进一步降低生产成本和环境负担，特别适合小批量多品种、小单快反的印花市场需求，应用于成衣、裁片和匹布数码喷墨印花，在印花行业中展现出了强大的生命力和竞争力。2024 年取得了显著的成就和进步。

（1）随着工艺水平不断提高，涂料墨水在色彩鲜艳度和手感等方面，已逐渐接近活性染料，墨水喷印流畅性也得到明显改善，面积较大的深色花型的摩擦牢度仍需要提高。此外，织物预处理液持续优化改进，对提升颜色鲜艳度、牢度和手感发挥了重要作用。涂料墨水主要制造商为深圳市墨库、珠海天威、郑州鸿盛、浙江蓝宇等（图 3-119）。

图 3-119　深圳墨库墨水数智化生产设备

（2）郑州鸿盛数码科技股份有限公司开发的快速显色技术（Rapid Colour Technology，RCT）数码涂料印花工艺，将织物预处理液根据图案需要通过数码喷墨印花喷头直接喷射在织物上，无须烘干便可直接喷印涂料墨水。RCT 技术在墨水防渗化程度、颜色鲜艳度及印花色牢度方面可获得常规数码涂料印花效果，而印花的柔软度则优于常规数码喷墨涂料印花，具有广阔的应用前景。

（3）深圳全印研制的椭圆形多工位数码喷墨印花机，具有织物预处理液按需喷印、白墨和彩墨独立喷印的特点，结合了成衣数字生产定制软件，订单的成衣、图案、数量、客户、库存等信息可视化一目了然，喷印织物预处理液、白墨、彩墨、热烘固色及打印快递单自动化，实现了多批次、多款式、多图案的一件起印连续生产，减少人工、减少差错、无缝换单、提升效率，市场需求不断增加（图 3-120）。

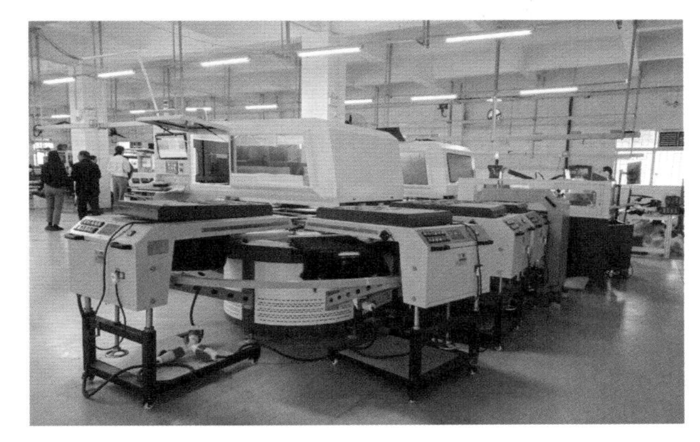

图 3-120　深圳全印椭圆形多工位数码喷墨印花机

（4）锦纶涤纶织物数码喷墨涂料印花免预处理低温固色工艺由珠海美路得研发成功（图 3-121）。

①工艺流程：织物→数码喷墨印花→固色（80～100℃，2min）→成品。

②主要特点：

- 无须喷涂织物预处理液，缩短生产流程。
- 低温固色，节省能源，减少废气排放。
- 印花颜色鲜艳、柔软度和透气性接近染料印花水平。
- 生产效率提高 100%～200%，印花成本低至 1.20 元/平方米。
- 符合《国家纺织产品基本安全技术规范》要求等。

（四）DTF 向全球服装印花市场蔓延

DTF（Direct to Film）指在 PET 膜上数码喷印图案再转印到纺织物上的一种间接印花方法，规范称为“数码喷墨热熔转移印花工艺”，俗称烫画。主要用于服装及服饰的局部印花，如 T 恤、卫衣、

图 3-121　美路得锦纶涤纶织物数码直喷涂料印花样布

鞋帽、手袋等产品。DTF 是在传统热熔转移印花工艺（柯式烫画）基础上将平版印刷图案转变为数码喷印，是融入数码喷墨印刷的一项新型印花技术（图 3-122）。

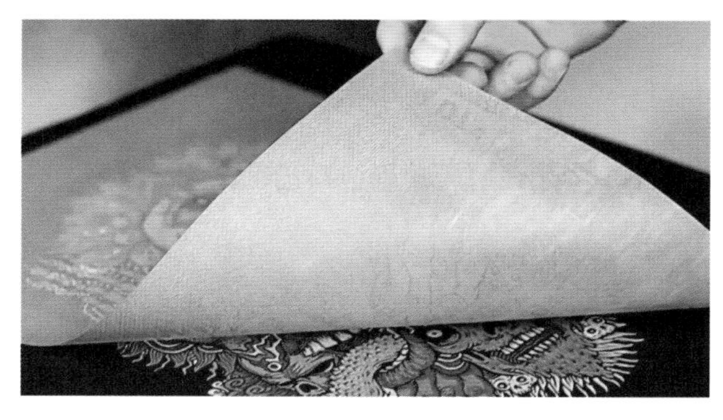

图 3-122　数码喷墨热熔转移印花

1. 起源

2017 年，深圳宝丽在 PU 水性膜上数码喷印水性彩墨后手工撒热熔胶粉烘干再对白色或浅色织物进行转印，在涂布热熔胶和白色涂层的膜上数码喷印彩墨烘干后对图案切刻、除废、粘贴转移对有色织物进行转印。工艺复杂、品质难控。2018 年 9 月，开始使用 PET 膜并研制撒粉烘干机。2019 年 10 月第 33 届 CSGIA 中国国际网印及数字化印刷展首先推出 DTF 工业级解决方案，为传统的热熔转移印花（柯式烫画）向数字化发展奠定了基础（图 3-123）。

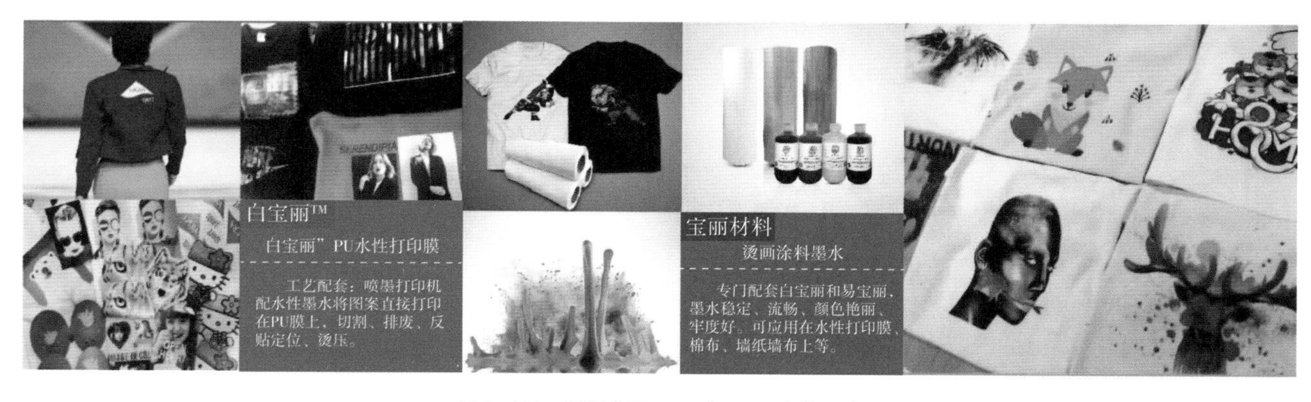

图 3-123　深圳宝丽 2019 年 DTF 宣传图片

2. 优势

DTF 具有几乎适用于任何类型纤维织物、无须对织物预处理和印花后整理的便利性、图案清晰、色彩鲜艳，生产流程短、速度快、成本低、占地面积小、投资少、能够个性化柔性化小单快反等优势，急剧蚕食着全球服装服饰数码直接喷墨印花市场的份额。美国是全球 T 恤消费最多国家，T 恤印花市场繁荣，DTF 的发展连年猛增。据了解，DTF 已占 T 恤印花产量的 50%（图 3-124）。

3. 发展

2019—2020 年，广东省一些数码喷墨印刷设备、涂料墨水制造企业联合浙江热熔胶粉制造企业将工艺不断完善，2020 年迅速在全国推广应用。DTF 设备器材和应用技术从 2020 年 11—12 月开始，逐渐向东南亚、欧洲、北美、日本、中东等国家和地区出口。然而，国外在绿色低碳方面深入研究，御牧（Mimaki）、兄弟（Brother）、理光

图 3-124 DTF 印花 T 恤

（Ricoh）、康丽（Kornit）也推出了自己的装备，柔软和透气性、牢度都在努力试验并推出各自的解决方案。PET 膜的可持续使用、可回收纸张取代 PET 膜、无热熔胶粉工艺等方面的也在不断试验中。我国在 DTF 工艺技术方面也在不断研发，如烫金、三维立体等复合印花工艺，高牢度、柔软、透气、免撒粉、免烘、无水工艺等，创新成果及水平远超国外（图 3-125）。

图 3-125 DTF 数码喷印机+撒粉烘干机

2024 年 DTF 发展大幅提升，据了解，河南印都数码科技有限公司 DTF 设备产量为 12000 套（数码喷墨打印机、洒热熔胶粉烘干机各 1 台为 1 套），出口占总产量的 83%，占中国出口 DTF 设备的 20%。浙江澳宇热熔胶粉产量约 5500 吨，同比增长 40%，出口、内销各占 50%，国内市场占有率约 40%。厦门巴藤南理的 DTF 设备器材在日本市场的占有率达 60%～70%。

数字成像行业国际权威评测机构 Keypoint Intelligence 的最新报告说，DTF 的采用率是服装服饰行业从未见过的，预测到 2027 年全球 DTF 将引领直接打印技术的未来。

（五）文化 T 恤发展迅速

文化 T 恤指具有一定文化元素图案的 T 恤，也称文创 T 恤、文化衫。

T 恤上承载图案的表现方式形成了 T 恤文化，而能够满足人们对 T 恤文化需求的物质实体是文化 T 恤，其是文化商品化的产物。T 恤穿着舒适、廉价，又没有贫富、年龄、性别、季节、场合的特殊限制，是全球人们穿着最多的服装。T 恤的实用性与美观性是服装业和消费者永恒的追求，作为人类文明与进步的象征，T 恤也成为一个国家、民族文化艺术的组成部分，形象地体现了人们的思想意识和审美观念的变化和升华。艺术家们设计出各自对世界和人类不同观感的图案，反映了消费者的兴趣、爱好、思想、时尚、品位和审美，这些反映精神文化的图案与 T 恤的物质文化融合形成了 T 恤文化以及文化 T 恤产品。文化 T 恤已成为全球最自由表达自我的服饰，与流行文化和商业的关系越来越紧密。2024 年，中国文化 T 恤市场在消费升级、个性化需求增强以及电商和社交媒体快速发展的推动下，呈现出蓬勃发展的态势（图 3-126）。

图 3-126 文化 T 恤

1. T恤品质普遍提升

环保意识的提高使消费者更加关注T恤的材质和生产过程，采用环保面料和可持续生产工艺的文化T恤将受到更多消费者的青睐。精梳棉纬编针织面料、270～280g/m^2、领口罗纹布宽度2.5～3cm成为消费者的普遍共识，高端产品向300～400g/m^2、成衣水洗零缩水率发展。例如，T恤成衣供应商肃宁星之光制衣有限公司、肃宁地球人针织制衣厂、肃宁县高灿针织厂、佛山嘉锦纺织有限公司等。广州潮牌积成店成功应用300～400g/m^{2}面料生产的文化T恤深受国内外消费者欢迎。

2. 向个性化与定制化需求发展

随着消费者个性化需求的日益增长，文化T恤市场应根据不同的喜好、风格以及特定场合的需求定制T恤，这就要求其具备灵活的设计和生产能力。上海AI设计图案软件降本增效效果显著（图3-127），厦门巴藤南理DTF在文化T恤个性定制中发挥了快反和一件起订的优势。

图3-127 AI生成图案的DTF印花T恤

3. 跨界合作带来新的市场机会

品牌T恤与不同行业的品牌或IP进行合作，推出联名款或限定款T恤，以吸引更多消费者并提升品牌影响力。例如，上海红纺文化代理的诞生于1995年的美国IP品牌大嘴猴（paul frank）联名T恤，由于图案幽默的趣味、朋友般的情感，深受人们的喜爱（图3-128）。

图3-128 IP品牌paul frank联名T恤

4. 文化T恤品种明确分类

经市场分析，已将文化T恤品种基本分类，对产品品质、图案设计、印花工艺的选择和价格控制发挥了作用，也促进了文化T恤的发展。目前分类如下。

（1）大众T恤：超市、集市等出售的大众化廉价印花T恤。

（2）团队T恤：团体、活动或工装等批量加工的印有标志和文字的T恤。

（3）广告T恤：企业、产品、活动、科普宣传等相关图文的T恤。

（4）标语T恤：表达思想、主张等口号文字的T恤。

（5）专题T恤：风景、植物、动物、体育、交通、武器等专项题材图案的T恤。

（6）运动T恤：健身、比赛穿着的有相关图文的T恤。

（7）俱乐部T恤：体育俱乐部专卖店出售的与运动员同款的T恤。

（8）纪念T恤：演出、会展、参观、活动等图文的纪念T恤。

（9）国潮T恤：中国元素图案的T恤。

（10）文化艺术T恤：影视、戏剧、音乐、舞蹈题材图案的T恤。

（11）艺术衍生 T 恤：以绘画、摄影、雕塑作品为图案的 T 恤。

（12）非遗 T 恤：传统扎染、蜡染或绣花等的 T 恤。

（13）AI 生成 T 恤：人工智能设计图案。

（14）变色图案 T 恤：光、温、湿角度变色、反光、夜光及香味。

（15）手绘 T 恤：在 T 恤上用颜料或染料手工绘制图案。

（16）礼品 T 恤：T 恤和图案定制。

（17）明星同款 T 恤：与明星穿着相同的 T 恤。

（18）高级定制 T 恤：按照个人对 T 恤和图案的特别要求定制的 T 恤（图 3-129）。

（19）C2M 个性化定制 T 恤：通过网络或实体店选择 T 恤、定制图案，经预览后下单，48~72 小时发货的 T 恤。

（20）IP T 恤：印有 IP 授权的标志和图案的 T 恤。

（21）IP 联名 T 恤：印有企业或产品与 IP 授权联名图案的 T 恤。

（22）限量 T 恤：限量发售的 T 恤。

（23）拍卖 T 恤：有收藏价值或慈善活动拍卖的文化 T 恤等。

图 3-129 高级定制文化 T 恤

5. 文化 T 恤消费市场

由于全球运动休闲生活方式的需求，T 恤市场规模显著扩大，将主导全球服装市场，其中有 90% 是印花的文化 T 恤。

在美国、加拿大和西欧等成熟的市场，文化 T 恤消费量与供应量相近，但中国、印度、俄罗斯和巴西等新兴经济体远未达到饱和的状态。全球市场将继续保持温和增长，其中最大的涨幅将在中国市场。

世界各国 T 恤消费量占比分别为美国 25%、中国 19%、英国 5%、印度 4%、日本 4%、德国 3%、加拿大 3%、韩国 3%、法国 2%、意大利 2%，其他国家占全球消费量的 30%。

据不完全统计，2022 年 T 恤人均消费量，美国为 15 件、中国台湾为 5 件、中国大陆为 2 件，2024 年中国大陆对 T 恤的消费总量约为 39.5 亿件（0~15 岁平均消费 4 件，计算为 10 亿件，16~59 岁平均消费 3 件，计算为 27 亿件，60 岁以上平均消费 1 件，计算为 2.5 亿件），年人均消费量为 2.8 件。2025 年预计消费量为 49 亿件，2030 年将达到 56 亿件。

三、发展趋势

近年来，中国服装印花行业在消费升级和技术创新的双重驱动下，呈现出蓬勃发展的态势。作为纺织印染产业链的重要组成部分，服装印花不仅赋予了纺织品丰富的色彩和图案，更成为时尚元素和文化元素的融合载体。在印花行业发展保持稳定的形势下，科技创新可引领未来发展趋势。

（一）降本增效的短流程数码喷墨印花

免去印花前的织物上浆、喷涂预处理液工序，生产效率提高、成本降低，节能并可减少污水排放。

（二）显著提高生产效率的 UV 烘干固色印花材料

匹布、裁片或成衣的网版印花、数码喷墨印花主要采用水性材料，印后 UV 烘干或固色时间缩短，生产效率可提高 3~5 倍。

（三）环保与可持续性印花技术

随着全球环保意识的增强和政策法规的推动，回收纤维、再生尼龙和生物降解聚酯纤维服装，可再生和生物降解的印花技术，环保与可持续性印花材料已成为中国服装印花行业的重要发展趋势。

（四）个性化与定制化需求将进一步增长

随着消费升级和消费者个性化需求的增加，未来服装印花行业将更加注重个性化与定制化的服务。通过数字化印花等先进技术，企业可以更加灵活地满足消费者的个性化需求，提升市场竞争力。

（五）绿色生产与环保技术将广泛应用

环保与可持续性将继续引领中国服装印花行业的发展方向，企业将更加注重绿色生产，采用环保材料和工艺，降低能耗和水耗，减少污染物排放。同时，政府也将加大对环保技术的支持力度，推动印花行业向绿色化转型。

（六）数字化转型与智能化生产将成为趋势

随着 5G、AI 等新技术的发展，服装印花行业将加快数字化转型的步伐，通过数智化生产设备和系统，企业可以实现生产过程的自动化、智能化和精细化管理，提高生产效率和产品质量。

中国服装印花行业在消费升级和技术创新的双重驱动下，正迎来前所未有的发展机遇。应积极把握行业发展趋势，加强技术研发与创新，提升产品品质与服务水平，推动绿色生产与可持续发展，加强品牌建设与市场推广，共同推动中国服装印花行业迈向更加美好的未来。

2024—2025 年中国缝制机械行业经济运行报告

中国缝制机械协会　吴吉灵　卢芳

2024 年，全球经济在不确定性中缓慢复苏，美国经济持续向好，欧洲经济逐步企稳，全球通货膨胀压力明显缓解，发达经济体开启降息周期，下游消费动力和补库需求逐步释放。我国集中推出一揽子稳经济、扩内需、促增长的组合激励政策，消费、投资、生产等发展预期逐步改善，为缝制机械行业平稳发展和转型升级创造了良好的内外部条件。

在协会“以进促稳，全面推进缝制现代化产业体系建设”年度主题引领下，行业企业积极应对挑战，抢抓发展机遇，深入实施“三品”战略，努力开拓内外市场，加快智能化转型，在 2023 年较低经济基数上，行业生产、销售、出口、效益等主要指标同比均实现由负转正、较快回升，取得了经济恢复性中速增长和高质量发展成效突出的良好成绩。

一、2024 年行业经济运行概况

（一）效益明显改善，质效平稳恢复

2024 年行业产销规模较快回升，带动企业质效明显改善。据国家统计局数据显示（图 3-130），前 10 月行业 276 家规模以上生产企业实现营业收入 266 亿元，同比增长 19.36%；实现利润总额 13.46 亿元，同比增长 52.25%；实现营业收入利润率 5.07%，同比增长 27.56%，较上年末提升 1.67 个百分点。规上企业百元营业收入成本 81.62 元，同比下降 1.20%，较上年末下降 0.91 个百分点；规上企业三费比重 9.72%，同比下降 6.11%，较上年末下降 1.09 个百分点。

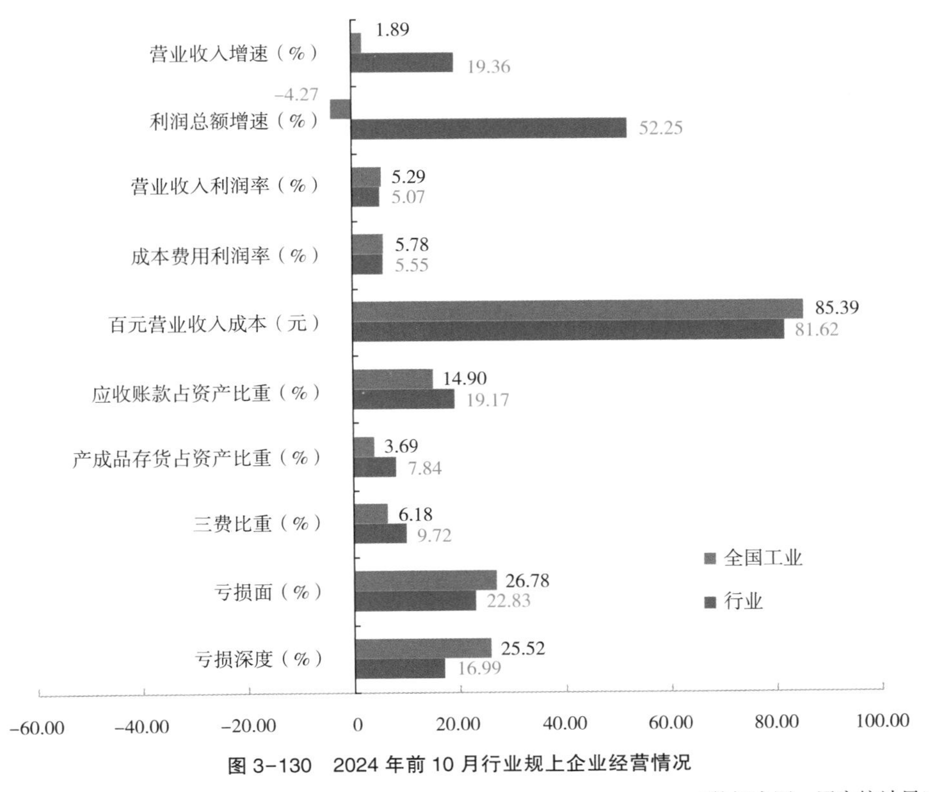

图 3-130　2024 年前 10 月行业规上企业经营情况

（数据来源：国家统计局）

2024 年行业亏损面进一步收窄，企业运行效率积极改善。截至 10 月底，行业规上企业亏损面 22.83%，较上年末收窄 5.75 个百分点；亏损深度为 16.99%，较上年末收窄 23.99 个百分点。规上企业产成品周转率和总资产周转率同比分别提高 23.31%和 16.32%；应收账款近 75 亿元，同比增长 3.62%，占当期营业收入的 28.18%，较上年末增长 4.13 个百分点。

（二）生产中速增长，自动机需求旺盛

受市场需求回升和企业补库带动，2024 年前 10 月行业生产整体呈现恢复性中速增长态势。据国家统计局数据显示（图 3-131），2024 年 1—10 月，我国缝制机械行业规模以上生产企业累计工业增加值增速达 7.9%，高于同期轻工生产专用设备制造规上企业累计工业增加值 4.8%的增速，亦高于同期国家规上工业企业累计增加值 5.8%的均值。

根据中国缝制机械协会统计的百家整机企业数据显示（图 3-132），前 10 月行业百家企业工业总产值 195 亿元，同比增长 24.29%；缝制设备产量 591 万台，同比增长 15.79%；工业缝纫机产量 413 万台，同比增长 15.84%。其中，电脑平车、包缝、绷缝、厚料、刺绣机等常规机种均呈现两位数中速增长，花样机、模板机等自动机呈现 30%以上的中高速增长。10 月末百家企业从业人员数同比增长 4.42%，生产能力持续恢复。

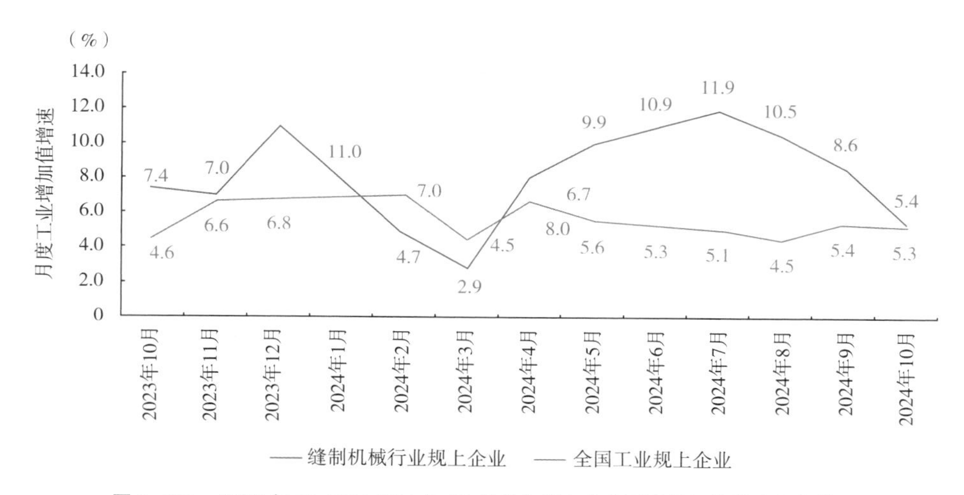

图 3-131　2023 年 10 月至 2024 年 10 月行业规上企业累计增加值增速变化情况

（数据来源：国家统计局）

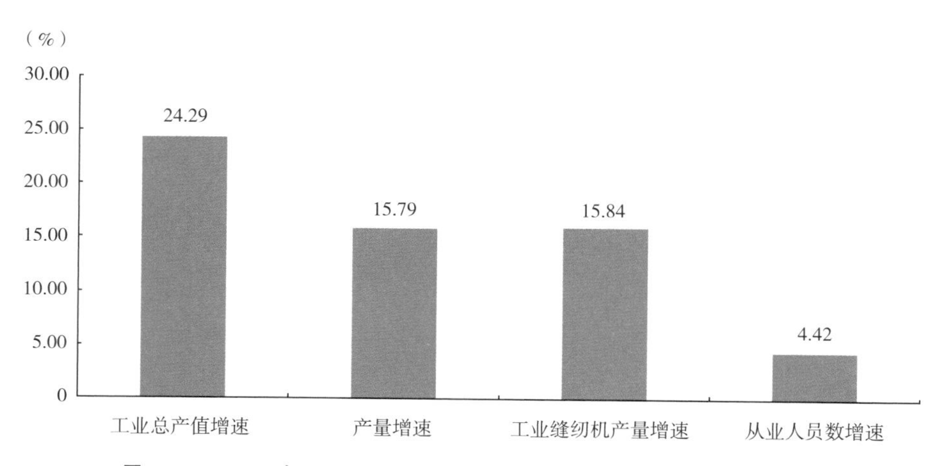

图 3-132　2024 年 1—10 月行业百家整机生产企业主要生产指标增速情况

（数据来源：中国缝制机械协会）

从行业月度百家整机企业工业缝纫机生产情况来看，2024 年行业生产较上年明显增长（图 3-133）。1 月企业主动补库，加大出口，行业百家企业工业缝纫机产量达 40.3 万台。2 月受春节假期影响，百家企业工业缝纫机产量回落至 26.9 万台。3 月，随着企业全面复工复产、积累订单需求释放和局部区域内外贸市场的较快回暖，百家企业工业缝纫机产量大幅回升至 48.2 万台。二、三季度受市场需求平缓回落的影响，行业百家企业工业缝纫机产量在 4 月稍有下调后再度平缓回升，产量稳定在 40 万台左右。10 月行业百家企业工业缝纫机产量达 48.3 万台，同比增长 21.71%。

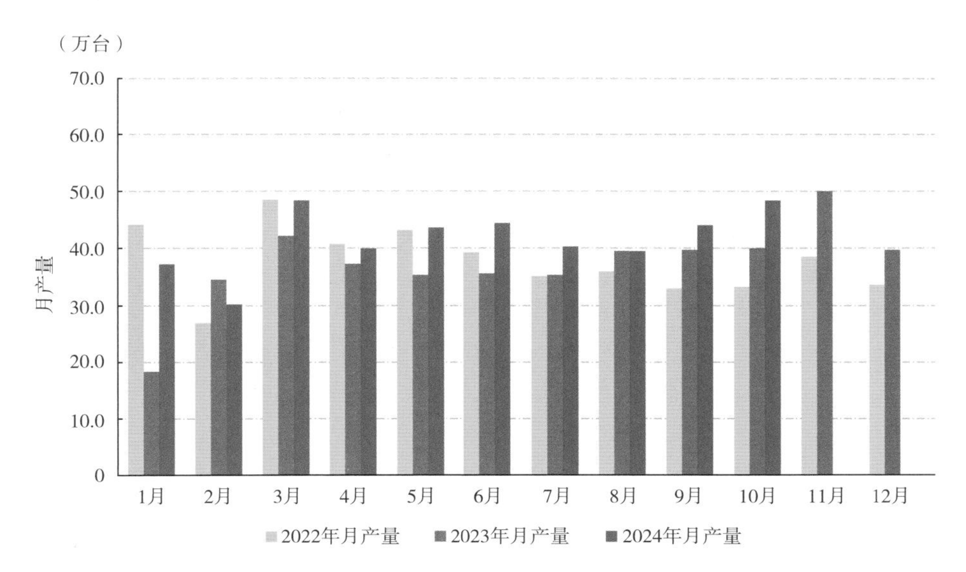

图 3-133 近三年行业百家企业工业缝纫机月产量情况

（数据来源：中国缝制机械协会）

2024 年前 10 月，行业缝制设备库存呈现整体下滑态势，百家整机企业缝制设备库存量从上年末近百万台的库存量降至 6 月末的 74 万台，再降至 9 月末的 66 万台（其中，工业缝纫机库存 47 万台），同比下降 17.45%，行业产品结构调整和清库减存成效明显，库存总体保持在相对合理的水平。10 月，企业普遍开启年末备货，行业百家整机企业库存量明显增加，月末升至 80 万台（其中，工业缝纫机库存 61 万台），同比增长 3.45%。

（三）内需明显回暖，销售前高后低

2024 年，国家一系列稳增长政策逐步发力，旅游经济旺盛带动箱包产业稳步回升，新中式服饰、汉服、羽绒服等品类需求火爆，运动户外品类增长强劲，下游鞋服等行业发展预期逐步改善，固定资产投资、服装零售和人均衣着消费支出等均有所增长。重点传统市场美国、欧盟等需求保持韧性，阶段性补库需求较快释放，对国内服装、家纺、制鞋、箱包等下游行业的生产、出口平稳发展形成了积极支撑，国内设备采购需求在上半年得到较快集中释放。云南省德宏傣族景颇自治州、保山市、红河哈尼族彝族自治州等区域市场积极承接内地纺织鞋服产业转移，设备采购需求激增。同时，缝制机械骨干整机企业加大高效智能设备研发和推广力度，通过参加专业展会、举办新品发布、强化技术服务、推动以旧换新等系列活动，深入终端，加大品牌营销力度，努力撬动存量市场。

据不完全调研和统计测算，在上年度较低基数基础上，2024 年，我国工业缝制设备内销总量预计将超过 210 万台，内销同比约实现 18%～20%的两位数中速增长。从季度情况来看，一、二季度行业内销增长明显，增速普遍达 30%以上；三季度受消费、订单、库存及工价等因素影响，用户开始对市场持谨慎观望态度，服装工厂对传统缝制设备的需求明显减少，但是对模板机、自动机等采购需求依然较旺，行业内销增速总体明显放缓。

另据海关最新数据显示（图 3-134），前 10 月我国工业缝纫机进口量 4.4 万台，进口额 7613 万美元，同比分别增长 38.38%和 18.33%；缝纫机零部件产品进口额 7137 万美元，同比增长 41.18%，显示出国内下游行业复苏对中高端特种缝制设备及自动化设备释放出较大的市场需求。

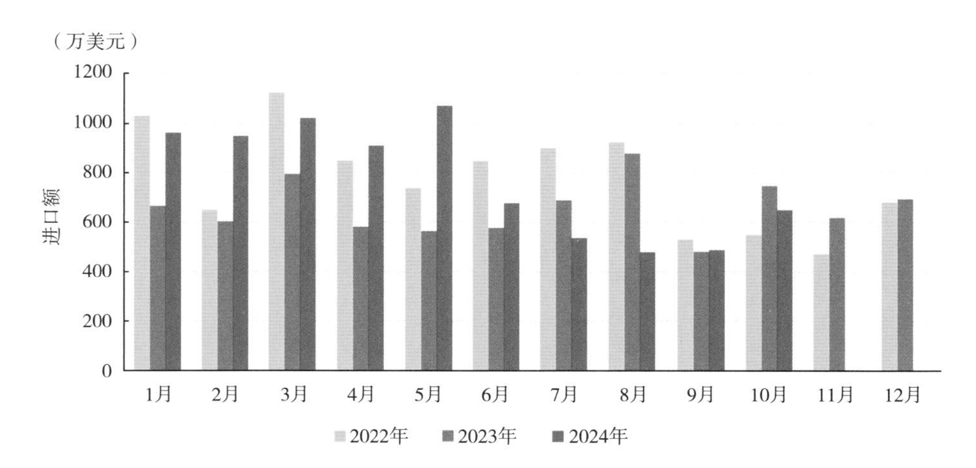

图 3-134　近三年行业月进口工业缝纫机产品金额情况

（数据来源：中国海关）

（四）出口稳步回升，主力市场增势强劲

2024 年，随着全球经济稳步复苏和发达经济体鞋服补库需求释放，南亚、东南亚国家联盟、非洲、拉丁美洲等部分区域市场需求有所回暖，越南、印度、柬埔寨、巴基斯坦、埃及、巴西等海外重点市场鞋服生产和出口普遍实现恢复性增长，有效带动了我国缝制机械产品出口稳步回升。据海关总署数据显示（图 3-135），前 10 月我国缝制机械产品累计出口额 27.85 亿美元，同比增长 16.62%，增速较上年大幅提升了近 30 个百分点。

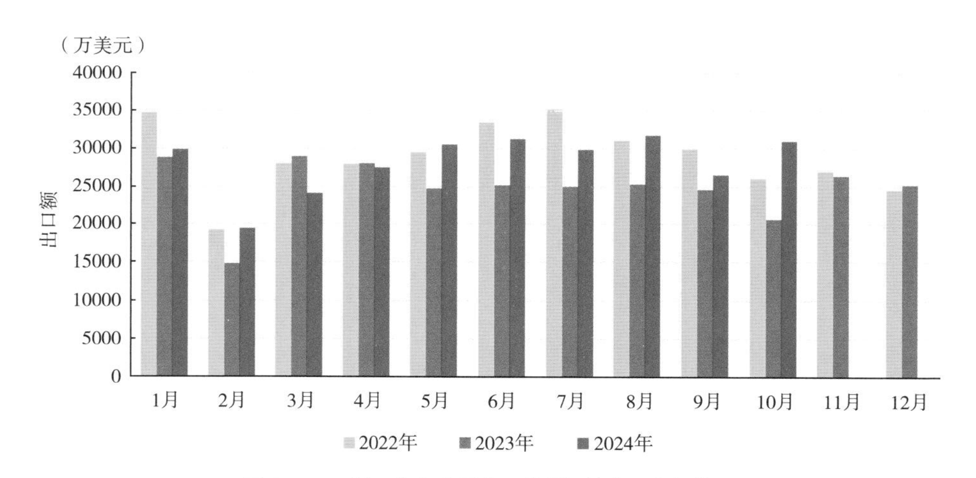

图 3-135　近三年行业月出口缝制机械产品金额情况

（数据来源：中国海关）

从月度出口走势来看，自 2023 年 12 月起，我国缝制机械行业月出口额增速由负转正。1 月行业出口额 2.96 亿美元，同比增长 3.86%；2 月受春节假期等因素影响，行业出口额降至 1.92 亿美元，

但同比依然增长 30.77%；3 月在全球通胀反复、资金紧缩和上年较高基数基础上，行业出口额 2.37 亿美元，同比下降 17.24%，呈现季末紧缩态势；二、三季度，全球制造业景气度和国际贸易持续改善，海外市场对缝制机械产品需求逐步回暖。5～8 月，行业月出口额均值保持在 3 亿美元以上，实现平稳回升。进入三季度末，全球经济延续复苏，但增长动能有所减弱，受地缘冲突加剧、美国大选、欧美主要经济体劳动力市场逐渐疲软等诸多因素影响，全球消费后续动力略显不足，下游用户逐步陷入观望态势，行业月出口额下滑至 2.6 亿美元，同比增长 8.70%，环比下滑 16.28%。10 月，欧美降息进一步提振市场信心，主要缝制设备市场需求加快释放，行业月出口额回升至 3.06 亿美元，同比增长 50.48%，环比增长 16.16%，呈现出加速回升态势。

从出口产品来看（图 3-136），前 10 月我国工业缝纫机出口量 390 万台，出口额 12.49 亿美元，同比分别增长 5.59% 和 13.61%。其中，自动类缝纫机出口量 261 万台，出口额 9.14 亿美元，同比分别增长 7.45% 和 17.11%，自动类产品在工业缝纫机中量值占比分别为 66.96% 和 73.14%，其量值占比较上年同期分别增长了 1.16 和 2.19 个百分点；刺绣机出口量 4.95 万台（出口均价为 2000 美元以上），出口额 5.31 亿美元，同比分别增长 15.94% 和 35.01%；缝前缝后设备出口量 165 万台，出口额 3.97 亿美元，同比分别增长 25.26% 和 14.13%；缝纫机零部件出口额 3.61 亿美元，同比增长 9.63%；家用缝纫机出口量 371 万台（出口均价 22 美元以上），出口额 1.86 亿美元，同比分别增长 22.86% 和 4.99%，行业各大类产品出口额均呈现增长态势。

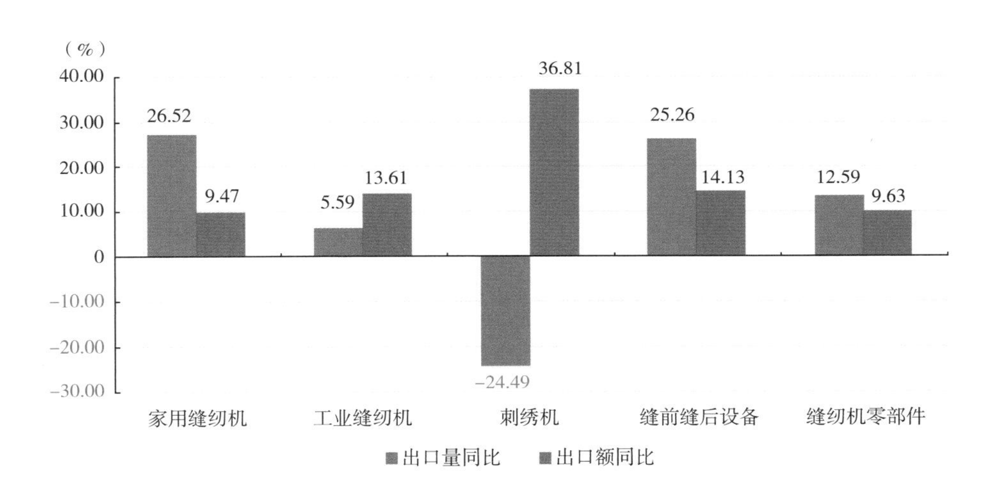

图 3-136 2024 前 10 月我国缝制机械分类产品出口指标同比变化情况

（数据来源：中国海关）

从出口价格来看（表 3-13），前 10 月我国各类缝制机械产品中工业缝纫机及刺绣机出口均价同比呈现增长态势，显示出行业出口产品附加值持续提升。其中，工业缝纫机出口均价 320.4 美元/台，同比增长 7.60%；2000 美元以上刺绣机出口均价 10716 美元/台，同比增长 16.45%。而家用缝纫机和缝前缝后设备出口均价同比则呈现出下滑态势。

表 3-13 2024 前 10 月我国缝制机械大类产品出口均价情况

产品分类	出口均价（美元/台）	同比（%）
家用缝纫机	26.6	-13.48
工业缝纫机	320.4	7.60
刺绣机	6738.9	81.19
缝前缝后设备	240.4	-8.88

（数据来源：中国海关）

从出口重点区域市场来看（图 3-137），2024 年前 10 月我国对亚洲、拉丁美洲、非洲市场出口缝制机械产品呈现增长态势，而对欧洲、北美洲、大洋洲出口同比呈现下滑态势。各区域市场中（图 3-138），我国对“一带一路”市场出口额 19.41 亿美元，同比增长 25.45%，占行业出口额比重的 69.70%，比重较上年同期增长 4.91 个百分点；对 RCEP 成员国市场出口额 8.25 亿美元，同比增长 38.69%，占行业出口额比重的 29.62%，比重较上年同期增长 4.71 个百分点；对南亚市场出口 7.33 亿美元，同比增长 42.85%，占行业出口额比重的 26.30%，比重较上年同期增长 4.83 个百分点；对东盟市场出口 7.23 亿美元，同比增长 52.38%，占行业出口额比重的 25.97%，比重较上年同期增长 6.09 个百分点；对西亚市场出口 2.13 亿美元，同比下降 10.81%；对欧盟市场出口 1.15 亿美元，同比下降 18.68%；对东亚市场出口 8872 万美元，同比下降 16.63%；对中亚市场出口 8324 万美元，同比下降 36.00%。

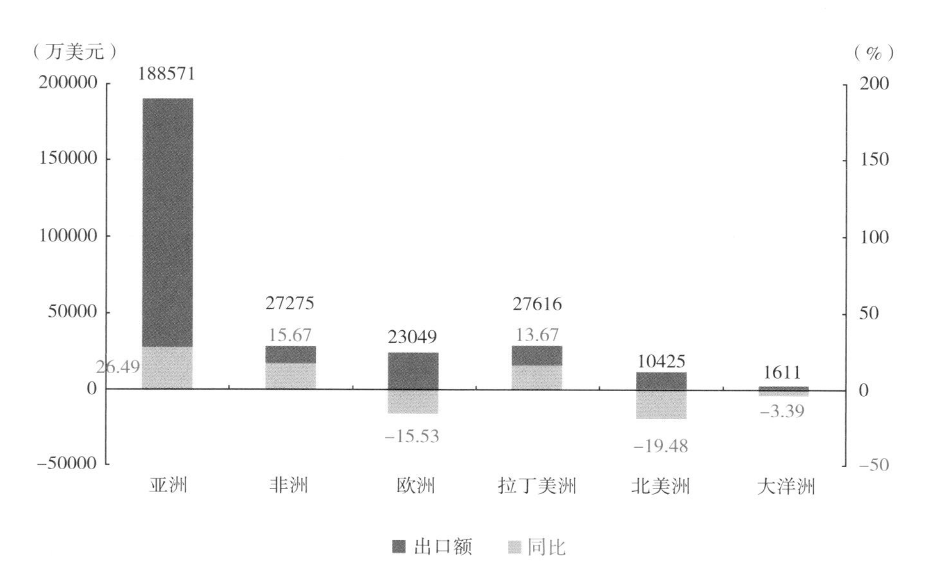

图 3-137　2024 年前 10 月我国缝制机械产品出口各大洲情况

（数据来源：中国海关）

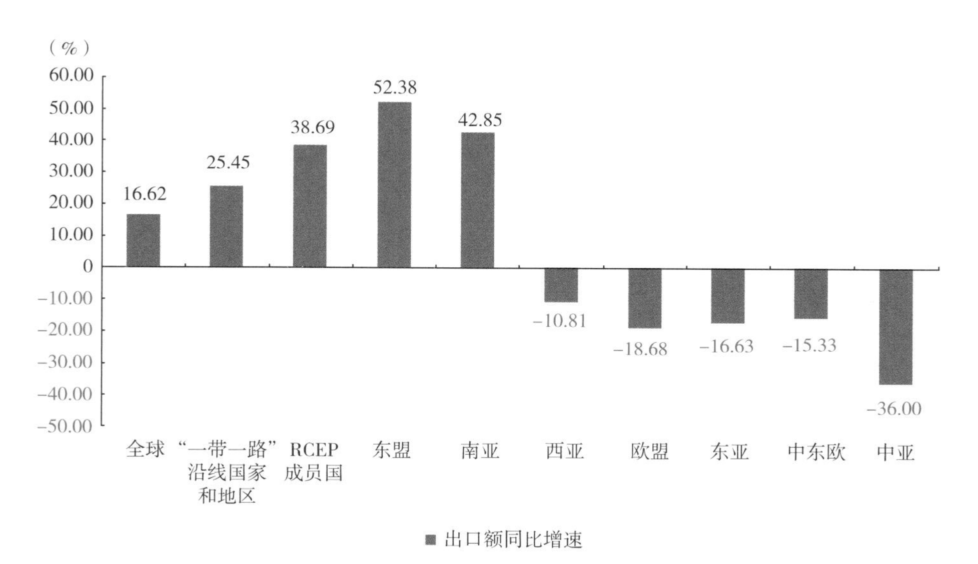

图 3-138　2024 年前 10 月我国缝制机械产品出口主要市场情况

（数据来源：中国海关）

具体分国别来看（图3-139），2024年前10月我国缝制机械产品出口204个国家与地区中，半数以上市场出口额同比正增长，行业前七大出口市场（印度、越南、巴基斯坦、巴西、孟加拉、印度尼西亚、柬埔寨）出口额同比均呈现两位数以上大幅增长。前20大出口市场中，13个市场出口额同比正增长，其中出口额同比增幅达30%以上的市场9个，出口额同比翻倍增长的市场1个（巴基斯坦）。

图3-139 2024年前10月我国缝制机械产品出口主要市场金额增长情况

（数据来源：中国海关）

二、2024年行业运行特点

2024年，面对复杂多变的国际形势和相对疲软的内外部市场，我国缝制机械行业沉着应对，坚持稳中求进，以技术创新和智能转型为主要抓手，深挖下游痛点需求，大力推进产品研发和迭代升级，努力撬动存量、扩展增量，推动行业在建设现代化产业体系进程中持续打造新质生产力。

（一）下游需求释放叠加行业周期，行业经济迈入恢复性增长

一方面，2024年全球通胀明显缓解，欧美降息逐步提振市场信心，发达国家消费需求平稳恢复和鞋服补库周期开启带动全球鞋服行业产销形势逐步好转，中国一揽子财政货币激励政策有效提振下游消费投资信心，企业设备更新升级和扩大生产的意愿增加。据相关统计显示，2024年前9月，越南、孟加拉国、泰国、印度、巴基斯坦、巴西、柬埔寨、埃及等主要海外国家服装生产、出口均实现个位数或两位数中速增长，中国服装、箱包、家纺、皮革等行业生产和出口也企稳回升呈个位数增长。前10月，欧美服装零售市场在通胀压力下消费保持稳健，中国限额以上服装、鞋帽、针纺织类商品零售额和穿类商品网上零售额保持个位数增长，服装行业投资实现同比增长17.5%。

另一方面，我国缝制机械行业自2022年开始连续两年周期性经济下行（2022年下降10.82%、2023年下降12.77%），2023年经济触底并回落到行业近十年来最低点，行业和市场均留出了一定的存量调整和增量拓展空间，同时下游自动化、数字化升级需求日趋迫切。根据行业市场周期性发展规律，2024年，行业即将进入触底回升的增长周期。

因此，2024年下游内外市场设备更新需求、积累的观望需求及自动化升级需求等得到集中释放，拉动我们的缝制机械行业迎来了较为明显的旺

季和回升。总体来看，行业一、二季度开门红，二、三季度内销放缓回落，三、四季度出口回升，形成内外需有效互补并共同支撑行业稳中有进的良好复苏趋势，与上年末相比，2024 年我国缝制机械营收增速预计大幅提升近 32 个百分点。

（二）产品需求明显分化，自动化缝制设备、刺绣机等快速增长

近年来，全球经济持续放缓，需求疲软，国际鞋服行业及缝制设备逐步进入存量市场，各国鞋服产业竞争日趋加剧。为降低用工和制造成本，提高生产效率和反应速度，以更大的成本比较优势和更精细的缝制质量获取订单，国内外下游鞋服行业加快自动化生产和数字化转型，对传统缝制设备的更新需求意愿不足，转而对自动化、智能化和更高效率、更高附加值的缝制设备需求加快释放。

协会的产销统计数据显示，2024 年下游鞋服市场对缝制设备的采购需求明显分化，传统平缝、包缝、绷缝等产品由于技术升级不明显，生产增速平均约为 20%左右，出口仅保持个位数增长；随着行业技术和资源不断向自动化赛道倾斜，自动化设备价格较快下降，技术不断成熟，实现了规模化生产，其效率高、品质稳定、代替人工等效应逐渐得到市场的认可，自动化市场加速进入爆发期。如电子花样机、360 度旋转机头模板机、全自动激光开袋机、自动贴袋机等产销同比增长普遍超过 30%，自动铺布机、智能裁床、智能吊挂系统等智能设备也继续保持两位数的稳定增长。电脑刺绣机方面，近年来通过速度升级、头数扩展和加装珠绣、绳绣等各种功能装置，大大拓展了刺绣机的应用领域，提升了刺绣效率，激发下游设备的更新换代需求，特别是海外印度和巴基斯坦经济较快复苏和市场的周期性需求强势释放，带动刺绣机产销和出口均超过 30%，有望创下历史新高。

（三）聚焦用户痛点加大科技创新力度，行业新产品、新品类加快涌现

面对相对疲软的下游市场，特别是消费者对个性化、快速响应的需求日益增长，我国缝制机械行业紧紧围绕“以用户为中心”，聚焦用户痛点，深挖增量需求，加大新质产品和解决方案的创新投入，以新爆品撬动存量市场，以新技术引领发展需求，取得了品种、品类的拓展和市场的有效增长。

例如，针对下游小单快返生产模式转型，特别是传统平缝机、包缝机等在面对厚、薄、弹、硬等混搭面料时常常出现卡顿、起皱、断针、断线等问题，2024 年，杰克针对性研发推出了包缝机过梗王、K7 全速过厚绷缝机、J6 快反开袋机等新产品，中捷研发推出了 B7510“包缝快返王”，美机研发推出了“过坎王”自适应数字包缝机，顺发研发推出了 A6、A7 智能平缝机，大森推出了 S7 智能包缝机，布鲁斯推出了“战车 5000”全新一代智能包缝机等快反产品。通过针对性的技术创新，行业成功开创了“快返缝纫机”这一新的品类。

再如，针对下游高效、高质量和数字化缝制需求，富山公司研发推出了新一代 V 系列智能缝纫机和智能夹线技术，解决了面线张力的数字化调整；舒普公司研发推出涵盖仓储、分拣、吊挂等为一体的整厂软硬件一体的智能化解决方案，以及新型绷缝机、H7 平缝机、激光开袋机等新产品；川田公司推出了压胶口袋机、全自动激光开袋机、厚料模板机等自动化产品。此外，相关骨干企业还研发推出了系列自动化、专业化、功能化缝制设备，如 LS9028 全自动免烫牛仔贴袋单元设备、差动平缝纫机、双头自动橡筋机、差动四针六线绷缝机、V10 柱式双针花样装饰缝专用缝纫机、D9 全自动开袋机、全自动全棉浴巾横缝机、PMES 智能生产管理系统、SF9813 智能钉扣机等。

（四）强化终端链接能力，撬动下游存量换代升级需求

2024 年，为推动行业和企业走出低谷，有效满足下游鞋服企业的创新发展需求，促进缝机和鞋服企业的协同发展、紧密合作，缝制设备企业将营销和服务的触角深入延伸至需求一线，以各种手段强化与终端客户的链接，提升品牌竞争力和市场

销量。

一是响应国家号召推动以旧换新。在国家扩内需及大规模设备更新政策指引下，缝制机械骨干企业主动出台惠企措施，助力国家政策走深、走实。如杰克、宝宇、南邦、三田等企业纷纷推出缝制设备以旧换新活动，旧设备最高可抵扣 1000 元；顺发推出 9915 全自动打扣机置换购机活动，给予产品优惠折扣等支持。

二是强化新品展示和品牌推广。企业通过举办新品展示会、技术交流会等活动，让下游用户近距离、高效率地了解最新技术和产品，为企业设备更新升级提供更快捷高效的服务。如杰克举办过梗王挑战赛，邀请用户参与体验；多乐公司开展“百城百展”活动，顺发举办全国百场用户大会，杰克、美机、耐拓、宝宇、大森等企业纷纷举办技术品鉴会或经销商年会，邀请用户交流推广缝制设备新产品、新技术。

三是加强终端服务，提升服务质量。杰克、美机、中捷、顺发、南邦、耐拓等企业深入鞋服产区开展上门快速巡检服务等活动，近距离了解设备使用和客户痛点需求，帮助用户掌握日常维护和故障排查小技巧，以专业的服务和坚定的承诺不断创造客户价值。此外，杰克、中捷等服务团队在全球开展技术交流会，美机“品质 365 · 服务零距离”服务频道正式上线，杰克、布鲁斯等开展维修工服务技能大赛活动等，不断将服务贴近终端市场。

四是参加专业展会，加大内外渠道布局。展会平台是企业连接用户、展示形象、开拓市场的重要渠道，2024 年骨干企业加大专业性展会参展力度，先后赴德国、日本、印度尼西亚、巴基斯坦、斯里兰卡、土耳其、孟加拉国、巴西、乌兹别克斯坦、俄罗斯，以及国内深圳、武汉、青岛、上海等地参加专业缝制设备展览会。同时，伴随全球纺织服装产业转移和产业链重构，企业纷纷扩展海外市场布局，加快品牌、服务出海。如宝宇在越南设立营销分公司和 4S 店，杰克正式在柬埔寨设立办事处，中捷俄罗斯代理焕新开业，杰克、美机、中捷等企业还将技术培训向海外延伸，提升海外服务人员的技术水平和服务能力。

（五）市场竞争激烈，企业从卷价格向卷技术品质、卷价值积极转型

经过多年快速发展，目前国内外缝制设备市场均已进入存量博弈阶段，骨干企业产能普遍过剩，与 2021 年行业高峰时期相比，2024 年缝制设备市场总体仍较疲软，初步估算，行业工业缝制设备产能过剩度为 25%～30%。有限的市场、过剩的产能，导致行业竞争较为激烈，内卷现象逐步加剧。

可喜的是，在高质量发展指引下，企业的发展理念持续转变，竞争已不再是简单、粗放、单一的价格战，而是不断转向依靠技术创新、质量提升和为客户创造更大价值的精细化、良性的综合性竞争，行业骨干企业，如杰克等通过技术创新、打造爆品、狠抓品质，产品单价不降反增，品牌竞争力大幅增强，实现利润增长 40%以上。杰克、舒普、美机、鲍麦等企业纷纷在智能缝制工厂解决方案的研发和推广上发力，大力推进鞋服企业数字化转型。各中小缝制设备企业也纷纷深挖用户需求，研究缝制工艺，细分下游市场，转向个性化、高价值的开袋机、贴袋机、模板机、接橡筋机、智能裁床等诸多自动化设备研发创新和定制，为客户提供更具价值、更具个性化的自动化缝制解决方案。在如今市场形势下，各企业思考更多的是如何从同质化转向差异化，如何打造自身的产品特色和竞争新优势，如何在存量市场博弈中找到属于自身的蓝海市场和第二增长曲线，积极推动新质生产力培育和企业发展行稳致远。

三、2025 年行业发展趋势

2025 年，是新经济发展周期、地缘政治周期和技术变革周期三期叠加之年，外部形势依然充满较大的不确定性。随着全球通胀率稳步下降，降息周期有望持续推进，宏观经济及消费市场将不断出现改善向好的态势。但在全球经济总体增长动能不足、地缘政治紧张局势持续等制约因素增多的形势

下，我国缝制机械行业在保持相对稳健发展的态势下也将面临诸多挑战。

（一）行业面临形势

1. 发展机遇

全球经济继续缓慢复苏。根据国际货币基金组织（IMF）最新预测，2025 年全球经济增速为 3.2%，与 2024 年持平；经济合作与发展组织（OECD）预测 2025 年全球经济增速达到 3.3%，小幅高于 2024 年，预测均显示出全球经济仍处于一个持续性的低增长过程。西方发达经济体金融风险和经济衰退风险逐步消退，通胀有望继续保持回落，降息的政策利好有望在上半年传导至实体经济。美国经济有望软着陆，经济增长预计接近 3%；欧洲经济增长依然缓慢，主要经济体预计增长 1%左右；中国将推出一揽子更加积极、更加给力的财政及增量政策，极力扩内需、稳增长，培育新质生产力，微观主体信心有望不断增强，在诸多经济政策加持下，有望推动经济持续回升向好，预计国内生产总值（GDP）增长继续维持在 5%左右。

鞋服产业转移及产业升级。产业转移和产业升级将成为未来鞋服产业的两种并行发展趋势，也是拉动缝制设备行业增长的重要动力。随着国际地缘政治紧张局势加剧和全球纺织服装第五次产业大转移的持续推进，鞋服供应链呈现近岸化、区域化发展，高度依靠成本驱动的鞋服产业向东南亚、南亚、非洲、南美洲等地区分散的趋势持续加快。鞋服产业的再转移和格局再调整，将会逐步激活现有存量市场格局，通过下游新建厂房、新增产能、扩大投资，持续产生大量新的缝制设备升级换代和整厂解决方案的发展需求，为我国缝制机械产能释放提供了新的发展机遇；随着国际竞争格局的演变和鞋服行业的转型升级，各国鞋服行业将以自动化、数字化转型为抓手，降低成本，提升效率，巩固自身产业链国际竞争新优势，特别是加速演变中的小单快反及个性化定制生产等模式，将对高品质、自动化、智能化缝制设备、生产线及数字化解决方案需求持续加大。

下游重点市场趋势向好。从国内鞋服行业来看，为巩固提升我国鞋服产业链国际竞争力和快速反应优势，预计各地政府将加快打造先进的鞋服产业集群，深入实施大规模设备更新政策，推动鞋服行业改造升级，并向品牌化、高端化转型。从国外重点市场来看，中印关系有望重回稳定发展轨道，印度、越南、巴基斯坦、柬埔寨、孟加拉国、印度尼西亚、巴西、埃及等重点市场在欧美的市场份额不断提升，有望延续 2024 年产销增长态势，不断承接产业转移并持续加大对鞋服产业的支持力度，对我国缝制设备出口的扩大将持续带来利好和机遇。

2. 面临挑战

大国博弈、贸易保护等挑战。缝制设备的发展与下游鞋服等行业的产业布局、经济发展、结构调整等密切相关。当前大国博弈加剧，国际贸易保护主义迅速抬头，对成本、关税和劳动力等极度敏感的鞋服行业影响巨大。新一届美国政府上台后拟计划对中国商品全面加征 10%的关税，一方面将导致我国缝制设备对美国的直接出口成本加大、数量下滑，另一方面还将导致鞋服外贸订单向外转移、鞋服加工产业萎缩和缝制设备内销市场下滑，对主要依靠内销的缝制设备企业势必造成阶段性重要影响，相关企业将不得不面对被动出海等所带来的各项挑战。印度 2025 年 8 月将把电脑刺绣机全面纳入 BIS 标志认证范围，我国电脑刺绣机出口印度可能也将要付出更大成本。

下游消费需求总体疲软。随着通胀下行、资金缓解及地缘冲突的逐渐明朗化，全球鞋服行业的消费需求有望逐步改善。但是鞋服作为非必需品和耐用品，加之全球鞋服行业产能总体过剩，受经济低迷、就业、收入、发展预期等诸多因素的潜在影响，从欧美市场 2024 年鞋服产品的进口状况和中国鞋服的生产、零售数据等来看，鞋服行业产销、出口恢复得非常缓慢，均显示出需求动力不足，消费相对疲软，短期内难以大幅提振。因此，在这种相对疲软低迷的市场发展形势下，传统量大的缝制设备更新意愿难以被大面积有效激发，我国缝制机械仍主要依靠技术进步来不断挖掘市场潜力和创造新需求。

（二）行业发展展望

2025年是“十四五”规划收官之年，更是为“十五五”规划开局做准备的关键时期。面对各项压力挑战，我国缝制机械行业应保持战略定力，把握战略机遇，坚持稳中求进，加快结构调整，立足科技创新，打造新质生产力，努力构建行业新的增长方式。

1. 经济发展趋势

2025年，在全球经济运行保持稳定和通胀降息持续推进的大环境下，预计全球进口需求和贸易量将稍好于2024年。我国缝制机械行业主要运行指标有望延续2024年的回升势头，继续保持中低速增长态势，行业依然具有较大的发展空间和潜力。

从内销来看：在国家更加给力的各项财政货币政策的支持下，预计国内消费预期不断趋稳，实体经济信心积极恢复，社会消费品零售增速有望小幅回升，鞋服、箱包、皮革、家纺等行业的产销形势将保持相对稳健发展。在美国加税预期影响下，上半年鞋服等行业可能出现的“抢出口”现象有望在一定程度上激发缝制设备更新需求，我国缝制设备内销与上年相比，有望保持小幅增长或持平；下半年随着加征关税影响实体经济，国内鞋服行业将遭遇明显挑战，缝制设备内销有望逐步趋缓，甚至趋于下行。全年来看，预计缝制设备内需与上年相比持平或小幅下行。

从外贸来看：受惠于国际纺织服装产业转移和中美博弈加剧等外溢影响，国际纺织服装采购商和品牌商正加快推进“中国+1”战略布局，欧美鞋服订单正加快向中国以外的低劳动成本地区转移，海外鞋服产业规模和缝制设备市场容量不断增大。特别是随着国际鞋服行业竞争的加剧，近年来外贸市场对自动化、智能化等中高端产品的需求呈现较快增长态势，我国行业出口产品单价和附加值也持续稳步提升。预计行业外贸将延续2024年的恢复性回升势头，继续保持两位数的中速增长，外贸额有望创下历史新高。

2. 产业发展趋势

差异化、个性化发展。缝制设备企业将加快从以“产品、市场”为中心向以“用户为中心”转变，进一步细分产业赛道，加快差异化和个性化创新，提供真正能解决用户痛点的差异化技术和个性化解决方案，不断从技术、品质、市场、服务等方面努力构建真正的差异化核心优势，全方位提升服务能力和竞争能力。

品牌化、高端化发展。瞄准德、日等国际先进技术水平和中高端市场，加强基础技术研究，突破高端产品瓶颈，以数字化、智能化转型为抓手，实施弯道超车，打造引领国际的高品质智能设备，实现向中高端市场的跃升，努力向中高端市场要增量。加大品质提升和品牌培育力度，努力塑造品牌差异，强化品牌营销创新，以极致的产品、极致的服务让品牌影响直达客户，抢占客户心智。

数字化、绿色化发展。骨干如杰克、舒普、美机、中捷、富山等企业依托大数据、物联网、云平台、图像视觉、智能传感、AI等先进技术，积极打造“工业互联网+产品+生产性服务”龙头企业，为用户提供软硬件一体化的数字化整体解决方案，推动下游鞋服企业打造数字绿色工厂和新质生产力。

服务化、全球化发展。深入贴近用户需求发展，以硬件制造带动软件研发，从单一产品向解决方案延伸，通过个性化定制、平台化服务，不断创造服务价值，积极向服务型制造转型。紧跟国家“一带一路”倡议，进一步将营销服务资源向海外倾斜，加快从单一产品出海模式向品牌出海、服务出海、运营出海，甚至国际化运营模式转变，持续提升海外市场的配送、本土化服务和快速响应能力，不断融入全球价值链，锻造企业国际化经营能力。

3. 创新升级方向

聚焦缝纫质量和面料适应性创新。在服装个性化、面料现货化的快反趋势下，通过加强基础理论和缝纫工艺研究，深入应用独立驱动、多步进控制、精密传感和 AI 等先进技术，不断优化机械结构和创新驱动方式，研发具有自感知、自适应、自调整、自监测等特征的智能化单机产品，不断提升产品的智能化、面料的适应性和缝纫线迹的品质，不断创新升级智能快反类中高档平缝、包缝、绷缝及特种机等主导性产品。

聚焦自动化、智能化、绿色化发展。综合应用激光、智能传感、图像视觉、机械手抓取、自动控制等技术，针对关键、复杂的缝制工序和工艺痛点，研发各类通用或专用的全自动缝制单元设备，不断优化构建智能高效经济的牛仔、衬衣、T 恤、外套、箱包、鞋帽等自动化柔性生产线，进一步解决用工难、技术工人短缺、生产效率不高、缝制质量不稳定等痛点需求，推动缝制环节少人化、无人化。开展缝制设备减碳路径研究，研制绿色缝制机械驱控技术，提高缝制设备能效等级，重点企业持续导入 ESG 体系，构建研发、生产、产品的全链路低碳环保运营体系。

优化提升全数字化智能工厂解决方案。在局部试点试验的基础上，加强与下游企业的创新协同和定制化合作，综合应用 AI、大数据、物联网、云平台等技术，加强各类软件研发和集成应用，不断优化控制算法，构建数字化管理平台，打通缝前、缝中、缝后的数据链条，研发适应大、中、小鞋服企业的各类数字化工厂解决方案，推动整厂数字化应用走深走实。

第四部分　专题篇

乘改革之势，开锦绣新篇

中国纺织工业联合会会长　孙瑞哲

执一而应万，握要而治详。生产力是最革命、最活跃的因素。新质生产力的发展决定着行业发展的性质和方向。形成和发展新质生产力既是发展命题，更是改革命题。习近平总书记指出，发展新质生产力，必须进一步全面深化改革，形成与之相适应的新型生产关系。当前，进一步全面深化改革的时代征程已经开启。发展新质生产力，融入与之相适应的新型生产关系，从思想观念、利益格局到发展方式，行业都在经历重大转变。要把握问题本质，厘清前进方向，需要我们立足产业实际、融入时代潮流，在生产力和生产关系的矛盾运动中思考行业的价值和方向。

一、认识中国纺织在国民经济中的特殊性与重要性

中国纺织工业是改革开放的先行者，与时俱进，与时代同频。满足人民对美好生活的新期待，推进国家富强、民族复兴、人类幸福始终是纺织工业的责任与使命。在全面深化改革的新时期，中国纺织融入中国式现代化实践，实现了规模总量的跨越增长和发展质量的显著提升，在国民经济中彰显着特殊价值。

(一) 创价值，中国纺织是经济社会发展的稳定力量

作为实体经济的重要组成，纺织工业在保障民生福祉、稳定宏观经济大盘中发挥着“压舱石”的作用。行业纤维加工总量稳定在6000万吨以上，以高品质、多样性的供给满足着人民美好生活需要。中国服装年产量超700亿件，可为全球每人每年提供约8.75件衣服。2023年，中国纺织服装贸易占全球纺织品服装贸易比重达35.6%，连续30年居世界首位。2024年前三季度纺织品服装贸易顺差达2189亿美元，占全国商品的比重为31.75%。稳定外贸，创造外汇，纺织行业发挥着建设性作用。2024年前三季度规上纺织企业用工488.7万人，占制造业比重达7.47%。行业中小微企业占比达到99.8%，在吸纳就业、增加收入、保障民生方面彰显巨大价值。产业转移和跨区域合作，有效激活老少边穷地区发展潜力，为维护边疆社会稳定、民族团结作出积极贡献。

(二) 提质效，中国纺织是产业结构升级的重要引擎

纺织行业关联农工贸，促进三产融合，纺织服装为产业结构从农业经济向工业经济、从劳动密集向技术密集、从封闭体系向开放生态跃迁提供了重要阶梯。纺织行业集成材料创新，工艺创新、装备创新，包含研发设计、资本运作、营销管理，是先进制造和高端服务的重要载体。2024年共有5家涉纺企业跻身《财富》世界500强，14家上榜《财富》中国500强，35家入选中国民营企业500强，专精特新企业持续涌现。自立自强，向新向高。纺织行业高性能纤维产能占全世界的比重超过三分之一。纺织机械自主化率超过75%，高端装备关键基础件国产化率超过50%。产业用纺织品2023年产量稳定在1900多万吨。智能制造、绿色制造快速发展，“万物可织”趋势更加明显。行业与生物经济、大健康、深海深空、新能源等行业的交融中发展新兴产业、未来产业。

(三) 拓影响，中国纺织是促进融通发展的关键载体

中国纺织行业是服务全球发展的中坚力量，在世界纺织版图中的枢纽地位、辐射范围、外溢效应

持续强化。据不完全统计，目前我国纺织业境外投资超过100多个国家和地区，有效带动了相关区域的产业发展，推动南南合作、南北合作。阿拉伯国家、东盟、中亚、非洲等新兴市场成为产业合作的广阔蓝海。行业在“一带一路”建设中打造了中泰新丝路、塔吉克斯坦农业纺织产业园、柬埔寨国家级纺织产业园等众多标志性工程，不断拓展更高水平、更具韧性、更可持续的共赢发展新空间。从产品出海向品牌出海延伸，从产能出海向供应链出海延伸，从企业出海向集群出海延伸，行业正在进入“新航海时代”。企业通过建立海外研发中心、海外兼并、国际合作等多种形式利用外部创新资源，增强创新能力，促进共同发展。中国纺织的国际影响力、凝聚力不断增强，有力推动国家和区域经济往来、文化交融、民心相通。

2024年以来，纺织行业坚持稳中求进工作总基调，围绕扩内需、优结构、提信心、防风险，积极发挥系列存量增量政策效能，加快推进产业转型升级。产业主要经济指标明显回升，发展预期持续改善，积极因素累积增多，经济运行稳中有升。企业生产保持增长。2024年1—10月，纺织行业（不包括纺机部分）工业增加值同比增长4.4%。国内需求持续恢复，外部需求总体好于预期。1—10月，全国限额以上服装、鞋帽、针纺织品类商品零售额同比增长1.1%；纺织品服装出口额2478.9亿美元，同比增长1.5%。发展质效显著提升。1—10月，规上企业营业收入同比增长4.4%，利润总额同比增长9.7%。企业信心有所提升，有效投资持续扩大。1—10月，纺织业、服装业、化纤业固定资产投资完成额同比分别增长15.2%、17.5%、5.9%。

我们要冷静看待当前运行，态势可喜，仍存压力。国际环境依然复杂严峻，国内需求依然偏弱，部分企业经营困难。在进一步全面深化改革的进程中，行业如何巩固增强经济回升向好势头？如何继续发挥好稳定经济的作用？回答好这些问题，需要我们实事求是，立足产业发展周期，在更大背景下分析形势、理解产业、发掘机遇。

二、理解百年变局下纺织行业面临的新挑战与新变革

联合国将2025年指定为“量子科学与技术年”。这既是对科技价值的时代标注，也是对全球发展的深刻隐喻。当今世界，变乱交织，处于“量子叠加”状态，多种可能的未来同时存在，直到被观测才“坍缩”到一个确定状态。全球发展，复杂关联，面临“量子纠缠”现象，各种看似不相关的现象有着深层关系。全球经贸竞合，科技产业变轨，市场需求更迭，行业处于复杂系统，面临深刻变局。

（一）在复杂的国际环境中统筹发展与安全

当前，全球经济增长仍然乏力。摩根士丹利2024年11月报告预测，2025年全球经济增长将适度放缓，未来几年增长率接近3%。预期的不确定、不稳定，削弱了消费能力和市场信心。2024年10月，世界贸易组织（WTO）将2025年全球商品贸易增长下调0.3个百分点。麦肯锡研究显示，发达市场约40%的消费者为寻找更好价格而转换零售商。贝恩公司预测2024年全球奢侈品市场15年来将首次放缓，同比下跌2%。国际纺联（ITMF）第28次调查显示，需求疲软是行业的主要挑战。

单边主义、保护主义蔓延，很多国家的经贸政策开始倾于“内向”，经济全球化遭遇逆流。2023年，世界开放指数同比下降0.12%，开放度呈现震荡收缩趋势；2020—2023年，全球贸易干预措施数量超过4700项，显著高于2020年之前的水平。特朗普再次当选美国总统，进一步加深市场对未来贸易政策走向的忧虑。从意图对中国加征10%关税、对墨西哥与加拿大征收25%关税，再到威胁对金砖国家征收100%关税，特朗普不断释放增加关税的信号。欧洲开始变得更加保守。《欧盟营商环境报告2023/2024》显示，2023年，32.84%的中国受访企业认为欧盟营商环境出现恶化。逆全球化思潮正在影响全球产业的健康发展并有强化倾向。

地缘政治、大国博弈愈演愈烈，冲击全球产业链供应链合作，经贸问题政治化仍在加剧。2024年11月，欧盟理事会通过《欧盟市场禁止强迫劳动产品条例》。跨国公司正在加快调整采购战略、分散投资，离岸制造、回岸制造、近岸制造、友岸制造广泛发展。根据贝恩调研结果，81%的高管表示“战略回流”是未来采购计划的核心。创新体系的割裂化、对抗化也在增强。2024年12月2日，美国发布新一轮对华半导体出口管制措施，强化对中国的技术封锁、科技遏制。行业发展面临新的安全形势和创新环境。

（二）在激变的科技革命中把握方向与节奏

全球科技创新进入空前的密集活跃期，前沿技术深度融合，颠覆性、变革性创新重塑物质、能源、信息体系。未来十年，35%的石油化工、煤化工产品可被生物制造产品替代。过去两年，人工智能（AI）生成的数据量超过人类过去150年的创造。从能源、材料到制造、认知，行业正在经历要素成本结构之变、国际分工格局之变。AI与机器人在提升全要素生产率方面表现出巨大潜力。研究表明，工业机器人渗透度每增加1%，企业劳动力需求下降0.18%；国际货币基金组织（IMF）认为，AI将影响全球40%的工作。麦肯锡预计，到2030年超过20%的制造任务由AI和机器人完成。波士顿数据显示，美国制造业引入AI和自动化技术，到2025年生产成本预计降低18%。产业未来的竞争优势，来自人才与算力的综合。全球产业转移的流向将可能发生逆转。

全球科技创新和竞合的战略性更加突出。美国政府2025财年计划投入990亿美元用于推动未来尖端技术、产品和服务创新。欧盟《“地平线欧洲”2025—2027年战略计划》将绿色转型、数字转型，建设更具韧性、竞争力、包容性和民主的欧洲作为研究资助的战略方向。我国在关键材料、高端装备领域依然存在短板，在新兴领域面临压力。数据显示，美国聚集全球60%顶级人工智能机构，斯坦福大学全球人工智能实力排行榜上中美的差距在扩大。另外，随着“技术奇点”加速临近，AI、量子科技、基因编辑等创新正在带来失控失序风险，如AI造成信息茧房、数据安全、算法偏见、虚假信息、发展鸿沟等问题。《2024年全球风险报告》将AI产生的负面后果列为全球十大风险第二位。行业要把握新一轮科技革命机遇，适应和化解科技创新带来的问题挑战。

（三）在多元的市场调整中定位产品与价值

数字经济的发展，推动形成高度融通、广泛连接的全球消费市场。充盈的供给、完善的物流、透明的信息，缩短时尚周期、加速产品迭代；文化的演进、社会的变迁、观念的激荡，促进场景细分，构筑需求长尾。趋势趋同与特性特写平行并置，市场多元一体，错综交融。

在外部环境与消费主体的叠变下，市场的底层逻辑正在重塑。质量与功能兼顾、品牌与个性并重、价格与价值相符的综合衡量，成为消费决策的重要标准。精研型消费蔚然成风。《2023消费趋势观察》显示，“质价比”“精致省”成为越来越多消费者奉行的观念。“平替”成为趋势，白牌大量崛起。

产品价值开始突破品质、品牌的范畴，成为与满足需求相关的全部感知及意象的集合。让产品蕴含情感，让消费成为记忆，与消费者共情成为重要的方法论。根据软件营销部队（Salesforce）的研究，84%的消费者表示，个性化体验对他们的购买决策有很大影响。以情绪价值为核心的悦己消费、体验经济等快速崛起。天眼查专利数据显示，截至目前，国内市场上与“情绪”相关的专利超过3700项。从吉利猫（JELLYCAT）毛绒玩偶的爆火、甘肃省博物馆“麻辣烫”文创的热销，到泡泡玛特（POPMART）凭借“潮玩IP+盲盒”模式成功出海，消费者追求的并不止于商品本身，还有衍生出的精神愉悦。以区域首店、行业首牌、品牌首秀、新品首发为代表，“首发经济”通过打造“人货场”的新场景，满足消费者的新鲜感、好奇心，日益成为流量和销量的保障。以参与性、互动性、趣味性为核心，社群经济、打卡经济、陪伴经济等新模式蓬勃发展；以道德感、认同感、价值感为内容，绿色经济、普惠经济、国潮经济等新领域方兴未艾。行业发展需要围绕市场之变。

身处旷野，方向比努力更重要；面对未知，问题比答案更深刻。面对宏阔的时代之变，重要的是要建立系统，而不仅仅是目标。我们需要立足大局、把握大势，抓主要矛盾，看关键变量，谋未来发展。

三、把握新质生产力发展中纺织行业的新特征与新内涵

以全要素生产率大幅提升为标志，新质生产力推动纺织产业摆脱传统增长方式和价值路径，形成新的反馈回路和要素结构。在“技术创新—要素配置—产业变革”传导中，以高科技、高效能、高质量特征，加速形成纺织产业的新质态。

（一）凝聚创新价值，纺织是科技产业

科技创新能够催生新产业、新模式、新动能，是发展新质生产力的核心要素。围绕传统产业的高端化升级、前沿技术的产业化落地，纺织行业价值链各环节的科技属性日渐强化。

1. 材料之新

碳纤维、石墨烯材料、玄武岩纤维、生物基材料、纤维状能源与电子器件等新材料层出不穷，纤维材料正朝着高性能、多功能、柔性化、可持续等方向迅猛发展。2023 年我国生物基化学纤维产量同比增长 109.3%。海藻纤维可以大幅提升吸湿排汗、抗菌防螨和亲肤舒适性能；超高分子量聚乙烯纤维缆绳的强度是钢缆的 1.5 倍，重量却仅为钢缆的 1/7。

2. 制造之新

装备创新重塑生产流程与质效。转杯纺、喷气涡流纺、数码印花等新装备快速迭代。例如，慈星“一键成衣”“一线成型”全自动电脑横机可节省超 20%的生产时间、用工成本，单价降至国际一流品牌的三分之一；AI 赋能下，在大朗定制毛衣仅需 2 小时；东佳纺机通过应用延展推出特种纤维、高性能纤维开松、混合、梳理设备。增材制造、生物制造等正在改写生产加工流程。

3. 组织之新

平台化、集约化、生态化成为组织变革的重要方向。“5G+工业互联网”推动柔性化生产、网络化协同、服务化延伸。柯桥织造印染产业大脑已接入上下游 3000 多家企业、15000 多台设备，设备报修效率提升 30%。市场主体与商业场景深入链接，线上线下融合、本土全球协同，规模经济与范围经济统一。希音（Shein）、拼多多跨境电商（Temu）、抖音跨境电商（Tik Tok Shop）等平台将中国服装销往全球 200 多个国家和地区。

4. 场景之新

纺织材料和工艺技术在航空航天、海洋工程、新能源、轨道交通、环境保护等战略性新兴领域广泛应用，潜力巨大。万物可织成为大势所趋。例如，碳纤维复合材料赋予“CETROVO 1.0 碳星快轨”地铁列车，有着更轻更节能、更高强度、更强环境适应力、更低运维成本等优势；柔性纤维电池有望为人机交互、健康检测、智能传感等领域提供能源解决方案。

从要素结构、发展范式到产业生态，行业正在发生深刻变化，呈现新的特征。

新形态。科技与产业的界限日渐模糊。未来信息、未来能源、未来材料重塑着产业体系的架构和基座；生物制造、纳米制造、激光制造等未来制造改写生产的模式与形态；未来空间、未来健康等拓展着产业的领域与赛道。未来产业成为行业的重要形态。例如，非水介质印染技术多路径探索，纳米制造应用于纺织产品创新，合成生物、现代育种、基因编辑等拓展材料来源。

新支撑。创新基础设施在当前产业发展中具有举足轻重的地位。从国家重点实验室到概念验证中心、中试熟化平台、技术转移中心，行业全链条、专业化、开放式的创新体系加速形成。大模型平台重新定义创新的能力与效率，带动材料研发、时尚设计等领域指数级增长。例如，东丽借助 AI 技术

突破 T1200 型碳纤维，将开发周期缩短一半。

新优势。产业竞争越来越成为价值网络的竞争。材料创新、工艺创新、装备创新、产品创新、平台创新的系统集成，形成产业长板；关键技术研发、专利布局和标准研制同步推进，构建起自主自强、充满活力的创新生态。点式突破与链式创新相结合，制造基础与未来趋势相结合，产学研用融合发展，行业正在构筑创新体系优势。

（二）凝聚美学价值，纺织是时尚产业

时尚是纺织的灵魂，文化是时尚之根系。文化生产力形成美学、增进价值，塑造生态，成为纺织新质生产力的重要内容。构筑产品风格与影响，由表及里、由点到面，丰富的文化给养和表现手法成为产业价值和流量的重要端口；协同消费渠道与链路，以体验经济、内容产业、场景经济为载体，通过打造 IP，文化成为客群的重要连接；涵养品牌理念与战略，文化价值挖掘是时尚产业形成知识体系、管理模式、品牌叙事、价值主张的重要源泉。科技创新、产业创新、市场创新联动，产业的文化特征、时尚属性在延展中强化，展现出新结构、新特征与新内涵。

1. 传承创新中的中国特色

随着文化自觉、文化自信的确立，对于优秀传统文化、当代先进文化的系统性挖掘和时代性转化正形成中国时尚产业新的突围和崛起路径。古为今用、洋为中用。以国风国潮、新中式审美为代表，中国时尚在当代全球语境下重新诠释，创造性表达，成为一种重要的消费趋势和文化现象。2023 年全国国潮经济市场规模达到 20517.4 亿元，同比增长 9.44%，预计到 2028 年将突破 3 万亿元大关。新中式服饰市场规模达 10 亿元级别，近三年来，相关产品商品交易总额增速超过 100%。盘扣、云肩、斜襟等传统元素，刺绣、流苏等传统工艺，正在产业竞争和东方叙事下焕发新的吸引力、生命力。

2. 跨界融合中的协同价值

从服饰器物到饮食建筑，从风俗礼仪到游艺舞乐，每一个文化现象都不是孤立存在，是意象集群、集体叙事。以文化为纽带，产业价值链加快重塑，产业之间正在形成共栖、融合和衍生的互动关系。古镇商街，汉服成为标配，民俗旅游中，民族服饰是沉浸式体验的重要元素。2015—2023 年，汉服市场规模由 1.9 亿元增至 144.7 亿元。个性化、品质化、圈层化的市场创新层出不穷。网络文学、影视动漫、电子竞技等中国当代文创产业构筑起以 IP 为核心的新的时尚价值生态。《如鸢》等游戏推动服装产业与文旅产业融合发展。诞生于二次元周边产品的“谷子经济”（goods 谐音）支撑起千亿市场规模，预计 2023—2029 年，二次元产业规模将达 5900 亿元，复合增速 18%。

3. 数智转型中的时尚生态

数字经济正在形成中国文化崛起的历史性节点。国家文化和民族记忆通过融入数字空间来实现自我更新与永续发展。2023 年我国数字文化新业态营业收入 5.24 万亿元，与 2019 年的 1.99 万亿元相比增长 2.6 倍。数字时尚成为重要产业形态。在时尚设计领域，AR/VR、3D 建模等工具快速发展，大模型平台正在重新定义设计创新，催生新的方法论。时尚传播体系加速变迁，社交媒体传递生活方式、价值主张、流行趋势，成为新的时尚策源地。2023 年，抖音电商服饰类贡献了全网 69% 的增量份额。有近八成的中国原创设计品牌在小红书经营。“虚拟女友”“赛博天使”等一批虚拟 AI 账号正在小红书上崛起。时尚内容的产生、时尚传播的渠道、时尚发展的机制都在发生改变。

（三）凝聚生态价值，纺织是绿色产业

资源环境的制约日益凸显，绿色发展成为产业竞合的重点领域。大国博弈背景下，绿色贸易壁垒更加隐蔽、灵活。随着绿色市场、绿色规则、绿色技术、绿色标准的持续发展，我国纺织行业绿色发展的内涵与外延正在改变。

1. 绿色发展酝酿产业新价值

随着绿色发展过程的可量化、可评估，价值链更加透明。欧盟通过《可持续产品生态设计法规》，

将面向纺织产品强制启用“产品数字护照”。中国纺织积极探索相关标准制定与体系建设，保障国际投资与贸易中的绿色竞争力。行业信息披露深入发展。中国纺织工业联合会社会责任办公室数据显示，2023 报告期，纺织服装上市企业独立发布 ESG 报告的企业占比为 51.3%，发布财报与 ESG（环境、社会和公司治理）报告联合报告的企业占比 42.5%，仅 6.2%的企业未开展 ESG 信息披露实践。另外，产品环境信息的量化推动环境的资产化、价值化，绿色发展能力正转化为绿色信贷、绿色融资能力。浙江、湖北、江苏、广东等多地积极推动纺织服装企业开展“碳足迹”认证，打造非强制纳入碳市场行业的积极力量。2024 年 6 月，柯桥发布了全国首个纺织产业《绍兴市纺织产业“碳足迹标识”认证试点实施方案》，兴业银行绍兴分行落地浙江省首笔纺织行业“碳足迹”金融业务。COP29（《联合国气候变化框架公约》第二十九次缔约方大会）通过 20 项决定，推进国际碳市场机制，纺织行业对接国际市场具备基础。

2. 绿色发展成为系统工程

纺织行业绿色发展呈现全面性、系统性、整体性特征。从能源体系到材料体系，从制造工艺到流通模式，“降碳、减污、扩绿、增长”一体推进，行业正在加快构建绿色低碳循环发展的产业体系。2023 年，中国再生涤纶产量约 555 万吨。针对绿色技术研发周期长、投入成本高、应用成本高、产品稳定性差等问题，行业开展多路径探索，降低应用市场风险。持续完善绿色技术标准，进行绿色技术评价，推动技术创新交易，实现技术与应用对接。绿色工厂、绿色企业、绿色园区、绿色供应链稳步发展。东部地区引领绿色转型，西部起点即低碳绿色，如柯桥滨海工业区、贵阳绿色生态印染循环经济产业园等。行业涌现出浙江苍南、安徽界首等一批全国领先的循环经济产业集群。可持续标准引领，绿色消费的市场生态逐步成熟。

（四）凝聚人本价值，纺织是健康产业

习近平总书记指出：“健康是促进人的全面发展的必然要求，是经济社会发展的基础条件，是民族昌盛和国家富强的重要标志，也是广大人民群众的共同追求。”

据全球健康统计 2024 报告，53 个健康相关 SDG（可持续发展目标）指标截至目前均未达标，且按当前趋势难以在 2030 年实现。工业化、城镇化、人口老龄化、疾病谱变化、生态环境及生活方式变化等，也给维护和促进健康带来挑战。全球疾病和健康问题以及不平等状况依然突出。健康发展任重道远，健康市场空间广阔。全球健康研究所 GWI 预测，2028 年全球健康经济规模将达到 9 万亿美元。

作为民生产业和大健康产业的重要组成，纺织行业服务于生命全周期、健康全过程。我国卫生用品、医用防护类和敷料类产品已形成产业链和成本优势，产量占全球比重超过 50%。在流行病毒肆虐期间，口罩、防护服等构建起阻病毒、防感染的健康安全屏障。高品质、智能化的高端医用纺织品加速发展。闪蒸法非织造布打破国外技术垄断，实现产业化生产；人工血管、人工心脏瓣膜、组织工程支架、可降解倒刺缝合线等产品已在普外科、创伤科等实现临床应用；基于纺织基传感器，步态分析垫可针对阿尔茨海默病与帕金森病患者的步态情况进行实时监测。

保障身心健康、社会健康既是全面推进健康中国建设的要求，也是纺织行业发展的重要着力点。健康纺织的内涵与外延不断拓展。

一是服务于特殊群体。老、弱、病、残等特殊群体对提升生活质量、生命质量的要求更加迫切。随着老龄化进程加快，适老赛道最具确定性。据沙利文（Frost & Sullivan）测算，2023 年中国老年服装零售市场规模已达到 2254 亿元，2028 年将突破 3000 亿元。石墨烯颈椎调节功能枕、石墨烯智暖腰腹调理带、智能防摔气囊服等入选工信部《2024 年老年用品产品推广目录》。无障碍设计、适老化设计、具备辅助支撑功能的鞋服、家居产品快速发展。

二是服务于健康工作。改善工作环境、提供发

展机遇、增加劳动收入，推动实现体面劳动和全面发展，促进社会参与和社会公平，更负责任的企业发展是纺织作为健康产业的应有之义。宁波申蝶、重庆红果、苏州美山子等11家企业参与“建设家庭友好的纺织服装企业（FFF）”试点项目，以更加包容的从业环境增强员工获得感和幸福感。从产品维度看，提供具有舒适性、功能性和防护性的职业装，保障生产安全、职业安全也是重要体现。据统计，我国职业装市场规模超过3000亿，个体防护装备产业规模年增速达到15%。面向高风险行业需求，阻燃、防化、防辐射、电磁屏蔽等特种防护服正加快多功能、复合化、智能化发展。

三是服务于健康生活。WTO研究发现，影响健康的因素中，行为和生活方式占60%。健康已成为一种生活方式、一种消费刚需。纺织服装是健康生活方式的重要载体。从运动健康到睡眠健康，从旅行经济到宠物经济，行业产品创新保障生理健康和情绪积极。比如运动户外产品加快日常化进程。据欧睿（Euromonitor）预测，2023—2028年全球运动鞋服市场规模有望由3955亿美元增长至5440亿美元，复合增速为7%。凯乐石（KAILAS）围绕登山、攀岩等垂直细分场景开发专业户外产品，2023年全渠道同比增长90%。

提升生命质量与生活质量，提供高品质、多元化的健康产品与服务，夯实健康事业发展基础，是纺织的重要使命。

四、把握进一步全面深化改革中纺织行业的新机遇与新方向

生产关系必须与生产力发展要求相适应。党的二十届三中全会对进一步全面深化改革作出系统部署，要求以经济体制改革为牵引，坚持和落实“两个毫不动摇”，构建全国统一大市场，促进各类先进生产要素向发展新质生产力集聚。作为高度市场化的产业，民营经济和中小企业是纺织行业的主体。更加公平、更有效率的市场环境和体制安排，有利于激发行业内生动力和创新活力。改革赋予了行业发展信心与底气。

（一）机遇源自更高标准的要素市场体系

长期以来，由于封闭小市场、自我小循环存在，纺织行业的要素分布在城乡、地区、行业、企业、不同所有制间，呈现出不平衡不充分的问题。随着要素市场化改革的深入推进，要素流动将更加自主有序、产权界定将更加清晰、价格将由市场决定。我们要聚焦新质生产力的发展需要，把握重点，在环境新关联中加速实现资源配置效率最优化和效益最大化。

要关注资本要素在塑造产业多元生态中的作用。当前，纺织行业已进入高质量发展的新阶段。这要求企业必须在技术革新、装备升级、人才培养等维度加大资金投入。但长期以来，资本的逐利性使其重显绩、轻潜绩。一些新兴领域出现投资过热、过度炒作的迹象。与之相对，纺织等传统产业却面临投资不足的窘境。具体表现为缺少敢于投小、投早、投长期、投硬科技的大胆资本、耐心资本，行业估值与实际价值、盈利能力间存在明显背离。随着资本市场逐步走向规范、透明与开放，产业利用资本跨时空配置资源的能力将得到提升。这有益于行业以多元化的资本丰富生态，以市场化的资本推动创新，以全球化的资本整合资源。

要关注技术要素在形成产业内在动力中的作用。从模仿跟跑到并跑领跑，纺织行业在部分领域的创新已经进入“无人区”，发展瓶颈越来越体现在基础创新不足、技术价值发掘不够、创新生态不完善等方面。特别是在地缘政治影响下，全球关键技术资源的流动将越发困难。产业迫切需要以更加多维的方式实现科技、产业、金融的良性循环，推动技术要素加快向现实生产力转化。高标准技术要素市场的建立，将有效提升技术交易效率，降低交易成本，行业能够在跨区域、跨国别技术要素的自主流动和高效配置中提升创新能力。

要关注数据要素在构筑产业未来价值中的作用。作为新质生产力的关键要素，数据有助于提升纺织行业供给的精益化、柔性化、绿色化水平，优

化要素配置结构、丰富价值实现模式。纺织行业业态丰富、产业链长，拥有大量碎片化、异构性数据。如何清理、封装、标签、确权、供给和流通这些数据，成为产业亟待解决的问题。国家正在加快建立数据产权归属认定、市场交易、权益分配、利益保护制度。2024 年，国家数据局计划围绕数据产权、数据流通、收益分配、安全治理等 8 个领域陆续出台政策文件。政策驱动下，行业数据将加快实现高质量供给、高效率流通、高水平应用、高价值转化。

（二）机遇源自更加公平有序的市场环境

完善市场经济基础制度，处理好政府和市场的关系，是经济体制改革的重要内容。作为高度市场化竞争的产业，纺织企业对需求和创新高度敏感，业态创新、模式创新一直走在前列，因此也率先遇到创新带来的问题。例如，在直播经济领域，以次充好、货不对板等质量问题，假冒品牌、仿制花型等侵权行为等。另外，产业主体为中小微企业，受规模能力限制，在过度竞争和存量市场的环境下，存在同质竞争的问题。企业单纯追求流量、平台倾向压低价格，这些片面思维进一步强化这种态势，导致产业陷入高内卷、超竞争的局面。羽绒服“以丝代绒”、电商女装高退货率、卫生巾安全等近期暴露的问题都与此有关。为规范市场秩序，维护中小企业发展空间，国家在加快健全完善公平竞争、产权保护、市场准入、社会信用等基础制度，提升产业政策与竞争政策的协同性，推动市场经济优化发展。2024 年 11 月 15 日，财政部、国家税务总局发布《关于调整出口退税政策的公告》，对碳纤维、玻璃纤维等多种纺织品下调 13%出口退税率至 9%，促进产业结构调整优化。在信用体系方面，国家也在加快规范引导政府信用、市场信用，提升全社会的契约精神、法律意识。国家发展和改革委员会印发《2024—2025 年社会信用体系建设行动计划》。规范有序的市场，将有助于产业的健康可持续发展。

（三）机遇源自更深入的高质量发展要求

一个拥有 14 亿人口的大国，不可能完全依靠外部供给来满足基本纤维消费。纺织行业关系国计民生，在稳定经济发展、孕育发展动能等方面具有不可替代的作用。作为产业创新衍生的中枢、现代化产业体系建设的基底，制造环节的规模优势、体系优势至关重要。依托完备的制造生态，纺织行业形成完整的技术阶梯，实现了新技术、新材料、新产品的持续涌现，也支撑了战略产业、未来产业的发展。推动建设具有完整性、安全性、先进性的现代产业体系是高质量发展的重中之重。

党的二十届三中全会指出，要深化供给侧结构性改革，完善推动高质量发展激励约束机制，健全促进实体经济和数字经济深度融合制度、提升产业链供应链韧性和安全水平制度。这对纺织行业提升发展质量、增强竞争实力、巩固产业地位具有重要意义。

要在构建以先进制造业为骨干的现代化产业体系体制机制中，确保制造环节维持合理的投入比重。2024 年以来，国家密集推出新一轮大规模设备更新、消费品以旧换新等政策措施，引导产业提质增效，筑牢高质量发展的根基。从产业实践看，资金投入不足、方法路径不当、低端产能过剩、资源整合松散，仍是制约产业升级的痛点难点；在高端化、智能化、绿色化发展过程中，很多企业特别是中小企业存在不会转、不愿转、不敢转等问题。政策的加持，将为行业推动全产业链的质量变革、效率变革、动力变革提供契机。

要在构建支持全面创新体制机制中，系统提升产业创新体系的整体效能。在 2024 年“软科世界一流学科排名”中，全球排名前四的纺织科学与工程学科的院校均在中国。中国纺织教育已经处于世界前列。但现实中，行业发展仍面临人才供需错配、学科体系不完善、产教协同待提升等问题。我们未能将人才与科教势能切实转化为产业发展的动能。教育科技人才体制机制改革的一体推进，有助于推动产学研深度融合，实现创新链、产业链、资金链、人才链的全面贯通。

（四）机遇源自更加完善的区域发展格局

完善实施区域协调发展战略机制，构建优势互补的区域经济布局，是新时期宏观经济治理体系的重要组成部分。纺织服装产业覆盖广、链条长、关联高，已经形成以五省一市为高地，以中西部地区为纵深的生产力布局。产业的协调发展、梯度转移对于推动东中西产业协作、释放区域势差意义重大。

要把握因地制宜发展新质生产力的政策机遇。当前，各地区都在加强新领域、新赛道的制度供给，探索未来产业、新兴产业的投入增长机制。例如，在低空经济领域，全国已有近 30 个省份的 100 多个城市出台相关政策；在建设先进制造业集群方面，浙江印发《浙江省现代纺织产业链标准体系建设指南（2024 年版）》、贵州出台《关于加快发展先进制造业集群的指导意见》等。创新要素的不断汇聚、新型基础设施的持续完善、新兴业态的加速发展，为产业培育新质生产力带来机遇。比如，位于广东大朗的大科学装置中国散裂中子源（CSNS）项目通过共享设施和数据，吸引高校、科研院所、企业聚集，形成了粤港澳大湾区的科创高地。行业可以利用政策机遇，打造智能制造、数字时尚等新的产业集聚。例如，新疆正在加快落地无水少水的绿色印染建设。此外，可以围绕新能源汽车、低空经济等新兴产业，加快形成配套集群。

要把握统筹新型工业化、新型城镇化和乡村全面振兴的政策机遇。党的二十届三中全会指出，要构建产业升级、人口集聚、城镇发展的良性互动机制，推动城乡共同繁荣。集群经济和小镇经济是纺织行业的重要载体。2023 年，全国有 58 个非能源型的“发达县域”人均 GDP 超过 1.5 万美元。这些县域绝大部分是以纺织服装为主导产业。在政策引导下，城乡之间要素的平等交换和双向流动趋势会更加显著，蕴含着产业集群建设的巨大空间。另外，新型城镇化、都市圈同城化发展体制机制正在加快建立。交通的互联、战略的对接，使得城市间的经济联系、产业分工、要素流动愈加紧密。同城化城市圈的崛起，既有助于行业实现从 0 到 1 的原始突破和从 1 到 N 的创新转化，也有助于行业围绕核心区域加快打造世界级先进制造集群。例如，苏南苏北协同张家港等纺织产业集群的崛起；杭绍甬一体化发展，构筑世界纺织集群的新版图。

（五）机遇源自更高水平的内外开放生态

从原料到产品、从产能到营销、从品牌到资本，中国纺织行业深度融入全球价值链。纺织行业发展需要全球视野、全球布局。党的二十届三中全会进一步明确，坚持以开放促改革，依托我国超大规模市场优势，在扩大国际合作中提升开放能力，建设更高水平开放型经济新体制。

1. 打造开放新循环

党的二十届三中全会提出，要推动内外贸一体化发展，畅通国内国际双循环。随着贸易政策和财税、金融、产业政策更加协同，支撑要素更加健全，行业可以充分利用两个市场、两种资源强化发展质量与韧性。近日，国家出台《关于促进外贸稳定增长的若干政策措施》《关于完善现代商贸流通体系推动批发零售业高质量发展的行动计划》等，对推进外贸稳定、内外贸并重具有重要意义。从跨境电商到服务贸易，行业优化发展模式与价值路径。外商投资和对外投资管理体制不断完善，也为纺织企业整合利用资金、技术、人才、管理等全球资源带来契机。

2. 扩大开放新内容

稳步扩大制度型开放，是完善高水平对外开放体制机制的重要着力点。透明稳定可预期的制度环境，有助于破除国际合作障碍，降低贸易成本，打造顺畅高效的商贸环境。比如，贸易风险防控机制、汇率市场化改革等将为行业中小微企业提供更加强力、稳定的支持。党的二十届三中全会提出，主动对接国际高标准经贸规则。要把握在产权保护、产业补贴、环境标准、劳动保护等方面实现规则、规制、管理、标准相通相容的政策机遇，引导行业转型升级。随着我国扩大自主开放和单边开放，有利于行业更好融入国际市场，实行更加积极主动的开放合作，实现共同价值，提升国际影响力。

3. 延展开放新空间

党的二十届三中全会提出，要完善推进高质量共建“一带一路”机制。加强绿色发展、数字经济等领域的多边合作平台建设。共建“一带一路”已经进入高质量发展新阶段，“硬联通”“软联通”“心联通”协调推进。“一带一路”发展对我国纺织行业开拓新兴市场具有重要作用，有助于推进产业国际合作的全方位、多层次、多元化发展，打造更多重大标志性工程和“小而美”民生项目；有助于优化区域开放功能分工，打造形态多样的开放高地。向西向北开放不断深化，也将带动边疆地区、民族地区纺织产业的快速发展。

五、守正创新，以新质新力开启锦绣新篇

习近平总书记强调，守正创新是进一步全面深化改革必须牢牢把握、始终坚守的重大原则。守正才能不迷失方向、不犯颠覆性错误，创新才能把握时代、引领时代。

行业要把学习宣传贯彻党的二十届三中全会精神作为重大政治任务来落实。更加注重系统集成，更加注重突出重点，更加注重改革实效。紧跟时代步伐，推动科技、时尚、绿色、健康的产业实践，以钉钉子精神打造与新型生产关系和新质生产力更匹配的现代化纺织产业体系。

（一）保持战略导向，谋划产业未来发展

集众智、汇众力，前瞻谋划行业“十五五”发展蓝图。聚焦国家战略导向、科技发展趋势、纺织新质生产力发展需要，开展全方位、多层次、面向未来的规划研究；开门问策，充分吸收社会期盼、群众智慧、基层经验，推动行业规划在顶层设计与问计于民的良性互动中不断完善。继续跟踪政策热点与产业重点，做好对市场变化、科技趋势与全球形势发展的针对性剖析，提升研究的系统性与引领性。

理论与实践相结合是深化改革成功的关键。要将行业调研和统计分析作为基本工作方法和重要决策依据。围绕制约产业发展的深层次问题、行业面临的共性问题、新技术新业态新模式发展带来的新问题，开展多样化、集成式调研。加强统计分析，探索以新渠道、新工具、新方法提升统计的广泛性与准确性。在推进改革进程中，要坚持在顶层设计框架下摸着石头大胆试，依靠改革创新应变局、育先机、开新局，积小胜为大胜。

（二）强化文化自信，讲好中国纺织故事

增强文化主体性，在传统与现代的时空融合、本土与全球的文化融合、美学与商业的价值融合中，提升策源能力，构建具有中华文明标识的纺织时尚体系。强化对优秀传统文化的保护传承与价值转化，借势国风国潮提升行业文化软实力。深化当代生活方式研究，引领时尚潮流趋势。把握 AI 带来的范式之变，发展生成式设计、多模态设计，建立符合中国价值观和东方美学的语料库和大模型。

不断拓展产业品牌出海的空间和梯度，加快构建东方视角下的品牌传播链路，提升中国时尚的感染力、渗透力。进一步强化品牌的全球资源配置和市场开拓能力，向世界传播更多承载中华文化、中国精神的价值符号和文化产品。融入社交媒体、内容平台构筑的时尚传播新生态，掌握流量密码，以沉浸式、交互式、立体式呈现，增强文化影响力、掌握时尚话语权。

（三）践行全面创新，提升创新整体效能

1. 坚持系统观念，推进科技教育人才一体发展

从根源入手，发挥新型举国体制优势，加强基础研究、原始创新，优化前瞻性、引领性布局。围绕关键技术攻关，深化科教融汇、产教融合，推动科技创新力量、要素配置、人才队伍体系化、建制化、协同化；加强创新资源统筹，在重大科研攻关、大型基础设施建设中推进跨领域、跨国界合作。以培养新质生产力为方向，围绕战略性新兴产

业、未来产业完善学科体系；以职业教育、高等教育、继续教育协同为重点，完善现代教育体系。

2. 坚持市场导向，加速创新成果应用转化

围绕产业关键领域加快建设一批概念验证、中试熟化平台、技术转移中心，打通纺织科技攻关、中试验证与成果应用。加强企业主导的产学研深度融合，加速创新成果的工程化、产业化、商业化应用。持续搭建与延伸技术阶梯，培育瞪羚企业、专精特新企业。强化知识产权保护，加快技术创新、应用与转化。推动标准体系建设，促进科技成果向标准转化。建设高水平技术经理人队伍，打造专业化、集成化科技服务体系。

（四）推动数绿融合，打造现代产业体系

1. 强化数智转型

完善行业工业互联网、大数据中心等新型基础设施，加快推进平台化设计、精益化管理、智能化制造、网络化协同，提升价值链效率。把握 AI 风口，捕捉技术应用前沿，培育新业态、新模式；把握“数据要素 X”机遇，强化数据资源积累、管理与价值转化。做好前瞻与适用的统筹，防止产业过快转型带来的内容浅薄化、模式同质化；兼顾效率与公平，解决不同环节、不同企业、不同区域数字化发展不平衡的问题。

2. 强化绿色发展

践行绿水青山就是金山银山的理念，以实现双碳目标为引领，协同推进降碳、减污、扩绿、增长。强化绿色创新，打造绿色产品、绿色工厂、绿色供应链、绿色园区。完善资源总量管理和全面节约制度，健全废旧纺织品服装循环利用体系。围绕碳排放统计核算、产品碳标识认证、产品碳足迹管理等领域，丰富管理和计量的工具方法，推进从能耗双控向碳排放双控全面转型。持续完善标准体系，推动 ESG 实践。

（五）促进内外联动，创造有效市场需求

1. 扩大国内需求，释放市场潜力

以质量与效率为核心，围绕增品种、提品质、创品牌，升级供需平衡。发展首发经济，以首店、首秀、首展等形式推进产品创新、服务创新，促进商品要素循环。强化渠道融合、场景创新，打造数字消费、国潮消费、文旅消费等新增长点。以产业用纺织品为重点，推动产品结构升级，强化在大健康、低空经济等领域的应用。继续把握新一轮大规模设备更新和消费品以旧换新机遇，发挥投资对优化供给结构的关键作用。

2. 推进国际合作，拓宽市场空间

巩固传统优势，加强与东南亚、中东、非洲等区域合作，开拓新兴市场，打造多元化市场格局。顺应出海大势，准确把握全球供应链合作新逻辑，以优质供给深度嵌入国际市场体系。通过合资并购整合原料、装备、技术、品牌等优质国际资源，实现全球发展。对接国际高标准经贸规则，发展跨境电商等新模式，促进内外贸一体化。拓展中间品贸易、绿色贸易，改善进出口结构。

（六）坚持协同发展，推动产业布局优化

1. 推动集群建设

统筹新型城镇化和乡村全面振兴，做强集群经济，实现产业升级、人口集聚、城镇发展的良性互动。围绕县域经济循序渐进、稳扎稳打，探索发展新型集体经济；充分挖掘边疆民族地区的民族资源、非遗资源等，因地制宜发展特色产业。把发展先进制造业集群摆到更加突出的位置，统筹推进产业改造升级和新兴产业培育壮大，推动集群高端化、智能化、绿色化转型。

2. 促进区域联动

把握新时期西部大开发、东北全面振兴、中部地区崛起和东部率先发展战略，促进产业资源在区域间有序流动、高效配置，加快构建优势互补的空间格局。东部地区要聚焦优质制造、科技创新、时尚品牌，加快推进现代化；东北和中西部地区要将区域优势、政策优势、资源优势转化为产业优势。探索构建跨行政区产业合作发展新机制，推动不同地区、不同量级的集群深化交流与协作。

（七）聚焦安全发展，保障产业行稳致远

1. 保护产业生态稳定

巩固制造基础，强化产业的规模优势、配套优势和部分领域先发优势。树立忧患意识，平衡好国内发展和国际转移的关系，增强产业链的根植性和完整性。推进诚信体系建设，加强行业自律，在高度内卷生态中找到立身之道。深化产融合作，强化与资本市场对接，缓解融资难、融资贵问题。

2. 防范化解市场风险

高度关注外部市场的不确定性，加强对美国新政府、欧盟新政策的风险预警与形势研判。持续深化产业的国际交流与合作，扩大朋友圈。牢固树立数据安全意识，强化行业关键数据保护。进一步规范企业海外经营行为、加强合规管理，支持中国企业海外维权，保障产业正当利益。

3. 发挥产业民生价值

落实就业优先战略，突出抓好高校毕业生等重点群体就业问题，增强产业发展的就业带动力。改善工作环境，提升员工待遇，规范发展新就业形态，加强新就业群体权益保障。适应社会变化，深化产品开发、质量检测，满足人们日渐增长的健康需求。在全球发展中坚持以人为本，为消除贫困、保障人权发挥更大作用。

唯物史观的根本特征在于见“物”、见“人”、见“实践”。相信才会看见，具体才能深刻。让我们坚定信心，干在实处，以道不变、志不改的定力，敢创新、勇攻坚的魄力，启锦绣新篇，绘美好未来。

打造新质生产力驱动中国服装制造业可持续发展

中国服装智能制造联盟专家组副组长/东华大学教授　闻力生

党的二十届三中全会对进一步全面深化改革、推进中国式现代化作出战略部署，强调“高质量发展是全面建设社会主义现代化国家的首要任务”，要“因地制宜发展新质生产力”。现在，中国在进入世界服装制造强国行列之后，又进入了世界服装制造强国前列的发展新阶段，新阶段主要任务是打造和发展新质生产力，使中国服装制造业奔向可持续发展之路。

中国服装制造业可持续发展的方向主要是高端化、数字化、智能化、绿色化和可持续化，只有这样，才能真正实现中国服装行业 2035 年发展愿景和目标，即在我国基本实现社会主义现代化的时候，把中国服装行业打造成对全球时尚产业发展有推动、有创造、有贡献的服装强国，成为世界时尚科技的主要驱动者、全球时尚的重要引领者、可持续发展的有力推动者。

由此可见，打造和发展服装制造业新质生产力是如此重要。那么，什么是新质生产力？如何打造服装制造业新质生产力？

一、什么是新质生产力

“新质生产力”一词最早是习近平总书记在 2023 年 9 月新时代推动东北全面振兴座谈会上提出的，并强调“积极培育新能源、新材料、先进制造、电子信息等战略性新兴产业，积极培育未来产业，加快形成新质生产力，增强发展新动能”。

在此之后，习近平总书记在中共中央政治局就扎实推进高质量发展进行第十一次集体学习中全面阐述了新质生产力的定义，指出：“新质生产力是创新起主导作用，摆脱传统经济增长方式、生产力发展路径，具有高科技、高效能、高质量特征，符合新发展理念的先进生产力质态。它是由技术革命性突破、生产要素创新性配置、产业深度转型升级而催生，以劳动者、劳动资料、劳动对象及其优化组合的跃升为基本内涵，以全要素生产率大幅提升为核心标志，特点是创新，关键在质优，本质是先进生产力”。该论述深刻指明了新质生产力的特征、基本内涵、核心标志、特点、关键、本质等基本理论问题，为我们准确把握新质生产力的科学内涵提供了根本遵循。习近平总书记的这一重要论述，丰富发展了马克思主义生产力理论，深化了对生产力发展规律的认识。

中国生产力促进中心协会秘书长王羽根据习近平总书记的重要论述，将生产力发展的三个阶段（生产力 1.0、生产力 2.0、生产力 3.0）进行了理论公式的表达（图 4-1）。

新质生产力理论公式

在生产力1.0阶段，传统的生产力公式表示为：
生产力 =劳动力+劳动工具+劳动对象

在生产力2.0阶段，将科学技术同生产力各要素相结合，生产力公式表示为：
生产力 = 科学技术 ×（劳动力+劳动工具+劳动对象+生产管理）

在生产力3.0阶段，以新质生产力为具体表现形式的生产力公式可以表示为：
新质生产力=（科学技术^{革命性突破}+生产要素^{创新性配置}+产业^{深度转型升级}）×（劳动力+劳动工具+劳动对象）^{优化组合}

图 4-1　新质生产力理论公式

由新质生产力理论公式表达图可以认识以下几点。

（一）新质生产力与旧生产力在质态维度上存在显著区别

旧生产力主要依赖于传统的生产要素和技术体系，而新质生产力强调关键性、颠覆性技术突破，以新技术、新经济、新业态为主要内涵。新质生产力不仅强调单一生产要素的优化，更注重“新”生产要素对“旧”生产要素的全面超越，这体现了生产力现代化的具体要求。

（二）新质生产力是当代的先进生产力

由技术革命性突破、生产要素创新性配置、产业深度转型升级催生，以劳动者、劳动资料、劳动对象及其优化组合的跃升为基本内涵，以全要素生产率大幅提升为核心标志。这是马克思主义生产力理论在中国的创新和实践，它强调技术创新驱动劳动者和生产资料发生“质”的变革，告别旧有技术体系，摆脱传统增长路径，符合高质量发展要求。

（三）新质生产力要求对生产力各要素全面升级

要求对生产力三要素即劳动力、劳动工具和劳动对象全面优化组合，才能很好地形成企业新质生产力。其中，劳动力就是与新质生产力相适应所需要的人才，劳动工具就是与新质生产力相适应所需要的技术手段，劳动对象就是与新质生产力相适应所需要的实体物质与数字虚拟对象。

（四）新质生产力以科技创新为核心

新质生产力的落脚点还是生产力，但是它更加强调创新、绿色、效能、质量，其中又以科技创新为核心。创新就是要以颠覆性科技创新为基础，在当前这个时间点，如面向未来15年，更多表现为人工智能科学、生命科学、材料科学、可再生能源等颠覆性科技产业化，衍生的大量新产品、新服务、新业态，也表现为科技创新改造提升传统产业，推动传统产业向智能化、高端化、低碳化演进的过程。新质生产力的发展需要突破传统生产要素的质态，依托数字化、网络化、智能化等现代信息技术，推动以高新技术、绿色经济、高端装备制造等为代表的新产业发展。中国服装制造业属于传统制造业，所以必须以革命性和颠覆性的科技创新来打造新质生产力，以实现可持续发展。

二、如何打造服装制造业新质生产力

（一）实践服装制造企业数智化深度转型就是打造新质生产力

中国服装智能制造联盟2016年制订的行动规划中提到，从2016年至2025年通过打造服装生产流程自动化、带有部分智能功能的生产流程自动化、实现智能化车间和工厂，这样的三段进程规划把服装制造企业数智化转型说得很清楚。经过8年多的努力，在一些示范服装企业和“三衣两裤”企业中初步实现了数字化、网络化和部分智能化的转型，特别是用于服装制造的软件，做到以制造执行系统（MES）和企业资源计划（ERP）［供应链管理（SCM），客户关系管理（CRM）］为核心的集成运行。但是，这样的转型离服装数智化转型的最终目的——智能化制造工厂还相去甚远，因为仅仅利用软件数字技术来改进和优化制造生产过程，以及进行产品设计、生产过程、管理的数字化，只能说是数字化制造的完成。

中国工程院院士周济认为，从现在到2035年，我国的智能制造发展总体将分成两个阶段来实现。一是数字化转型阶段，要深入推进制造业数字化转型重大行动。到2027年，规上企业基本实现数字化转型，数字化制造在全国工业企业基本普及；同时，新一代智能制造技术的科研和攻关取得突破性进展，试点和示范取得显著成效。二是智能化升级阶段，深入推进制造业智能化升级重大行动。到2035年，规上企业基本实现智能化升级，数字化、网络化、智能化制造在全国工业企业基本普及，我国智能制造技术和应用水平走在世界前列，中国制造业智能升级走在世界前列。

根据以上情况，中国服装产业必须进行深度数智化转型，围绕智能化制造工厂不断实践。众所周知，智能制造是一个智能集成的大系统，它是一个在工业互联网和智能云平台支撑下，集成智能产品、智能生产、智能服务的智能集成制造系统（图4-2）。

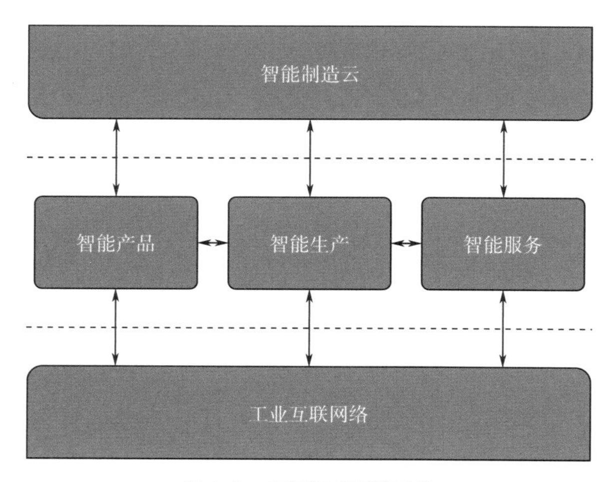

图 4-2　智能集成制造系统

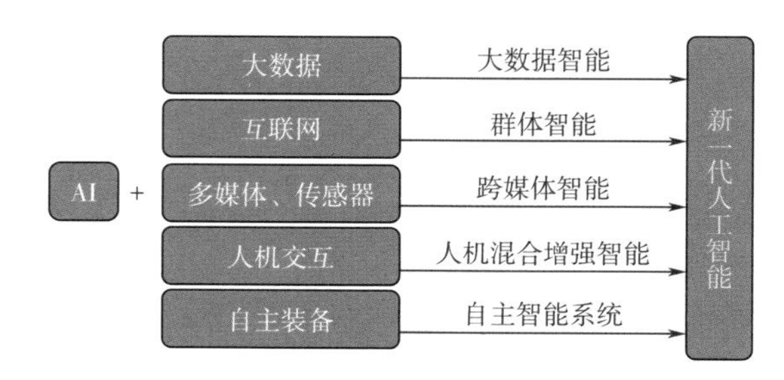

图 4-3　AI 与智能制造技术

为了实践智能集成制造系统，中国服装产业必须将制造业相关的网络、数据、传感器、设备以及人机交互等和人工智能（AI）技术相结合，利用新一代 AI 技术，打造真正的智能集成制造系统，也就是打造服装制造业新质生产力（图 4-3）。

（二）实践 AI 及其相关技术就是打造服装制造业新质生产力

1. 实践 AI 大模型及其应用

自 2010 年德国推出工业 4.0 以后，2020 年欧盟又推工业 5.0，工业 5.0 的出现是 AI 技术快速发展特别是 AI 大模型技术快速发展带来的，工业 5.0 在工业 4.0 发展的基础上更强调制造业的以人为本、可持续发展和发展的弹性韧性（图 4-4）。

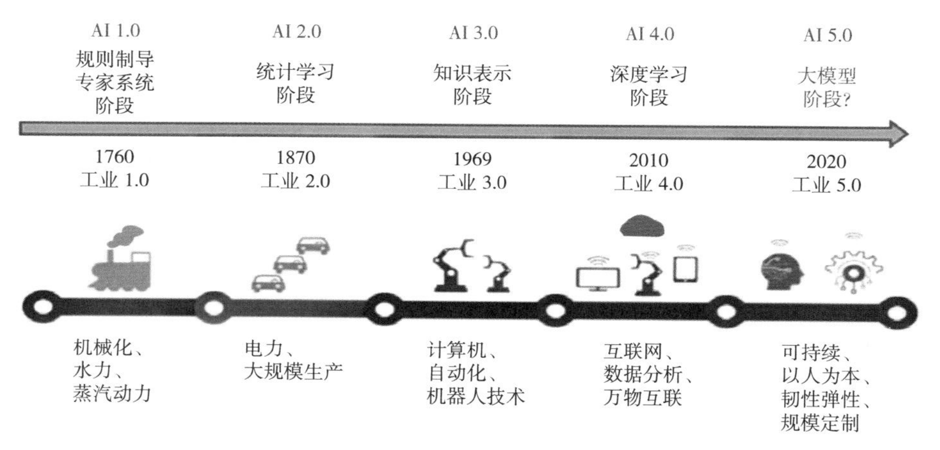

图 4-4　工业 5.0 与 AI 5.0

由此可见，AI 作为第四次工业革命的核心引擎，是引领新一轮科技革命和产业变革的战略性技术，具有溢出带动性很强的“头雁”效应，是推动科技跨越发展、产业优化升级、生产力整体跃升的重要战略资源，是实现产业转型升级的重要驱动力，为新旧动能转换和经济高质量发展提供了有力支撑。

2023 年以来，AI 大模型浪潮席卷全球，技术迭代加速升级，创新产品应用快速涌现，人工智能迈入全新发展阶段。以生成式人工智能为代表的大模型技术，在模型的通用性和实用性上取得了显著进展，向多个行业快速渗透，落地场景不断丰富。随着人工智能产业进入大模型时代，其以出色的性能，在语音识别、自然语言处理、图像识别等多个领域取得了显著成果。这些大模型通过深度学习技术，能够处理海量的数据，并从中提取有价值的特征和信息，为各种应用场景提供强大的支持。特别是在中国服装制造业，AI 大模型的应用已经逐渐深入核心业务领域，成为推动企业创新发展的重要新质生产力。

2. 实践 AI 智能体和 AI 大模型融合

高德纳（Gartner）预测显示，到 2028 年，至少 15%的日常工作决策将由代理型 AI 自主做出。此技术的广泛应用不仅有助于减轻人力负担，还有可能改变职场结构，形成以技术为核心的工作方式。这里所说的代理型 AI 就是人工智能代理（AI Agent，即 Artificial Intelligence Agent），也可称人工智能助理，它是一个能够感知环境、进行决策和执行动作的智能体，它与传统的人工智能不同，是一个复杂的 AI 系统，能通过感知信息、处理信息、执行任务和输出结果等步骤，实现从感知到行动的完整过程。

面对正在发展的 AI Agent，我们要努力尽快实践 AI 智能体和 AI 大模型融合，为此要做好以下几件事。

（1）在 AI 智能体和 AI 大模型融合中，要牢记大语言模型（LLM）的融合，也就是 OpenAI 公司的应用研发主管翁荔（Lilian Weng）基于 LLM 构建 AI Agent 的框架。她指出，AI Agent = 大语言模型（LLM）+ 记忆（Memory）+ 规划技能（Planning）+工具使用（Tool Use）。其中，LLM 相当于智能体的大脑，而记忆、规划和工具使用能力是关键组件。这个带有 LLM 大脑的 AI Agent 能为中国服装制造业解决很多复杂问题。

（2）利用单个智能代理和多个智能代理组成不同形式架构才能解决服装制造业目标任务等一切问题，如利用三个执行不同任务的 Agent，它们经过查询，获得问题的各自解决，最后由智能体选择，获得统一输出（图 4-5）。

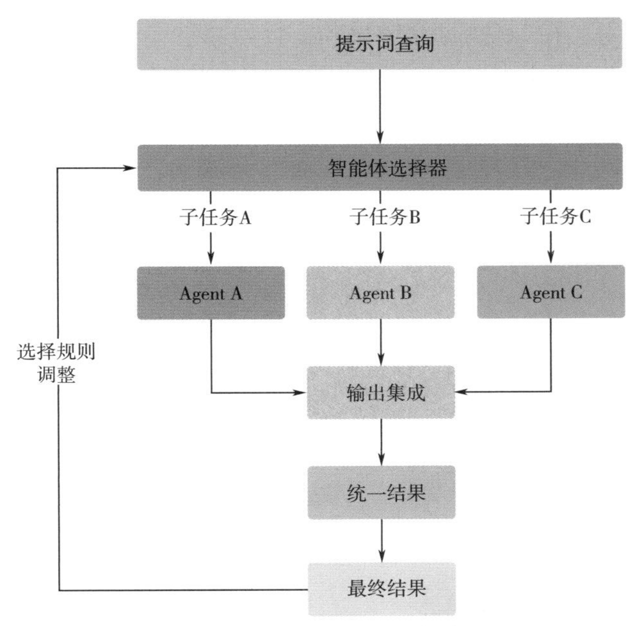

图 4-5 多个智能代理解决任务

（3）实践“AI Agent+LLM+RPA+人形机器人”的融合将自动化、智能化一切，意义非凡。AI Agent 和 LLM 共同协作，理解和分析人类的需求和指令；机器人流程自动化（RPA）技术自动执行各种生产任务，确保生产线的流畅运行；人形机器人则根据实际需要，灵活地执行各种精细操作。这样的组合不仅能够极大地提高工业制造的效率和准确性，降低人力成本，减轻工人的劳动强度。同时，它还能够为企业带来更多的创新和可能性，推动工业制造的智能化和自动化进程。

（4）善于使用国内外著名的 AI Agent 平台为我服务。例如，CrewAI 平台是一个创新的开源框架，旨在促进复杂的多代理人工智能系统的创建；AutoGen 平台由微软开发，是一个开源框架，正在推动企业环境中 AI Agent 所能实现的边界；LangChain 平台是一个功能丰富的框架，简化了由语言模型驱动的应用程序构建过程；Vertex AI Agent Builder 平台是谷歌云的产品，可以创建企业级的生成式人工智能应用，无须深度机器学习专业知识。Cogniflow 平台提供了一个无代码 AI 平台，使 AI 开发民主化，允许用户在不需要编码专业知识的情况下使用，现在各种规模的企业都可以访问这些 Agent。这些平台正在使人工智能民主化，使企业能够利用尖端技术，而无须深入了解机器学习或神经网络架构。另外，这些平台还能使企业达成快速原型和部署人工智能解决方案、为特定企业需求定制代理、在整个企业中扩展人工智能能力和将先进的人工智能功能集成到现有系统中的目的。

3. 实践具身智能技术

具身智能，即将智能赋予具有身体的实体，使其能够在真实世界中感知、行动和学习。当 AI 与具身智能深度融合，一场制造业变革的风暴会悄然兴起。

具身智能是支持与物理世界进行交互的智能体，如机器人、无人车等，通过多模态大模型处理多种传感数据输入，由大模型生成运动指令对智能体进行驱动，替代传统基于规则或者数学公式的运动驱动方式，实现虚拟和现实的深度融合。目前，要特别重视由传统机器人向具身智能人形机器人方向的发展（图 4-6），有了具身智能人形机器人，以大模型作为大脑，能主动与人和环境交互，通过听觉、视觉和语言理解，自主执行任务。

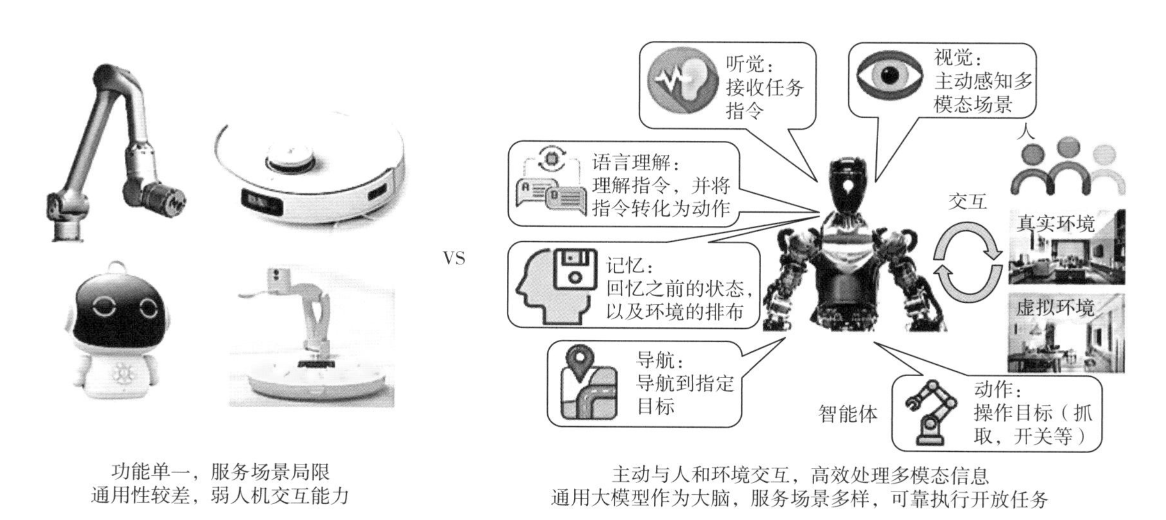

图 4-6　传统机器人到具身智能人形机器人

4. 实践知识图谱技术

知识图谱技术是人工智能领域的一个重要技术分支。知识图谱是一种基于图结构的知识表示方法，用于描述和组织实体及其之间的关系。它可以将不同领域的知识进行结构化表示，形成一个大规模的、跨领域的知识库。在人工智能领域中，知识图谱技术被广泛应用于自然语言处理、语义搜索、推荐系统、智能问答等任务，为机器理解和应用知识提供了基础。

在制造业常常应用知识图谱和大语言模型这两种人工智能系统技术。这两种技术在人工智能系统的构建阶段和应用阶段都发挥着重要作用。例如，在大语言模型构建阶段，知识图谱可以辅助模型训练，而知识图谱系统在构建时，大语言模型可以帮助知识图谱进行实体和关系的抽取，完善欠缺知识和丰富知识的表达；在大语言模型的应用阶段，知识图谱可以帮助大语言模型进行推理和增加推理结果的可解释性，而在知识图谱的应用阶段，大语言模型可以帮助知识图谱进行自然语言的理解和表达，提高知识图谱推理的能力，可见两者是相辅相成的。

正因如此，知识图谱和大语言模型等 AI 系统技术同时在服装制造业实践知识管理和共享、智能决策支持、设备管理优化和供应链管理等方面起到了很大的作用，所以中国服装产业必须不断进行实践。

（三）实践数据资产的有效管理和利用就是打造新质生产力

制造业数字化转型需要将企业各领域的数据进行采集、清洗、分析处理，形成可用的、有价值的大数据资产；而制造业智能化是充分应用大数据资产，通过人工智能技术来实现企业业务的智能化。由此可见，在企业实现数智化转型进程中，数据价值在不断递升，那就是有了数据才有大数据，有了大数据才有人工智能，有了人工智能才有企业的智能化。不言而喻，在制造业生产、管理、市场等活动中产生的数据资源，经过整理、分析和应用后，能够为企业带来经济效益和竞争优势，所以数据便成了数据资产。

当前，在服装制造业缺乏对数据资产有效管理的情况下，如何实现对企业数据资产的有效管理和利用呢？有哪些数据资产管理策略才是企业用来打造新质生产力的呢？以下几点必须做好。

（1）服装制造业要建立好数据资产运营平台，实现数据资源的全面汇聚，并通过数据集成技术统一处理不同来源的各种格式的数据，形成标准化的数据仓库。利用数据资产运营平台推动企业从传统经验决策向数据驱动决策转变，促进内部各部门之间的数据共享和协同工作。

（2）做好数据清洗与治理工作，确保数据质量。通过去重、纠错、标准化等处理，提高数据的准确性和可靠性，建立数据治理体系规范数据管理流程。

（3）做好数据安全与加密工作，采用先进的数据加密技术（如高级的量子密码）保护敏感数据，建立数据安全防护体系，包括访问控制和安全审计等机制，防止数据非法访问和篡改。

（4）做好数据分析与可视化工作，运用数据挖掘、机器学习等技术，对海量数据进行深度分析，利用可视化技术直观展示分析结果，利用数据进行业务智能决策，如预测市场趋势、优化生产流程、降低运营成本等。

（5）构建数据资产目录，明确数据资产的归属和价值，实现数据资产的规范化管理，并通过数据交易、服务等方式转化为企业收入来源。

（6）利用数据资产运营平台推动产业链上下游企业之间的数据共享和合作，实现产业链的协同发展和优化。

由于智能代理作为一种能够自主执行任务、交互和学习的智能系统，正在逐渐改变我们处理数据和解决问题的方式。我们可以构建 SQL Agent，实现更加灵活、更加高效的数据分析和处理方法。在 SQL Agent 运行中，以高效的数据处理能力 SQL（Structured Query Language，结构化查询语言）数据库作为数据管理和分析的基础，利用其具有可靠、快速且能处理大量数据的特点，让 SQL Agent 直接与 SQL 数据库交互，实现数据的实时查询和分析。这种方式不仅提高了数据处理的效率，还确保了数据的准确性、完整性和安全性。

（四）实践个性和批量定制的柔性制造模式就是打造新质生产力

由于服装消费市场的变化，现在我们推行的生产制造方式是直接面向消费者（direct to consumer，D2C）的模式。直接面向消费者可以精准把握市场动态，灵活调整生产策略，有助于降低库存率并提高客户满意度和创新生产模式，推行柔性化生产。

柔性化生产是指能够根据市场需求快速调整生产计划和产品结构的生产方式。服装制造企业可以通过建立柔性化生产线、引入模块化设计等手段，实现柔性化生产，满足市场对个性和批量定制产品的需求。服装个性和批量定制服务通常涉及以下几种技术实现方式。

（1）智能量体技术。通过高级的三维（3D）扫描技术，可以精准地测量顾客的身体数据，为其提供量身定制的服装。

（2）数字化建模与尺寸采集。利用服装计算机辅助技术（CAD）和 3D 扫描技术，创建顾客的数字化身模型，以便进行服装的虚拟试穿和个性化设计。

（3）AI 大模型技术设计辅助。AI 大模型算法可以帮助设计师快速生成设计草图，甚至根据顾客的偏好和市场趋势自动推荐设计方案，降低设计门槛，提高效率。

（4）柔性供应链管理。通过构建高效的供应链协同系统，可以实现小批量、多样化的快速生产，满足个性和批量定制的需求。

（5）客户互动平台。建立在线定制平台，允许客户直接参与设计过程，选择面料、款式、颜色等，并实时预览效果；利用 AI 大模型赋能柔性化生产各环节，实现生产过程的自动化和智能化，为客户获得高质、高效和高满意度的服务。

（五）实践数字孪生技术就是打造新质生产力

数字孪生技术作为新一轮科技革命的颠覆性技术之一，从提出之初就以其独特的科技优势、广阔的应用前景、无穷的发展潜力，受到全球制造业的关注。现在人工智能、物联网、云计算、大数据和区块链等前沿信息技术的迅猛发展和广泛应用，也为数字孪生的实现奠定了坚实的技术基础。

数字孪生是具有数据连接的特定目标实体的数字化表达，该数据连接可以保证物理状态和虚拟状态之间以适当的速率和精度进行同步。数字孪生具备实时交互、弹性扩展、高度保真、闭环优化等优势，所以在制造领域得到了广泛应用。也可以说，数字孪生系统是一种基于数据驱动来实现目标实体与数字实体间各要素动态迭代的系统，通常由目标实体、数字实体、两者之间的数据连接以及数据连接过程中涉及的模型、数据和接口等要素组成。根据数字孪生发展成熟度情况，可以将数字孪生划分为 5 个发展阶段，即以虚仿实、以虚映实、以虚控实、以虚预实和虚实共生（图 4–7）。

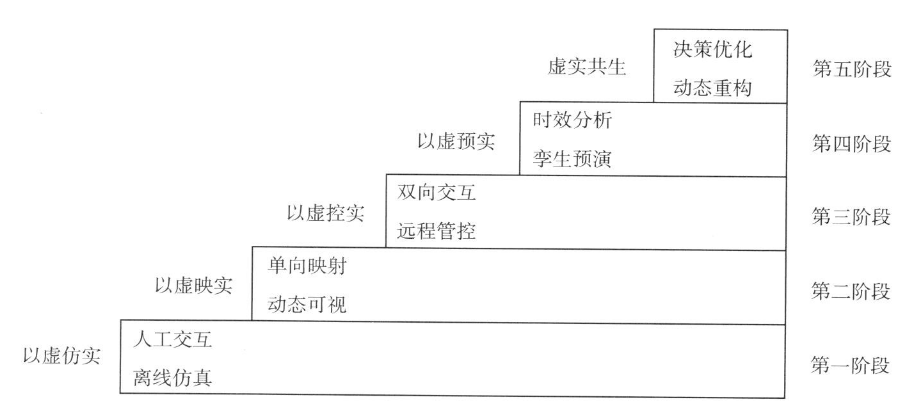

图 4–7　数字孪生发展阶段

根据数字孪生发展成熟度情况，服装制造业绝大多数企业尚处在以虚仿实和以虚映实发展阶段，只有极少数企业处在以虚控实和以虚预实发展阶段，如瑞晟公司推出的数字孪生缝制车间是唯一能够做到孪生预演的。正因如此，中国服装产业必须将缝制设备、车间和工厂的数字孪生进行到底。

在实践数字孪生时，必须利用数字孪生和大模型在服装制造企业的融合，因为两者的融合能为服装制造业带来前所未有的变革潜力。

首先，提升生产效率。借助 3D 可视化平台实时监测和分析生产环节，如设备运行状态、工艺指标参数和原材料消耗等关键数据，进而优化生产计划和进度，合理安排生产，减少资源和人力浪费。其次，改善产品质量。对生产过程进行实景模拟及监控，及时发现瑕疵产品，通过对比产品数据参数，快速定位异常数据并发出警告。再次，降低成本。分析生产过程中的资源消耗数据，采取优化生产流程、合理安排生产时间等措施，提高成本控制能力。最后，提高安全性。实时监测和分析工厂设备运行状态和安全风险，及时发现潜在安全隐患并发布警告信息，以减少事故和故障发生，保障工厂财产安全和员工人身安全。

总之，数字孪生与大模型的结合，将进一步释放服装制造业的潜力。大模型可以为数字孪生提供更强大的数据分析和处理能力，使数字孪生更加精准地模拟和优化生产过程。同时，数字孪生也可以为大模型提供更真实的生产场景和数据，帮助大模型更好地学习和适应服装制造业的需求。两者的结合将为服装制造业带来更高效、更智能的解决方案，推动服装制造业向更高水平发展。

（六）实践服装绿色化制造就是打造新质生产力

党的二十届三中全会召开后不久，中共中央、国务院印发《关于加快经济社会发展全面绿色转型的意见》，从顶层设计上明确了产业结构绿色低碳转型的各项任务，包括推动传统产业绿色低碳改造升级、大力发展绿色低碳产业和加快数字化绿色化协同转型发展。工业和信息化部数据显示，我国已建成国家层面绿色工业园区 371 家、绿色供应链管理企业 605 家，2024 年我国还将新培育国家层面绿色工厂 1000 家。同时，加强绿色低碳技术装备产品开发供给，推动氢能、新型储能、绿色智算等绿色低碳产业发展，加快推动工业全面绿色低碳转型。

中国服装制造业正积极响应党中央实号召，实践服装绿色化制造以求得可持续发展。服装绿色化制造的关键在于生产制造过程要采用绿色化技术，这些绿色化技术实践涉及从原材料采购到产品设计、生产、分销和最终回收的整个生命周期。以下是一些具体绿色化技术与策略：要选择绿色环保材料，如使用有机棉、再生纤维和生物降解塑料等可持续材料，减少对环境的影响。要进行绿色设计，在产品设计阶段要考虑环境影响，一般采用模块化设计，提高产品的再利用和回收可能性。要节能减排，大力发展新能源，加快能源低碳转型已成为世界各国普遍共识和一致做法，新能源将成为未来能源发展的主要方向。风电光伏是新能源发展的主体，储能和氢能是新能源发展的必要支撑，多元融合是新能源发展的重要趋势。中国服装制造业要在清醒认识我国新能源高质量发展的基础上，坚定不移地应用好新能源，采用好高效节能的生产技术和设备，减少能源消耗和温室气体排放。要进行水资源管理，实施节水技术和循环用水系统，减少水资源的消耗和污染；要进行废物管理，通过优化裁剪工艺和提高原料利用率，减少生产废料，并探索服装废弃材料的再利用途径；做好绿色供应链管理，确保绿色供应链的透明度，选择环保的原材料供应商，并与其建立长期合作关系；与循环经济相结合，建立旧衣回收系统，推动二手交易平台发展，创新废旧衣物处理技术，实现资源的有效循环利用；要以实践绿智化制造为目的，利用物联网、大数据和人工智能等技术实现生产过程的自动化和智能化，最后达到绿色化智能化制造。

通过上述实践，服装制造业不仅能降低对环境的负面影响，还能提高资源利用效率，增强企业的市场竞争力，并满足消费者对可持续产品的需求，这才真正是服装制造业的新质生产力。

（七）实践共享工厂（也称共享制造）新模式就是打造新质生产力

数字化时代的今天，在我国江苏、浙江、广东、山东和福建等服装生产制造区域出现了一种叫“共享工厂”，也叫“共享制造”的新模式。这种新模式区别于传统代工模式，共享工厂以联合各个分散的服装生产制造企业，依靠数字化分析，统筹各企业的生产线空档期，组成“虚拟联合工厂”生产模式，真正做到产能与订单共享，极大地提高了服装生产制造的效率。服装生产制造企业只需通过手机下单，依靠平台接收后，就可以自动测算裁剪所需费用，将任务快速分发到加工中心，布料运送到加工中心，完成裁剪后通过物流流回工厂，并在线上完成结算和付款。这种“共享制造”的新模式优化了生产力各要素，值得实践与推荐。

（八）实践与“低空经济+”模式融合就是打造新质生产力

低空通常指距离正下方地平面垂直距离在 1000m 以内的空域，根据不同地区特点和实际需要也可延伸至 3000m 以内的空域，目前该空域我国基本处于“真空”地带，尚未开发。低空经济以有人驾驶和无人驾驶航空器的低空飞行活动为牵引，辐射多个领域的综合性经济形态。低空经济是“航空+”式的新兴融合经济形态，核心是航空器与各产业的“组合式”经济形态。近年来，我国密集出台相关产业政策，推动低空经济从探索走向发展。新华网测算，2023 年我国低空经济规模超 5000 亿元，2030 年有望达到 2 万亿元。预计到 2025 年，低空经济对中国国民经济的综合贡献值将达 3 万亿至 5 万亿元。

“低空经济+”模式下，催生各类应用场景。

中国服装制造业也不例外，必须应用“低空经济+”来为服装制造业服务。中国服装制造业快反供应链及物流需要与“低空经济+”模式融合，打造“低空经济+供应链”和“低空经济+物流”融合。低空经济是技术革命性突破、生产要素创新性配置、产业深度转型升级催生而来的，具有高科技、高效能、高质量特征，符合新发展理念的先进生产力质态。所以，中国服装制造业也必然要成为低空经济新质生产力赛道中的一员。

三、结束语

如何打造服装制造业新质生产力，是从实践服装制造企业数智化深度转型、实践 AI 及其相关技术、实践数据资产的有效管理和利用、实践个性和批量定制的柔性制造模式、实践数字孪生技术、实践服装绿色化制造、实践共享工厂（也称共享制造）新模式和实践与“低空经济+”模式融合等八个方面来展开叙述，一些基础设施技术如互联网、算力技术、量子技术、6G 技术等并未叙述，实践这八个方面新质生产力，真正的目的最终是实现绿色化智能化制造工厂。

新质生产力的引入和打造是服装制造型企业转型升级的关键。通过技术升级与改造、创新生产模式、优化资源配置和加强人才培养与引进等手段，可以推动新质生产力在服装制造型企业中的落地。服装企业需要制订详细的实施计划、加强组织领导和协调、注重数据分析和应用以及持续改进和创新等策略，确保新质生产力的顺利实施和持续发展。随着新质生产力的不断落地和升级，服装制造型企业将迎来更加广阔的发展前景和更加激烈的市场竞争。

如今，大模型、大数据、大算力的新一代人工智能飞速发展，我们迎来了通用人工智能时代，使能百模千态、赋能千行万业。新一代人工智能已经成为新一轮科技革命的核心技术，正在形成推动经济社会发展的巨大引擎。麦肯锡咨询公司一份最新的报告表示，在 2030—2060 年将会有 50%的现有职业被 AI 取代，那么，我们的企业就该考虑要怎么做了。

2024—2025年中国汉服市场发展报告

中国文化馆协会汉服推广专业委员会

随着汉服的复兴和产业的蓬勃发展，汉服消费者群体日益广泛，汉服市场规模已十分可观并将持续增长，相关产业链日趋完善。当前，汉服产业内部呈现汉服日常化、汉服创新化、多方融合发展的特点，但也面临着市场内部的激烈竞争。与此同时，汉服产业存在概念范畴不清晰、同质化竞争严重、产业链不成熟等众多问题。在后续发展中，汉服产业将朝着规范化、产业化、数字化、国际化的方向发展。

一、汉服市场发展背景

汉服，全称汉民族传统服饰体系，分为古代和现代两个历史阶段，体现了汉民族优秀传统文化及现代精神风貌，是为当代生活服务的民族传统服饰体系。按照汉服体系的发展脉络，汉服可以分为上衣下裳类、上衣下裤类、深衣类（分裁连属类）和通裁类。汉服的主要共性特征可以概括为平面剪裁、交领右衽、结缨系带和宽舒端正。自2003年汉服重现街头以来，在20余年的发展中，汉服逐渐成为当代青年彰显文化自信最鲜明的表达方式之一，也成为向世人传达中华优秀传统文化的重要符号。

近年来，国家对于优秀传统文化的扶持越加重视，出台了一系列相关政策推动汉服市场的发展。例如，《关于实施中华优秀传统文化传承发展工程的意见》等文件，为汉服文化的传承和发展提供了政策保障。文件中强调，加强中华优秀传统文化传承发展相关扶持政策的制定与实施，注重政策措施的系统性协同性操作性；加大中央和地方各级财政支持力度，同时统筹整合现有相关资金，支持中华优秀传统文化传承发展重点项目；制定和完善惠及中华优秀传统文化传承发展工程项目的金融支持政策。

同时，近年来汉服在海外的传播“高歌猛进”，已然是“讲好中国故事”的一张灿烂的名片。汉服日益走向世界舞台，吸引了更多国际消费者的关注，这对提升国家文化软实力具有重要意义。越来越多的海外消费者对汉服产生了浓厚的兴趣，不仅购买汉服产品，还积极参与汉服文化活动，为汉服产业的发展带来了新的机遇。

二、汉服市场发展现状

2003年，第一个汉服商家诞生。2006年，第一家汉服实体店开业，开启汉服产业化发展的先河。经过20余年的发展，中国汉服市场持续扩大，相关产业链也日趋完善。中研普华研究院发布的《2024—2029年中国汉服行业深度调研与发展趋势预测报告》显示，2023年我国汉服市场规模超144亿元，预计2024年增长至168.8亿元，未来5年年均复合增长率约为12.82%，在未来仍有巨大上行空间，彰显了强劲的商业潜力。据公众号“汉服资讯”数据，2024年11月淘宝汉服商家销售产值前十名总计6900余万元，相比2024年10月上升超11%，但相较于2023年11月有明显下跌。

从市场细分看，按照汉服的款式风格，当下市场可细分为传统形制汉服、改良汉服以及汉元素时装。传统形制汉服的特点为遵循古代汉服形制、纹样、颜色等，在高端定制领域具有较大市场份额。改良汉服在保留汉服基本元素的基础上，对款式、面料、剪裁等进行创新，使其更贴合现代生活场景和审美需求，成为日常穿着和社交场合的热门选择，市场销售量较大。汉元素时装则是将汉服元素与现代时尚潮流相结合，设计更为简约、时尚，适合大众日常穿着，在快时尚和大众消费市场中广受欢迎，销售渠道更为广泛，包括一些主流时尚品牌也开始推出汉元素系列产品。

从消费者画像来看，当下汉服消费者中女性用户依然超过男性用户，40 岁以下的消费者占比超九成，一、二线城市用户占比相对较高，这一部分群体对传统文化具有较强的认同感，且具备较强的消费能力和消费意愿。总体来看，当下汉服市场呈现出性别、年龄和城市线级多元化发展的趋势，男性汉服、中老年汉服以及童装汉服的款式逐渐丰富，不同消费者群体的需求得到进一步满足，消费者对汉服的认可度、接受度明显提高。目前，大多数汉服品牌采取线上营销的模式，超过 60% 的消费者选择从淘宝、京东等电商平台购买汉服。抖音也日渐成为汉服消费的重要阵地，抖音电商数据显示，截至 2024 年 5 月初，平台汉服销量同比增长 389%。此外，近 50% 的消费者的汉服购买频率为每季度购买 1~2 次。

从社会认同来看，汉服文化活动的数量不断增加。汉服活动的举办，如汉服节、汉服走秀等，为汉服爱好者提供了交流和展示的平台，艺术拍摄、传统节日等场景穿汉服的比例逐渐增大，进一步增强了汉服的社会影响力和认同感。其中，汉服走秀作为一种时尚展示，将传统汉服与现代审美相结合，推动了汉服文化的大众化和国际化。通过走秀，汉服的美学价值和文化意义得到了更广泛的传播和认可。走秀活动不仅展示了汉服的多样性和创新性，也促进了汉服产业的发展，吸引了更多的消费者和投资者关注汉服市场。除此之外，汉服在社交媒体上的传播是当今汉服发展的重要特点。其在微信、微博、小红书上的流行，得益于其视觉化的内容展示和社区互动特性，使得汉服文化能够迅速传播并吸引更多群体的关注。社交媒体上的汉服相关内容，不仅包括汉服的穿搭分享，还包括汉服制作、文化背景介绍等，提高了社会对汉服的认同感，为汉服爱好者提供了一个高归属感的社区，并通过社群的力量推动了汉服文化的传播和发展，而且随着全球化的加速而逐渐增强。人们对于中华优秀传统文化的认同感逐渐增强，汉服成了一种象征和标志，代表着中国文化的独特魅力和价值。穿着汉服不仅是一种个性和时尚的表达，更是一种文化认同的体现。

三、汉服市场发展特点

（一）汉服日常化

近年来，随着汉服市场的细分和日益多元，越来越多的消费者将汉服作为日常穿搭的一部分，将汉服带入学习、工作、休闲等各类日常生活情境中。汉服生产企业也在遵循汉服基本特征的基础上进行创新优化，如在裙长、图案、面料等方面进行调整，提高汉服的舒适度和便捷度，使汉服更加融入日常。

为了进一步满足消费者需求，让汉服与时尚接轨，众多商家在汉服制作上除了采用传统的丝绸、棉麻等天然面料以及时装常用的雪纺等面料之外，开始引入新型功能面料和更为环保的可持续面料。图案方面，除了传统元素，更多现代流行文化元素也开始出现在汉服图案设计中。在颜色上，汉服设计也有了更多的突破，积极与时尚流行色接轨，以满足不同消费者的需求。汉服的款式也呈现多元化趋势，一方面是复原更多出土文物所代表的经典款式，如 2024 年格外流行的马山楚墓 N19 直裾袍、N10 直裾袍等，另一方面也出现了不同朝代汉服款式元素混搭的创新款式。

（二）汉服产业集群

目前，国内汉服产业已形成山东曹县、浙江杭州、四川成都、广东广州四大汉服生产基地。在淘宝电商平台上，汉服商家数量前五的省份分别是山东、浙江、广东、四川和江苏，呈现出较为明显的集群特征。

（三）竞争激烈

随着新型店铺加入汉服产业市场，以及汉服市场“内卷”“价格战”的加剧，目前汉服市场中低端品牌在产品质量、设计创新、文化传承与传播、价格策略以及营销渠道等方面的竞争激烈程度持续上升。汉服生产的工业化和规模化程度相对较低，加之其制作工艺较为复杂，导致生产成本偏高，从而压缩了汉服的利润空间。与此同时，外部竞争的加剧对现有商家提出了更高的要求，促使他们在产品质量、设计创新和营销策略上不断突破。然而，当下汉服市场在价格等方面的“内卷”一定程度上起到了降低汉服体验门槛的作用，吸引更多消费者尝试汉服，从而对汉服的大众化起到了积极的推动作用。

（四）“汉服+”融合发展

围绕汉服的生产和销售，汉服摄影、汉服租赁、汉服体验馆等相关产业蓬勃兴起，成为汉服产业中的新兴主体，为汉服产业发展注入新的活力。同时，政府主导下的“汉服+文旅”也成为带动地方经济发展的经济增长点，如洛阳的洛邑古城、龙门石窟等景区以汉服为爆点成功“出圈”，成为“以文促旅，以旅兴商”的生动案例。

（五）汉服“跨界合作”

不少商家与知名小说、动漫、电视剧等联动，推出“联名款”汉服，实现资源共享、优势互补，拓展品牌的市场边界和消费群体。这也成为目前部分汉服头部商家进一步打开市场，推动汉服“破圈”的全新努力方向。例如，十三余在2024年陆续推出与热门古装剧《长相思》、热门小说《盗墓笔记》和迪士尼《疯狂动物城》以及动画《小马宝莉》的联名款，借助多方热度和粉丝基础迅速走红。但目前联名款汉服价格上往往较高，设计上也存在一些问题。如何发挥“1+1>2”的联动作用是汉服进一步“跨界”需要思考的问题。

四、汉服市场发展存在的问题

目前汉服市场发展势头迅猛，但其中依然存在不少问题，给汉服市场进一步健康发展带来了不小的挑战。

（一）汉服的概念与范畴不清晰

在目前的市场中，部分商家存在为旗袍、清代汉族女子装束以及不属于汉服范畴的商品打上“汉服”标签的问题。无论是本身不了解汉服内涵，抑或为吸引流量还是其他原因，这一行为无疑对汉服市场造成了一定的扰乱，也向消费者传达了不正确的信息。

（二）同质化竞争严重

汉服行业内同质化竞争问题较为严重。一方面，创新设计疲软，款式、图案、配色等创新不足，风格雷同的作品越来越多。另一方面，抄袭、盗版现象严重。部分商家由于创新设计能力不足或不愿意承担原创设计成本，选择对已有商家经典款或热销款进行“山寨”，不仅损害了原创设计者和商家的利益，更扰乱了市场秩序，加剧了恶性竞争。同时，汉服文化元素如图案、纹样等的知识产权界定和保护也存在一定难度。这也反映出当下汉服市场主体的版权意识、品牌意识还有待于进一步提高。

（三）产业链不成熟

相较2023年，2024年较多消费者反映购买汉服时出现“工期长”“延期发货”等问题。目前的汉服生产中，汉服商家很少拥有自己的工厂，多为合作代工模式，但汉服对材料的工艺稳定性要求较高，加之汉服生产过程中涉及印染、绣花等工艺，导致生产过程中容易出现周期难以控制的问题。另外，当下汉服市场中亦存在质量不达标等其他问题。

人才在汉服产业链中发挥至关重要的作用，但目前包括汉服设计师、板型师、工艺师、文化研究人员、市场营销人才等相关专业人才短缺现象较为严重。一方面，高校在汉服相关专业设置和人才培养方面相对滞后，导致专业人才供给不足；另一方面，行业内人才流动频繁，企业人才培养成本较高，一些中小品牌难以吸引和留住优秀人才，这在一定程度上限制了企业的创新能力和发展速度。

（四）高端消费疲软

从市场数据看，中、低端消费是汉服消费市场的主力军。虽然已经有部分具有代表性的高端汉服商家，但是“高端”主要体现为使用香云纱、云锦等高端面料，在知名度、设计理念、营销模式、面料创新等方面，距离香奈儿、迪奥等国际高端品牌仍有很大距离。

（五）应用场景相对受限

虽然目前汉服的穿着和应用场景日益多元化，汉服在“破圈”的过程中，知名度、认可度逐渐提高，但是在相当一部分刻板印象中，汉服依然是古代服饰、表演服饰、拍照服饰，与现代建筑“相违和”。艾媒咨询数据显示，目前中国消费者穿汉服场景的前两名依然是汉服活动和艺术拍摄，日常活动占比为30.6%，排第六位。类似刻板印象限制了汉服的使用场景，也加大了汉服的“破圈”压力。当下汉服的出现场合依然以日常化、私人化场合为主，在重要的社交场合中，汉服仍然较为欠缺，依然以西装或者有中国风元素的“新中式”为主，这限制了汉服文化在更广泛领域的传播和发展。如何让汉服真正成为现代社交场景的礼服之一，出现在更多会议、外交等重要场合，是汉服应用需要突破的点，如何设计、供给符合重要场合的汉服也成为汉服产业面临的挑战。

五、汉服市场发展趋势

（一）产业化和品牌化发展

随着汉服复兴和汉服市场的进一步扩大，汉服产业将朝着更加规模化、标准化的方向发展，形成完整的产业链，同时品牌化进程也将加速。目前，已有相关组织尝试发布关于汉服的行业标准，越来越多的商家申请知识产权和相关权益的保护，汉服产业将得到进一步的规范。

（二）智能化与数字化发展

随着科技的不断进步，汉服产业将逐渐走上智能化与数字化发展道路。在产品设计方面，利用3D建模、虚拟现实（VR）、增强现实（AR）等技术，设计师可以更加直观地进行汉服款式设计和展示，消费者则能够通过线上平台进行虚拟试穿，提前感受汉服的穿着效果，提升购物体验。在生产制造环节，引入智能化生产设备和管理系统，实现生产流程的自动化、精细化控制，可以提高生产效率和产品质量稳定性。同时，通过大数据分析技术，企业能够更加精准地了解消费者需求和市场趋势，为产品研发、市场营销等决策提供数据支持，实现精准化运营。

（三）全球化拓展趋势

汉服文化的国际影响力将不断扩大，汉服产业的全球化拓展步伐也将加快。未来，更多的汉服品牌将积极拓展海外市场，通过参加国际时尚展会、与国际品牌合作、开展跨境电商业务等方式，将汉服推向世界舞台。同时，随着国际文化交流的深入，汉服文化将与世界各国文化相互借鉴、融合，形成具有国际特色的汉服文化潮流，进一步提升中华文化在全球范围内的传播力和影响力。

2024年汉服产业在规模、产品创新、品牌建设、市场拓展等方面取得了显著成就，但也面临着一些挑战和问题。在未来的发展中，汉服产业将积极应对挑战，把握发展机遇，通过技术创新、文化传承与传播、人才培养等多方面的努力，实现产业的健康、可持续、国际化发展。

参考资料

京东 《2024汉服趋势白皮书》

艾媒咨询 《2024—2025年中国汉服产业现状及消费行为研究报告》

中研普华研究院 《2024—2029年中国汉服行业深度调研与发展趋势预测报告》

汉服资讯

2024年中国纺织服装行业供应链尽责管理研究报告

中国纺织工业联合会社会责任办公室 刘卉

英国著名物流专家、克兰菲尔德大学（Cranfield University）教授马丁·克里斯托弗（Martin Christopher）预测：21世纪的竞争不再是企业之间的竞争，而是供应链之间的竞争。供应链竞争不仅是现代企业间的主要竞争形态，更是大国竞争的战略砝码。供应链政策作为提升产业竞争力和经济实力的重要手段，以及推进多边合作的战略工具，已经上升到国家战略和全球治理的宏观层面。从美国供应链指令到德国供应链法，再到日印澳"供应链联盟"，一个大国博弈的供应链竞争时代已然到来。欧美等国家围绕供应链的立法越来越多，对社会责任的要求越来越高，中国企业在国际市场上面临的供应链尽责调查压力逐渐增加。这些涉及人权、环境保护、供应链管理的法律法规，将对供应链安全、韧性和可持续发展产生重要影响，给纺织服装行业供应链社会责任治理提出了新挑战。

一、供应链尽责管理概述

供应链是现代经济的重要形态，有狭义和广义之分。狭义的供应链是一个企业为市场交付商品或服务而协同合作的研发、采购、生产、销售等各内部职能组织的协同。本文语境是广义供应链的概念，由市场导向的企业网络组成，包括供应商、分销商、零售商、终端客户等，是产业链物流的动态实现，描述企业或者实体之间基于上中下游关系的链条式结构和时空分布形态。供应链的本质是价值链向不同角度的延伸，涵盖产品或服务提供的全过程，是产业组织、生产过程和价值实现的统一。全球供应链是一个复杂的国际分工合作网络，连接着全球范围内的研发、生产、销售、回收、处理等各个环节，涉及多个国家和地区的企业和机构，互相依存、紧密联系，具有显著的公共产品属性。

（一）供应链尽责管理的目标

供应链尽责管理是企业在供应链管理过程中，为确保供应链运作的安全性、可靠性和高效性而建立的一套系统化、规范化的管理方法和流程；是企业为识别、预防和缓解在运营、供应链与商业关系中面临的实际和潜在的社会责任风险而采取的措施。其核心要素包括风险评估、供应商管理、信息安全、应急响应和持续改进等。供应链尽责管理是企业商业决策和风险管理制度的必要组成部分，涉及一系列相互关联的过程，用于避免或减轻对人、环境和社会造成或助长的不利影响。开展尽责管理不是为了将责任从政府转移到企业，或者从造成或助长不利影响的企业转移到因业务关系与不利影响直接相关的企业。相反，每家企业对不利影响都有必须履行的责任。企业为开展尽责管理而采取的措施应与不利影响的严重性及可能性相称。尽责管理还应与对人权、环境与腐败等负责任企业行为议题产生的不利影响的性质相适应。供应链尽责管理是确保供应链运作透明、合规和可持续的关键框架，通过强化责任与协作，提升整体绩效和社会价值，更好地融入全球价值链。

（二）供应链尽责管理的必要性

从国际角度讲，中国纺织服装企业在全球供应链中占据重要地位，跨国公司和国际品牌对社会责任的要求和期望在不断提高，企业需要积极响应供应链尽责调查和规则要求。从国内角度讲，供应链尽责管理与供应链的安全稳定密切相关。企业需通过供应链尽责管理更好地了解供应商的信息，对其生产能力和市场竞争力进行客观准确的判断，建立良好的合作关系，形成协同效应；同时还需建立供应链安全风险评估和应对机制，加强对供应商的风险评估与管控，通过尽责管理对影响供应链安全的各项风险因素进行识别、分析和评价，确定可能存在的风险和危害，并采取应对措施以减少或消除风险。

尽责管理包含反馈环路，因此企业能够汲取经验，逐步改善和提升管理能力。通过尽责管理过程，企业能充分应对情况变化（如国家的监管框架发生变化、行业中出现新的风险、开发新产品或新业务关系）可能带来的风险，快速识别并消除不利影响。通过尽责管理识别降低成本的机会、更好地理解市场以及供给的关键来源、加强公司特定商业与运营风险的管理、降低危机发生的可能性，以及更少面临系统性风险。企业还可以通过开展尽责管理，使自身符合具体负责任企业行为议题相关的法律要求，创造更多价值。

二、供应链尽责管理的国际发展新趋势

（一）欧美国家主要供应链法案及框架要求

长期以来，美国凭借自身在经济、技术和世界市场中的竞争优势，在全球供应链中处于垄断地位。自从中国跃居为世界第二大经济体，以及在全球供应链中的地位日益重要，欧美国家产生了战略焦虑。近年来，中美贸易摩擦、俄乌战争冲突、地缘政治危机等，都深刻影响了全球经济的商业格局，导致全球供应链安全和韧性的风险加剧。欧美国家正在加大供应链管理立法力度，陆续出台了多个法案（表 4-1），以保障欧美以及成员国在关键领域、关键产品及关键要素中的供应链安全，继续维持其全球战略领导力的霸权地位。

表 4-1　欧美国家出台的主要供应链法案

时间	法案名称	发布机构	框架及实施内容
2011 年	《联合国工商企业与人权指导原则》	联合国人权理事会	强调对人权的尽职调查（HRDD），其中包括三大支柱： ①国家保护人权的义务：通过合适的政策、法律、条例和裁定，保护人权免遭第三方侵犯； ②企业尊重人权的责任：通过尽职调查以避免侵犯人权，并应尊重人权，消除负面人权影响； ③纠正或者补救的措施：为企业相关人权侵害的受害人提供更广泛有效的（非）司法补救
2011 年	《经合组织跨国企业准则》	经济合作与发展组织	增加新的人权内容以符合联合国“保护、尊重和补救”原则，鼓励企业为经济、环境与社会进步作出积极的贡献，并认为商业活动可能产生与劳工、人权、环境、贿赂、消费者及公司治理相关的不利影响，因此准则建议加强尽职调查和负责任的供应链管理
2018 年	《经合组织鞋服行业负责任供应链尽责管理指南》	经济合作与发展组织	建议企业开展基于风险的尽责管理，以避免并消除上述与自身运营、供应链和其他业务关系相关的不利影响
2021 年 12 月 23 日	《维吾尔族强迫劳动预防法案》（以下简称《涉疆法案》）	美国国土安全部	2022 年 6 月 21 日正式实施。全面禁止美国进口商从中国新疆地区或与认定的相关实体进口产品，除非其能够提供明确且令人信服的证据，证明产品非由“强迫劳动”制造（即所谓“可反驳推定”，Rebuttable Presumption）
2021 年 6 月 11 日	《企业供应链尽职调查法案》	德国联邦议会	2023 年 1 月 1 日生效。要求在德国运营的企业实施供应商风险管理体系，评估、减缓和监督供应链中存在的人权和环境风险。法令对供应链管理会产生影响，并推动供应链管理向更绿色、可持续的方向发展

续表

时间	法案名称	发布机构	框架及实施内容
2024 年 4 月	《关于禁止在欧盟市场上使用强迫劳动制造产品的法规》决议	欧洲议会	根据该项法规，欧盟将禁止在其市场内投放、供应并从欧盟出口使用强迫劳动生产制造的产品
2024 年 7 月	《企业可持续发展报告指令》	欧盟委员会	侧重于对企业 ESG 信息强制性披露规定，包括供应链上相关企业信息
2024 年 7 月	《企业可持续性发展尽职调查指令》	欧盟委员会	要求欧盟企业与部分第三国企业在商业行为中履行尽职调查的义务，调查范围覆盖供应链，包括企业自身、子公司、直接供应商和有长期业务关系的间接供应商

美国在零和博弈思维的驱动下，凭借其供应链关键节点的优势地位，以“供应链安全”为引，动用行政手段实施“脱钩断链”“去风险”“友岸外包”等手段，通过对供应链的强势立法，不遗余力地在全球供应链中推行“去中国化”，严重威胁全球供应链的安全与稳定。2024 年 7 月，欧盟发布的《企业可持续发展报告指令》（*Corporate Sustainability Reporting Directive*，CSRD）和《企业可持续性发展尽职调查指令》（*Corporate Sustainability Due Diligence Directive*，CSDDD）生效。这两个指令均覆盖了对供应链上企业的尽责管理要求，影响范围扩大到在欧盟符合监管条件的第三国企业，促使企业对自身及其价值链与供应链负责，确保其透明度，这两项指令使全球供应链可持续发展标准更加严苛，给企业供应链尽责管理带来新挑战。欧美各国的供应链立法举措层出不穷，更多聚焦于可持续性的尽职调查以确保本国的供应链韧性和安全。

（二）对纺织服装行业的影响

我国是世界上最大的纺织品和服装出口国，在欧美国家的进口市场中占据重要地位。欧美国家供应链法案的实施将对我国企业后续持续出口产生重大影响。企业既需要加强对供应链的管理和尽职调查，确保其出口产品符合相关的法律要求，以应对可能的风险和挑战；又要与供应商进行更密切的合作，加强对供应链的法律监控和尽责管理，以提高供应链中的劳工权益、环境保护和社会责任的绩效表现。对企业而言，供应链法案要求企业对其整个供应链进行尽职调查和信息披露，包括供应商的身份、原材料采购、生产环节以及销售渠道等环节，以确保其符合法律规定的人权和环境标准。这将对纺织企业的供应链管理产生重大影响，虽然会给企业增加额外的成本，但从长远来看，有利于加强企业供应链的透明度和可追溯性，有助于消费者、监管机构和利益相关者及时了解企业的供应链绩效。

欧美国家强化供应链立法的发展趋势，使我国纺织服装产业的全球贸易环境更加复杂、严峻，给纺织服装供应链安全和韧性带来巨大挑战，亟须跨部门协同，共建供应链立法工作机制，完善供应链合规管理体系建设，构建包容、韧性、智慧、可持续的现代供应链体系。供应链法案旨在要求企业关注环境和社会责任，促进供应链的可持续发展，使全球供应链的运行逻辑从效率优先转变为安全优先。“负责任”的供应链将成为全球供应链的新规则和新模式，这是行业未来最重要的发展趋势之一。

三、中国供应链尽责管理发展现状

（一）中国供应链相关政策法规

中国政府高度重视供应链安全和韧性问题。目前，虽然还没有专门的供应链法律法规，但陆续出台了一系列政策和指导性原则，旨在推动和维护我国供应链的可持续性与韧性。保障供应链安全、维护供应链稳定畅通，是政府的一项重大的战略任务，是推进国家治理体系和治理能力现代化的重要内容。

我国人权法定的制度环境更加成熟完备，人权法治保障取得历史性成就。其中《中华人民共和国刑法修正案（八）》《中华人民共和国劳动法》《中华人民共和国劳动合同法》和《中华人民共和国治安管理处罚法》对强迫劳动作出禁止性规定。国际劳工组织的《1930 年强迫劳动公约》和《1957 年废除强迫劳动公约》已经在中国获批，表明了中国政府反对强迫劳动的坚定立场，也标志着中国企业遵循国际通行规则的尽责管理探索与实践进入了新阶段。《国家人权行动计划（2021—2025 年）》提出，“促进全球供应链中的负责任商业行为。促进工商业在对外经贸合作、投资中，遵循《联合国工商业与人权指导原则》，实施人权尽责，履行尊重和促进人权的社会责任。”环境尽责的法律和准则主要包括《中华人民共和国环境保护法》及其相关法律法规。2024 年 4 月，沪深北交易所发布《上市公司自律监管指引——可持续发展报告（试行）》，鼓励披露主体结合实际情况披露报告期内识别和应对可持续发展相关负面影响或风险的尽职调查情况。2024 年 5 月，财政部起草了《企业可持续披露准则——基本准则（征求意见稿）》，是规范中国企业可持续发展信息披露的基本准则与通用性要求，也是中国稳步推进经济、环境和社会可持续发展，建设可持续信息披露准则体系的顶层设计。

中国政府还积极参与国际人权和环境公约，这些公约的规定也在一定程度上影响和改善了中国企业的供应链管理实践。以上政府文件和法律法规为中国纺织服装企业开展社会与环境尽责管理、持续推进可持续发展奠定了坚实的法律依据和政策基础。

（二）中国纺织服装行业供应链尽责管理实践

纺织服装行业作为最早参与国际贸易和全球竞争的产业，企业积极响应国际供应链社会责任的审核要求，建立了完备的供应链尽责管理体系和专业工作机制，包括风险评估、供应商审核、能力培训等措施。很多企业会通过第三方认证机构进行供应链审核，确保供应商遵守劳动法规和环境标准。此外，行业组织和产业集群地方政府也在积极推动供应链社会责任审查的实践，全方位地提升了行业的社会责任管理水平和可持续发展竞争力。

中国纺织工业联合会与国际劳工组织、经合组织、联合国全球契约组织、BSCI（Business Social Compliance Initiative，商业社会行为准则认证）等国际组织和标准机构就纺织服装行业供应链尽责管理保持持续沟通和对话机制。早前，与经合组织合作，就纺织服装企业供应链尽责管理状况进行了大规模的行业调研，重点关注的社会与环境议题共 12 项，包括“童工”“工作场所的性骚扰和性暴力”“强迫劳动”“工作时间”“职业健康与安全”“工会和集体谈判”“工资”“危险化学品”“温室气体排放”“废水”“商业贿赂与贪腐”“向居家劳动者的负责任采购”，旨在了解这些议题在企业管理政策及供应商管理政策中的分布情况。本次调研采用方便抽样法，覆盖“针织或钩针编织物及其制品制造”“印染”“机织服装制造”“针织或钩针编织服装制造”“服饰制造”等 16 个主营业务类型的 200 多家企业。样本企业主要分布于江浙沪闽粤鲁等沿海产业集群，大部分企业经营超过 10 年，年营业额在亿元以上。调研组对部分样本企业进行实地考察和访谈，并对问卷反馈进行了量化处理。通过调研发现国内样本企业的社会与环境尽责管理水平整体偏低，与国际品牌仍存在差距。尽责管理水平与经营年限和企业规模呈正相关关系，且外销型企业表现显著更好。

行业组织在推进社会与环境尽责管理方面作用更显著，但是样本企业对供应链上社会与环境风险识别的整体水平不高，背后的原因值得探究。为了增强行业企业的供应链尽责管理能力，中国纺织工业联合会社会责任办公室编制《中国纺织服装企业社会与环境尽责管理指南》作为帮助企业改善供应链尽责管理的工具，并以指南为依据，针对企业的行业特性和供应链关键节点，研究开发多套具有包容性、适应性和精准度的尽责管理培训课件和工具包，通过定期组织培训和辅导，提升了企业对供应商的尽责管理水平，为行业供应链的安全和韧性提供了坚实的保障。

四、供应链尽责管理流程和发展路径

（一）供应链尽责管理流程

企业供应链尽责管理的过程是持续进行、快速响应并不断变化的。具体流程包含六个步骤，即经合组织尽责管理体系的六步框架法，这是推动纺织服装供应链尽责管理的一种有效的方法，具体过程如图 4-8 所示。

企业首先要把负责任的商业行为融入企业政策制定和管理过程。当企业识别出供应链风险后，须采取适当的防范措施，如与直接供应商签订补充合同或协议，增加适当的人权和环境条款，以及开展尽责培训。企业还可以制定新的采购政策和供应商标准。企业下一步要终止、防范与减轻不利影响，停止造成或助长不利影响的活动。跟踪尽责管理活动的实施情况与有效性，即企业识别、防范、减轻与酌情支持补救不利影响的措施，包括与业务关系共同开展的活动。进而利用从跟踪中吸取的教训，在未来改善这些过程。需要就相关信息进行对外沟通，内容涉及尽责管理政策、过程、为识别与消除实际或潜在不利影响而开展的活动，包括这些活动的结果与成效。企业识别自身已经造成或助长实际不利影响时，须提供条件来支持补救或与利益相关方合作开展补救，来消除这些影响。

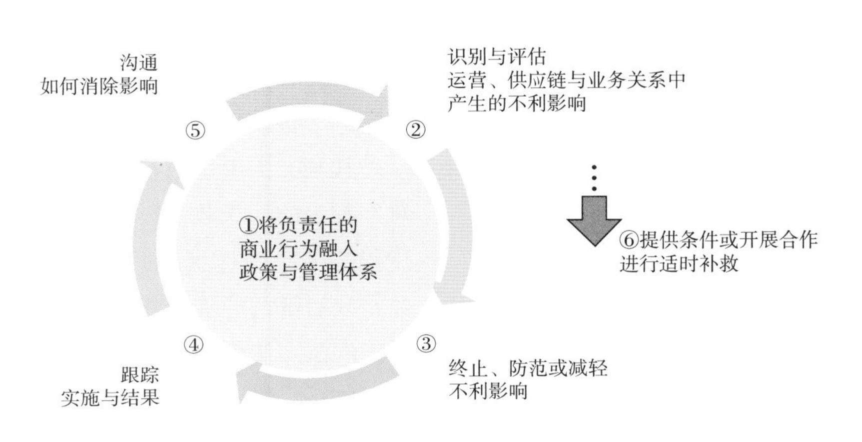

图 4-8　尽责管理过程逻辑图

（图片来源：《经合组织负责任商业行为尽责管理指南》）

（二）供应链尽责管理发展路径

企业供应链尽责管理的内容和范围会受到多种因素的影响，如企业规模、经营环境、可适用的外部法律法规、潜在不利影响的程度等。宏观环境的影响包括经济发展水平、产业结构、政策措施、技术创新、社会文化等外部因素，都会对供应链管理产生深远的影响。企业推进供应链尽责管理的具体发展路径，可以从三个方面开展。

1. 数智技术赋能

发展数字经济成为我国构建新发展格局、推动建设现代化经济体系的重要方向。利用数字智能技术对传统产业进行全方位、全链条的改造，赋能传统产业转型升级。数字智能技术对供应链尽责管理的影响主要体现在提高透明度、确保数据安全和促进合规管理等方面。在产业数字化、智能化转型的新阶段，以数字智能技术为关键抓手，建立高透明度和高可控性的供应链控制系统，包括监管、追溯和评价系统，通过供应链上下游之间、区域之间的尽责管理，有效协同风险、合规、内控等功能，既能避免风险的传递，又能对内外部风险进行快速应对。通过大数据和人工智能技术分析供应链各环节的数据，帮助企业及时发现和解决供应链社会责任风险和可持续发展问题，提高管理和决策的准确性和效率。

2. 绿色供应链

绿色供应链作为一种创新的管理理念和实践模式，是实现可持续发展的关键路径。2024 年 7 月出台的《中共中央 国务院关于加快经济社会发展全面绿色转型的意见》明确提出，“引导企业执行绿色采购指南，鼓励有条件的企业建立绿色供应链，带动上下游企业协同转型”。随着技术的进步和社会大众环保意识的提高，打造绿色供应链不仅是企业应对环境挑战和抓住可持续发展机遇的重要途径，也是提升品牌形象和商业价值的关键举措。开展基于全链条和产品全生命周期的绿色制造体系建设，打造绿色、低碳、脱碳供应链，通过在供应链的各个环节采取环保措施，企业不仅能够规避绿色技术贸易壁垒，减少对环境的负面影响，保护生态环境，还能提升社会福祉及经济效益。这不仅符合全球可持续发展的大趋势，也是企业社会责任的具体体现，承载着产业效率、生态环境、社会价值协同发展。

3. 风险驱动型管理系统

供应链风险管理是企业针对供应链开展适合其规模、业务性质、背景的潜在尽职调查，定期评估、实施风险识别和分析，根据业务实际识别相应的危险信号，以便于及时发现风险并采取措施。企业的供应链越复杂，就越有必要进行系统化管理，合理整合内外部资源，定性和定量评估风险，以建立有效的风险管理系统。企业供应链尽责风险管理体系应加强对“风险源”的识别，优化风险评估和风险缓释工具，制定争端解决和预防机制。很多企业的风险管理是通过外部事件触发的被动应对，但是当各种风险事件叠加发生时，就会难以快速有效地进行风险分析和防范。因此，企业需要转换思路，从事件驱动型风险管理向风险驱动型风险管理转变，进行“基于风险”（或称“风险为本”）（Risk-Based）的尽职调查。比如建立全球供应链的风险图谱（Risk Map），然后对供应商进行风险分析，再对其中的关键风险采取补救措施，最后反馈到风险图谱中，从而形成动态优化的循环管理生态，实现供应链的可持续能力和强劲的“韧性”，并能够持续地执行有效风险应对策略，动态优化和提升供应链管控风险的能力。

五、供应链尽责管理的措施建议

全球供应链重构对经济发展产生重大影响，使中国长期以来形成的经济外循环模式被打破，为此，需要进一步提升我国供应链韧性和安全水平。供应链尽责管理的重要原则是制定“适当措施”，即尽责管理的措施要与可能造成不利影响的风险等级相称，并合理考虑具体的经营情况，包括行业特征、特定商业关系，既要避免“过度合规”给企业供应链和社会经济带来冲击，又能够防范重要而紧急的风险损失。

结合相关法律法规的解读及行业的实践，未来供应链尽责管理的措施建议如下。

其一，完善中国特色社会主义的法治体系。面对不确定的地缘政治影响，建立和完善全链条、全流程的供应链尽责管理体系将是重要而紧迫的任务，政府部门应着力建立健全长效机制，制定更加完善的法律法规和产业政策，出台相关标准和技术支撑体系，进一步落实企业主体责任，鼓励企业积极践行可持续发展理念，持续关注并改进其供应链尽责管理措施，有效履行其供应链中与劳工、社会和环境相关的尽责义务，进而提升行业供应链尽责管理综合治理水平。

其二，建立高效的协同机制。供应链尽责管理是从法律法规及商业道德出发，对企业供应链的全流程进行管控和全面执行，需要利益相关者的全面协同，塑造供应链尽责管理共同体，增加供应链的透明度，提高风险防范能力，确保供应链上的社会责任风险能够被及时阻断，得到有效控制。企业应当建立良好的沟通机制，及时、积极、有效地疏通与供应商、有关政府部门、社会公众的沟通渠道，形成报告制度，强化通过沟通机制化解危机事件的抗风险能力。

其三，供应链尽责管理不是一次性的短期行

动，而是持续的、动态的过程，是全流程和全生命周期的管理实践。随着时间推移、国际政治经济形势变化、企业发展阶段演进、运营环境改变等，企业面临的社会责任风险也可能发生变动。因此，要进一步完善供应链尽责管理工作体系，建立供应链尽责管理监管综合协调机制，促进各环节监管措施有效衔接，形成监管合力，增强供应链尽责管理工作的系统性和全面性，确保供应链各环节规范运作。

供应链尽责管理在大国博弈下的新秩序中发挥举足轻重的作用。“构筑安全稳定、畅通高效、开放包容、互利共赢的全球产业链供应链体系”是中国政府推动全球经济发展和参与世界贸易的庄严承诺和根本宗旨。后疫情时代，作为百年未有之大变局的基调，全球供应链体系面临重构，新秩序亟待重建。这对行业和企业而言，既是风险挑战，也是战略机遇。欧美等国家的供应链法案条款规则纷繁复杂，其中肯定会有相互冲突和矛盾的条款，甚至个别国家以人权和环境等道德价值观议题，实施贸易保护主义和“长臂管辖”措施。相关法律法规对供应链尽职调查要求“无限溯源”，但在实际的供应链尽责管理中，必须认识到企业对于二级、三级甚至再下游的供应商的管理能力是有限的。为尽可能消除或降低潜在限制因素的影响，企业应对供应商制定必要的准入行为准则、签订合规协议、组织开展能力提升培训，与利益相关方携手合作，持续开展供应链尽责管理，推广负责任商业行为，为建立持续稳定的全球供应链赋能。企业与供应商既是利益共同体，也是风险共同体，唯有共商共建供应链尽责管理体系，才能共享共赢全球可持续发展的机遇和红利。

中国时尚产业知识产权呈现特点与趋势展望

永新知识产权　张晏清

中国时尚产业知识产权保护的发展源自时尚产业的内在发展要求，同时知识产权制度体系的建立完善和知识产权保护的实践发展也在不断促进中国时尚产业知识产权保护意识的提升，两者相互促进、相互融合，共同探索保护知识产权、打击侵权假冒、优化营商环境的道路。近年来，中国时尚产业继续在发展中应对问题，寻求机遇，呈现出多元化、品牌化、智能化等多样特征，与之相应的中国时尚产业知识产权保护呈现出以下主要特点。

一、多举措提质增效，促进知识产权高质量创造

近年来，我国进一步深入实施知识产权强国建设，取得了不错的成绩。

专利方面，审查质量和审查效率持续提升，支撑关键核心技术攻关和重点产业高质量发展的审查机制更加健全。2023 年，全国授权发明专利共计 92. 1 万件，同比增长 15. 4%；2024 年 1—6 月，授权发明专利 55. 4 万件，同比增长 28%（图 4-9）。与此同时，实施实用新型明显创造性审查和外观设计明显区别审查，进一步提升实用新型专利和外观设计专利的质量，这一点通过实用新型和外观设计专利授权量近年来持续下降可以印证。此外，国家知识产权局持续严格规范非正常专利申请行为，从源头上严格把控质量关口，继续完善审查质量保障体系和业务指导体系，加强人工智能、大模型技术在专利审查中的应用，持续提升专利审查工作能力。

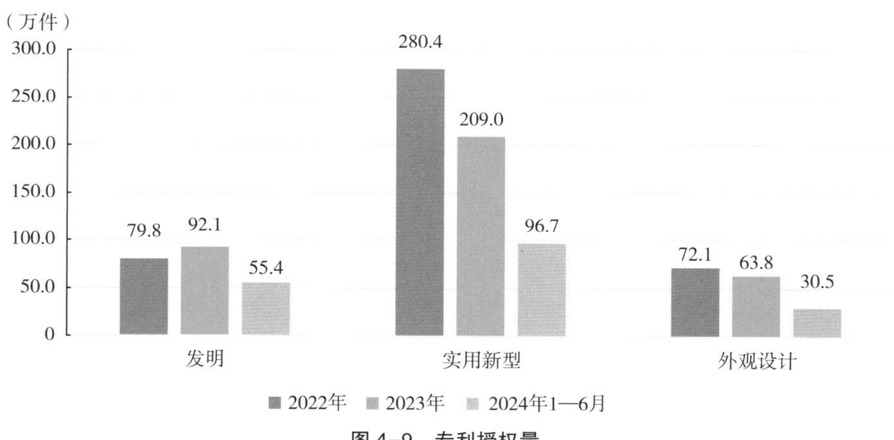

图 4-9　专利授权量

商标方面，严把质量关，提质增效工作得到了充分落实。商标注册平均审查周期稳定在 4 个月，一般情形商标注册周期稳定在 7 个月。2023 年核准注册商标 438. 3 万件，2024 年上半年核准注册商标 246. 3 万件（图 4-10）。商标局采取多项措施把好“质量关”，2024 年上半年商标注册申请实质审查合格率高位保持在 97. 7%。同时，国家知识产权局持续严厉打击恶意商标注册申请行为，全领域深化商标恶意注册行为治理，近年来取得明显实质性进展。2021 年国家知识产权局累计打击商标恶意注册 48. 2 万件；2022 年累计打击商标恶意注册 37. 2 万件；2023 年 1—6 月累计打击商标恶意注册 24. 9 万件；2024 年 1—6 月全流程打击商标恶意注册 20. 5 万件，快速驳回涉及重大不良影响的商标注

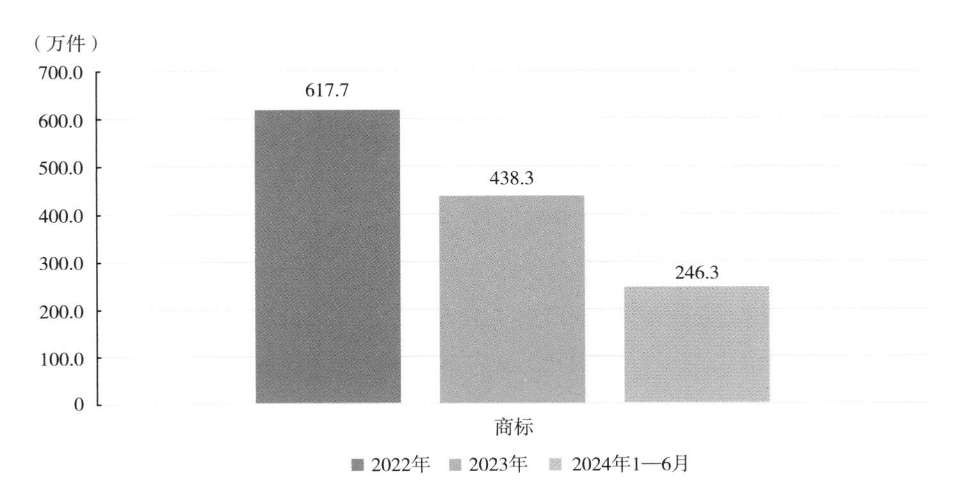

图 4-10　商标注册量

册申请 958 件。

著作权方面，登记数量和增速创新高，技术助力高质量发展。2023 年我国著作权登记数量增幅较大，全年的著作权登记总量超 892 万件，同比增长 40. 46%。其中，作品著作权登记量 643 万件，同比增长 42. 30%；计算机软件著作权登记量 249 万件，同比增长 35. 95 %，登记数量和增速均创 5 年来新高。对此，国家版权局特别指出，下一步要继续采取各项措施，不断推动版权产业高质量发展。一直以来，我国著作权实行的是登记制，通常只进行形式性审查，不进行实质审查。以高质量发展为目标，近 2 年的审查实务显示著作权登记的审查标准较之前严格。

数据知识产权方面，近年来国家知识产权局积极探索构建数据知识产权保护规则，助力数字经济发展，取得初步成效。截至目前，在全国 17 个省市开展数据知识产权试点，颁发数据知识产权登记证书超过 8700 件，正在加快建立全国数据知识产权登记平台，开发相关信息化系统，为在国家层面开展数据知识产权登记做好必要准备。2024 年 5 月，国家知识产权局战略规划司组织评选出数据知识产权登记十大典型案例，其中“花边设计图及设备实时日产量衍生数据”入选。“花边设计图及设备实时日产量衍生数据”由福建长乐联达化纤有限公司申请登记（数登字第 FJS20240001036 号）。

二、持续加大知识产权司法保护力度，严惩侵权假冒行为

人民法院依法发挥审判职能作用，坚持严格保护理念，注重依法及时救济，切实加大赔偿力度，完善落实惩罚性赔偿制度，充分发挥知识产权司法专业化审判体系在知识产权保护等方面的积极作用，依法从严惩治侵权假冒，显著提高侵权代价和违法成本。截至目前，我国已形成以最高人民法院知识产权审判部门为牵引、4 个知识产权法院为示范、27 个地方中级人民法院知识产权法庭为重点、地方各级法院知识产权审判庭为支撑的专业化审判格局，全国具有知识产权民事案件管辖权的基层人民法院达 558 家。

2023 年，全国各地涌现了一批具有重大影响和典型意义的案件，如下列部分时尚领域的高额判赔、惩罚性赔偿案件。

在“新某伦”商标侵权和不正当竞争纠纷二审案[1]中，在被诉侵权人构成举证妨碍情形下，最高

[1] 最高人民法院（2022）最高法民终 146 号民事判决书。

人民法院全面、客观审核在案证据，判决赔偿权利人经济损失及合理开支3004万元。

“新某丽”鞋业（深圳）有限公司、“某荣”鞋业（深圳）有限公司与刘某某、温州某电子商务有限公司侵害商标权及不正当竞争纠纷案❶是对网络直播售假行为适用惩罚性赔偿的一起典型案例。相对于传统销售模式，网红主播带货能在短时间内吸引流量进而实现销售转化，侵权范围更广、侵权获利更高，对商标权人造成的损失更大。本案判决依法适用惩罚性赔偿，责令被告赔偿经济损失共计2200余万元。

在株式会社爱某克私诉福建潮某鞋业有限公司、凌某某等侵害商标权及不正当竞争纠纷案❷中，法院认为被告存在全方位模仿行为，主观上具有搭乘原告品牌市场声誉和竞争优势的故意，客观上亦容易加剧消费者的混淆和误认，构成商标侵权及不正当竞争。综合全案事实，针对被告恶意侵犯知识产权且情节严重的情形，本案依法适用惩罚性赔偿并确定一倍的赔偿比例，福建潮某鞋业公司因本案侵权行为应赔偿原告经济损失及维权合理开支共计1350万元，凌某某在250万元的范围内与福建潮某鞋业公司承担连带清偿责任。

在“某素”商标侵权及不正当竞争上诉案❸中，结合涉案商标系知名服饰品牌，被诉侵权行为呈现出家族式、规模化、全方位的特点等因素，法院适用惩罚性赔偿，全额支持原告的赔偿诉讼请求，判令被告赔偿经济损失及合理开支共计995万余元。

三、依法制止权利滥用行为，全方位规制知识产权恶意诉讼

批量诉讼不必然是恶意诉讼，但恶意诉讼可能以批量诉讼方式呈现。关于批量诉讼维权问题，最高人民法院在审理不同类型知识产权案件中进一步明确了不提倡、不鼓励批量维权的司法导向。

2023年6月，在株式会社纳某其尔与天津某妆供应链管理有限公司等侵害商标权纠纷再审案❹中，最高人民法院明确指出：如果将知识产权“维权”作为赚取利润的手段和工具，将“诉讼”作为牟利的途径，不仅不符合知识产权保护的宗旨，也不利于维护市场交易秩序的稳定，同时也在一定程度上浪费了司法资源，此种行为不应予以鼓励和提倡。随后，2023年11月，在北京某科技公司甲与李某侵害发明专利权纠纷上诉案❺中，最高人民法院进一步明确了态度和司法导向。

2023年11月，广州知识产权法院出台工作指引应对商业维权诉讼，再次重申不提倡、不鼓励知识产权权利人将大规模提起诉讼并获取利益作为普遍商业维权模式。加强程序审查和诉前指引，建立识别和预警机制，对同一权利人、专业机构代理、同时对多主体取证以及一次性提起10件或半年内累计提起20件以上规模化诉讼，由立案庭约谈沟通，引导诉前调解和规范立案材料。

对于知识产权领域的恶意诉讼，最高人民法院多次发声，强调严格保护的同时谨防权利滥用，准确划分保护知识产权与防止权利滥用的法律界限，以虚假诉讼、恶意诉讼等侵害他人商誉、扰乱市场秩序的，坚决纠治追责。

2024年2月22日，在国务院新闻办公室举行的新闻发布会上，最高人民法院介绍，全国法院受理的恶意提起知识产权诉讼损害责任纠纷一审案件的数量，从2022年的74件增长到了2023年的152件，增长了105.41%。2021年6月，最高人民法院发布了《关于知识产权侵权诉讼中被告以原告滥用权利为由请求赔偿合理开支问题的批复》，进一步规制了知识产权领域恶意诉讼的行为。2023年，

❶ 浙江省高级人民法院（2023）浙民终460号民事判决书。
❷ 江苏省高级人民法院（2023）苏民终196号民事判决书。
❸ 上海市浦东新区人民法院知识产权司法服务保障新质生产力高质量发展典型案例之六。
❹ 最高人民法院（2022）最高法民再274号民事判决书。
❺ 最高人民法院（2023）最高法知民终235号民事判决书。

最高人民法院知识产权法庭在三起案件中让恶意诉讼或者滥用权利者承担了不利的法律后果。例如，在“靶式流量计”实用新型专利恶意诉讼案[1]中，最高人民法院知识产权法庭首次判定构成恶意诉讼并判赔，彰显了倡导当事人遵循诚信原则、不得滥用权利的司法导向。该案裁判进一步细化了恶意提起知识产权诉讼的判断要件，体现了倡导诉讼诚信、不得滥用权利的鲜明司法态度。

在对戒著作权侵权“滥诉反赔”案[2]中，广东省高级人民法院经审理认为，原告陈某主张作品的内容明显缺乏独创性，来源于公有领域，结合陈某的历史诉讼情况、诉讼能力、批量诉讼特点，以及普遍选取应诉能力弱的被告，存在索赔盈利之诉讼目的等情况分析，在对陈某权利行使基础、对象、目的、时间、方式等因素综合评价的基础上，认定陈某主观上明知或应知，客观上明显缺乏权利基础，构成滥用权利。某首饰厂反诉请求陈某赔偿其律师费、公证费、差旅费等合理开支，对合理部分予以全额支持。遂判决驳回陈某全部诉讼请求，陈某赔偿某首饰厂的合理开支。本案是适用“滥诉反赔”制度的典型案例。

四、加强新业态新模式保护，积极推进司法实务的创新探索

2023 年出现了诸多司法实务上的创新探索，是对新业态新模式下知识产权新问题的关注及回应，进一步激发了新质生产力的创新和发展。

在“AI 文生图”著作权纠纷案[3]中，对人工智能生成物的著作权保护路径作出了积极探索。2023 年又被称为人工智能元年。人工智能作为新质生产力的重要代表领域，其终端落地应用将有效促进实体经济的发展和各产业的效率提升，因此人工智能生成物的法律保护路径问题广受关注并引起诸多专家学者的热议。在该案中，针对原告使用人工智能大模型生成的涉案图片，北京互联网法院经审理认为，从涉案图片本身来看，体现出了与在先作品存在可以识别的差异性；从涉案图片生成过程来看，体现出了原告的独创性智力投入，故涉案图片符合作品的定义。该图片是以线条、色彩构成的有审美意义的平面造型艺术作品，属于美术作品，受到著作权法的保护。就涉案作品的权利归属而言，著作权法规定，作者限于自然人、法人或非法人组织，因此人工智能模型本身无法成为我国著作权法规定的作者。原告为根据需要对涉案人工智能模型进行相关设置，并最终选定涉案图片的人，涉案图片基于原告的智力投入直接产生，而且体现出原告的个性化表达，因此原告是涉案图片的作者，享有涉案图片的著作权。被告未经许可，将涉案图片去除署名水印后作为配图并发布在自己的账号中，使公众可以在其选定的时间和地点获得涉案图片，侵害了原告就涉案图片享有的署名权和信息网络传播权，应当承担侵权责任。因此，北京互联网法院一审判决被告赔礼道歉并赔偿原告 500 元。后双方均未提起上诉，一审判决现已生效。

对于服装款式设计的保护，司法实践中有益探索了不正当竞争保护路径的具体法条适用问题。近年来，除著作权保护外，对于抄袭他人原创服装款式的行为，法院也可以根据具体案情认定构成不正当竞争行为，但是法院在具体条文适用上有所区别。例如，在武汉市江岸区秘思任类服装店诉邓某某不正当竞争纠纷案中，法院经审理认定，抄袭、销售他人原创服装款式，并直接搬用他人店铺所拍摄的模特展示商品图片，用以宣传自己的商品，还使用“××原版”来表明款式来自涉案品牌的行为，可适用《反不正当竞争法》第二条予以规制，认定构成不正当竞争。2022 年底，在广州爱帛服饰有限公司与杭州莱哲服饰有限公司著作权侵权及不正当竞争纠纷案[4]中，广州互联网法院明确了《反不

[1] 最高人民法院（2022）最高法知民终 1861 号民事判决书。
[2] 广东省高级人民法院（2023）粤民终 315 号民事判决书。
[3] 北京互联网法院（2023）京 0491 民初 11279 号民事判决书。
[4] 广州互联网法院（2021）粤 0192 民初 11888 号民事判决书。

正当竞争法》第六条第四款的兜底条款不仅限于商业标识的模仿，而是“只要对其他经营者的营业主体、商品或者工商业活动造成混淆即可以纳入第六条的评价范围”。本案系全国首例认定抄袭服装款式构成混淆类不正当竞争案例，通过适用《反不正当竞争法》第六条第四款的兜底条款为服装原创设计的保护提供了一个新的思路。2023年，“江南布衣风”不正当竞争纠纷❶案中，对于仿冒服装款式、款号的规制和保护问题，一审、二审和再审法院的认定结果历经转折。最终浙江省高级人民法院再审认为，在服装的款式、款号不符合知识产权专门法或《反不正当竞争法》第二章保护条件的情况下，如果使用他人服装款式、款号的行为违反商业道德，扰乱市场竞争秩序，损害其他经营者或者消费者合法权益的，法院仍可适用《反不正当竞争法》第二条对该行为予以规制。

此外，数字经济下日益兴起的网络直播带货侵犯知识产权的案件越来越多，其中不乏故意侵权情节严重的行为，亟待加大惩治力度。例如，前文中提到的新某丽鞋业（深圳）有限公司、某荣鞋业（深圳）有限公司与刘某某、温州某电子商务有限公司侵害商标权及不正当竞争纠纷案❷，就是一起对网络直播售假行为适用惩罚性赔偿的典型案例。适用惩罚性赔偿需要符合“故意侵权”和“情节严重”两个法定要件。本案被告以攀附原告知名商标“百丽”“BELLE”的商誉为目的，积极寻求受让与涉案权利商标近似的商标并进行不规范使用，误导消费者，属于“故意侵权”。被告成立多家个体工商户、在多家直播平台上注册大量账号及网店，在商品链接、视频宣传和商品介绍中全方位使用侵权标识，涉案个体工商户、直播平台网店成为其实施侵权行为的工具。并且，其通过平台账号和网店绑定进行直播的方式销售侵权商品，不受时间和空间限制，在短时间内快速积累大量的客户群体，进而实现销售转化，相对于传统销售模式，侵权范围更广、侵权获利更高，对商标权人造成的商誉损失和经济损失更大，属于“侵权情节严重”，应当适用惩罚性赔偿。

从前文中可以看出，中国时尚产业的知识产权保护呈现出持续性、体系性、前沿性和关键性等多样特征，作为知识产权强国建设的参与者和见证者，通过洞察了解最新动态和发展趋势，将有效助力完善保护机制，激发创新活力，从而共同推进时尚产业知识产权创造的高质量发展之路。

说明：本文节选自《2024时尚产业知识产权保护年度报告》第二部分，受篇幅所限，在原报告内容基础上进行了相应删减调整。本文结合实践案例重点分析了2023年中国时尚产业在知识产权保护方面的显著特点和未来发展趋势，其中既有整体共性现象在时尚行业的折射，也有时尚行业在知识产权保护方面的个性化探索尝试。

❶ 浙江省高级人民法院（2022）浙民再256号民事判决书。

❷ 浙江省高级人民法院（2023）浙民终460号民事判决书。

中国校服产业挑战与机遇分析报告

中国校服产业研究中心

一、中国校服产业综述

（一）校服产业发展宏观环境分析

1. 中国校服产业经济环境分析

近年来，我国经济发展长期向好，2023 年国内生产总值（GDP）126.1 万亿元，按不变价格计算，同比增长 5.2%。2024 年上半年国内生产总值 61.68 万亿元，按不变价格计算，同比增长 5%，经济运行总体平稳。校服产业作为服装产业与教育产业的交集，也在一定程度上受到国家宏观经济环境的影响，活力强劲、动力充足的国家经济能够带动校服产业快速向好发展。

2. 中国校服产业社会环境分析

（1）中国人口规模及出生人口情况。中国在过去很长一段时间内都是世界上人口最多的国家。然而，目前中国的人口结构正在发生显著变化。根据国家统计局的数据，我国出生人口数连续 7 年下降，2023 年出生人口数仅约 902 万人。这也意味着，未来几年中国校服行业市场规模将进一步收缩（图 4-11）。

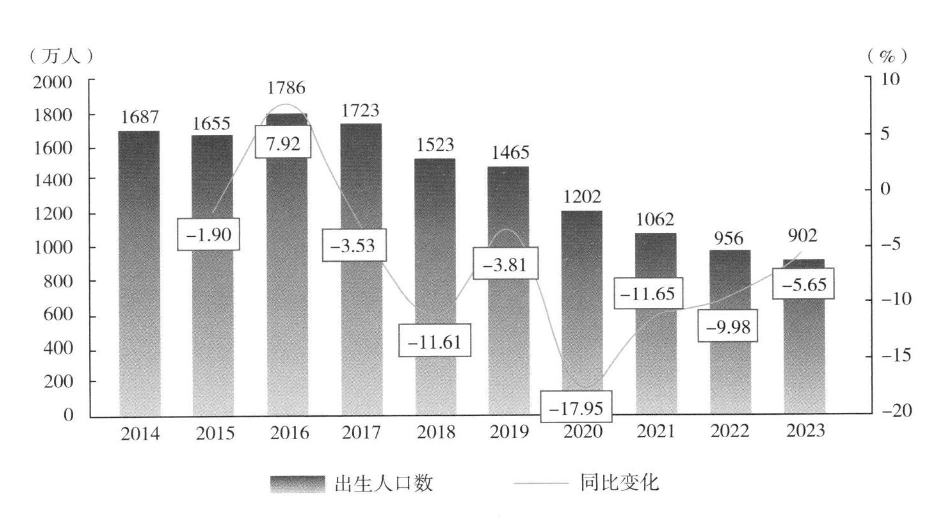

图 4-11　2014—2023 年出生人口数

（资料来源：国家统计局）

（2）中国居民人均可支配收入情况。国家统计局公布的数据显示，2023 年全国居民人均可支配收入 51821 元，比 2022 年名义增长 6.3%，扣除价格因素，实际增长 6.1%。2024 年上半年，全国居民人均可支配收入 20733 元，比 2023 年同期名义增长 5.4%，扣除价格因素，实际增长 5.3%。分城乡看，城镇居民人均可支配收入 27561 元，同比名义增长 4.6%，扣除价格因素，实际增长 4.5%；农村居民人均可支配收入 11272 元，同比名义增长 6.8%，扣除价格因素，实际增长 6.6%。居民人均可支配收入的提升表明了我国居民生活水平不断提高，而居民生活水平的提高将提升家长为孩子购买校服的支付意愿和支付能力。

（3）中国居民人均衣着消费支出情况。在居民人均衣着消费支出金额变化方面，2020—2022 年有所波动，但长期来看，2013—2023 年我国居民衣着消费支出金额呈现较为稳定的增长趋势，2023年人均衣着消费支出为1479元，近10年平均增速为4.4%。2024年上半年全国居民人均衣着消费支出为826元，增长8.1%。这意味着居民对于高品质衣着的需求不断提升。校服作为学生这一群体日常穿着的服装，家长对其的支出金额也随之逐步增长。

分析人口规模和居民消费水平数据可以看出，虽然人口规模的下降可能使校服市场的整体规模出现萎缩，但居民消费水平的提升和对品质校服的追求，将使校服产品成本和价格出现一定程度的上浮。

（二）中国校服产业政策环境分析

1. 中国校服行业监管体系

我国校服行业经过多年发展，监管体系建设逐渐完善。目前，我国校服行业以教育主管部门、市场监督管理单位等政府部门监督为主，以服装协会、教育装备协会等行业自律组织协助为辅。

校服行业属于民生行业，关乎学生身心健康，因此受多部门严格管理。据不完全统计，校服行业的监管体系涉及教育部、市场监督管理部门、纪检、发展和改革委员会、工业和信息化部、物价部门等15个行政部门。

2. 中国校服行业政策历程

1993年，原国家教委下发的《关于加强城市中小学生穿学生装（校服）管理工作的意见》就城市中小学生穿校服提出原则性要求。随着近年来人们物质生活水平的提高，1993年的这份文件不再切合我国校服市场的实际情况。

2015年6月26日，四部委（教育部、工商总局、质检总局、国家标准委）结合当下校服实际情况进行了有益探索，联合下发《关于进一步加强中小学生校服管理工作的意见》，简称为“校服新政”。同时，国家标准委发布了《中小学生校服》（GB/T 31888—2015），对校服产品标准进行了详细的规范。

2022年5月，教育部发布了《教育部办公厅关于开展全国中小学生校服选用采购专项检查行动的通知》（教基厅函〔2022〕12号），要求各级教育行政主管部门和学校各司其职，做好校服选用采购管理工作，并发布《中小学生校服选用采购范例》，供校服选用的相关方参考。

2024年5月，国务院第32次常务会议正式通过《公平竞争审查条例》（以下简称《条例》），并于2024年8月1日起施行。《条例》明确，起草政策措施，不得含有限制或者变相限制市场准入和退出、限制商品和要素自由流动等内容。新规的落实将有效推进校服市场进一步放开，持续释放市场潜能，推动校服市场健康发展。

3. 中国校服行业区域限价

（1）省级层面校服行业限价情况。从省级层面来看，目前我国校服行业已经逐渐由政府指导模式转变为市场指导模式。除内蒙古自治区、辽宁省以外，各省（自治区、直辖市）校服管理政策中已删除有关限价的表述或明确取消限价，转为按照实际支出收费，但政府依旧在“非营利性”与“成本补偿”式收费方面进行严格监管。

（2）市级层面校服行业限价情况。与各省文件类似的是，大多数城市明确取消了校服限价，但仍有部分城市存在限价或变相限价的情况。此外，还有部分城市的文件中未提及限价，但因未明确取消，在实际采购过程中仍然存在限价，如湖南省长沙市；部分地区在省级层面已取消或未要求，但市级管理部门并未遵循省级文件，如山东省。

（三）中国校服产业市场规模

根据一般学生的穿衣需求，平均三年为一个周期，学生会完整更换一套校服，因此本报告在测算和预测中国校服产业市场规模时以各级各类学历教育的新招入学的学生和小学阶段四年级的学生（即三年前新招生）数量为每年购买校服的基数。

教育部发布的《2023年全国教育事业发展基本情况》显示，2023年，我国各级各类学历教育新招生人数共6311.18万人，其中，幼儿园阶段新招生人数1256.83万人，小学阶段新招生人数1877.88万人，初中阶段新招生人数1754.63万人，高中阶段新招生人数1421.84万人，此外，2023年小学阶段四年级的学生（即2019年小学阶段新招生）人数 1808.09 万人，故合计 2023 年我国校服购买基数群体数量约为 8119.27 万人。

2016—2022 年我国校服行业呈不断增长态势，到 2022 年我国校服行业市场规模已达到 1031.88 亿元。初步估算 2023 年行业规模约 1023.47 亿元，较 2022 年下滑 0.82%。

基于以上数据，初步预测未来五年我国校服行业的市场规模将呈现波动下降的态势，到 2029 年时预计下降至 794.84 亿元，较 2023 年减少超 20%（图 4-12）。

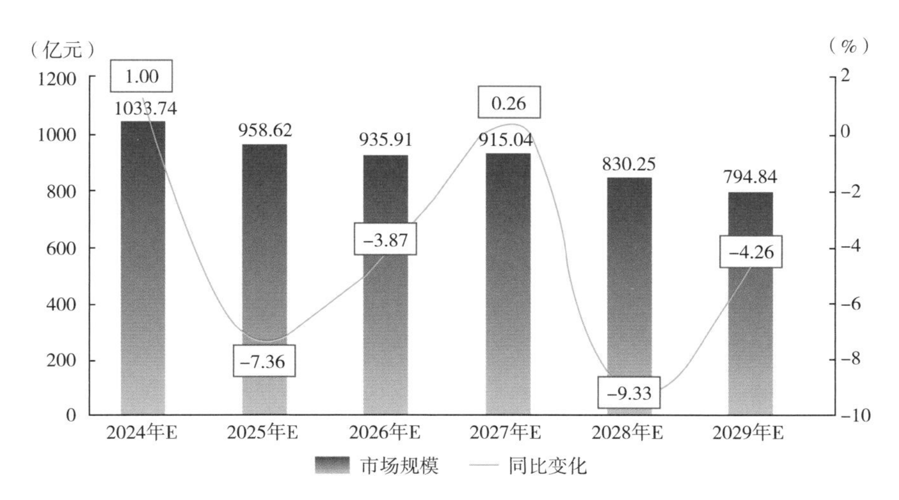

图 4-12 2024—2029 年中国校服行业市场规模预测

注 该预测数据以过去五年我国纺织服装类产品价格指数均值为基数估算未来五年校服行业平均价格变化。

二、中国校服产业市场调研分析

（一）消费者满意度调研分析

此次调查主要以网络问题形式对北京、上海、成都和广州四座城市的家长进行了线上调查。共发放问卷 564 份，其中北京地区回收有效样本问卷率为 71.94%；上海地区有效样本问卷率为 72.99%；成都地区有效样本问卷率为 66.67%；广州地区有效样本问卷率为 72.46%（图 4-13）。

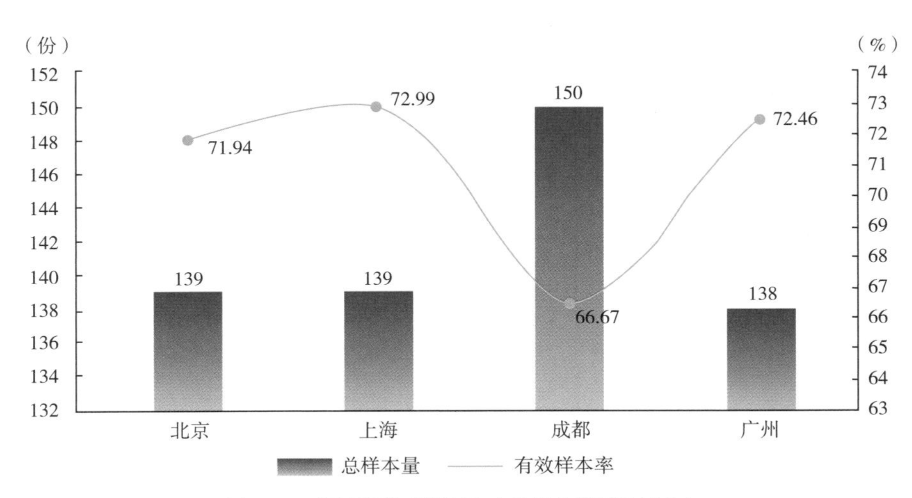

图 4-13 调研问卷总数量和有效样本数量区域分布

1. 样本整体情况分析

（1）样本家长用户的孩子性别比例。在被调查的家长用户中，其孩子性别中女孩占比 54%，男孩占比 46%。

（2）样本家长用户的孩子年级情况。在被调查的家长用户中，其孩子处于幼儿园和小学阶段的占比较高，其中孩子处于幼儿园阶段的占比23.00%，处于小学1～3年级阶段的占比33.25%，处于小学4～6年级阶段的占比23.25%，处于初中年级阶段的占比14.00%，处于高中年级阶段的占比6.50%。

（3）样本家长用户的孩子校服穿着频率。在被调查的家长用户中，所有家长均表示孩子上学需要穿着校服，其中81.75%的家长表示自己的孩子几乎每天上学都会穿着校服，校服成为孩子日常穿着频率最高的服装。14.25%的家长表示自己的孩子一周只穿一次校服。而仅有4%的家长表示自己的孩子仅出席重要活动时穿校服。

2. 校服质量满意度分析

（1）校服产品是否出现过质量问题。学生校服的质量安全不仅关系到学生的健康和舒适度，也反映了学校的管理和社会责任。根据调研反馈，有47.5%的受访人群表示自己孩子的校服或多或少出现过质量问题。其中，有9.25%的受访者表示校服经常出现质量问题。

（2）校服产品质量问题类型。调研结果反馈，目前校服产品出现的质量问题主要是接缝处断开、磨损、起毛起球、衣物变形、掉色、其他（图4-14）。

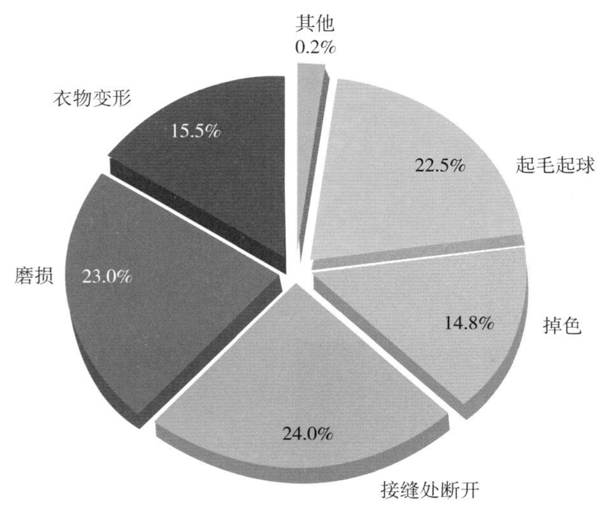

图4-14 校服质量问题分类

3. 校服价格满意度分析

在被调查的近400份有效家长用户样本中，有154位家长反馈其孩子全套校服的价格在501～1000元，占比38.5%；位于1001～1500元价格段的人数占比32.8%。总体来看，全套校服的价格位于500～1500元的人数占比超过了70%，是目前校服市场的主流价格水平。此外，500元以下占比19.8%，1500元以上占比9%。

4. 校服采购流程满意度分析

在被调查的近400份有效家长用户样本当中，大部分家长表示其孩子的校服主要是通过学校统一采购的方式购买，占比达到62.50%；其中65.60%的家长用户还表示学校在采购前有获得家长的授权委托。除此以外，有18.75%的家长表示参与了孩子校服采购的流程，对校服质量、款式、价格等进行了选择。

从样本家长用户反馈来看，目前校服采购流程公开透明度待进一步提升，仅有45.6%的家长用户表示校服采购流程完全公开透明，近95%的家长表示愿意参与孩子校服的采购流程。

（二）生产企业调研分析

中国校服行业市场分化较为明显，行业内企业类型以小微型企业为主。根据《中国校服产业白皮书》的数据，95%以上的校服企业为小微企业。从生产方式来看，校服品牌企业，尤其是行业知名品牌较少，更多的是校服代工厂商。

中国校服产业研究中心以线上网络问卷和线下当面调研的形式向全国共计19家具备一定生产规模的校服生产企业进行调查。在被调查的样本企业用户当中，小型企业（从业人员数量大于等于20人、少于300人，且营业收入大于等于300万元）占比56%；中型企业（从业人员数量大于等于300人、少于1000人，且营业收入大于等于2000万元）占比33%；大型企业（从业人员数量大于等于1000人，且营业收入大于等于4亿元）占比11%（图4-15）。

1. 中国校服企业经营情况分析

（1）中国校服企业营收情况分析。在被调查的校服企业中，80%以上的企业在2021—2023年营

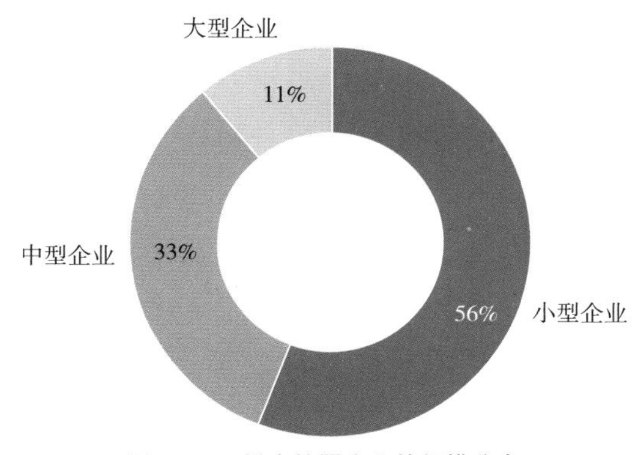

图 4-15　样本校服企业的规模分布

收保持增长态势，其中约一半的样本校服企业营收增速在 0～20%。这表明校服行业整体受宏观经济波动影响相对较小，较为稳定。

（2）中国校服企业盈利情况分析。在被调查的校服企业中，大多数企业的毛利率水平为 10%～30%，略低于目前国内纺织服装行业的平均毛利率水平 32.83%。

盈利水平变化方面，与营收水平变化相似，半数样本校服企业的盈利水平未受到近两年宏观经济的大幅波动影响，保持 10%不到的增速增长。

（3）中国校服企业成本情况分析。根据对被统计的校服企业的成本结构分析，显示目前原材料成本和人工成本仍是校服企业最主要的成本支出项目，其次为销售成本、仓储库存成本和运输成本，分别占比 12.44%、9.94%和 6.06%（图 4-16）。

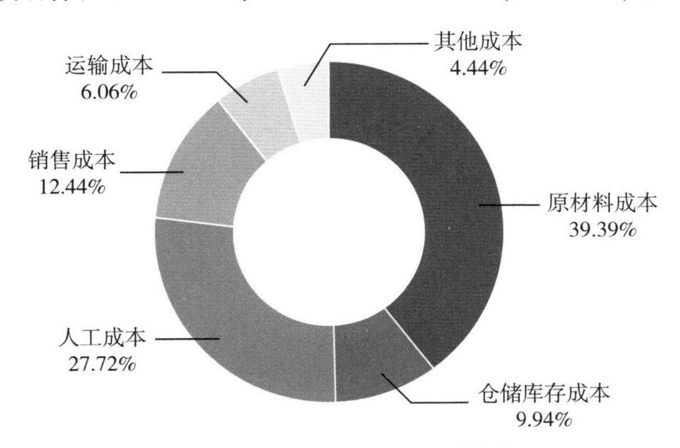

图 4-16　样本校服企业成本结构水平

2. 中国校服企业产品分析

（1）中国校服企业产品结构分析。从生产的校服款式多样性来看，80%的校服企业表示会生产包括制式套装和专业吸湿速干运动校服在内的所有款式的校服。此外，2/3 的校服企业还会生产包括床上用品、围巾和马甲等在内的其他学生服饰或者纺织用品。

（2）中国校服企业产品价格分析。在被调查的样本校服企业中，近 90%的企业单件校服（综合夏装、秋装、冬装等）的销售价在 150 元以下。

3. 中国校服企业运营模式分析

（1）中国校服企业的销售渠道建设情况。根据样本企业用户反馈的数据，目前学校和政府仍是校服企业最主要的销售对象，两者合计占比超过 60%；其次是直接向家委会或家长销售，占比 16.65%。这也与目前校服主要通过政府或者学校统一采购的模式保持一致。

从销售渠道来看，94%的样本校服企业表示会通过线上渠道销售校服产品，其中 53%的校服企业仅自建线上销售渠道销售产品，41%的校服企业会通过自建渠道与第三方线上渠道共同销售产品。

（2）中国校服企业的售后渠道建设情况。从售后渠道建设情况来看，在被调查的样本校服企业中，70%以上的校服企业售后渠道建设较为完善，为客户提供包括家长自行通过线上/电话售后、与校方或家长代表对接进行统一售后和设有线下售后服务点的多种方式和渠道。

（3）中国校服企业的外包采用情况。在被调查的样本校服企业中，2/3 的企业表示采用了外包服务，其中在生产制造环节选择外包的占比最高，达到 66.67%；其次是运输环节，占比 38.89%。

对在设计和生产制造环节采用外包的样本校服企业的进一步调查显示，其中 2/3 的企业通过外包生产的校服产品占公司最终生产的校服产品的比重低于 20%，表明虽然当前大部分校服企业在生产制造环节采用了外包服务，但终端产品中外包设计生产的实际占比还比较低。

4. 中国校服企业发展痛点分析

（1）地方保护、不合理限价等问题仍存在，市场待进一步开放。校服行业主要直接受各地教育部门监管，导致我国校服行业呈现出明显的区域性差异，这种差异最终将激化校服行业的内在矛盾。

一是部分省份以严抓严管为名，透过招投标、采购平台和意见指导等形式变相保护本地企业，对外地企业“选择性设卡”。这种地域性的“保护”，令本地企业丧失了进一步竞争的动力，同时阻碍了外地企业的业务拓展和行业的良性竞争。

二是限价阻碍行业市场化发展，当前仍有许多地方政府明确发布政策或表面对校服价格不作要求，实质在学校采购时仍实行校服限价，忽视了校服企业的盈利需求和家长与孩子追求校服质量和美观的需求，进一步激化了行业供给与需求的内在矛盾，不利于行业的健康发展。

（2）第三方线上销售平台问题屡禁不止，监管法规待完善。近年来，我国发布多项政策规划鼓励和支持平台化建设，受政策驱动的影响，校服行业也刮起了“平台风”，但部分企业借政府授权平台之名垄断地方行业市场。早在2018年，《经济参考报》就以《假借“红头文件”瓜分行业半数利润“阳光智园”校服平台涉嫌垄断》为题对“阳光智园”校服采购收费平台进行了曝光。当前，校服行业平台乱象依旧存在，不仅引起校服企业怨声载道，政府监管也存在一定的隐患。对于广大消费者而言，不仅不方便购买，售后也将更加困难。

中国校服研究中心也根据此问题对校服企业进行了调研，在被调研的校服企业中，超过一半的企业采用第三方线上平台销售产品，而其中90%以上的校服企业表明在使用平台服务时遇到过包括抽成收费高、流程烦琐效率低下等问题（图4-17）。

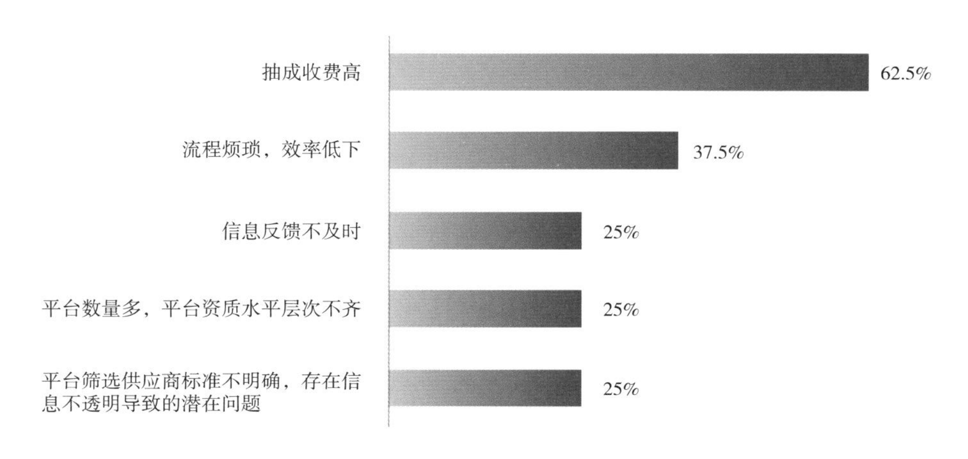

图4-17　使用第三方校服销售平台的样本校服企业遇到过不同问题的占比

（3）行业需求季节性差异过大，企业面临资源配置难题。由于下游学校的需求特征，一般在每年的2—4月和9—11月开学阶段为校服行业的需求高峰。为了及时满足学校统一着装和学生的穿衣需求，校服生产销售企业需要在短时间内完成所有学校的校服的设计、生产、交付和退换售后工作，因此在每年这一时期，行业内的企业普遍会出现人手、机器设备等资源配置不足的问题。而在淡季阶段，校服的需求骤减又会导致校服企业面临人手、机器设备等资源空置、配置过剩的问题。对于国内校服企业，尤其是仅从事校服生产的专业企业而言，行业需求季节性差异过大，企业面临的资源配置难题也较为明显。

（4）数量多、要求参差不齐，地标团标成为最严国标落实阻碍。我国校服行业现行的国家标准为《中小学生校服》，该标准从染色牢度、起球、接缝强度和水洗后变化等多个方面对我国中小学生校服作出了严苛的规范要求，甚至高于部分海外发达国家的标准要求，可谓最严国标。

然而除了GB/T 31888—2015，当前国内校服行业还有现行地方标准8项、团体标准34项，这些标准对校服质量的要求参差不齐，尤其是部分团体标准，由于不公开、不透明，给了部分不符合国标要求的校服生产制造厂商钻空子的机会。

（5）仿冒校服难以根除，危害少年儿童身心健康。近些年，我国加大校服监管工作，已基本覆盖正规校服采购各个环节，以杜绝“毒校服”事件再度发生。然而，部分商家在利益驱使下仍然销售高仿校服。这些校服的校徽上印有学校名称或简称，使人误认为其是学校授权的、正规的校服制作及销售单位。除此之外，仿冒校服产品无水洗标、无生产企业信息、无执行标准、无合格证。

仿冒产品从外观上消费者一般很难辨别，质量安全性也无法保障。在校服质量标准中，甲醛、pH、可分解芳香胺染料等对于学生的着装安全有着直接影响。这些质量指标通常无色无味，普通消费者很难从外观上辨别，而其一旦不合格，会造成皮肤过敏，甚至可能致癌。仿冒校服绕过监督环节，处于市场黑洞区，缺乏监管，存在重要指标不合格带来的安全隐患，会给广大少年儿童的身心健康带来危害。

三、中国校服产业结构化现状分析及发展趋势

（一）产业结构化现状分析

1. 买方议价能力分析

由于校服产品差异化较低，以整校团购业务为主，且价格受到政府限制等，买方在交易过程中拥有更多主动权和话语权。因此，校服行业的买方议价能力相对较高。

2. 上游供应商议价能力分析

校服行业的上游主要是纺织行业，我国纺织行业市场参与企业众多，行业相对较为分散，产品差异化较小，且纺织企业前向一体化可能性较低，因此校服行业的上游供应商议价能力相对较弱。

3. 替代品威胁分析

校服是学生在学校日常统一穿着的服装，属于职业装类别，因此其本身并不存在替代品。此外，校服的存在和发展由国家政策所主导，当前我国宏观经济局势稳中向好，校服在人民群众追求美好生活、美好教育的过程中发挥着不可或缺的作用。总的来看，我国校服行业市场替代品威胁较小。

4. 市场竞争强度分析

通过竞争者数量、行业增长率、固定成本投入、产品转换成本与退出壁垒等指标对校服行业的竞争强度进行分析，显示当前校服行业的竞争强度相对较高，并且由于行业发展增速开始放缓，行业竞争有加剧之势。

（二）产业发展趋势预判

1. 市场竞争加剧，行业平均盈利水平将进一步下降

根据预测，我国校服行业未来两年预计进入衰退阶段，行业衰退期销售额的锐减预计直接导致行业内企业之间争夺份额的市场竞争行为愈加激烈。在这一阶段，想要生存下去的企业将通过降低产品价格的方式抢占剩余的市场份额，从而降低行业平均盈利水平。这一阶段过后，弱势企业将因不堪激烈的竞争而退出市场，行业集中度也将因此提升。

2. 融合美育工作，行业加速构建移动壁垒

随着我国校服行业市场空间收缩，竞争预计进一步加剧，只有具备足够比较优势的企业或战略群体方能实现盈利，这种比较优势也就是行业的移动壁垒。当前，顺应时代政策、深度融合校服产业与美育工作是头部校服企业构建移动壁垒的重要手段之一。

2024 年 1 月，教育部印发通知要求全面实施学校美育浸润行动，包括实施美育教学改革深化行动、教师美育素养提升行动、艺术实践活动普及行动等，进一步加强学校美育工作，强化学校美育的育人功能。参考目前国内校服企业龙头伊顿纪德、新益等，这些企业早在品牌成立之初就将美育理念融入其主营业务中，在为孩子提供校服产品的同时，也提供包括美育沙龙、美育课程和美育空间在内的其他教育服务产品，在学校、学生和家长群体之间形成了较强的品牌影响力，为其后续在激烈的行业竞争中构建了独特的移动壁垒。

3. 成本控制成为关键，轻资产品牌化运营成为小企业的必然选择

当前我国校服企业主要通过自有生产线以满足

客户订单需求，这导致企业面临在人力、设备、技术、资金等方面的巨大投入。而在未来校服行业趋于下行的大背景下，成本控制将成为企业战略的核心和关键，轻资产品牌化运营也将成为行业的必然趋势。

一方面，品牌化校服企业将重心更多地放在工艺改进、款式升级和服务品控上，有助于企业更好地维系客户群体，提升自我竞争优势；另一方面，轻资产品牌化运营的企业可以通过服装生产外包或与行业内友商相互合作的形式，在保留企业自身品牌的同时减少大批量生产所需的巨大的资本投入。

未来，对于校服企业，尤其是当前市占率不高的小企业而言，通过轻资产品牌化运营能有效实现企业利润的最大化，保证企业在行业下行周期顺利生存。

四、中国校服产业转型升级建议

（一）企业战略发展建议

1. 打造品牌差异化定位

在校服行业趋于市场化发展的当下，品牌越来越受到校服产业参与各方的重视。对于校服企业而言，由于校服行业本身属于劳动密集型行业，行业技术门槛较低，校服品牌的建立有助于为企业在当下分散的校服行业竞争格局中构建护城河。此外，校服企业还可通过打造针对不同消费群体的差异化的品牌矩阵实现业务的精细化布局。以新益为例，其有面向私立和顶级公立院校的“Cre8te”品牌，也有面向一般公立院校的平价品牌“瓯海德”。

对于学校和家长而言，校服品牌的建立能够有效降低其在为学生选择校服时的决策成本。因此，企业根据自身战略定位的差异打造自身品牌，对于校服企业转型升级势在必行。

2. “抱团”发展面对行业竞争

在市场的推动下，校服行业由龙头企业引领产业链整合，“抱团”发展拥抱市场转型将成为必然趋势。产业链“抱团”发展可以有效提高行业资源整合力度，降低各环节企业运营成本，提高产品质量，增强企业竞争力。

尤其是对于采取小众战略的中小校服企业而言，在行业下行阶段可通过与大企业“抱团”发展，将其他非优势产品业务线剥离出售给头部企业获取现金流，再将重心投入现有优势产品领域以提升产品竞争力，并与大企业的产品组合“抱团”面向市场，这更有利于企业顺利地存活与发展下去。

3. 加速信息化、数字化转型

通过引入数字化工具和技术，校服企业可以实现企业管理和生产销售各环节的自动化和智能化，减少人工错误和资源浪费，提高团队成员的工作效率和协同能力，同时提高企业的安全性和灵活性，降低风险和减少损失。校服企业应当积极顺应技术发展浪潮，推动企业数字化转型。在数字化转型的过程中，也可根据企业的实际经营状况和需求，按照销售、生产到供应分阶段地推进企业业务各环节的数字化转型。

例如，校服行业领导品牌伊顿纪德与阿里云联合打造数据中台，嫁接了伊顿纪德智能化仓储物流中心和“伊学团”一站式校园生活服务平台，不断优化服务满意度和精细度。其中，“伊学团”微信小程序上线两年来，已为全国近 800 所学校、近百万学生提供优质便捷的数字化服务，交付校园服饰 557 万件，入选 2022 年度腾讯小程序公开课服饰品类重点案例。

4. 提升产品研发创新能力

传统意义上，校服行业的创新主要体现为校服产品的设计以及生产流水线的改造升级。以国内校服行业代表性企业哈芙琳为例，其依靠先进的信息技术，组建了集成化的校服制造车间，从布局合理、科学有序的面辅料管理中心、生产基地智能流水线、配送服务中心等，向信息化、标准化、智能化发展，通过数字化提高产品交付效率，进而提升“小单快返”的生产能力。

在新款式方面，随着中国国际地位的提高，东方传统文化设计逐渐融入校服领域。近年来各个校服企业陆续推出新中式校服，校服领域的国潮风盛行，但整体而言新中式校服的款式仍然较少。在国潮风持续加热的背景下，新中式校服的款式创新可根据地域传统文化进行创新，如融合各省市非物质文化遗产并将其作为校服设计的理念，以此也能向学生更好地弘扬地域传统文化。

在新材料方面，校服作为中小学生生活的必需品，加上校服独特的应用场景，每年有数量庞大的废旧校服因升学等不可抗力因素被淘汰，所以废旧校服的回收、处理和利用已到了刻不容缓的地步。校服企业在满足校服质量标准的前提下，应参考英国校服企业的成功经验，积极采用可循环利用和可降解的材料，以减少对环境的负面影响，并鼓励学生养成环保意识和可持续发展的价值观。例如，使用有机棉、再生纤维等可持续材料制造校服，以减少对自然资源的消耗。具体如英国真织（Trutex）校服，其采用再利用（Revive）技术，以塑料瓶为原料重新纺成纱线。

未来，在校服产业转型升级过程中，校服企业应当积极发挥企业技术创新主体作用，推动建立以市场为导向的技术创新体系，提升校服企业产品创新研发能力，增强企业核心竞争力。

（二）政府行为指导建议

1. 以优化营商环境为重点，加快建设全国统一市场

2022 年 3 月，中共中央、国务院印发《关于加快建设全国统一大市场的意见》，明确提出建立统一市场制度规则、打破地方保护和市场分割、降低市场交易成本，破除妨碍各种生产要素市场化配置和商品服务流通的体制机制障碍，降低企业制度性交易成本。2024 年 8 月 1 日，我国首部公平竞争审查法规《公平竞争审查条例》正式施行，对于加快建设全国统一大市场、保障各类经营主体依法平等使用生产要素、公平参与市场竞争具有十分重要的意义，无疑也为校服行业注入了新的活力。

据此，为了响应中央号召，打造真正公平开放的市场空间，实质保障中小学生校服安全，四川省积极进行有效探索，校服管理工作走在全国前列。2022 年四川省教育厅、四川省市场监督管理局发布《关于进一步加强中小学生校服管理的实施意见》（川教〔2022〕39 号），要求教育主管部门履行校服采购、选用监管职责，结合实际制定校服管理办法或细则，对校服采购、选用和管理列出负面清单，加强对校服选购工作的指导监督；建立校服采购、选用“红榜”和“黑名单”制度，每年对市场监管部门校服抽检情况进行通报；每年向市场监管部门提供校服供货企业名单，协调处理校服管理过程中出现的问题。连续两年抽检强制性指标不符合国家标准的企业将被列入“黑名单”，校服采购“红黑榜”制度的建立将着重治理“桌子底下的交易”，有效提升校服采购透明度，值得其他地区参考借鉴。

2. 以政策扶持为先导，助力打造全国知名校服品牌

2022 年 7 月，国家发展改革委等部门发布了《关于新时代推进品牌建设的指导意见》，提出到 2025 年，品牌建设初具成效，品牌对产业提升、区域经济发展、一流企业创建的引领作用更加凸显，基本形成层次分明、优势互补、影响力创新力显著增强的品牌体系。当前，我国校服产业预计进入下行阶段，但品牌建设仍处于起步阶段，品牌发展水平与发达国家相比仍有巨大差距，政府可通过积极打造行业标准体系、政策辅导或资金支持等形式支持行业打造和构建一批全国知名的校服品牌，助力我国校服行业的平稳发展。

参考文献

［1］波特．竞争战略［M］．北京：中信出版社，2014.
［2］中华人民共和国国家质量监督检验检疫总局，中国国家标准化管理委员会．中小学生校服：GB/T 31888—2015［S］．北京：中国标准出版社，2015.

第五部分　观点篇

深化创新驱动　迈向国际领先

中国服装协会荣誉会长　波司登品牌创始人　波司登集团董事局主席兼总裁　高德康

高德康

时代洪流中，知常明变者方能赢得先机，守正创新者方能持续前行。波司登作为中国服装行业的领军者，始终立于时代潮头，以品牌为引领，深化创新驱动，我们的思考与实践主要体现在以下方面。

首先，以科技创新构筑企业核心竞争力。如今服装产业不仅是传统产业，更是时尚创意产业和科技创新产业。科技创新不仅决定了产业的价值高度和应用广度，更承载着产业的发展硬实力和未来的话语权。波司登近年来持续整合全球创新资源，加大研发投入，以科技赋能产品的革新与升级，为消费者带来更具价值体验的创新产品和优质服务，未来将进一步加大科技创新专项资金投入，构建产品研发体系，注重新材料、新品类、新科技、新技术的开发与应用，并重视数字化AI智能设计，强化与国际设计机构、高等院校的合作，以科技创新的硬核实力夯实品牌的价值基础，以高质量供给引领创造新需求。

其次，以文化自信赋能品牌不断攀升。近年来，国潮涌动，国牌崛起，其底层逻辑正是文化自信。波司登一直努力从优秀传统文化中汲取灵感，通过参加纽约时装周、米兰时装周，以及中国品牌日等活动，持续提升品牌的国际影响力与时尚话语权。我们还把品牌和业务带到了“一带一路”沿线国家和地区，面向世界讲好中国品牌故事，不断提升品牌文化软实力和品牌资产价值。

再次，以数智变革提升经营质效。波司登将新一代数字技术与传统羽绒服经营模式深度融合，大幅提升了企业的应用效率、决策准确度、协同效率、人才效能，2024年波司登开始全力推动企业更深层次的数字化转型，同时积极发挥链主企业的作用，带动和支持产业链上下游中小企业加快数字化转型，推动产业链升级和向价值链高端延伸。

最后，以绿色发展“碳”索可持续时尚。波司登积极践行双碳战略，聚焦绿色生产、绿色消费两个关键环节，推进碳排放量化和碳目标考核，打造绿色工程和绿色供应链。设立长期目标，每年提升环保产品占比，增加新型环保面料应用。同时，积极在行业内推广和分享先进经验，打造可持续发展的产业生态。我们还加入了中国纺织工业联合会发起的时尚气候创新“30·60碳中和加速计划”，发布了以消费者为导向的ESG战略愿景，设定了2038年前实现应用环节净零排放的目标。

伴随改革开放的步伐，中国服装产业取得了举世瞩目的成就。感恩伟大的时代，为企业和品牌提供了广阔的发展空间和机遇。乘势而上，开启新征程，服装产业是永远的朝阳产业，在准确把握时与势中不断融入全球产业链、供应链、价值链。我相信，未来一定会有更多优秀的中国服装品牌被全球消费者认可和选择，会涌现出一批具有国际竞争力的世界一流企业和全球领先品牌。波司登将向心而行，以志攀高，发展新质生产力，夯实品牌核心竞争力，从中国第一迈向全球领先，实现“世界羽绒服，中国波司登，引领新潮流”的发展目标。

根据波司登品牌创始人、波司登集团董事局主席兼总裁高德康在“2024中国服装大会”上的演讲编辑整理。

深刻洞察消费　共创未来潮流

英克斯联合创始人　铁手

铁手

英克斯（INXX）作为中国具有代表性的高街潮流时装集合平台，在消费趋势洞察、品牌市场研究、营销策略分析以及自主品牌创新之路等方面，有着以下认知与探索。

当下，在消费观念上，年轻一代正呈现出一种“精致抠”的全新态度。他们不再盲目跟风，注重性价比，消费行为愈加审慎理性，养生、说走就走的旅游等新型生活方式的兴起带来疗愈经济的火爆，消费越来越透明化，AI 时代的到来让消费决策变得更加便捷、直观。

随着人们消费认知的进一步转变，人们的生活场景越来越丰富，不再局限于上下班，新的消费场景催生了新的消费需求。例如，现如今人们在出差时，可能会携带跑步装备，甚至球服。精神消费同样不容忽视。现在的消费者更希望通过消费寻求情绪愉悦和精神满足，愿意为那些能够触动自己内心的品牌买单。因此，品牌要想赢得消费者的青睐，必须找到与消费者的情感连接点。

此外，年轻人对于品牌的看法也在悄然变化，不再盲目崇拜国外品牌，而是更倾向于选择国货。这源于我国综合国力的强盛，新一代消费人群相信国货品牌能够为他们带来高品质的消费体验，这意味着未来本土品牌有着巨大的发展机遇，而把握这一机遇的关键在于能否抓住消费者的内在需求。

消费决策路径也呈现出新的特点。当今消费者的购买行为更依赖于消费需求的场景制造和信息搜索，且购买后还会透过社交圈层表达自己的身份和归属，这就要求品牌打造必须注重场景化和社交属性的提升。

当流量红利消失，品牌必须在存量中寻找增量。即时零售的兴起提供了新的增长机会，品牌需紧跟消费趋势变化，不断创新和升级自己的渠道和传播方式。全域化的品牌布局要求品牌从公域到私域、从前端到后端、从线上到线下都具备专业能力，并且要注重培育数字基因，通过数据分析和用户画像指导品牌决策。

在营销策略上，要从告知向互动转变，通过内容营销和建立强场景，形成与消费者之间的纽带。品牌人设的打造也是不可或缺的一环。通过老板带货、讲品牌故事等方式，能够让品牌更具象化、更人性化，从而更贴近消费者。

在自主品牌创新上，INXX 始终坚持以中国传统文化为根基，并与现代文化紧密融合，通过多品牌组合满足潮流人群需求的同时，注重场景的打造和细节的创新。例如，我们旗下的高端品牌 RESIMPLE 以简单、纯净的设计风格抓住年轻人的心智，轻运动女装品牌 KSSS 则基于女性的生活场景需求进行产品创新，将运动元素与都市休闲风格相结合，成功赢得了市场的认可。

总之，品牌创新不是“自嗨”，而是要基于用户需求和市场洞察不断迭代和进步。对于做品牌而言，既需要长期坚守和价值追求，也需要关注当下，积极迎接时刻变化与竞争激烈的市场环境之下的生存挑战。

根据 INXX 联合创始人铁手在“2024 中国服装大会”上的演讲编辑整理。

商业变革　引领增长

旭日商贸（中国）有限公司副总经理兼真维斯电贸总经理　刘伟文

刘伟文

世界在变，企业作为社会的重要组成部分，必定要随之变化。香港旭日集团秉持“人无我有，人有我优，人优我转”，近年来以数字化转型和商业模式变革引领增长。

人无我有，就是在市场机遇初现时，别人还未涉足，我们已抢先一步。20世纪70年代，香港企业纷纷到内地签订来料加工协议，我们也借机获得第一桶金，并在发展过程中不断提升生产管理、经营管理等水平，做到人有我优。当市场竞争越发激烈，就需要人优我转，通过商业模式创新打造竞争优势。以我们的服装业务转型为例，当时我们是首批在孟加拉国等国家及中国内地设立工厂的企业，奠定了生产基础。20世纪80年代，我们抢先进入出口市场，特别是欧美地区，从单纯的工厂转变为工贸结合企业。20世纪90年代，我们认识到建立自有品牌的重要性，将澳大利亚休闲装品牌真维斯引入内地，开启服装零售业务，带动工贸发展。2018年，从传统线下连锁店经营模式发展为以线上销售为主，建立了品牌生态圈。

真维斯在零售领域经历了四次转型：品牌1.0阶段，我们将真维斯引入内地市场，开创连锁经营模式；品牌2.0阶段，我们重新定位，以名牌大众化、物超所值的经营理念发展店铺网络；品牌3.0阶段，自建电商企业资源计划（ERP）、线上线下（O2O）和多仓发货等体系，成为最早一批在淘宝开设网店的实体品牌；品牌4.0阶段，2018年，凭借数字化品牌生态圈的新模式，全系列服装显著增长，成为服装行业增长最快的头部品牌之一。

2024年，我们在困境中依然保持了相对稳定的高速增长，得益于集团“稳中求进”的策略，在夯实原有业务板块基础上寻找新的增长点和新模式，具体策略为多平台平衡发展。通过数字化、平台化，将已有经验转化为可复制的模式。目前，抖音是我们最大的电商平台，其次是天淘系（天猫、淘宝），最后是拼多多、唯品会、京东及其他新平台。在真维斯主品牌之外，我们还拓展了其他符合细分市场消费需求的新品牌。对于企业来说，更重要的是建立可复制的商业模式。近年来，在上游供应链之外，我们与很多合作方携手，打造新质生产力，构建品牌生态圈，共同追求高质量增长。通过企业数字化管理，实现人货场的精准匹配。我们将过去数十年积累的流程、经验，通过统一数字化赋能IT平台，共享给合作方。我们还在数字化维度建立自主品牌，提升与合作方协同开发产品的能力。在电商的运营管理对接上，进行网店数据流转的共享和整体管理体系的构建。此外，与院校合作建立品牌生态圈协同创新中心，促使我们在数字化过程中走在行业前列。

通过不同维度的创新，按生产性服务重新定位组织各项功能版块并进行提质，推动提升各层面的生产力实现增效，最终达成高质量增长，并联通上下游合作伙伴协同共创，带动行业和社会效益的提升。

根据旭日商贸（中国）有限公司副总经理兼真维斯电贸总经理刘伟文在“2024中国服装大会”上的演讲编辑整理。

品牌出海 链接未来

浙江森马服饰股份有限公司总裁 徐波

徐波

随着国民经济的快速发展和文化自信的不断增强，我国服装产业已迎来品牌出海的新阶段。在海外市场的拓展上，浙江森马服饰股份有限公司（以下简称森马）有着12年的探索与实践，对出海动机、市场选择及策略方向等有着深刻的思考。

“把森马传播到世界的每一个角落、每一个消费者心中”，是森马创始人提出的愿景。这颗种子扎根于我们心中，引领我们的团队创新前行。森马自创立以来，始终积极适应时代变迁，不断满足消费者需求，寻找增长曲线，2023年将跨境海外业务作为新的战略增长点。从全球服装消费市场的数据来看，欧美仍然占据主导地位，非洲增长也非常快，东南亚市场拥有庞大的人口基数和年轻化的消费群体。同时，基于我国双循环战略，森马通过国际化穿越经济和技术周期，推动企业的可持续发展。

结合企业自身的定位、客群、竞争力等因素，“一带一路”沿线国家和地区是我们重点布局的海外市场，综合考虑国家政治和经济的稳定性，并将市场规模与市场成熟度、产品匹配度等投入的风险相结合，然后便要思考具体的实施策略。在“Buy、Borrow、Build”的国际化3B模型上，森马采用了后两者：一方面，在中东、东南亚市场，整合零售资源，“借用”其渠道、管理及本地化人才等发展代理业务，树立品牌形象，扩大品牌影响力；另一方面，自建工厂、渠道及本地化运营团队。

在出海过程中，最重要的是维护和保持品牌的DNA，通过产品竞争优势推动品牌国际化，最终实现品牌本土化。我们根据不同国家地区市场的消费者需求和文化背景，对品牌进行差异化传播和推广。例如，为中东的客户量身打造斋月、国庆等具有品牌特色的专供，将巴拉巴拉“童年不同样”的品牌理念进行调整，提出符合海外客群的新理念。同时，利用好TikTok、SHEIN、TEMU等领先的电商平台，更精准地触达消费者，激发消费活力。

在运营管理上，要立足全球视野提升格局，首先要走出去，我们在海外实地考察中亲自感受和洞察当地的气候、文化、生活方式，并基于此思考产品结构配置等。然后是核心团队形成共识，将组织建设真正落实到行动中，重塑涵盖数字化系统、业务流程等的新体系，打通中后台整个链路，构建本地化的前置团队。由于组织系统链条很长，而效率是海外运营的关键，所以要在组织上进行创新，在产品研发等方面打造小链条，确保能够灵活响应市场需求。同时，要特别注重知识产权合规，在用工、税务、环保、产品准入等方面，把守法经营放在第一位。

展望未来，出海是大势所趋，要提早布局，规避好风险。我们走遍海外的发达国家、发展中国家，目睹千亿级企业规模，接下来，将对品牌定位再升级，打造全家人的森马，致力于依靠优质的产品成为国民的代表，提升在国际舞台的竞争力，为中国从制造大国、消费大国向品牌大国的转型贡献一己之力。

根据浙江森马服饰股份有限公司总裁徐波在“2024中国服装大会”上的演讲编辑整理。

生成式 AI 时代的品牌认知与传播生态

北京师范大学新闻传播学院执行院长　喻国明

喻国明

当前，新技术推动社会发生了革命性的巨变，其预示着一个全新的数字文明时代的到来。断裂式发展是这个时代的一大特点，在原有模式、基础和框架之上进行“破坏式创新”才能形成新的发展。如何切中时代的共振点做出好品牌，并与时代最主要的变量——生成式 AI 所呈现的发展潮流相匹配，甚至驾驭其上。对此，解决战略问题比解决战术问题更重要。

ChatGPT（专注于文本生成的人工智能模型）的崛起让我们震惊于这种大模型的智能涌现，而后 Sora（专注于视觉内容创作的人工智能模型）的问世成为人在视觉感知方面的重大突破，其完成了对物理世界数字化模拟的智能化呈现，并提供了丰富多彩的社会实践与生活场景。人工智能在未来社会将是与人类相生相伴、以人类为本的一种主体性的存在。

人工智能带来的变化，首要的就是人类增强，从生理层面到社会经济层面拉平了人与人之间的能力差距，打破了精英与大众的壁垒。在品牌传播领域，曾依靠核心媒介建立品牌及模式，现在则要利用互联网、数字 AI 技术释放出的巨大传播能量生产的内容，成就未来的品牌影响力。

生成式 AI 的作用方式，一是作为智能主体与人相配合，代替人完成某些工作；二是作为智能工具，极大地提高人们社会实践的效率与可能性。

未来，我们将面临五个重大的转换。一是换赛道。在人工智能的加持下，个人已成为整个社会实践和传播领域的基本原点，逻辑道理远不如情感共振、关系认同重要，非理性、非逻辑将成为品牌传播中需要研究动用的第一法则与资源。二是换场景。Sora 等技术的发展改变了人们的认知与基本沟通的场景平台，推动从利用信息不对称的第三人称的传播转向第一人称的体验，如何在人们认知的现实背景下形成对其的认知框定和引导，成为品牌传播要完成和解决的第一要务。三是换引擎。基于算法连接的社会协同、社会信任更加人性化、实时、准确。数据是各个领域运作的基本因素，算法成为整合资源、进行价值连接与匹配最为重要的一种社会力量。四是换模式。内容的好坏及其是否客观、全面，已是过去的衡量标准，如今内容治理正在向用户治理迁移。借助 Sora 等技术，我们可以创建各种体验场景，为潜在需求的开发与培育提供支持。在此基础上推出一个新品牌、新产品，人们对它的接受是自然而然的。五是换手段。利用好 AI 技术构建沉浸式共享场景，能为品牌传播带来更好的效果。游戏将成为未来社会的主流媒介，是人们在丰富的社会场景当中进行交流、创意、协同操作、社会实践的数字化时代、元宇宙时代的主平台。我们的服装品牌可以通过游戏人物的穿搭、身份匹配等，产生全球化、针对特定人群的影响力。如何通过游戏平台走向年轻人和全世界，是交给我们的重大课题，此外，还有更多创新方式等待我们去挖掘。

根据北京师范大学新闻传播学院执行院长喻国明在“2024 中国服装论坛”上的演讲编辑整理。

科技与时尚的紧密关联

中国社科院信息化研究中心主任 中国科学院《互联网周刊》主编 姜奇平

姜奇平

自20世纪90年代末起，科技已经走进日常生活，成为时代精神的象征。特别是2014年后，科技与时尚体验的结合越发紧密。《流行之道：在潮流中把握真实世界》提出，技术本身就是时尚。第一件数字牛仔服装、第一款由软件选材的彩虹服装等，不仅展示了技术与时尚的关系，更体现了服装在技术加持下符号功能的强化。正如法国的罗兰·巴特（Roland Barthes）所写，服装已从最初的御寒工具发展为一种书写和我们向世界表达的特殊语言。三宅一生就是一个典型的案例，其运用了很多方法极力突破服装仅作为服饰的功能，特别强调信息时代服装和人的互动。在这种非语言的交流中，服装成为意义表达的中介。相比将服装放在纺织业，我们不如把它放在文学艺术或者语言体系中进行专门研究，我认为这是一种引导时尚的理念和潮流。涌现与生成作为意义的存在方式，成为科技与时尚的结合点，我们需要正面拥抱这个趋势。

谈论时尚与科技的关系，还要提到美国经济学会前会长鲍莫尔的著名论断：科技创新其实就是提高效率，而时尚是表现质量的效率。在各种各样甚至语言和逻辑都难以描述、辨别的细节上，如颜色、材质及其与人的关系，实际上也是有效率的。这种基于独特性和创新性的质量效率正是时尚创造力追求的，在这种意义上，时尚创造力也包含在新质生产力之中。

人工智能是一种特殊的生产力，它的出现将我们置于奥本海默的时刻，时装恰恰在人工智能冲击的最主要的轨道上，国内已经出现了服装设计大模型，人类如何通过展现自身的价值避免被取代？我们有没有诺亚方舟可以自我保护？事实上任何技术都有其恐惧之处，如牛怕牵鼻子，人把牛鼻子一牵，牛就乖了；人坐进驾驶室，飞机就老实了……以上引发的反思是：如果你坚信生活本身的美，技术就处在被驾驭的状态。

对于服装来说，人工智能或许可以替代设计师曾经投入的大量时间与精力，但在个性化和多样化的呈现上，却可能失去用武之地。人在场景中生存，未来服装也会在场景中生存，而价值需要在场景化中再阐释。此外，意义的呈现将转向大众的参与。我认为，未来人的智慧比智能更重要，而亲自参与、共同创造是人获得智慧的方式。就像海子说的“面朝大海，春暖花开”，他要亲自去看，这份喜悦才属于他而不是别人。

我相信，未来如果人工智能和人能够更好地结合起来，达到和谐的关系，不仅不会束缚人，还能解放人，届时无须人亲自参与的部分都可以交给机器完成。

根据中国社科院信息化研究中心主任、中国科学院《互联网周刊》主编姜奇平在“2024中国服装论坛”上的演讲编辑整理。

数智赋能时尚产业跃升

上海财经大学数字经济系博士生导师、教授　电子商务研究所执行所长　崔丽丽

崔丽丽

在我们的生活和产业中，“新质生产力”已取得显著成效。这是我们自2013年起走进乡村，开展电商集群和数字化研究过程中所见证的。

我们走访的全国十大电商产业集聚地大部分与服装相关，如山东省菏泽市曹县，因网络走红，成为自带流量的“现象级”地区。2024年春节，曹县的马面裙火爆全网，作为演出服饰核心区的大集镇仅一家抖音店的销售额就达亿元。同样，河北省邢台市清河县在电商的带动下，羊绒产品升级为高端羊绒成衣，2022年，通过新一代羊绒电商创业者的直播再迎发展的春天。

这些案例表明，互联网新技术带动了当地的产业集聚、升级和发展。近年来，中国很多服装品牌已通过直接触达消费者的方式步入海外市场，凭借高质量、多样化的产品，奠定了坚实的市场基础。这背后不仅是与消费者的直接互动，更是产业链供给侧柔性快反能力的体现。

当下，伴随人工智能大模型等前沿技术的兴起，服装行业迎来了变革，目前数字技术已初步应用于各个环节，并带来一定的效率提升。下一步需要与实际场景深度融合，发挥更显著的效能。把消费者需求传递到设计端和生产端是产业高质量发展的关键，对企业来说，打造数字化门店是重中之重。在宁波一家男装企业，我们看到数字化门店不再依赖实体店中的传感器采集数据，而是将服装标签化，消费者可在小程序上浏览商品并下单，不仅提升了消费体验，还留下了宝贵的数据，为设计人员提供了商品改进的信息。

此外，在人工智能的辅助下，企业可以自主实现商品内容的数字化，从而降本增效，提升浏览量。在草稿设计、图片渲染等方面，人工智能生成内容（AIGC）都提供了很多现成的工具。如今大语言模型与自然语言处理技术的应用，为任何层面的运营提供了数据驱动的可能。围绕以人为本使用新技术，是借助人工智能大模型激发新质生产力的关键。在服装供应链场景下，目前国内走在前列的企业都在智能制造等方面有所应用。

在服装时尚行业，新质生产力的“新”，第一，体现在真正有中国品牌形象和文化内涵的新中国制造，而不是过去大规模的中国制造；第二，在生产环节中应用新材料和新智能化解决方案；第三，更好地衔接需求终端和上游设计、生产端，满足人们对美好生活的需求。

在电商行业及数字化方面，服装行业遥遥领先。在新质生产力的助推下，生产、物流和消费空间会形成完美的融合与协同，在运行中，数据分析会渗透到每一个流程和环节。在创新的场景中，数字技术不仅在设计、生产或销售环节发挥作用，还将在各行业的跨界融合中展现潜力。

未来，以技术为基础的全行业解析将带来质的改变和飞跃，促使各环节在全价值链协作下更好地分配职责、协调角色，推动全行业更好地发展。

根据上海财经大学数字经济系博士生导师、教授，电子商务研究所执行所长崔丽丽在“2024中国服装论坛”上的演讲编辑整理。

时尚的内涵演进与范式跃迁

清华大学美术学院副院长　《装饰》主编　方晓风

方晓风

时尚，在当今社会已成为一种广泛渗透且普遍存在的现象，从传统到现代，其内涵与范式经历了不断的演进与跃迁。

在传统文献中，“时尚”往往与权力相连，如原始社会部落酋长的华丽服饰实为权力的象征。在中国传统社会，服饰的装饰性规定强调了秩序与阶级差异。历史学家普遍认为，现代意义上的时尚推手可追溯至法国国王路易十四。尽管路易十四在日常生活中偏爱简朴的装扮，但其画像中的华丽服饰是一种权力的宣示。宫廷对服饰的要求推动了相关产业蓬勃发展，如当时巴黎假发产业的从业人员超过 2000 人。这表明时尚不仅是社会风尚的体现，更是一个庞大的产业支撑。

时尚的概念一度由奢侈品界定，但如今已远远超越了某一社会阶层的范畴，成为一种希望获得控制性话语权，与大众构建双向互动的关系。时尚的语境复杂且丰富，在工业革命的推动下，西方审美体系中的机器美学对时尚产生了深远影响。时尚话语体系的建立并非单方面的，而是由主流社会与亚文化群体共同塑造的，资本的作用不容忽视，因此相比任何一个行业，时尚行业对于求新求变有着更迫切的愿望和压力，促使时尚不断从生活多个领域汲取灵感，并通过在细分领域的深耕，培养自己的消费群体，构建起时尚产业与消费文化之间的紧密关联。

我们在高科技含量的电子产品中能够强烈地感受到时尚的力量，反过来讲，科技产品也会作用于时尚。如乔布斯（Steve Jobs）总是身穿黑色套头衫、牛仔裤、运动鞋，其审美观念不仅代表个人形象，也塑造了苹果品牌简约而不简单的文化形象。乔布斯的服饰都来自三宅一生，该品牌以褶皱的几何结构为设计灵感，形成了独特的品牌风格，除了技术外，还以日本文化为根基，在品牌自我塑造的同时，也在广泛的传播过程中深刻影响着其他品牌的发展。

对时尚概念的理解不能回避科技的发展。如苹果聘请了一位原从事奢侈品行业的高级管理人员、副总裁，意在将苹果手表（Apple Watch）推向时尚配饰市场，这既是商业考量的结果，也是科技进步与日常生活结合的尝试。然而，在科技进步的背景下，艺术创作需要不断反思和创新。以小米和特斯拉为例，两者在产品设计上展现了不同的审美追求。特斯拉的电动皮卡（Cybertruck）虽然造型引发争议，但背后的设计理念体现了生产工艺的成本控制和材料创新，这表明时尚品牌的形成往往包含价值转移，也是今天时尚产业需要深入思考的问题。

展望时尚产业未来的发展，需要综合考虑技术、文化和社会等多个层面，以创新的理念和方式应对时代的挑战和机遇，将对生态的关注作为一种价值宣导。同时，利用传统文化遗产进行新创造，将技术与人文相结合，塑造新的时代意象，不仅满足当代社会的审美需求，也为时尚产业注入新动力、指明新方向。

根据清华大学美术学院副院长、《装饰》主编方晓风在“2024 中国服装论坛”上的演讲编辑整理。

第六部分　大事记篇

2024 年中国服装行业大事记

《中国服饰》杂志　兰兰

1 月

1 月 11 日，由中国服装协会（CNGA）副会长单位——海澜集团旗下海澜之家独家冠名的“引力一号”运载火箭成功发射，不仅创造了全球最大固体运载火箭的壮举，更刷新了中国运力最大民商运载火箭的辉煌纪录（图 6-1）。

图 6-1　“引力一号”运载火箭

1 月 12 日，中国纺织服装行业向北开放发展大会在哈尔滨召开，并成立“中国纺织服装行业向北开放发展总部”，将集聚优质纺织服装品牌从哈尔滨出发走向世界，打造中国品牌的公共形象，以市场为导向，以具有国际竞争力的优质品牌为支撑，以创意设计为引擎，以一站式服务为保障，做大国际贸易市场，做强国际创意设计中心（图 6-2）。

图 6-2　“中国纺织服装行业向北开放发展总部”战略合作签约仪式

1 月 15 日，中国服装协会副会长单位——劲霸男装（上海）有限公司旗下高端系列 KB HONG 第 6 次登陆米兰时装周官方日程，发布“来自 2080 的收藏家”主题大秀，将敦煌元素、山海经神兽纹样、中式服饰形制等进行现代化设计演绎，尽展东方浪漫（图 6-3）。

图 6-3　KB HONG 米兰时装周发布秀

2 月

2 月 6 日，爱慕股份有限公司、中国服装协会、艾瑞咨询联合发布《2023 年中国少女发育内衣行业发展白皮书》（以下简称《白皮书》），引起大众的广泛关注。作为少女发育内衣行业的首份深度研究报告，《白皮书》从专业、全面、科学的角度向消费者与企业分析预测这个新兴行业的无限潜力和广阔前景。

2月11日，中国服装协会特邀副会长单位——安正时尚集团旗下品牌玖姿（JUZUI）携手知名设计师王陶在2024年秋冬纽约时装周主秀场发布“繁花”主题时尚秀，向世界展现中国时尚品牌的风采（图6-4）。

图6-4 “繁花”主题时尚秀

2月29日，《2023可持续时尚践行者名录》正式发布。10位权威专家结合企业发展蓝图与愿景、卓越贡献等多项指标进行客观公正的裁定和遴选，共评选出劲霸男装、迪卡侬、丝丽雅、兰精、妃鱼、之禾、雅莹、歌力思、朗姿、爱慕等16家在绿色制造、环境友好、负责任投资、循环经济等可持续时尚层面取得杰出成就的企业。

3月

3月6—8日，定位于“新生活方式变革下助力品牌生态构建的资源汇聚平台”，2024中国国际服装服饰博览会（春季）以全新主题“尚古出新”在国家会展中心（上海）亮相。3天的展期共举办了100多场精彩活动，1250家参展企业在时尚跨界、户外运动、品质男装、最美女装、童装与校服等15个专业展区亮相，呈现了新生活方式影响下的中国服装品牌发展全貌（图6-5）。

图6-5 2024中国国际服装服饰博览会（春季）

3月20日，由中国服装协会、深圳市龙华区人民政府主办，深圳市龙华区重点区域建设推进中心、《中国服饰》杂志、深圳市龙华区大浪街道办事处承办，中国纺织出版社有限公司协办的“绿翼#东方”第十三届“大浪杯”中国女装设计大赛决赛暨颁奖盛典在深圳大浪时尚小镇举行。经过20组选手的激烈角逐，宋祖耀凭借作品《中华衣局》夺魁。在2024秋冬中国国际时装周上，本届获奖选手还首登中国国际时装周的舞台进行专场发布，引来众多关注（图6-6）。

图6-6 第十三届“大浪杯”中国女装设计大赛颁奖盛典

3月21日，以“深化中国内地、东盟、中国香港联系，激发合作新高度”为主题的中国内地、东盟、中国香港纺织及制衣界共建“一带一路”研讨会在中国香港召开。会上，中国内地、东盟、中国香港共同签订三方合作备忘录，这是三地纺织业首次共同合作，旨在促进三地市场、科研对接，深化三地纺织界的链接（图6-7）。

图 6-7　研讨会与会嘉宾合影

3 月 29—30 日，由中国服装协会主办、凌迪 Style3D 协办、北京盛世嘉年国际文化发展有限公司承办的“凌迪 Style3D · 2024 中国服装论坛”以“好品牌的好时代”为主题在北京举行，聚智聚力共谋产业发展，助推中国时尚品牌以内涵、价值成为时代所选（图 6-8）。

图 6-8　2024 中国服装论坛

4 月

4 月 18 日，中国服装协会副会长单位——波司登控股集团有限公司应第十四届北京国际电影节之邀，在北京雁栖湖畔举办全球首个防晒衣大秀。本届电影节特别设立“电影与时尚单元”，旨在“引中国电影赋能中华时尚之传播，领民族品牌助力中国电影之发展”，此次大秀成为用光影传递风尚的典范（图 6-9）。

4 月 26 日，按照《中国服装协会团体标准管理办法》的有关要求，中国服装协会批准发布《呼吸监测衣》《服装面料亮片牢固程度试验方法》《儿童防水透湿羽绒服装》《商务户外裤》《爬爬服》5 项 CNGA 标准（由中国服装协会批准发布的一系列团体标准）。

图 6-9　波司登防晒衣大秀

5 月

5 月 8—17 日，中国服装协会组团赴斯里兰卡、孟加拉国、印度尼西亚三国进行商务考察活动。考察团在十天时间里参观考察了三国近 20 间工厂，深入了解了当地服装行业发展情况和市场需求，促进中国服装企业实现全球化配置（图 6-10）。

图 6-10　中国服装协会组团赴斯里兰卡等国考察

5月21日，中国服装协会在杭州召开第八届会员代表大会暨第一次理事会，会议选举陈大鹏为中国服装协会第八届理事会会长。此次重要会议的举行，不仅完成了中国服装协会领导集体的换届选举，也开启了中国服装行业未来发展的新征程。同期，以“深耕新质生产力 重塑品牌竞争力”为主题的2024年中国服装品牌创新发展大会举行（图6-11）。

图6-11　中国服装协会第八届理事会负责人

5月31日，中国纺织工业联合会举办“喜迎新中国成立75周年，中国纺织工业联合会第四届职工运动会”，中国服装协会全员参与了拔河、射箭等所有项目，经过紧张的比赛夺得团体总分第二名、拔河比赛第二名的优异成绩（图6-12）。

图6-12　中国服装协会积极参与“中国纺织工业联合会第四届职工运动会”并取得佳绩

6月

6月8日，由中国服装协会、华中集团、上海时尚之都促进中心联合主办的2024中国国际儿童时尚周国风体验季暨第二届中国长城国风服饰文化节在河北涞源县华中小镇举办。本届国风文化节聚焦“华夏国风，礼耀未来”主题，打造集品牌发布、潮玩体验、潮流消费、亲子互动于一体的全民儿童国风时尚盛宴，为传承和发展中华优秀传统文化发声（图6-13）。

图6-13　儿童国风服饰舞台剧《服装赋·衣冠仪礼》在文化节期间首演

6月11—14日，作为国际知名男装展会PITTI UOMO在中国的独家合作伙伴，中国国际服装服饰博览会（CHIC）以“CHINA WAVE”为主题，以展团形式带领中国优秀男装品牌与设计师品牌“出海”参展，亮相第106届PITTI UOMO，集中展现了中国当代时尚面貌与中国品牌硬实力，获得了国际媒体声誉与海外订单的双重丰收（图6-14）。

图6-14　CHIC at PITTI UOMO 106与会嘉宾合影

6月19日，世界品牌实验室对外发布了2024年“中国500最具价值品牌”榜单。其中，中国服装协会副会长单位旗下品牌波司登、劲霸、海澜之家、森马、巴拉巴拉，中国服装协会特邀副会长单位旗下品牌太平鸟、真维斯等23家纺织服装品牌荣列榜单。

7月

7月2日，《人民日报》（海外版）刊发了中国纺织工业联合会副会长、中国服装协会会长陈大鹏以《发展新质生产力　书写服装行业新篇》为题的署名文章（图6-15）。

创新中国 05

“老三样”焕新记①

迈向高端化、智能化、绿色化——

服装业“织”造未来

发展新质生产力　书写服装行业新篇

图6-15　《人民日报》（海外版）报道

7月22日，中国服装协会对外发布“2023年中国服装行业百强企业”名单，共有138家企业榜上有名。相比往年，2023年中国服装行业百强企业效益保持增长，入围门槛创历史新高。“营业收入”百强企业合计实现营业收入8893亿元，比2022年增长8.4%，榜首企业营业收入和入围门槛同比分别增长11.7%和20.2%。“利润总额”百强企业合计实现利润总额502.1亿元，比2022年增长3.1%，榜首企业利润总额和入围门槛同比分别增长27.5%和42.5%。“营业收入利润率”百强企业平均利润率为10.8%，比2022年提高1.0个百分点，榜首企业营业收入利润率和入围门槛比上年分别提高0.3个和1.4个百分点。

7月25日，以“新质焕能，革故鼎新”为主题的2024中国时尚科技创新峰会在杭州举行，聚焦智能制造领域整合能力、消费领域互融连动力等多维度发声，共同探讨时尚产业在科技浪潮下的进阶之路（图6-16）。

图6-16　2024中国时尚科技创新峰会

8月

8月3日，由中国服装协会、泉州市丰泽区人民政府、上海时尚之都促进中心联合主办的第七届中国国际儿童时尚周在泉州圆满举行。为期七天的第七届中国国际儿童时尚周举行了童装品牌及设计师发布、童装品牌创新发展大会、童装童品供应链展、国风运动会等丰富多样的主题活动，在提升少年儿童自信表现与礼仪风范的同时，聚焦儿童时尚推广与商业渠道链接，引领未来儿童生活方式新风尚（图 6-17）。

图 6-17 第七届中国国际儿童时尚周品牌发布

8 月 9 日，以“区域合作 · 共享未来”为主题的京津冀纺织服装产业协同发展对接交流活动在河北辛集举办，数百位京津冀纺织服装行业代表集结，共谋协同发展大计，互寻交流合作商机（图 6-18）。

图 6-18 京津冀纺织服装产业协同发展对接交流活动

8 月 27—29 日，2024 中国国际服装服饰博览会（秋季）以“服装产业供应链创新集成平台”为核心定位，汇聚中国服装全产业链优质品牌，共有 821 家企业、20 余个产业集群/市场组团亮相，同期还举行了 40 余场活动，以科技生产力塑时尚新生态，以文化生产力创时尚新美学，以绿色生产力开时尚新境界（图 6-19）。

图 6-19 2024 中国国际服装服饰博览会（秋季）

9 月

9 月 8—10 日，继 2023 年首届 CHIC Paris at Who's Next. 获得巨大成功后，“时尚中国 Fashion China”展团在 2024 年再度集体“出海”，汇聚朗姿（LANCY）、上善（VAN SUNSUN）等 16 个中国时尚先锋力量亮相法国巴黎 WHO'S NEXT.，全方位展现中国时尚的多元魅力，不仅让世界见证了中国时尚力量的崛起，更成为中法文化交流与合作的里程碑（图 6-20）。

图 6-20 展会现场商贸洽谈

9 月 14 日，以“AI 焕新 智领未来”为主题的 2024 年中国服装经济论坛召开。本届论坛汇聚了行业领袖、专家学者、龙头企业、时尚先锋等，共同探讨在新质生产力的引领下，人工智能对中国服装品牌、服装企业发展的“机”与“势”。会上，中国服装协会会刊《中国服饰》杂志 AI 版对外发布，于行业内率先发布首个纺织服装领域知识服务垂类大模型。

9 月 14—17 日，传承源远流长的“丝路精神”，由中国服装协会率领的 MODA CHINA@ The One Milano 中国展团在中意建立全面战略伙伴关系 20 周年之际，组织了 25 家企业亮相意大利米兰 The One Milano 服装服饰展览会，在欧洲时尚中心展现中国强大的时尚研发力、高端制造力和综合产品力，进一步拓展欧洲，乃至全球的时尚市场业务（图 6-21）。

图 6-21　MODA CHINA@The One Milano 展会

9 月 27—28 日，以“新质跃迁 多元共生”为主题的 2024 年中国服装论坛国际运动时尚大会在厦门举办，研讨运动时尚品牌高质量发展的底层逻辑和核心动力，分享可持续的品牌实践和创新思考，共同探讨运动时尚产业新趋势，助力产业创新发展（图 6-22）。

图 6-22　2024 国际运动时尚大会

10 月

10 月 4 日，为期五天的“中国服装好设计——中法时装周”系列活动在法国巴黎成功举办。适逢中法建交 60 周年和中法文化旅游年，该活动旨在推动中国服装设计品牌参与国际市场交流，在世界时尚舞台呈现东方时尚的独特魅力，受到中法各界时尚人士的广泛关注（图 6-23）。

图 6-23　“中国服装好设计——中法时装周”在巴黎举行

10 月 17—18 日，以“深化产业变革，激发创新活力”为主题的 2024 中国服装大会在江苏常熟举行。本届大会发布了《2024 中国服装行业运行报告》、行业年度观点等内容，分享了发展新质生产力的创新方法与实践经验，深度实地调研以寻求企业突破发展瓶颈解决之道，旨在带领行业全面推进产业转型升级变革，构建数字经济时代全新的产业生态（图 6-24）。

图 6-24　2024 中国服装大会

10月23—24日，由中国服装协会主办，中国服装协会职业装专业委员会、宁波市服装协会承办，中国联通服装制造军团、浙江云聚智铱数字科技有限公司支持的2024中国职业装产业大会在宁波举办。作为2024年纺织服装“优供给、促升级”活动之一，大会以“聚力创新 共赢未来”为主题，致力于打造集智慧碰撞、方向指引、展示交流、对接洽谈于一体的专注于职业装领域的综合性服务平台，为行业企业的创新发展提供智力支持和动力源泉，推动职业装产业的高质量发展（图6-25）。

图6-25　2024中国职业装产业大会

10月28日，以“新视界”为主题的2024“裘都杯”中国裘皮服装创意设计大赛总决赛暨颁奖典礼在河北省衡水市枣强县举行。经过选手们的激烈角逐和评审团的严格评审，苗佳成、刘若安、宋慧颖、李欣悦等选手载誉而归。大赛旨在融入新设计、新服务、新模式等多个创新元素，不断推动我国毛皮服装向品牌化、定制化、时尚化、国际化升级发展。

11月

11月6日下午，“2024年中国服装协会国风时尚专业委员会年度会议”在杭州召开。中国服装协会专职副会长、国风时尚专业委员会主任委员杨晓东等行业领导和特邀嘉宾出席会议做主题演讲，并与参会的专业委员会委员共同探讨国风时尚兴起与服装产业和现代生活融合发展的路径（图6-26）。

图6-26　在会议期间举行的专题论坛活动

11月12日，在北京人民大会堂召开的中国纺织工业联合会科学技术奖励大会表彰了2024年度中国纺织工业联合会自然科学奖、技术发明奖、科技进步奖和桑麻学者奖，其中服装专业领域获得四项荣誉，分别是由北京服装学院和安踏（中国）有限公司等九家单位共同完成的“冬季运动训练比赛高性能服装研发关键技术与应用”项目获科技进步奖一等奖，由海澜之家集团股份有限公司等八家单位完成的“服装数字化多维度裁剪关键技术和产业化应用”项目、由东华大学完成的“热防护服装功能设计与评估关键技术及产业化应用”项目、由波司登羽绒服装有限公司等四家单位完成的“羽绒服装全链协同智造关键技术及产业化应用”项目获得科技进步奖二等奖（图6-27）。

图6-27　获奖代表在人民大会堂前合影留念

11月17日，以“向新聚力 质赢未来”为主题的中国服装论坛高精尖创新大会在江西于都举办，汇聚领航企业、链主企业、单项冠军以及专精特新企业等多元力量，共同探讨如何加快推进科技创新和产业创新深度融合，塑造产业高质量发展新动能、新优势（图 6–28）。

图 6–28　中国服装论坛高精尖创新大会

11 月 20—22 日，2024 世界服装大会在东莞虎门举办，来自全球 20 个国家和地区的 700 位服装业界精英齐聚一堂，以“融和：共同发展的力量”为主题，共同商讨和推动全球服装行业的国际合作、创新与可持续发展，携手全球行业人构建时尚行业命运共同体（图 6–29）。

图 6–29　2024 世界服装大会与会嘉宾合影

11 月 26 日，2024 中国服装青年企业家沙龙年会暨中国服装定制主题沙龙在温州举办。本次会议以“向新而行”为主题，聚焦服装定制产业，从消费理念、生产模式等角度出发，共同探索服装定制产业高质量发展新路径。11 月 27 日，第六届中国男装高峰论坛暨 2024 中国服装协会男装专业委员会年会举行，以“创新引领 · 数智未来”为主题，共同交流和探讨我国男装行业在新时期创新发展的方向和路径，推动全产业链的协同创新、合作共赢（图 6–30）。

图 6–30　2024 中国服装青年企业家沙龙年会

12 月

12 月 10—14 日，由中国服装协会组织的赴印度尼西亚对接交流活动成功举办，代表团走访了雅加达、万隆、三宝垄三地六家不同规模和类型的企业以及肯达尔经济特区管委会，通过深度考察快速建立对印度尼西亚市场的立体认知，并通过充分沟通拓展当地资源，为将来的“出海”投资打下基础（图 6–31）。

图 6–31　中国服装协会组团赴印度尼西亚考察

12 月 13—16 日，2024 年全国行业职业技能竞赛——全国纺织行业“富怡杯”服装制板师职业技能竞赛全国决赛在江苏常熟理工学院成功举办。经过参赛选手们的激烈比拼，来自波司登国际服饰（中国）有限公司的汪家柏等 39 名参赛选手载誉而归（图 6-32）。

图 6-32　决赛现场

12 月 17 日，由中国服装协会主办，中国服装协会童装专业委员会和嗨玩购集团共同承办的“2024 中国童装品牌企业家沙龙”活动在福建泉州举办。此次沙龙以“合力童行、共赴未来”为主题，旨在汇聚国内童装品牌力量，共同聚焦新质生产力，激发企业创新活力，推动童装行业持续健康发展（图 6-33）。

12 月 17 日，由中国服装协会副会长单位——雅戈尔集团和银泰管理团队成员组成的财团以 74 亿元的价格收购了阿里巴巴集团旗下银泰百货 100% 的股权，此举将进一步完善雅戈尔的时尚生态圈建设。

图 6-33　2024 中国童装品牌企业家沙龙

12 月 25—26 日，2024 年度全国服装标准化技术委员会和中国服装协会标准化技术委员会联合年会暨标准审定会在广东省佛山市召开。会议审定通过了《游戏服装》等 5 项国家标准及行业标准和《宋锦服装》等 7 项团体标准，并为调整和新增的全国服装标准化技术委员会委员、观察员及中国服装协会标准化技术委员会委员颁发证书，为标准化工作先进个人和先进单位颁发荣誉证书（图 6-34）。

图 6-34　2024 年度全国服装标准化技术委员会在佛山召开

第七部分　附　录

附录一　2024 年中国服装行业运行数据集总

一、2024 年 1—12 月纺织行业经济指标完成情况汇总表（规模以上企业）

序号	指标	单位	1—12 月累计	去年同期累计	同比（%）
1	企业单位数	户	38375	38375	—
2	亏损企业数	户	7993	7752	3. 11
3	亏损面	%	20. 83	20. 20	—
4	营业收入	万元	495320544	476465586	3. 96
5	营业成本	万元	435759343	420056612	3. 74
6	销售费用	万元	10376447	10036358	3. 39
7	管理费用	万元	18010938	17529914	2. 74
8	财务费用	万元	3658290	3814374	-4. 09
9	利润总额	万元	19388221	18029041	7. 54
10	亏损企业亏损额	万元	4529720	4163435	8. 80
11	资产总计	万元	488053195	472452699	3. 30
12	其中：流动资产合计	万元	276494378	262994545	5. 13
13	其中：应收票据及应收账款	万元	65540172	60659128	8. 05
14	存货	万元	74599903	71462692	4. 39
15	其中：产成品	万元	39885696	37560478	6. 19
16	负债合计	万元	290337332	277318132	4. 69
17	出口交货值	万元	62933633	59743124	5. 34

（数据来源：国家统计局）

二、2024年1—12月服装行业经济指标完成情况汇总表（规模以上企业）

序号	指标	单位	1—12月累计	去年同期累计	同比（%）
1	企业单位数	户	13820	13820	—
2	亏损单位数	户	2774	2631	5. 44
3	亏损面	%	20. 07	19. 04	1. 03
4	营业收入	万元	126991503	123585119	2. 76
5	营业成本	万元	106946561	103961273	2. 87
6	销售费用	万元	4953080	4853265	2. 06
7	管理费用	万元	7113096	7017522	1. 36
8	财务费用	万元	387510	469787	-17. 51
9	利润总额	万元	6238105	6143646	1. 54
10	亏损企业亏损额	万元	896748	877798	2. 16
11	资产合计	万元	109504915	106246889	3. 07
12	其中：流动资产合计	万元	72900800	70160035	3. 91
13	其中：应收票据及应收账款	万元	20281290	19164219	5. 83
14	存货	万元	19234339	18201445	5. 67
15	其中：产成品	万元	10238883	9448562	8. 36
16	负债合计	万元	58759796	55982901	4. 96
17	出口交货值	万元	29056887	27702882	4. 89

（数据来源：国家统计局）

三、2024年服装行业固定资产投资（不含农户）增速情况表（计划总投资500万元以上的固定资产项目）

月份	制造业固定资产投资累计增长（%）	纺织业固定资产投资累计增长（%）	纺织服装、服饰业固定资产投资累计增长（%）
1—2月	9.4	15.0	16.6
3月	9.9	12.4	17.5
4月	9.7	16.3	17.9
5月	9.6	13.4	14.8
6月	9.5	14.3	14.0
7月	9.3	13.1	14.5
8月	9.1	13.5	15.5
9月	9.2	14.6	16.3
10月	9.3	15.2	17.5
11月	9.3	16.2	18.2
12月	9.2	15.6	18.0

（数据来源：国家统计局）

四、2024 年服装行业产量汇总表（规模以上企业）

序号	指标	单位	12 月当月	1—12 月累计	累计同比（%）
1	服装	万件	188182	2046173	4. 22
2	1. 机织服装	万件	63572	647574	-1. 99
3	其中：羽绒服装	万件	1649	12445	17. 80
4	西服套装	万件	1518	13285	-2. 92
5	衬衫	万件	2671	27807	-5. 83
6	2. 针织服装	万件	124606	1398595	7. 38

（数据来源：国家统计局）

五、2024 年服装行业进出口情况表

指标	出口		进口	
	金额（万美元）	同比（%）	金额（万美元）	同比（%）
服装及衣着附件	1591. 43	0. 3	104. 34	4. 7
针织或钩编的服装及衣着附件	852. 71	3. 6	38. 58	-2. 7
非针织或非钩编的服装及衣着附件	677. 74	-3. 4	58. 86	11. 1

（数据来源：中国海关）

六、2024年对部分国家和地区服装出口情况表

国家和地区	服装及衣着附件		针织或钩编的服装及衣着附件		非针织或非钩编的服装及衣着附件	
	出口金额（万美元）	同比（%）	出口金额（万美元）	同比（%）	出口金额（万美元）	同比（%）
美国	3618511	8.7	2124741	12.4	1329203	3.0
欧盟	2774571	4.7	1448877	7.3	1212083	-0.2
东盟	1533186	-1.1	822520	-2.2	663661	0.6
日本	1160928	-7.8	646090	-4.3	467905	-13.1
韩国	683126	-2.5	305323	-0.6	354483	-2.6
哈萨克斯坦	637204	6.4	308172	38.5	318140	-13.0
吉尔吉斯斯坦	542861	-16.8	253863	0.3	285522	-25.8
英国	521778	7.4	282501	10.6	220027	3.0
澳大利亚	470768	-10.3	240973	-9.4	218721	-11.3
马来西亚	416569	-1.3	207086	5.8	201190	-7.6
俄罗斯	381126	-9.9	182646	0.1	163621	-3.2
越南	305866	-18.1	161634	-19.7	134344	-16.8
墨西哥	279696	20.5	168447	24.8	103401	14.3
新加坡	276218	4.2	143378	-2.4	124435	15.5
加拿大	272978	8.3	146348	8.3	110185	6.2
中国香港	255172	15.4	117344	13.0	130808	32.2
沙特阿拉伯	223890	-13.9	110395	-19.7	104315	-10.3
智利	219407	1.6	121948	3.7	92317	-2.2
菲律宾	216865	-10.7	133226	-14.6	76674	-3.8
阿联酋	195455	-9.7	99641	-16.1	89796	-3.3
泰国	190279	48.9	99601	42.0	85664	61.1
中国台湾	167805	-9.6	104745	-12.3	58562	-5.0
巴西	147230	12.1	73559	13.3	61350	9.5
南非	131925	2.8	68271	1.6	60560	3.9
以色列	113856	1.2	71497	0.4	38719	0.2
伊拉克	107784	19.4	58095	12.2	47625	27.3

续表

国家和地区	服装及衣着附件		针织或钩编的服装及衣着附件		非针织或非钩编的服装及衣着附件	
	出口金额（万美元）	同比（%）	出口金额（万美元）	同比（%）	出口金额（万美元）	同比（%）
巴拿马	101884	10.0	48803	10.7	52327	9.7
印度	91228	-24.3	60476	-17.7	24737	-39.4
尼日利亚	86543	-31.2	45621	4.8	39582	-51.0
肯尼亚	61329	-7.4	26929	-13.5	33224	-2.8
印度尼西亚	60675	8.5	30964	15.8	25094	2.4
新西兰	60177	-4.7	32947	-2.7	25520	-9.1
阿尔及利亚	57583	0.2	32424	-0.6	24561	2.0
坦桑尼亚	49433	-16.7	23540	-17.4	25116	-16.3
多哥	46252	-10.8	24127	-31.3	21758	33.1
塔吉克斯坦	45889	1.7	25983	25.4	18225	-15.1
秘鲁	44280	5.8	21784	5.0	20379	3.7
柬埔寨	42554	30.6	30386	32.2	10148	29.1
挪威	39955	35.2	19173	43.6	19537	28.2
土耳其	39621	7.9	16589	29.3	20046	6.4
加纳	33608	-21.0	18340	-33.0	14101	0.6
塞内加尔	31061	-21.1	12869	-30.0	17552	-13.8
哥伦比亚	30414	11.8	17006	13.2	11134	8.1
约旦	30413	-20.5	18377	-25.8	11353	-12.0
利比亚	30281	0.0	15784	-11.5	14118	17.2
尼泊尔	27189	0.4	15696	15.3	11214	-15.4
巴基斯坦	25340	-21.8	14009	-31.7	10200	-5.1
瑞士	25109	10.8	12830	10.1	11555	9.8
喀麦隆	22490	-14.9	11307	-32.9	10739	16.3
也门	22190	-19.2	14573	-19.4	6533	-21.9

（数据来源：中国海关）

附录二　2023 年中国服装行业百强企业名单

一、2023 年中国服装行业“营业收入”百强企业名单

雅戈尔集团（宁波）有限公司
海澜集团有限公司
红豆集团有限公司
杉杉控股有限公司
太平鸟集团有限公司
波司登股份有限公司
山东如意时尚投资控股有限公司
江苏汇鸿国际集团中天控股有限公司
迪尚集团有限公司
浙江森马服饰股份有限公司
即发集团有限公司
江苏东渡纺织集团有限公司
罗蒙集团股份有限公司
江苏虎豹集团有限公司
广州纺织工贸企业集团有限公司
狮丹努集团股份有限公司
三六一度（中国）有限公司
江苏苏美达轻纺国际贸易有限公司
鑫缘茧丝绸集团股份有限公司
江苏华瑞时尚集团有限公司
报喜鸟控股股份有限公司
朗姿股份有限公司
江南布衣有限公司
山东岱银纺织集团股份有限公司
锦泓时装集团股份有限公司
汇孚集团有限公司
快尚时装（广州）有限公司
宁波博洋服饰集团有限公司
山东希努尔男装有限公司
浙江伟星实业发展股份有限公司
浙江巴贝领带有限公司
福建七匹狼实业股份有限公司
爱慕股份有限公司
雅莹集团股份有限公司
法派服饰股份有限公司
九牧王股份有限公司
深圳歌力思服饰股份有限公司
威海市联桥国际合作集团有限公司
地素时尚股份有限公司
大杨集团有限责任公司
宁波中哲慕尚控股有限公司
深圳市娜尔思时装有限公司
深圳市珂莱蒂尔服饰有限公司
四川琪达实业集团有限公司
安正时尚集团股份有限公司
山东耶莉娅服装集团有限公司
深圳玛丝菲尔时装股份有限公司
江苏鹿港科技有限公司
宁波长隆国泰集团有限公司
石狮市大帝集团有限公司
宁波培罗成集团有限公司
洛兹服饰科技有限公司
欣贺股份有限公司
江苏卡思迪莱服饰有限公司
无锡市金茂对外贸易有限公司
山东仙霞服装有限公司
际华三五零二职业装有限公司
上海服装（集团）有限公司
山东南山智尚科技股份有限公司
江苏三润服装集团股份有限公司
蓝天智慧科技集团有限公司
湖南东方时装有限公司

浙江乔治白服饰股份有限公司
福建柒牌时装科技股份有限公司
常州东奥服装有限公司
达利（中国）有限公司
探路者控股集团股份有限公司
浙江华城实业投资集团有限公司
四川圣山白玉兰实业有限公司
青岛雪达集团有限公司
广州市汇美时尚集团股份有限公司
浙江爱伊美服装有限公司
湖南省忘不了服饰有限公司
利郎（中国）有限公司
北京嘉曼服饰股份有限公司
雅鹿控股股份有限公司
北京格雷时尚科技有限公司
深圳华丝企业股份有限公司
山西兵娟制衣有限公司
上海三枪（集团）有限公司
苏州天源服装有限公司
浙江乔顿服饰股份有限公司
贝德服装集团股份有限公司
宜禾股份有限公司
际华三五三四制衣有限公司
际华三五三六实业有限公司
富绅集团有限公司
江苏泰慕士针纺科技股份有限公司
卡宾服饰（中国）有限公司
才子服饰股份有限公司
北京大华时尚科技发展有限公司
广州迪柯尼服饰股份有限公司
北京铁血科技股份公司
江苏刘潭集团有限公司
浙江达成凯悦纺织服装有限公司
上海嘉麟杰纺织科技有限公司
江苏舜天信兴工贸有限公司
郑州市娅丽达服饰有限公司
江苏华佳控股集团有限公司
日禾戎美股份有限公司

二、2023年中国服装行业“利润总额”百强企业名单

波司登股份有限公司
海澜集团有限公司
雅戈尔集团（宁波）有限公司
山东如意时尚投资控股有限公司
浙江森马服饰股份有限公司
迪尚集团有限公司
三六一度（中国）有限公司
江苏东渡纺织集团有限公司
江苏虎豹集团有限公司
江南布衣有限公司
罗蒙集团股份有限公司
比音勒芬服饰股份有限公司
报喜鸟控股股份有限公司
狮丹努集团股份有限公司
快尚时装（广州）有限公司
太平鸟集团有限公司
浙江伟星实业发展股份有限公司
地素时尚股份有限公司
雅莹集团股份有限公司
杉杉控股有限公司
江苏苏美达轻纺国际贸易有限公司
山东希努尔男装有限公司
锦泓时装集团股份有限公司
深圳市珂莱蒂尔服饰有限公司
即发集团有限公司
福建七匹狼实业股份有限公司
深圳市娜尔思时装有限公司
拉珂帝服饰（深圳）有限公司
爱慕股份有限公司
鑫缘茧丝绸集团股份有限公司
江苏卡思迪莱服饰有限公司
朗姿股份有限公司
法派服饰股份有限公司
九牧王股份有限公司

威海市联桥国际合作集团有限公司
浙江巴贝领带有限公司
北京嘉曼服饰股份有限公司
浙江乔治白服饰股份有限公司
福建柒牌时装科技股份有限公司
深圳歌力思服饰股份有限公司
山东南山智尚科技股份有限公司
深圳玛丝菲尔时装股份有限公司
山东耶莉娅服装集团有限公司
江苏华瑞时尚集团有限公司
江苏三润服装集团股份有限公司
湖南东方时装有限公司
四川琪达实业集团有限公司
上海服装（集团）有限公司
欣贺股份有限公司
江苏鹿港科技有限公司
青岛酷特智能股份有限公司
衣拉拉集团股份有限公司
利郎（中国）有限公司
湖南省忘不了服饰有限公司
江苏箭鹿毛纺股份有限公司
宁波培罗成集团有限公司
宁波长隆国泰集团有限公司
日禾戎美股份有限公司
卡宾服饰（中国）有限公司
北京格雷时尚科技有限公司
洛兹服饰科技有限公司
苏州天源服装有限公司
山东岱银纺织集团股份有限公司
浙江华城实业投资集团有限公司
浙江乔顿服饰股份有限公司
江苏汇鸿国际集团中天控股有限公司
广州迪柯尼服饰股份有限公司
青岛雪达集团有限公司
际华三五零二职业装有限公司
长春圣威雅特服装集团有限公司
山东傲饰集团有限公司
青岛前丰国际帽艺股份有限公司
江苏舜天泰科服饰有限公司
郑州市娅丽达服饰有限公司
浙江爱伊美服装有限公司
江苏泰慕士针纺科技股份有限公司
蓝天智慧科技集团有限公司
江苏华佳控股集团有限公司
江苏舜天信兴工贸有限公司
浙江依爱夫游戏装文化产业有限公司
石狮市大帝集团有限公司
宁波中哲慕尚控股有限公司
上海嘉麟杰纺织科技有限公司
广州市汇美时尚集团股份有限公司
上海沙驰服饰有限公司
达利（中国）有限公司
宁波博洋服饰集团有限公司
山东淏博服饰有限公司
际华三五三四制衣有限公司
探路者控股集团股份有限公司
江苏世纪燎原针织有限公司
北京红都集团有限公司
苏州市青田企业发展有限公司
深圳华丝企业股份有限公司
宜禾股份有限公司
邦威防护科技股份有限公司
河北格雷服装股份有限公司
江苏刘潭集团有限公司
际华三五三六实业有限公司
富绅集团有限公司

三、2023 年中国服装行业“营业收入利润率”百强企业名单

比音勒芬服饰股份有限公司
衣拉拉集团股份有限公司
地素时尚股份有限公司
江南布衣有限公司
北京嘉曼服饰股份有限公司
波司登股份有限公司

河北格雷服装股份有限公司
快尚时装（广州）有限公司
雅莹集团股份有限公司
深圳市珂莱蒂尔服饰有限公司
江苏卡思迪莱服饰有限公司
报喜鸟控股股份有限公司
浙江伟星实业发展股份有限公司
深圳市娜尔思时装有限公司
青岛酷特智能股份有限公司
三六一度（中国）有限公司
北京红都集团有限公司
浙江乔治白服饰股份有限公司
福建柒牌时装科技股份有限公司
江苏舜天力佳服饰有限公司
江苏舜天泰科服饰有限公司
江苏箭鹿毛纺股份有限公司
江苏世纪燎原针织有限公司
山东南山智尚科技股份有限公司
日禾戎美股份有限公司
江苏虎豹集团有限公司
江苏中纺联针织有限公司
青岛前丰国际帽艺股份有限公司
江苏东渡纺织集团有限公司
湖南国盛服饰有限公司
山东希努尔男装有限公司
福建七匹狼实业股份有限公司
罗蒙集团股份有限公司
大连新新服装制造有限公司
卡宾服饰（中国）有限公司
浙江森马服饰股份有限公司
长春圣威雅特服装集团有限公司
浙江依爱夫游戏装文化产业有限公司
山东傲饰集团有限公司
江苏三润服装集团股份有限公司
湖南东方时装有限公司
四川豪尔泰服饰有限公司
山东如意时尚投资控股有限公司
狮丹努集团股份有限公司
爱慕股份有限公司
深圳玛丝菲尔时装股份有限公司
北京中和珍贝科技有限公司
利郎（中国）有限公司
广州迪柯尼服饰股份有限公司
郑州市娅丽达服饰有限公司
湖南省忘不了服饰有限公司
威海市联桥国际合作集团有限公司
山东淏博服饰有限公司
山东耶莉娅服装集团有限公司
江苏华佳控股集团有限公司
北京格雷时尚科技有限公司
江苏苏美达轻纺国际贸易有限公司
云创设计（深圳）集团有限公司
锦泓时装集团股份有限公司
苏州天源服装有限公司
江苏舜天信兴工贸有限公司
法派服饰股份有限公司
安徽武鹰制衣有限公司
上海服装（集团）有限公司
浙江乔顿服饰股份有限公司
九牧王股份有限公司
上海沙驰服饰有限公司
河南省宇达服饰科技集团有限公司
雷迪波尔服饰股份有限公司
欣贺股份有限公司
邦威防护科技股份有限公司
江苏泰慕士针纺科技股份有限公司
深圳歌力思服饰股份有限公司
南京海尔曼斯集团有限公司
苏州市青田企业发展有限公司
四川琪达实业集团有限公司
吉林省荣发服装服饰有限公司
浙江华城实业投资集团有限公司
北京大德和隆庆祥服装有限公司
江苏鹿港科技有限公司
青岛雪达集团有限公司
浙江巴贝领带有限公司

青岛依美时尚国际贸易有限公司
丹东华洋纺织服装有限公司
浙江爱伊美服装有限公司
南通东润实业有限公司
朗姿股份有限公司
宁波长隆国泰集团有限公司
洛兹服饰科技有限公司
江苏刘潭集团有限公司
南通三荣实业有限公司
江苏联宏纺织有限公司
安徽东锦高科新材料有限公司
际华三五零二职业装有限公司
江苏玉人服装有限公司
际华三五三四制衣有限公司
雷蒙服饰有限公司
鑫缘茧丝绸集团股份有限公司
宜禾股份有限公司
富绅集团有限公司

附录三 中国服装协会标准化技术委员会团体标准目录

序号	标准编号	标准名称	发布日期	实施日期
1	T/CNGA 1—2018	服装企业诚信管理体系通用要求	2018年10月18日	2019年2月1日
2	T/CNGA 2—2018	服装企业诚信评价规范	2018年10月18日	2019年2月1日
3	T/CNGA 3—2018	服装企业信息化和工业化融合管理体系建设指南	2018年10月18日	2019年2月1日
4	T/CNGA 4—2018	服装企业信息化和工业化融合评估规范	2018年10月18日	2019年2月1日
5	T/CNGA 5—2018	干发帽、干发巾	2018年10月18日	2019年2月1日
6	T/CNGA 6—2019	服装智能制造 信息系统安全技术规范	2019年9月7日	2019年12月9日
7	T/CNGA 7—2019	服装智能制造 制造执行系统技术规范	2019年9月7日	2019年12月9日
8	T/CNGA 8—2019	服装智能制造 信息系统集成技术规范	2019年9月7日	2019年12月9日
9	T/CNGA 9—2019	服装智能制造 工厂体系架构	2019年9月7日	2019年12月9日
10	T/CNGA 10—2019	服装智能制造 能力成熟度评估规范	2019年9月7日	2019年12月9日
11	T/CNGA 11—2018	服装智能制造 数据规范	2019年9月7日	2019年12月9日
12	T/CNGA 12—2019	服装智能制造 仓储管理系统（WMS）技术规范	2019年9月7日	2019年12月9日
13	T/CNGA 13—2019	服装智能制造 软件互联互通接口规范	2019年9月7日	2019年12月9日
14	T/CNGA 14—2019	服装智能制造 硬件通用技术规范	2019年9月7日	2019年12月9日
15	T/CNGA 15—2020	成人上装热阻测试 躯干暖体法	2020年3月26日	2020年3月26日
16	T/CNGA 16—2020	女士紧身衣静态压力测试方法	2020年3月26日	2020年3月26日
17	T/CNGA 17—2020	服装定制通用技术规范 西服套、大衣	2020年3月26日	2020年3月26日
18	T/CNGA 18—2020	非织造布服装	2020年3月26日	2020年3月26日
19	T/CNGA 19—2020	休闲西服	2020年3月26日	2020年3月26日
20	T/CNGA 20—2021	无绗缝羽绒服	2021年7月20日	2021年7月20日
21	T/CNGA 21—2021	西服智能工厂 体系架构	2021年7月20日	2021年7月20日
22	T/CNGA 22—2021	西服智能工厂 能力成熟度评价规范	2021年7月20日	2021年7月20日
23	T/CNGA 23—2021	服装 接触持续凉感性能的检测和评价	2021年7月20日	2021年7月20日
24	T/CNGA 24—2021	服装外观质量检验方法	2021年7月20日	2021年7月20日

续表

序号	标准编号	标准名称	发布日期	实施日期
25	T/CNGA 25—2021	排汗睡衣和内衣	2021 年 7 月 20 日	2021 年 7 月 20 日
26	T/CNGA 26—2021	聚氨酯服装	2021 年 7 月 20 日	2021 年 7 月 20 日
27	T/CNGA 27—2021	服装标签通用规范	2021 年 7 月 20 日	2021 年 7 月 20 日
28	T/CNGA 28—2021	可机洗易熨烫西服	2021 年 9 月 6 日	2021 年 9 月 6 日
29	T/CNGA 29—2021	幼儿园服	2021 年 9 月 6 日	2021 年 9 月 6 日
30	T/CNGA 30—2021	滑雪服装	2021 年 9 月 6 日	2021 年 9 月 6 日
31	T/CNGA 31—2021	柔道服	2021 年 9 月 6 日	2021 年 9 月 6 日
32	T/CNGA 32—2021	服装用非接触式人体测量仪技术规范	2021 年 9 月 6 日	2021 年 9 月 6 日
33	T/CNGA 33—2021	羽绒服装 绿色评价技术规范	2021 年 9 月 6 日	2021 年 9 月 6 日
34	T/CNGA 34—2022	高品质商务男装	2022 年 3 月 7 日	2022 年 3 月 7 日
35	T/CNGA 35—2022	婴幼儿及儿童纱布服饰	2022 年 3 月 7 日	2022 年 3 月 7 日
36	T/CNGA 36—2022	服装用面料压迫性能测试	2022 年 3 月 7 日	2022 年 3 月 7 日
37	T/CNGA 37—2022	服装个性化定制 模块化设计规范	2022 年 3 月 7 日	2022 年 3 月 7 日
38	T/CNGA 38—2022	服装定制通用技术规范 连衣裙	2022 年 3 月 7 日	2022 年 3 月 7 日
39	T/CNGA 39—2022	服装个性化定制 电子商务平台通用功能要求	2022 年 3 月 7 日	2022 年 3 月 7 日
40	T/CNGA 40—2022	服装用人体尺寸远程测量 基本要求	2022 年 3 月 7 日	2022 年 3 月 7 日
41	T/CNGA 41—2022	服装手工缝纫技法术语	2022 年 12 月 28 日	2022 年 12 月 28 日
42	T/CNGA 42—2022	太极服	2022 年 12 月 28 日	2022 年 12 月 28 日
43	T/CNGA 43—2022	高品质领带	2022 年 12 月 28 日	2022 年 12 月 28 日
44	T/CNGA 44—2022	服装视觉遮蔽性的测定方法	2022 年 12 月 28 日	2022 年 12 月 28 日
45	T/CNGA 45—2022	防刺材料柔性检测方法及评定	2022 年 12 月 28 日	2022 年 12 月 28 日
46	T/CNGA 46—2023	康复治疗师服装	2023 年 10 月 12 日	2023 年 10 月 12 日
47	T/CNGA 47—2023	防寒服装	2023 年 10 月 12 日	2023 年 10 月 12 日
48	T/CNGA 48—2023	厨师服	2023 年 10 月 12 日	2023 年 10 月 12 日
49	T/CNGA 49—2023	婴幼儿及儿童罩衣	2023 年 10 月 12 日	2023 年 10 月 12 日
50	T/CNGA 50—2023	踝护具的内翻防护性能测试方法 内翻角法	2023 年 10 月 12 日	2023 年 10 月 12 日
51	T/CNGA 51—2023	婴幼儿及儿童用汗巾	2023 年 10 月 12 日	2023 年 10 月 12 日
52	T/CNGA 52—2023	循环再利用纤维服装通用技术要求	2023 年 10 月 12 日	2023 年 10 月 12 日

续表

序号	标准编号	标准名称	发布日期	实施日期
53	T/CNGA 53—2023	服装数字化版型管理平台通用要求	2023 年 10 月 12 日	2023 年 10 月 12 日
54	T/CNGA 54—2023	燕尾服	2023 年 10 月 12 日	2023 年 10 月 12 日
55	T/CNGA 55—2023 T/CSTE 0409—2023	质量分级及“领跑者”评价要求 衬衫	2023 年 10 月 12 日	2023 年 10 月 12 日
56	T/CNGA 56—2023	轻薄主题服饰	2023 年 10 月 12 日	2023 年 10 月 12 日
57	T/CNGA 57—2024	水貂服装	2024 年 1 月 08 日	2024 年 1 月 08 日
58	T/CNGA 58—2024	纺织品 抗致臭菌性能的检测和评价	2024 年 4 月 26 日	2024 年 4 月 26 日
59	T/CNGA 59—2024	呼吸监测衣	2024 年 4 月 26 日	2024 年 4 月 26 日
60	T/CNGA 60—2024	服装面料亮片牢固程度试验方法	2024 年 4 月 26 日	2024 年 4 月 26 日
61	T/CNGA 61—2024	儿童轻户外羽绒服装	2024 年 4 月 26 日	2024 年 4 月 26 日
62	T/CNGA 62—2024	商务户外裤	2024 年 4 月 26 日	2024 年 4 月 26 日
63	T/CNGA 63—2024	爬爬服	2024 年 4 月 26 日	2024 年 4 月 26 日
64	T/CNGA 64—2024	服装湿态贴附性的测定方法	2024 年 9 月 29 日	2024 年 9 月 29 日
65	T/CNGA 65—2024	紧身服装乳房相对位移减少率的测试方法	2024 年 9 月 29 日	2024 年 9 月 29 日
66	T/CNGA 66—2024	蚕丝絮片服装	2024 年 9 月 29 日	2024 年 9 月 29 日
67	T/CNGA 67—2024	防晒袖套	2024 年 9 月 29 日	2024 年 9 月 29 日
68	T/CNGA 68—2024	钓鱼服	2024 年 9 月 29 日	2024 年 9 月 29 日
69	T/CNGA 69—2024	舒适衬衫	2024 年 9 月 29 日	2024 年 9 月 29 日
70	T/CNGA 70—2024	羽绒羽毛气味的检测和评价 湿态激发法	2024 年 9 月 29 日	2024 年 9 月 29 日

附录四 2024年全国纺织行业“富怡杯”服装制板师职业技能竞赛全国决赛获奖名单

全国决赛金奖

名次	姓名	工作单位
1	汪家柏	波司登国际服饰（中国）有限公司

全国决赛银奖

名次	姓名	工作单位
2	方　伟	报喜鸟集团安徽宝鸟服装有限公司
3	曹广辉	雅戈尔服装制造有限公司

全国决赛铜奖

名次	姓名	工作单位
4	陈玉好	雅莹集团股份有限公司
5	谢永根	波司登羽绒服装有限公司
6	曾克含	上海婉甸服饰有限公司

“服装CAD制板”项目前三名

名次	姓名	工作单位
1	李晨阳	厦门市集美职业技术学校
2	刘　怡	湖南工艺美术职业学院
3	王昭君	武汉职业技术学院服装研究所

“立体裁剪”项目前三名

名次	姓名	工作单位
1	完颜成名	世纪宝姿（厦门）实业有限公司
2	刘克成	江苏冰洁电子商务科技有限公司
3	余家欣	广州市儒华服饰有限公司

“样衣制作”项目前三名

名次	姓名	工作单位
1	金运曙	上海衣俪特服饰有限公司
2	李明飞	深圳市娜尔思时装有限公司
3	衣剑平	丹东海合谷实业有限公司

全国决赛第 7~30 名

名次	姓名	工作单位
7	刘　怡	湖南工艺美术职业学院
8	李晨阳	厦门市集美职业技术学校
9	张依依	武汉职业技术学院服装研究所
10	王　帆	三六一度（中国）有限公司
11	周小娟	艾莱依时尚股份有限公司
12	王昭君	武汉职业技术学院服装研究所
13	苏义林	江苏康欣制衣有限公司
14	史修琪	大连高第设计创意有限公司
15	李青秀	浙江凌迪数字科技有限公司
16	陈观众	杭州衣后服装有限公司
17	刘克成	江苏冰洁电子商务科技有限公司
18	田云龙	白小衫（浙江）服装科技有限公司
19	伍超泉	浙江纺织服装职业技术学院时装学院
20	徐　飞	迪尚集团有限公司
21	沈　鑫	遂宁市可达服装有限公司
22	王　鹏	重庆市育才职业教育中心
23	陈　明	江苏飒美特教育科技发展有限公司
24	夏　文	深圳联尚文化创意有限公司
25	查兴兴	江苏冰洁电子商务科技有限公司
26	王　辽	山东迪尚职业工装集团有限公司
27	张小梦	临沂市理工学校
28	赵叶云	上海东方国际创业品牌管理股份有限公司
29	金运曙	上海衣俪特服饰有限公司
30	李明飞	深圳市娜尔思时装有限公司

附录五　2024年纺织行业缝纫工（服装制作工）职业技能竞赛全国决赛获奖名单

全国决赛金奖

名次	姓名	工作单位
1	史秀霞	雅戈尔服装制造有限公司

全国决赛银奖

名次	姓名	工作单位
2	蔡廷汉	报喜鸟控股股份有限公司
3	杨　松	杭州衫裳服装有限公司

全国决赛铜奖

名次	姓名	工作单位
4	支彦如	河北格雷服装股份有限公司
5	高　花	山东向尚服饰文化有限公司
6	李　梅	大连迪尚华盛时装有限公司

“男衬衫制作”项目前三名

名次	姓名	工作单位
1	蒋爱喜	山东南山智尚科技股份有限公司
2	林雪波	雅戈尔服装控股有限公司
3	史秀霞	雅戈尔服装制造有限公司

“男西裤制作”项目前三名

名次	姓名	工作单位
1	蔡廷汉	报喜鸟控股股份有限公司
2	王　华	法派服饰股份有限公司
3	张　勇	厦门七匹狼服装营销有限公司

全国决赛第 7~30 名

名次	姓名	工作单位
7	张　勇	厦门七匹狼服装营销有限公司
8	许建萍	库尔勒达西鑫孔雀服饰有限责任公司
9	殷红彩	北京威克多制衣中心
10	朱艳飞	山东向尚服饰文化有限公司
11	刘大有	福建柒牌时装科技股份有限公司
12	林建好	福建七匹狼实业股份有限公司
13	林雪波	雅戈尔服装控股有限公司
14	吴春燕	际华三五三六实业有限公司
15	徐华平	晋江劲霸男装有限公司
16	冯祖全	法派服饰股份有限公司
17	白晓玲	鲁泰纺织股份有限公司
18	王　华	法派服饰股份有限公司
19	徐朝莲	重庆旭中服装有限公司
20	郑晋福	三六一度（中国）服装有限公司
21	汪小云	雅戈尔服装控股有限公司
22	伍超泉	浙江纺织服装职业技术学院时装学院
23	王玉蕾	苏州高等职业技术学校
24	丁正勇	常州华利达服装集团有限公司
25	叶玉平	兰州锦亿圣服饰有限公司
26	史春艳	经济技术开发区锦绣服装改制店
27	蒋爱喜	山东南山智尚科技股份有限公司
28	吴秋来	浙江东廷服饰有限公司
29	李俊俊	大连富哥服装服饰有限公司
30	江中华	福建柒牌时装科技股份有限公司

编　后

《2024—2025 中国服装行业发展报告》的编撰，旨在总结 2024 年中国服装行业发展状况，解析行业热点问题，展望行业发展趋势，探索行业发展路径。

本报告由七部分组成：

第一部分总报告篇。本部分由中国服装协会研究完成《2024 年中国服装行业经济运行发展报告》，该报告认真总结分析了 2024 年中国服装产业生产、市场、投资情况，深入分析影响行业发展主要因素以及行业运行特点，并就 2025 年中国服装行业发展趋势进行了前瞻性预测。

第二部分分报告篇。本部分由中国服装协会、中华全国商业信息中心、中国国际电子商务中心、北京服装学院、申万宏源证券、中国纺织工业联合会品牌工作办公室、知萌咨询等单位共同研究，完成 2024—2025 年中国服装消费市场发展报告、2024—2025 年中国服装电商发展报告、2023—2024 年全球服装贸易发展报告、2024—2025 年中国服装行业资本市场报告、2024—2025 年中国纺织服装品牌发展报告、2024—2025 年中国消费趋势报告。六篇报告数据翔实，观点鲜明，分别就 2024 年中国服装消费市场、电子商务、全球服装贸易、资本市场、品牌发展、消费趋势等领域进行了全面、深入的总结和分析。由于各单位统计口径和计算方法存在不同，报告中部分数据可能略有差异。

第三部分产业链报告篇。本部分收录了中国棉纺织行业协会、中国化学纤维工业协会、中国纺织信息中心/国家纺织产品开发中心、中国印染行业协会、中国缝制机械协会分别编撰的 2024—2025 年中国棉纺织行业运行报告、2024—2025 年中国纤维流行趋势发布报告、2024—2025 年中国纺织面料流行趋势报告、2024—2025 年中国服装印花行业发展报告、2024—2025 年中国缝制机械行业经济运行报告，分别就产业链相关方的产品创新、流行趋势以及经济态势进行了详尽分析，为产业链融合以及企业经营提供必要的决策参考。

第四部分专题篇。本部分是对 2024 年热点问题探讨和研究成果的汇总，由中国纺织工业联合会、中国服装协会、东华大学、永新知识产权、中国校服产业研究中心、中国文化馆协会汉服推广专业委员会等单位和机构共同完成，内容涉及行业发展、服装科技、汉服文化、社会责任、知识产权、校服产业等内容。

第五部分观点篇。本部分收录了 2024 年举办的中国服装大会、中国服装论坛等活动相关专家就产业形势、文化创意、数字化变革、品牌发展、可持续时尚等内容的声音，希望能引发读者的关注与思考。

第六部分大事记篇。本部分由《中国服饰》杂志梳理 2024 年行业发展重大事件，并对事件意义进行了简洁诠释。

第七部分附录。本部分收录 2024 年服装产业经济数据、重要奖项等内容，以备不同人士按需查询。

本报告编撰工作得到众多业内外人士、机构和企业的大力支持，中国服装协会及本报告编委会在此谨表示衷心感谢。

不当之处，恳请指正。